戦略的データサイエンス入門

ビジネスに活かすコンセプトとテクニック

Foster Provost
Tom Fawcett
著

竹田 正和　監訳

古畑 敦、瀬戸山 雅人
大木 嘉人、藤野 賢祐
宗定 洋平、西谷 雅史　訳
砂子 一徳、市川 正和
佐藤 正士

本書で使用するシステム名、製品名は、それぞれ各社の商標、または登録商標です。
なお、本文中では™、®、©マークは省略しています。

Data Science for Business

Foster Provost and Tom Fawcett

Beijing · Cambridge · Farnham · Köln · Sebastopol · Tokyo

© 2014 O'Reilly Japan, Inc. Authorized Japanese translation of the English edition of "Data Science for Business". © 2013 Foster Provost and Tom Fawcett. This translation is published and sold by permission of O'Reilly Media, Inc., the owner of all rights to publish and sell the same.

本書は、株式会社オライリー・ジャパンがO'Reilly Media, Inc.との許諾に基づき翻訳したものです。日本語版についての権利は、株式会社オライリー・ジャパンが保有します。

日本語版の内容について、株式会社オライリー・ジャパンは最大限の努力をもって正確を期していますが、本書の内容に基づく運用結果について責任を負いかねますので、ご了承ください。

訳者前書き

　この本を手に取ったみなさんは「データサイエンス」という単語に目を惹かれたのではないでしょうか。

　「データサイエンス」とは昨今において脚光を浴びる存在でありながら、その実体がよくわかっていないものの1つだと考えています。お悩みの方も多いと思いますが、「データサイエンス」という単語が示す範囲は広く、またコンテキストによって変化することが多いことがその一因であると考えられます。

　ですがここに「ビジネス」という観点を組み込むことでその姿は鮮明なものになります。ビジネスにおけるデータとは「現在の企業活動に利用するために貯めるもの」であり「現在の企業活動の結果として貯まるもの」と言えます。と、同時に「未来の企業活動を改善し、新しい企業活動を開拓するために利用するもの」でもあるのです。この「データ」と「企業活動の改善・開拓」の間をつなぐ鍵となる要素が「データサイエンス」であり、それを駆使するのがいわゆる「データサイエンティスト」です。ビジネスにおいてデータを利用し、企業活動を改善・開拓するためには以下の3要素が不可欠です。

1. データを効率的に収集・処理すること
   企業活動におけるデータは莫大です。このようなデータを処理するためにはIT（情報技術）の利活用が必要です。

2. データを適切に取り扱い、妥当かつ汎用的な成果を残すこと
   データとは「事実の集合」とも言えますが、ときに集合としての事実からは単体としての事実よりも有用な結論を導くことができます。
   このような結論を導くにはデータに対する基本的な考え方や、統計学などの適切なアプローチが必要です。

3. データをビジネスの枠組の中にうまく組み込むこと
    データを効率的に処理でき、有用と思われる結論を導けてもそれがビジネスに活かせないなら意味がありません。
    データ利用を企業活動の一環と捉え、効率的なマネジメントや費用対効果を検討し、企業戦略への現実的な組み込みを実現する必要があります。

ビジネスにおけるデータサイエンスとは、これら3つの要素を実現するための合理的かつ科学的な考え方・技法・アプローチであると言えるでしょう。もちろん、1冊の本でこれら3つの要素を完全に網羅することはできません。また、要素1に関してはIT利活用の詳細なテクニックというよりも、その利用の基本指針となるような考え方がデータサイエンスの範疇となります（本文でも記載されていますが、この定義についてはコンテキストの違いなどで差異が現れることがあります）。

この本が取り上げるのはデータサイエンスの根底に存在する基本的な考え方、すなわちデータサイエンスの基本コンセプトです。データサイエンスの基本コンセプトを学ぶことで、物事に対してデータ分析の観点からアプローチを行う「データ分析思考」が身に付くことでしょう。この「データ分析思考」を身に付けることが、この本で達成して欲しいことの1つです。この本ではデータに対してITを利活用するテクニックや、データマイニングのアルゴリズムの詳細について取り上げることはしませんが、基本コンセプトを学び「データ分析思考」という基礎を身に付けることで、そのような応用的な要素にも対応ができることと考えています。

訳者の判断となりますが、この本は大まかに4つのパートに分かれています。1章と2章は導入部であり、データサイエンスを取り巻くトピックや、この本を通じて紹介するデータ分析思考、そしてデータマイニングプロセスやその中で行うべきタスクについて触れています。これらの章を読むことで「データサイエンス」の概要を掴むことができると考えています。

3章～8章はデータマイニングの基礎かつ中核的な要素と言えるコンセプトについて説明しています。具体的には、

- 教師あり手法によるデータのセグメンテーション
- データマイニングモデルにデータをフィットさせること
- データマイニングモデルの汎化とその対極に存在するオーバーフィッティング
- 類似度と類似度を利用したクラスタリング

- モデルの評価を行うための期待値フレームワーク

- モデル評価結果をグラフによって可視化すること

について触れています。これらの章を読むことで「データから価値のある情報を抽出し、ビジネスに活用する」ということに対する基礎を学ぶことができると考えています。

9章と10章はやや応用的な内容になっています。ベイズ理論をデータマイニングモデルに適用することや基本コンセプトを利用したテキストマイニングの事例について触れています。ベイズ理論を活用したデータマイニングもテキストデータマイニングも、昨今のビジネスにおいて活発に行われている分野です。

11章〜14章はこれまでの基本コンセプトをビジネスに組み入れるということについて重点的に取り上げています。ビジネスへの応用を前提としたデータサイエンスの実践や、基本コンセプトを利用して解決可能なビジネス課題の事例、また位置情報を利用したデータマイニングなどの新しい事例も取り上げています。

上記のようにこの本は導入から中核要素、応用的内容を経てその内容をビジネスに活用するという構成をとっているため、読み進めていくうちに自然とビジネスに活用可能なかたちで基本コンセプトを習得することができるはずです。

前書きの最後に、この本を執筆するにあたってお世話になった方々に謝辞を述べたいと思います。まず、この本の翻訳を企画し、諸々の面からサポートいただいたオライリー・ジャパンの赤池氏に感謝致します。そして、この本を一緒に翻訳してくださった、竹田氏（3、4章担当）、瀬戸山氏（はじめに、付録担当）、大木氏（5章担当）、宗定氏（6章、7章担当）、西谷氏（8章担当）、砂子氏（9章担当）、藤野氏（10章、11章担当）、市川氏（12章担当）、佐藤氏（13章担当）に感謝致します。特に竹田氏と瀬戸山氏には翻訳だけではなく内容の精査や各種アドバイス含めたメンバーのサポートをしていただき、大木氏と藤野氏には忙しい中追加作業を快く受けていただきました、本当にありがとうございます。最後に原著者の、Foster Provost氏とTom Fawcett氏に感謝致します。この本を読み自身の思考が大きく広がりました。この本に出会えたことは私にとって大きな幸運でした。

最後になりますが、多くの人がこの本を読み、そして私と同じように思考が広がることを心より願っております。

2014年7月
古畠 敦

はじめに

『戦略的データサイエンス入門』は、次のような読者を想定しています。

- データサイエンティストと一緒に働き、データサイエンス関連のプロジェクトを管理しているか、あるいは、データサイエンスベンチャー企業に投資しているビジネスパーソン
- データサイエンスを使ったソリューションを開発することを考えている開発者
- 意欲的なデータサイエンティスト

この本は、データマイニングのアルゴリズムを説明するものではありませんし、これらのアルゴリズムについて書かれた本の代わりになるものでもありません。この本ではアルゴリズムの説明をするのを意図的に避けています。データから有用な知識を導き出す技術の根底には、比較的少ない基礎的なコンセプトが存在する、と著者は考えており、このコンセプトが多くの有名なデータマイニングのアルゴリズムの基礎となっています。さらに、このコンセプトはビジネス上でのデータ分析の課題の根底にもなっており、データサイエンスを使ったソリューションの開発や評価、一般的なデータサイエンス戦略の評価や提案にも役立ちます。したがって、この本ではこれらの一般的な原則を説明することに注力し、特定のアルゴリズムの説明はしていません。詳細な手順を説明する必要がある場合には、なるべく文字とダイヤグラムを記載した図を使用しています。これは、アルゴリズムのステップを説明するよりもこの方がわかりやすいと考えるからです。

この本では、数学的な背景知識を読者に要求することはしません。しかし、テーマとしている内容の性質上、いくらか専門的な説明も行います。その目的は、データサイエンスの重要な部分の理解を提供するためで、この本は概説だけを提供するものではありません。しかしながら基本的には、この本では数学的な説明を最低限なものにとどめ、なるべく、概念的

な説明を行います。

　データサイエンス業界の同僚たちは、この本のことを、「ビジネスと、それに必要な技術／開発、そして、それを実践するデータサイエンスチームに関して理解をし、整理するのにとても役に立つ」と評価してくれました。しかしながら、意見を聞いた同僚たちの数は少ないので、この意見がどれくらい一般的に本当に通用するのか知りたいと考えています（詳しくは5章を確認してください）。理想的には、この本が、すべてのデータサイエンティストにとって、開発者やビジネスチームの同僚に紹介したい本になるのを願っています。要するに、ここで言いたいのは、ビジネスの課題を解決する一流のデータサイエンス関連のソリューションを設計／実装するのであれば、すべての職種の人がこの本に記載している内容に対して共通理解を持つべきである、ということです。

　同僚たちは、思わぬところでこの本が役に立ったとも言っていました。データサイエンス業務の採用候補者の面接で役に立ったというのです。昨今は、データサイエンティストを必要としているビジネスは増え続けています。それに対して、職を求めている人たちの間では、自分がデータサイエンティストであることを主張する人が次第に多くなっています。データサイエンスに関連する職業に応募する人たちであれば、この本に載っている内容は基本的に知っておくべきだと思います（しかしながら、同僚たちによると、そういった応募者たちのほとんどが理解していないことが多く、いつも驚いているそうです。半分本気で、この本の付録として「データサイエンティストの採用面接方法のまとめ」というパンフレットを作ることを検討したほどです）。

データサイエンスに関するコンセプトの説明

　この本では、データサイエンスが持つ最も基本的なコンセプトを集めて紹介しています。これらのコンセプトのいくつかは、各章の見出しになっています。しかし、文章中の説明の流れで紹介しているものもあります（この場合は必ずしも基本的なコンセプトとして名前が付けられていません）。これらのコンセプトの範囲は、課題を理解するところから、データサイエンスの技術を適用し、その結果を展開して意思決定を改善するところまで、多岐にわたります。これらのコンセプトは、さまざまな既存のビジネス分析の手法やテクニックを支えているものでもあります。

　ここでいう「コンセプト」は、3つのタイプに分類することができます。

1. データサイエンスをどのように組織や市場勢力に適合させるか、ということに関するコンセプト。このコンセプトにはデータサイエンスチームを募集・組成・養成する方法、データサイエンスを利用して競合に対するアドバンテージを獲得する考え方、そしてデータサイエンスプロジェクトを成功させるための戦略的な原則、などが含まれ

ます。

2. データ分析の観点から思考する方法に関する全体的なコンセプト。これらのコンセプトは、適切なデータを特定し、適切な分析手法を検討することに役立ちます。このコンセプトには**データマイニングプロセス**や、基本原則や**高度なデータサイエンスタスク**の数々が含まれます。

3. 実際にデータから知識を抽出することに関する全体的なコンセプト。これらは数多くのデータサイエンスの技法やそれが使うアルゴリズムの基礎となっています。

例えば、基本的なコンセプトの1つに、データで記述した2つの実体の類似性を測定する、というものがあります。このコンセプトは、より詳細なさまざまな手法の基盤を構築するものです。このコンセプトは、ある顧客と類似する別の顧客を**見つける**のに直接使えるかもしれません。また、これは、いくつかの**予測**アルゴリズムの中核にもなっています。例えば、ある顧客がどれくらいリソースを消費するか、という予測や、ある顧客がこちらの提案を受け入れる確率の予測などです。このコンセプトは、**クラスタリング**手法の基礎にもなっています。クラスタリングは、何らかの共通にもつ特徴を抽出して分析対象を分類するもので、あらかじめ特定の情報にフォーカスを絞った分析ではありません。類似性のコンセプトは、**情報抽出**の基礎にもなっています。例えば、検索条件に紐づくドキュメントやWebページは、このコンセプトによって抽出されているのです。このコンセプトは、一般的な**レコメンデーション**のアルゴリズムの基盤にもなっています。アルゴリズム指向の本であれば、これらの手法について、それぞれ別の章を使って、アルゴリズムの詳細やそこで使われる数学の定理が持つ特徴について説明をするのかもしれません。しかし、この本では、コンセプトの統一や、特定の手法やアルゴリズムを自然な表現として説明することを目的とすることにします。

他のコンセプトの例としては、あるパターンの効果を評価するときにおける、**リフト**（lift）という考え方があります。リフトとは、ランダムに予測した場合と比較して、特定のパターンがどれほど広く見られるか、という考え方で、データサイエンスのさまざまな場面で用いられます。このコンセプトは、さまざまな文脈で、さまざまなパターンを評価するのに用いられています。例えば、広告のターゲッティングアルゴリズムは、対象の母集団に対するリフト値を計算しておき、それと比較して評価されます。リフト値は、ある結論を支持する（あるいは支持しない）証拠の重み付けを評価するのに使われます。リフト値は、データの共起（アソシエーション、関連性）が、単にそれぞれのデータの頻度から当然発生する共起の予測回数よりも意味があるかどうかを決めるのにも使われます。

データサイエンスを、これらの基本的なコンセプトをもとに説明することで、単に読者の

みなさんの助けとなるだけではなく、ビジネスに関わるステークホルダーとデータサイエンティストとの間のコミュニケーションも促進されると著者たちは信じています。この本によって語彙が共有され、両者が互いによりよく理解できるようになるでしょう。コンセプトを共有することで、より深い議論をすることができ、それによって、本来は見逃していたような重大な課題を明らかにすることができるかもしれません。

講師の方へ

　この本は、さまざまなデータサイエンスコースの教科書として使用され、成功しています。元々、この本は著者の1人であるフォスター氏が、ニューヨーク大学のスターン・スクール[†]で行っていた多くの専門分野を扱うデータサイエンスの講義に由来するものです。この講義は、2005年の秋に始まりました[‡]。この元々の講義は、名目上は、MBAやMSISの生徒向けのものでしたが、大学のいろいろなスクールの生徒が受講していました。この講義の面白いところは、元々MBAやMSISの生徒向けに講義を準備していたにもかかわらず、彼らにはあまり気に入られなかったということです。面白いことに、機械学習やその他の技術的な専門分野を背景に持つ学生たちにとって役立つ内容であることがわかったのです。そうなった理由の1つは、この講義が基本的な原則に着目していて、その他のアルゴリズムに関わることは、カリキュラムから外していたためと考えています。

　ニューヨーク大学で、この本は、さまざまなデータサイエンス関連のプログラムを支援するために使われています。元々の目的であったMBAやMSISのプログラム、学部生向けのビジネス分析プログラム、スターン・スクールの新しいビジネス分析修士向けのプログラムや、データサイエンスの修士への入門プログラムにも使われています。これに加えて、（出版前に）この本は、7カ国の12以上の大学、ビジネススクール、コンピュータサイエンス向けのプログラムとして適用されています。また、より一般的なデータサイエンスの紹介プログラムにも適用されています。

　以下のこの本のWebサイトを確認すれば、講義のスライドや、宿題のサンプル、この本のフレームワークに基づいたサンプルプロジェクトの説明書、試験問題、など、役立つ教材の入手の仕方を知ることができます。

この本を利用している大学などのリストは、この本のWebサイト[§]に最新のものを掲載しています。Webサイトトップにある「Who's Using It」をクリックしてみてください。

[†] 訳注：ニューヨーク大学の経営大学院（MBA）
[‡] したがって、著者陣はどちらも、フォスター氏がこの本の大半の仕事をしたという印象を持っている。
[§] http://www.data-science-for-biz.com/

その他のスキルとコンセプト

他にも多くのコンセプトやスキルがあり、これらは、データサイエンティストにとって基本的な原則を覚えた後に必要になるものです。こういったスキルやコンセプトについては、1章や2章で説明します。興味を持った読者の方は、この本のWebサイト[†]をチェックし、こういった追加で必要なスキルやコンセプトに関する資料を確認してください（例えば、Pythonによるスクリプト作成、Unixのコマンドライン処理、データファイル、一般的なデータ形式、データベースとクエリ、ビッグデータアーキテクチャとMapReduceやHadoopなどのシステム、データの可視化、その他関連資料、が掲載されています）。

節と補足

通常の脚注に加えて、この本では囲み記事があります。これらの囲み記事は基本的には脚注を拡張したようなものです。これらの記事は、興味深く、価値のあるものになるように注意しています。また、脚注にしては長すぎて、本文にすると脱線しすぎな内容を記載しています。

「カーブ注意」が付いた節での補足
数学的な詳細を説明する場合、マーク付きの節に説明を移動させるときがあります。これらの節のタイトルは、アスタリスク（*）で始まり、カーブ注意の画像が節の左に付いています。この画像はこの節の内容が他の部分よりも数学的、あるいは、技術的に詳細な内容を含んでいることを示します。

本文中の［Smith and Jones 2003］のような説明は参考文献の引用です（この例の場合、Smith氏とJones氏の2003年の記事か書籍の引用です）。本全体の参考文献一覧は、この本の末尾に記載しています。

この本では数学的な内容は最小限に抑えています。そして、数学的な説明を記載する場合は、混乱を招かないように、できる限りシンプルな説明をしています。技術的な背景知識のある読者向けに、いくつか私たちが採用したシンプルにするための方針を説明しておきます。

1. シグマ（Σ）やパイ（Π）の表記を避けます。これらは、一般的な教科書では和と積をそれぞれ意味します。その代わりに、次のような省略した数式をシンプルに使用します。

$$f(x) = w_1 x_1 + w_2 x_2 + \cdots + w_n x_n$$

[†] 訳注：Webサイトのメニューの「Discussion/resources」のところに資料へのリンクが記載されている。

2. 統計学の本では、通常、ハットを変数の上に記載して値と予測値を厳密に区別します。そのため、それらの本では真の確率を p と記載し、その予測値を $\hat{p}$ と記載しています。この本では、ほとんどの場合、データからの予測について説明をしていますので、それらすべてにハットを付けると式が冗長で見づらくなってしまいます。特別に説明がない限りは、すべてデータからの予測値という前提のもとで式を記載します。

3. 表記を簡潔にし、文脈から明らかである変数は表記していません。例えば、分類器について数学的に説明しているときには、特徴ベクトルに基づいた分類の式の記述に工夫をしています。工夫をせずに表記した場合、正式には、次のような数式になります。

$$\hat{f}_R(\mathbf{x}) = x_{年齢} \times -1 + 0.7 \times x_{残高} + 60$$

こう書く代わりに、読みやすくして次のようにします。

$$f_R(\mathbf{x}) = 年齢 \times -1 + 0.7 \times 残高 + 60$$

これは、x がベクトルで、**年齢**と**残高**はそのベクトルの成分であるということを理解しているのを前提にしています。

印刷時の仕上がりにも気を付けるようにしました。データの属性やキーワードを表現するために固定長のフォントを使用して、`sepal_width` のように記載しています。例えば、テキストマイニングの章では、「'discussing'」のような表記は、特定の資料の中に出てくる1つの単語を指定しています。一方、`discuss` のような表記は、データから得られた結果の部分であることを示します。

本書の表記法

本書では以下の表記法を使います。

ゴシック（サンプル）
新出用語や強調を表します。

固定幅（`sample`）
プログラムに加え、本文内で変数や関数名、データベース、データ型、環境変数、文、キーワードなどのプログラム要素を表すのに使います。

固定幅ボールド（`sample`）
ユーザが文字どおり入力すべきコマンドやその他のテキストを表します。

固定幅イタリック（sample）
ユーザが指定する値や文脈によって決まる値に置き換えるべきテキストを表します。

このアイコンはヒント、提案、または一般的な注記を示します。

このアイコンは警告や注意事項を示します。

例の使用

　この本は、データサイエンスの入門書であるだけでなく、この分野の議論や日常業務に役立つように意図されています。本書の内容や例を引用して質問に答えるのには許可は必要ありません。

　出典を明らかにしていただくのはありがたいことですが、必須ではありません。出典を示す際は、通常、題名、著者、出版社、ISBN を含めてください。例えば、『Data Science for Business』（Foster Provost、Tom Fawcett 著、O'Reilly Copyright 2013 Foster Provost and Tom Fawcett、ISBN978-1-449-36132-7、邦題『戦略的データサイエンス入門』オライリー・ジャパン、ISBN978-4-87311-685-3）のようになります。

　コード例の使用が、公正な使用や上記に示した許可の範囲外であると感じたら、遠慮なく permissions@oreilly.com にご連絡ください。

ご意見とご質問

本書に関するコメントや質問は以下までお知らせください。

　株式会社オライリー・ジャパン
　〒 160-0002　東京都新宿区四谷坂町 12 番 22 号
　電話　　　03-3356-5227
　FAX　　　03-3356-5261

　本書には、正誤表、サンプル、およびあらゆる追加情報を掲載した Web サイトがあります。このページには以下のアドレスでアクセスできます。

　http://www.data-science-for-biz.com/（英語）
　http://oreil.ly/data-science（英語）

http://www.oreilly.co.jp/books/9784873116853 （日本語）

本書に関する技術的な質問やコメントは、以下に電子メールを送信してください。

bookquestions@oreilly.com

当社の書籍、コース、カンファレンス、ニュースに関する詳しい情報は、当社の Web サイトをご覧ください。

http://www.oreilly.com （英語）
http://www.oreilly.co.jp （日本語）

当社の Facebook は以下になります。

http://facebook.com/oreilly

当社の Twitter は以下でフォローできます。

http://twitter.com/oreillymedia

YouTube で見るには以下にアクセスしてください。

http://www.youtube.com/oreillymedia

謝辞

多くの同僚や、その他の人々から、ドラフト版の原稿に対して素晴らしい指摘、批評、提案、激励をいただき感謝いたします。1 人ずつ記載すると、漏れが起こってしまうリスクもありますが、それでも 1 人ずつ書かせていただきます。Panos Adamopoulos, Manuel Arriaga, Josh Attenberg, Solon Barocas, Ron Bekkerman, Josh Blumenstock, Aaron Brick, Jessica Clark, Nitesh Chawla, Peter Devito, Vasant Dhar, Jan Ehmke, Theos Evgeniou, Justin Gapper, Tomer Geva, Daniel Gillick, Shawndra Hill, Nidhi Kathuria, Ronny Kohavi, Marios Kokkodis, Tom Lee, David Martens, Sophie Mohin, Lauren Moores, Alan Murray, Nick Nishimura, Balaji Padmanabhan, Jason Pan, Claudia Perlich, Gregory Piatetsky-Shapiro, Tom Phillips, Kevin Reilly, Maytal Saar-Tsechansky, Evan Sadler, Galit Shmueli, Roger Stein, Nick Street, Kiril Tsemekhman, Craig Vaughan, Chris Volinsky, Wally Wang, Geoff Webb, Rong Zheng、ありがとうございました。さらに広い範囲では、フォスター氏

のクラスの学生や、ビジネス分析のためのデータマイニングコース、応用データサイエンスコース、データサイエンス研究セミナーの学生たちにも感謝します。この本のドラフト版を使用していたそれらの講義などでの質問や課題は、この本を改善するためにかなりよいフィードバックになりました。

　Facebook の「いいね」のデータのサンプルを提供してくださった David Stillwell, Thore Graepel、Michal Kosinski 氏にも感謝します。次の方々にも感謝します。Nick Street 氏は、細胞核のデータを提供してくださり、また、4章では、その画像を使用させていただきました。David Martens 氏には、携帯電話の位置情報の可視化を手伝っていただきました。Chris Volinsky 氏には、Netflix Challenge[†]のデータを提供していただきました。Sonny Tambe 氏には、ビッグデータ技術とその生産性についての彼の成果に対して、公開前にアクセスさせていただきました。Patrick Perry 氏には、12章で使った銀行のコールセンターの例を提案してくださいました。Geoff Webb 氏は、Mugnum Opus というアソシエーション・マイニングシステムを使わせてくださいました。

　何よりも、私たちの家族には、彼らの愛と寛容さ、そして、いつも励ましてくれたことに感謝します。

　この本を準備するときや、使用している例では、多くのオープンソースソフトウェアが使われています。著者陣は、開発者や貢献者のみなさんに感謝します。

- Python と Perl
- Scipy、Numpy、Matplotlib、Scikit-Learn
- Weka
- カリフォルニア大学アーバイン校の「The Machine Learning Repository」[Bache & Lichman 2013]

　最後に、読者のみなさんには、この本に関する資料や、新しい章、正誤情報、補遺、添付資料のスライドなどの更新情報を私たちの Web サイト（http://www.data-science-for-biz.com）で確認することをお勧めします。

[†] 訳注：映像ストリーミング事業を行う Netflix 社の企画

目 次

訳者前書き v
はじめに ix

1章　はじめに：データ分析思考 1
1.1　データを使ったビジネスチャンスの広がり 1
1.2　例：ハリケーン・フランシス 3
1.3　例：顧客の乗り換えの予測 4
1.4　データサイエンス、エンジニアリング、
　　 そしてデータ主導による意思決定 6
1.5　データ処理とビッグデータ 8
1.6　ビッグデータ 1.0 からビッグデータ 2.0 へ 9
1.7　戦略的資産としてのデータとデータサイエンス 10
1.8　データ分析思考 14
1.9　この本について 16
1.10　再びデータマイニングとデータサイエンスについて 17
1.11　化学とは試験管について学ぶことではない：
　　 データサイエンスとデータサイエンティストの仕事について ... 19
1.12　まとめ 19

2章　ビジネス問題とデータサイエンスが提供するソリューション 21
2.1　ビジネスの問題をデータマイニングタスクへ 22
2.2　教師あり手法と教師なし手法 27
2.3　データマイニングとその成果 29

2.4	データマイニングプロセス 30
	2.4.1	ビジネスの理解 31
	2.4.2	データの理解 32
	2.4.3	データの準備 34
	2.4.4	モデリング 35
	2.4.5	評価 35
	2.4.6	適用 37
2.5	データサイエンスチームを管理するということ 40
2.6	他の分析手法や分析技術 41
	2.6.1	統計学 41
	2.6.2	データベースクエリ 43
	2.6.3	データウェアハウス 45
	2.6.4	回帰分析 45
	2.6.5	機械学習とデータマイニング 46
	2.6.6	さまざまな技法を活用したビジネス問題の解決 47
2.7	まとめ 48

3章　予測モデリング：相関から教師ありセグメンテーションへ 51

3.1	モデル、帰納法、予測 53
3.2	教師ありセグメンテーション 57
	3.2.1	情報価値の高い有用な属性を選び出す 58
	3.2.2	例：情報利得を使った属性選択 66
	3.2.3	木構造モデルを使った教師ありセグメンテーション 71
3.3	セグメンテーションの視覚化 77
3.4	ルールの集まりとしてのツリー 79
3.5	確率推定 80
3.6	例：ツリー帰納法で解く乗り換え問題 83
3.7	まとめ 86

4章　モデルをデータにフィットさせる 89

4.1	数学関数を使った分類 91
	4.1.1	線形判別関数 93
	4.1.2	目的関数の最適化 95

		4.1.3	データから線形判別器を見つけ出す例 96
		4.1.4	インスタンスを採点しランク付けするための線形判別関数 98
		4.1.5	サポートベクターマシン 98
	4.2	数学関数を使った回帰 101
	4.3	クラス確率推定とロジスティック「回帰」.. 104
		4.3.1	*ロジスティック回帰：理論的詳細 107
	4.4	例：ロジスティック回帰 vs ツリー帰納法 110
	4.5	非線形関数、サポートベクターマシン、ニューラルネットワーク 114
	4.6	まとめ 116

5章 オーバーフィッティングとその回避方法 119

	5.1	汎化 119
	5.2	オーバーフィッティング 121
	5.3	検証・オーバーフィッティング 122
		5.3.1 ホールドアウトデータとフィッティンググラフ 122
		5.3.2 ツリー帰納法におけるオーバーフィッティング 124
		5.3.3 数学関数のオーバーフィッティング 127
	5.4	例：線形関数のオーバーフィッティング 128
	5.5	*例：オーバーフィッティングはなぜいけないのか 131
	5.6	ホールドアウト評価から交差検証へ 134
	5.7	乗り換えデータセット再び 137
	5.8	学習曲線 138
	5.9	オーバーフィッティングの回避と複雑性のコントロール 140
		5.9.1 ツリー帰納法におけるオーバーフィッティングの回避 140
		5.9.2 オーバーフィッティングを回避する一般的な方法 142
		5.9.3 *オーバーフィッティングを回避してパラメータを最適化する 144
	5.10	まとめ 148

6章 類似度、近傍、クラスタ 151

	6.1	類似度と距離 153
	6.2	最近傍を使った推論 155
		6.2.1 例：ウィスキーを分析する 155
		6.2.2 予測モデリングのための最近傍 158

	6.2.3	近傍の数とその影響はどれくらいか	161
	6.2.4	幾何的解釈、オーバーフィッティング、複雑性のコントロール	163
	6.2.5	最近傍法の問題点	167
6.3	類似度と近傍に関連する重要な技法の詳細について		170
	6.3.1	異質な属性	170
	6.3.2	* その他の距離関数	170
	6.3.3	* 結合関数：近傍を使って評価する	174
6.4	クラスタリング		176
	6.4.1	例：再びウィスキーの分析	177
	6.4.2	階層的クラスタリング	177
	6.4.3	最近傍を再び：セントロイドを取り囲むクラスタリング	183
	6.4.4	例：ビジネスニュース記事をクラスタリングする	187
	6.4.5	クラスタリングの結果を理解する	193
	6.4.6	* 教師あり学習を使ってクラスタの説明を生成する	195
6.5	本題に戻る：ビジネス上の課題解決とデータ探索		198
6.6	まとめ		201

7章 意思決定のための分析思考Ⅰ：良いモデルとは何か 203

7.1	分類器の評価		204
	7.1.1	単純な精度とその問題点	205
	7.1.2	混同行列	206
	7.1.3	偏ったクラスに関する問題	207
	7.1.4	等しくないコストと利益についての問題	210
7.2	分類を越えて一般化する		211
7.3	重要な分析フレームワーク：期待値		211
	7.3.1	分類器を使うための枠組みとして期待値を使う	212
	7.3.2	分類器を評価するために期待値を使う	214
7.4	評価、基準性能、データに対する投資への示唆		223
7.5	まとめ		226

8章 モデル性能の可視化 229

8.1	分類ではなく、ランク付けを行う	230
8.2	利益曲線	232

	8.3	ROC グラフと曲線 235
	8.4	ROC 曲線の下の面積（AUC）... 240
	8.5	累積反応とリフト曲線 240
	8.6	例：乗り換えモデリングの性能分析 243
	8.7	まとめ 251

9章　エビデンスと確率 255

- 9.1　例：オンライン消費者を対象とした広告 255
- 9.2　確率論的にエビデンスを結合する 258
  - 9.2.1　結合確率と独立性 259
  - 9.2.2　ベイズの法則 261
- 9.3　ベイズの法則をデータサイエンスへ応用する 263
  - 9.3.1　条件付き独立と単純ベイズ 264
  - 9.3.2　単純ベイズのメリットとデメリット 267
- 9.4　エビデンスの「リフト値」のモデル 268
- 9.5　例：Facebook の「いいね！」から求めるエビデンスのリフト値 270
  - 9.5.1　エビデンスの実践：広告で対象とする消費者を絞る 272
- 9.6　まとめ 272

10章　テキスト表現とテキストマイニング 275

- 10.1　なぜテキストが重要なのか 276
- 10.2　なぜテキストは難しいのか 277
- 10.3　テキスト表現 278
  - 10.3.1　Bag-of-Words 279
  - 10.3.2　用語出現頻度 280
  - 10.3.3　希少性の測定：逆文書頻度 283
  - 10.3.4　手法の組み合わせ：TFIDF 284
- 10.4　例：ジャズミュージシャン 285
- 10.5　*エントロピーと IDF の関係 289
- 10.6　Bag-of-Words を超えて 291
  - 10.6.1　N-gram シーケンス 292
  - 10.6.2　固有表現抽出 292
  - 10.6.3　トピックモデル 293
- 10.7　例：株価変動予測のためにニュース記事をマイニングする 295

		10.7.1	タスク（課題）	295
		10.7.2	データ	298
		10.7.3	データ前処理	300
		10.7.4	結果	301
	10.8	まとめ		306

11章　意思決定のための分析思考Ⅱ：分析思考から分析工学へ.....307

- 11.1 寄付金の最大化を目標とする 308
  - 11.1.1 期待値フレームワーク：ビジネス上の問題を分解し、それぞれの解決策を再構成する 308
  - 11.1.2 選択バイアスについての余談 311
- 11.2 より洗練したやり方で乗り換え問題を再考する 312
  - 11.2.1 期待値フレームワーク：より複雑なビジネス上の問題を構造化する 313
  - 11.2.2 インセンティブの影響を評価する 315
  - 11.2.3 期待値の分解からデータサイエンスソリューションへ 316
- 11.3 まとめ 320

12章　その他のデータサイエンスの問題と技法 323

- 12.1 共起とアソシエーション：一緒に発生する項目の見つけ方 324
  - 12.1.1 意外性の測定：リフトとレバレッジ 325
  - 12.1.2 例：ビールと宝くじ 327
  - 12.1.3 Facebook のいいね！におけるアソシエーション 328
- 12.2 プロファイリング：典型的な行動の見つけ方 332
- 12.3 リンク予測とソーシャルレコメンド 337
- 12.4 データ削減、潜在的情報、映画のレコメンデーション 338
- 12.5 偏り、分散、アンサンブル手法 342
- 12.6 データ主導による原因説明とバイラルマーケティングの例 346
- 12.7 まとめ 347

13章　データサイエンスとビジネス戦略 349

- 13.1 再考：データ分析的な思考とは 349
- 13.2 データサイエンスで競合優位になる 351
- 13.3 データサイエンスの優位性を維持する 353

	13.3.1	蓄積された優位性の威力 353
	13.3.2	独自の知的財産 354
	13.3.3	独自の付随的な無形資産 354
	13.3.4	優秀なデータサイエンティストたち 354
	13.3.5	データサイエンスのマネジメント力 356
13.4	データサイエンティストとそのチームを惹き付け育てる 358
13.5	データサイエンス事例の評価 360
13.6	さまざまな人の意見に耳を傾ける 361
13.7	データサイエンスプロジェクトの提案についての評価 361
	13.7.1	データマイニングによるビジネス改善提案の事例 362
	13.7.2	Big Red 社の提案の問題点 363
13.8	データサイエンスに関する習熟度 364

14章　おわりに 369
14.1 データサイエンスの基本コンセプト 369
　　　14.1.1 基本コンセプトを新しい課題に適用する：
　　　　　　 モバイルデバイスデータのマイニング 372
　　　14.1.2 ビジネス上の課題への解決策の考え方を変える 376
14.2 データができないこと：人間を内部に含んだ（Humans in the Loop）
　　　モデルを再考する 377
14.3 プライバシー、倫理、そして個人データのマイニングについて 381
14.4 さらなるデータサイエンスの情報について 383
14.5 最後の例：クラウド（Crowd）ソーシングから
　　　クラウド（Cloud）ソーシングへ 384
14.6 最後に 385

付録A　提案レビューのガイド 387
A.1 ビジネスとデータの理解 388
A.2 データの準備 388
A.3 モデリング 389
A.4 評価と展開 389

付録B　その他の提案例 391
B.1 シナリオと提案 391

    B.1.1 GGC の提案における欠点 392
付録 C 用語辞書 **395**
参考文献 **401**
索引 **408**

1章
はじめに：データ分析思考

> 小さい夢は見るな。それには人の心を動かす力がないからだ。
> ——ヨハン・ヴォルフガング・フォン・ゲーテ

　この15年間、企業活動におけるデータの収集能力向上を目的として、ビジネスインフラへの大規模な投資がなされてきました。現在ではあらゆるビジネス活動においてデータが収集されています。あらかじめデータ収集に備えたビジネス形態になっていることさえあります。業務オペレーション、製造、サプライチェーンマネジメント、顧客行動、マーケティングキャンペーン、ワークフロー処理、など多岐に渡る分野における収集可能なデータが対象となっています。同時に広く企業の外からも情報を収集することが可能になりました。マーケットトレンドや工業ニュース、競業企業の動向などのデータを収集することができます。このように、広い範囲の多くのデータを利用できるようになったことで、データから有用な知識と情報を引き出すための原則と手法、すなわちデータサイエンスに注目が集まっています。

1.1　データを使ったビジネスチャンスの広がり

　利用可能なデータが大量に存在することを受け、あらゆる業種の企業が競合他社に対する優位性を得るためにデータの有効活用に目を向けています。以前であれば企業は、統計チーム、モデリングチーム、アナリストチームを雇い入れて、人手によるデータ調査をさせていました。しかしデータが大量かつ多種類になることで、人手による分析はもはや限界となりました。人手による分析が限界を迎えようとする頃、コンピュータの性能が大幅に進化していました。また、コンピュータネットワークが至る所に存在するようになりました。そしてデータからより深くより広い分析を行うアルゴリズムが研究されてきました。データを取り巻く環境がこのように変化した結果、データマイニング、そしてデータサイエンスをビジネスに活用する場面が増加してきたのです。

　おそらく、データマイニングはマーケティングにおいて最も多様な使われ方をされています。その分野は、ターゲットマーケティング、オンライン広告、クロスセリング（ある商品を買った客に、同時に別の商品も勧めて複数の商品を買ってもらうこと）を目的とし

た商品レコメンドなど、多岐にわたっています。データマイニングは、CRM（Customer Relationship Management）の一環として、顧客の行動を分析するためにも広く利用されています。これにより、顧客が流出することを最小限にし、かつ顧客価値を最大化するのです。金融業ではデータマイニングをクレジットスコアリング、信用取引、不正取引の検出、およびワークフォースマネジメントなどに活用しています。アメリカでは多様な小売企業（ウォルマートからAmazonまで）がビジネスを展開していますが、それら企業ではマーケティングだけでなくサプライチェーンマネジメントなどビジネス活動全体を通じてデータマイニングを活用しています。多くの企業がデータサイエンスを使って競業企業に対する差別化戦略を進めてきました。中にはデータマイニング企業と言っても過言ではない状態まで発展しつつある企業もあります。

　この本の目的は、データ分析の観点からビジネス問題を考察する能力を身に付けるとともに、データから有用な知識を抽出するための基本原則を理解してもらうことです。データ分析の領域には、ビジネス問題を考える上での基本体系と原則があり、それらを理解しておくことが重要です。また、データ分析をする際には、洞察力や創造性、一般常識や業務領域の知識などが必要となることもあります。物事をデータ分析の観点で考察するためには、データ分析的な思考の基本構造と基本原則の理解が必要となります。さらにデータ分析のフレームワークを身につけることで、ビジネス問題を体系的に分析できるようになります。データ分析思考ができるようになれば、個人の創造性や業務知識を活用するポイントもわかるようになっていきます。

　まず冒頭の2つの章で、データサイエンスとデータマイニングに関するさまざまなトピックや技法について説明します。「データサイエンス」と「データマイニング」はよく同一視されることがありますし、企業ごとに独自の定義をされていることもあります。概念的には、**データサイエンス**とはデータから有用な情報・知識を引き出すための基本原理のことであり、データマイニングはそれら基本原理を組み込んだ技法を活用して、データから有用な情報・知識を引き出す行為のことです。データサイエンスという言葉は、昔からあるデータマイニングという言葉よりも広い意味で使われており、データマイニング技法の中にはデータサイエンスの基本原理をはっきりと反映しているものもあります。

データサイエンスに興味がない人や、データサイエンスを使う機会のない人でも、その内容を理解しておくことはとても重要です。データ分析的な思考方法を理解していれば、データマイニングプロジェクトの提案を評価することができます。例えば、従業員やコンサルタント、あるいは投資対象に考えているベンチャー企業が、データマイニングを使ってあるビジネス領域の収益性を向上させる提案をしてきた場合に、一定の手順に従ってその提案を検証し良否を判断できます。もちろん、データマイニングを使えば常にビジネスの成否を断言できるわけではありません

し、何らかの試行も必要になるでしょう。しかしながら、明らかな欠点や非現実的な前提、不足事項を指摘できるようになります。

　この本を通じてデータサイエンスの基本原則の数々を紹介します。またそれら基本原則1つ1つに対して、その基本原則を反映したデータマイニング技法を少なくとも1つ紹介します。とはいえ、多くの技法は基本原則に基づいて構築されていますので、そうした技法そのものよりも基本原則を重点的に扱います。データサイエンスとデータマイニングの違いについては特段大きく取り上げることはしませんが、違いについて説明することで基本コンセプトを理解しやすくなる場合は説明することにします。

　それでは、データを分析してパターンを抽出し、ビジネス上の予測（predict）に活用した事例を2つ見ていきましょう

1.2　例：ハリケーン・フランシス

2004年のニューヨークタイムス紙に掲載されたハリケーンについての事例です。

　ハリケーン・フランシスはものすごい勢いでカリブ海を通過し、フロリダの大西洋沿岸部を直撃しました。アーカンソー州ベントンビルでは、居住者は遠く離れた高台に避難することを余儀なくされました。ウォルマートの経営陣はこの状況を新しい技術、すなわちデータ主導の予測技術を活用する機会とみなしました。

　ハリケーン・フランシス上陸の1週間前のことです。ウォルマートのCIOであるリンダ・M・ディルマンは、数週間前に発生したハリケーン・チャーリーが上陸したときのデータを使って、今回起きるであろうことを予測して提出するようにスタッフに指示しました。ディルマンCIOはウォルマートのデータウェアハウスに溜め込まれた何兆バイトもの顧客の購入履歴データを使えば、ハリケーンが来たときに何が起こるのか予測することができるはずだ、と考えたのです。ハリケーンが来るのをただ指をくわえて眺めていることはないのです［Hays, C. L. 2004］。

　このハリケーン・フランシスの事例において、データに基づいた予測が有効だった**理由**を考えてみましょう。ハリケーンの進路では水のまとめ買いをする人が増えるという予測であれば、それは意味のある予測と言えます。ただし、ハリケーンの進路上の人が水をまとめ買いするなど当然のことのようにも思えます。ではなぜあえてデータサイエンスのアプローチを必要とするのでしょうか。データサイエンスを使って、ハリケーンによる**売り上げ増加量**を分析できれば、各店舗の在庫を適正化できるのです。その際データマイニングの結果から、あるDVDがハリケーンの進路ではよく売れていたことを発見できるかもしれません（ただ、おそらくそれは、その週はハリケーンの進路上だけでなくアメリカ全土でよく売れてい

たという結論に落ち着くでしょう）。この時の予測はウォルマート社にとって役に立ちました。しかしこうした予測は、ディルマン CIO が意図していた以上に広く適用可能なことなのです。

　ハリケーンに起因しており、しかも一目ではわからないようなパターンを発見することはさらに意味のあることです。そのような価値の高いパターンを発見するために、分析担当者はウォルマートが保持する膨大な量のデータの中から、過去の類似の状況（ハリケーン・チャーリーのような）を調べ、**普段のそれとは異なる**各地域での商品需要を調べました。そうして抽出したパターンから、ウォルマートは普段とは異なる商品需要を予測し、ハリケーンがくる前に大急ぎで商品を仕入れることができました。

　これは実際にあった事例です。ニューヨークタイムズ［Hays, C. L. 2004］は次のような記事を掲載しています。「... 専門家はデータマイニングを行って、そうした店舗である商品のニーズが高まったことを明らかにしました。それはお決まりの懐中電灯ではありません。」ディルマン CIO はインタビューで次のように語りました。「以前は、ハリケーン通過時にストロベリーポップターツ（イチゴジャム入りスナックバー）が普段の 7 倍も売れているとは知りませんでした」「そして、ハリケーン通過前のトップ販売商品はビールでした」[†]

1.3　例：顧客の乗り換えの予測

　データ分析はどのように行われるのでしょうか。次に紹介する事例は、もっと典型的なビジネスシナリオです。データの観点からこのシナリオをどのように扱うべきか検討してみましょう。ここで紹介する顧客乗り換えの問題は現実によくある事例であり、この本で取り上げる多くの論点を明らかにするとともに、共通の参考事例を提供してくれます。

　あなたはアメリカでも有数の電気通信企業である MegaTelCo 社で、大規模な分析の仕事に参加することになったとします。MegaTelCo 社は携帯電話事業における顧客のつなぎ止めにおいて、重要な課題を抱えています。アメリカ大西洋岸中部地域では、携帯電話の顧客の 20% が契約更改時に別の会社に乗り換えています。一方、新規顧客の獲得はますます難しくなっています。今や携帯電話市場は飽和しているため、大きな成長は望めなくなっています。そのような背景から、企業はお互いの顧客を奪い合うとともに、自分の顧客を守る戦いを繰り広げています。顧客がある企業から別の企業に移る行為を**乗り換え**（churn）と言い、あらゆる点でコストがかかる行為です。一方の企業は顧客を誘致するためにインセンティブコストを払い、もう一方の企業は顧客の解約により収益を失うことになります。

　あなたは、この乗り換え問題をデータの観点から分析し、さらに解決策を考案するために企業から呼ばれました。新規顧客の誘致は既存顧客の囲い込みに比べてはるかにコストがかか

[†]　もちろん、よく冷えたビールほどストロベリーポップターツに合うものなどない。

ります。そのためマーケティング予算のうちのかなりの部分が乗り換えの防止に割り当てられることになります。マーケティング部門は既に顧客引き止めのためのスペシャルオファーを企画しています。あなたの仕事は、データサイエンスチームがどのように膨大なデータ資源を活用すべきか示し、的確かつ段階的なプランを考案することです。データを活用することで、契約更改に先立ち乗り換えを防ぐために、スペシャルオファーを提供すべき顧客を特定するのです。

　データ分析を行う際には、どのデータを使用すべきか、どのようにデータを使用すべきか慎重に検討します。この事例の場合には、MegaTelCo 社はどのような手段でオファーを送るべき顧客、すなわち乗り換えの防止に最適でありインセンティブ予算を費やすべき顧客を決めればよいのでしょうか。この問題は見かけよりもはるかに複雑です。この本ではこの問題に何度も立ち返ります。私たちは、データサイエンスの基本コンセプトに対する理解を深めつつ、その度に高度な知識を加えて解決策を改善していきます。

現実のビジネスにおいても、顧客の囲い込みのためにデータマイニングの手法がよく利用されています。特に通信業界や金融業界においては盛んに使われています。通信業界や金融業界はデータマイニングに早期から取り組んできました。この点については後ほど説明します。

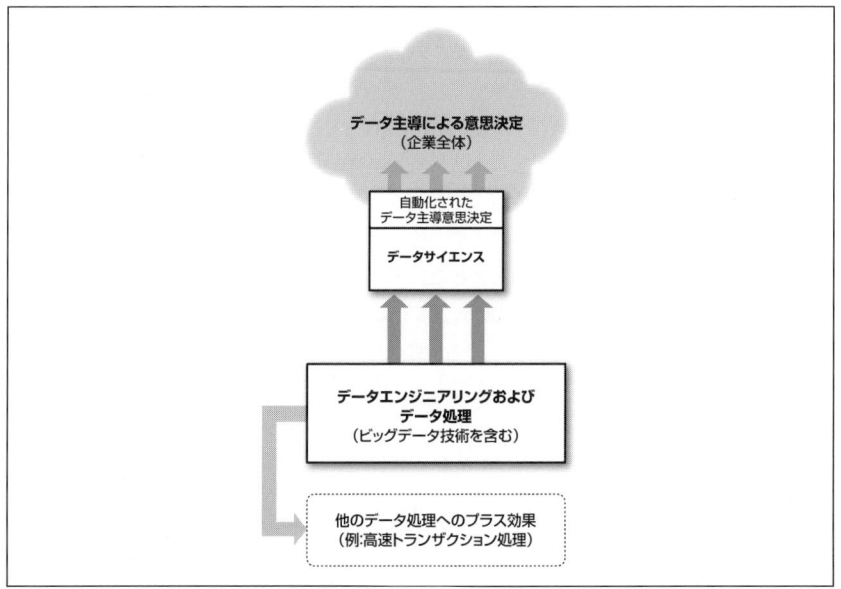

図1-1　企業内のさまざまなデータ関連プロセスとデータサイエンス

1.4　データサイエンス、エンジニアリング、そしてデータ主導による意思決定

　データサイエンスは基本原則・プロセス・技法から構成され、データを（自動的に）分析することで対象とする現象を理解するために使われます。この本ではデータサイエンスの最終的なゴールを企業活動における意思決定の改善とします。このことはビジネスにおける直接的な利益にもつながります。

　図1-1は、データに関連し相互に関係するさまざまな企業内のプロセスと、データサイエンスの位置づけを示しています。この図では、ビジネスでの注目が高まっているさまざまなデータ処理と、データサイエンスを区別して表現しています。図の上部から見ていきましょう。

　データ主導による意思決定（DDD）とは、単なる直感ではなくデータ分析に基づいて意思決定を行うことです。例えばマーケティング担当者は、その業界における豊富な経験と本人の予想だけに基づいて、打ち出す広告を選ぶことがあります。そうした方法とは別に、過去の広告に対する顧客の反応についてのデータを分析し、その結果から広告を選択することもできます。ときには両方のアプローチを組み合わせることもあるでしょう。データ主導型の意思決定は二者択一の意思決定ではありません。さまざまな企業がデータ主導型の意思決定に多かれ少なかれ携わっています。

　データ主導型意思決定のメリットは今では十分に実証されています。経済学者のエリック・ブリニョルフソンはMITの同僚やペンシルバニア大学ウォートンスクールの共同研究者とともに、データ主導型意思決定が企業のパフォーマンスにどのように影響するか研究を行いました［Brynjolfsson, E., Hitt, L. M., & Kim, H. 2011］。そして研究の成果として、データ主導型意思決定の評価尺度を開発しました。この尺度を使うと、意思決定にデータをどれだけ使用しているかという観点から企業を評価することができます。広い範囲で交絡因子[†]を制御するという条件付きではありますが、彼らはデータ主導型意思決定を活用する企業の方が生産的であることを統計的に示しました。また、その生産性の差は小さなものではありませんでした。データ主導型意思決定の尺度で標準偏差が1上昇することは、生産性としては4%～6%の向上に相当しました。データ主導型意思決定は高い運用収益率、株主資本利益率、企業資産の活用、市場価値と関係するとともに、その関係には高い因果性があるとされています。

　この本で扱う意思決定の問題は主に次の2つのタイプに分類できます。

[†]　統計モデルにおいて、独立変数と従属変数の両方に影響を与える変数のことだが、ビジネスにおけるデータマイニングにおいては、モデルには使用しなかったがモデルに使用する変数や予測するべき変数に影響を与える外部条件と考える。モデルや各変数についてはこの本を読み進めることで理解できる。

1. データを使って何を明らかにすべきか判断するための意思決定。
2. 何度も繰り返し行われ大規模な影響を与える意思決定。そのため、データ分析に基づいて意思決定の精度を少し改善するだけで大きな利益を得ることができる。

ウォルマートの事例は1つ目のタイプです。ディルマンCIOは、ウォルマートが迫り来るハリケーン・フランシスに備える際の助けになる知識を発見しようとしたのです。

2012年、ウォルマートの競合企業であるターゲット社はデータ主導型意思決定の活用事例として報じられました。これはタイプ1の意思決定でした［Duhigg, C. 2012］。多くの小売店と同じように、ターゲット社は消費者の購入習慣や購入理由、購入に影響を与えた要素に着目してきました。消費者はそれまでの習慣に従って購入する傾向があり、それはなかなか変わるものではありません。しかしながらターゲット社の分析担当者は、赤ちゃんの誕生は家庭の購入習慣が明確に変わるタイミングであると考えていました。ターゲット社のデータ分析担当者は次のように語っています。「赤ちゃんが生まれた家庭におむつを購入してもらえるようになったなら、赤ちゃんや子供に関する他の商品も同じ様に購入してくれるようになるでしょう」ただし、これは多くの小売企業が知っていることです。そのため赤ちゃんが生まれた家庭に子供用品を買ってもらうことに躍起になるのです。大半の家庭の出生情報は容易に入手できるので、小売店は出生情報を取得して赤ちゃんが生まれた家庭にスペシャルオファーを送るのです。

しかし、ターゲット社は競合企業の先を行くことを考えました。ターゲット社は、**赤ちゃんがもうすぐ生まれる家庭を予測**することに着目しました。もしそれが可能になるのであれば、ターゲット社は競合企業に先んじてオファーを送ることができるので、競合に対する優位性を得ることができます。ターゲット社はデータサイエンスの技法を活用して、それまでに蓄積されたデータの中から**妊娠中**の消費者に関するデータを分析しました（妊娠していたことは、その後の出生情報や赤ちゃん用品の購入でわかります）。そしてどの消費者が妊娠しているか予測可能な情報を見つけました。例えば妊娠した人は、食事習慣や衣服や摂取するビタミンなどが変わります。このようにデータから導かれた指標が予測モデルに組み込まれ、マーケティングキャンペーンに使われました。この本全体を通じて、こうした予測モデルを詳細に取り扱います。最初のうちは、予測モデルとは、対象とする問題においてあまり予測に関係しない複雑な要素を簡略化したものであり、ビジネス上の関心事（誰が乗り換えるか、誰が購入するか、誰が妊娠しているか）に関連する指標に焦点を当てることを目的としている、と理解していれば十分です。重要なことですが、ウォルマート社の事例やターゲット社の事例がそうであったように、データ分析は単純に仮説を検証することではありま

せん。むしろ、何らかのビジネス上の有意義な発見を期待してデータを調べるのです[†]。

この本で扱う乗り換えの例は、タイプ2のデータ主導型意思決定の問題です。MegaTelCo社は数億人もの顧客を抱えており、そのすべての顧客が乗り換えする可能性を持っています。毎月末に数千万人の顧客が契約期間満了を迎えます。そして近い将来において、そのうちの何割かの顧客の乗り換え確率が高くなっているかもしれません。そうした顧客に焦点を当て、その顧客の収益性を推定する手法を改善させることができれば、その手法を月末に契約満了を迎える数百万の顧客に適用することで、顧客を引き留め、結果として莫大な利益を得ることができます。この考え方はデータサイエンスとデータマイニングを積極的に利用する分野の大半で適用することができます。具体的にはダイレクトマーケティング、オンライン広告、クレジットスコアリング、金融トレード、ヘルプデスクのマネジメント、不正検知、ランキング検索、商品レコメンデーションなど多岐に渡ります。

図1-1からはデータサイエンスがデータ主導型意思決定を支えていることがわかりますし、両者には明確な境界がないこともわかります。このことは、ビジネスにおける意思決定は今後ますますコンピュータによって**自動的**に実行されるようになるという見落とされがちな事実を明らかにしています。業種によって速度の差はありますが、さまざまな業種でコンピュータによる自動的な意思決定が取り入れられています。金融業と通信業はその先駆者と言えるでしょう。それらの業界の企業は早期からデータネットワークを整備し、大規模データ処理の仕組みを構築してきました。これにより、巨大データを収集してモデリングし、そのモデルの成果を意思決定に利用できるようになったのです。

1990年代、自動的な意思決定システムが銀行業と消費者信用業を一変させました。1990年代には、銀行と通信企業は大規模なシステムを開発し、データ主導型の不正検出システムを実現していました。小売業のシステムはますます自動化され、商品宣伝における判断も自動で行われるようになっていました。有名なものとして、ハラーズカジノの賞金プログラムやAmazonとNetflixの自動レコメンドシステムがあります。また広告も劇的に進化しています。これは、顧客がオンライン上に滞在する時間が大きく増加したことと、（文字通り）秒速で打ち出す広告を決定するオンライン技術によるものです。

1.5 データ処理とビッグデータ

ここで別の点について議論をしてみましょう。メディアから受ける印象とは異なりますが、多くのデータ処理技術は、データサイエンスとは直接関係ないのです。データエンジニアリングとデータ処理は、データサイエンスを支える重要な技術ですが、データサイエン

[†] ターゲット社は大成功を収めたが、このような技法に関する倫理的な問題も提起した。妊娠というプライベートな出来事に対して企業がどれほど関係していいのだろうか。倫理とプライバシーは重要な問題だが、その議論は他に譲ることにする。

スだけに留まらない、より一般的なものです。例えば、データ処理スキル、データ処理システム、そしてデータ関連技術がデータサイエンスの要素であると勘違いされることもあります。データサイエンスとデータ主導型のビジネスを理解するためには、データサイエンスとデータ処理の違いについて理解することが重要です。データサイエンスではデータを使うことが不可欠ですし、データ処理技術を活用した洗練されたデータエンジニアリングが大きなメリットに繋がることもあります。しかしながら、これらの技術はデータサイエンス特有の技術というわけではありません。図1-1では、データ処理はデータサイエンスを支える技術として登場しています。データ処理は非常に有用な技術であり、データ主導型ビジネスにとっても重要な存在です。データ処理技術には、データからの知識の抽出やデータ主導型意思決定そのものは含まれませんが、効率的なトランザクション処理や、最新のWebシステム処理や、オンライン広告キャンペーンなどにとっては中核的要素なのです。

近年、「ビッグデータ」を処理するための技術（Hadoop、HBase、MongoDBなど）に注目が集まっています。本質的には、**ビッグデータ**とは従来のシステムが扱ってきたデータ量と比較して、はるかに規模が大きいデータのことを指します。従来の技術では、ビッグデータを処理することは困難であったため、新しいデータ処理技術を必要とします。従来のデータ処理技術と同じように、ビッグデータ処理技術もデータエンジニアリングを含むさまざまなタスクに応用可能です。実際に、ビッグデータ処理技術がデータマイニングに活用される場面もあります。しかしながら、ビッグデータ処理技術はあくまでデータ処理を行う技術であり、図1-1に示すようにデータマイニング技術やさまざまなデータサイエンスの活動を**支える存在**なのです。

先ほど、ブリニョルフソンが行ったデータ主導型意思決定がもたらすメリットの研究について紹介しました。別の事例として、レナード・N・スターン・スクール（ニューヨーク大学の経営大学院）の経済学者プラサナ・タンベが、**ビッグデータ**処理技術が企業活動にどの程度貢献するか調べた研究もあります [Tambe, P. 2012]。タンベは、さまざまな交絡因子を制御した条件下において、ビッグデータ技術の活用が企業の成長に有意な影響をもたらすことを示しました。具体的には、ビッグデータ技術の利用が標準偏差で1ポイント向上すると、平均的な企業と比較したとき1%〜3%の生産性向上をもたらします。同じように、ビッグデータ技術の利用が標準偏差で1ポイント低下することは、1%〜3%の生産性低下につながります。このことから、ビッグデータ技術を活用する企業としない企業とでは、潜在的に大きな生産性の差異に繋がると考えられます。

1.6　ビッグデータ1.0からビッグデータ2.0へ

ビッグデータ技術を取り巻く状況について考えるための1つの方法は、ビジネスにおけるインターネット技術のこれまでの利用状況と類推して考えてみることです。Web 1.0 の時代

には、ビジネス業界は基礎的なインターネット技術を大急ぎで取り込み、Web上での情報発信や電子商取引を推進して、企業の業務効率を改善してきました。私たちは現在の自分たちが置かれた状況をビッグデータ1.0の黎明期と捉えることができます。企業は、例えば業務効率向上などを目的として、巨大データを処理するシステムを大急ぎで構築していますが、その多くは既存の業務オペレーションを前提としています。

多くの企業はWeb 1.0の技術を十分に取り込むと（同時にそれら技術のコスト削減も進めると）、すぐにその先を考え始めました。それら企業はWeb技術を使って新たに何ができるのか、どのようにすればこれまでしてきたことをさらに改善できるのか、いうことに注目し始めました。そして、Web 2.0の時代が始まったのです。Web 2.0の時代では、新しい企業がそれまでにないシステムを使って、Webに特有の相互作用性を活用し始めました。Web 2.0時代の考え方の転換がもたらした変化は広がりを見せています。最も顕著なことはソーシャルネットワーク要素の取り込みや、個々の顧客（と市民）の声を吸い上げる行為です。

ビッグデータ1.0に続くビッグデータ2.0の時代には期待が寄せられています。企業はビッグデータを柔軟に処理できる能力を得るとすぐに、「以前できなかったことで、今日できるようになったことは何か」、「以前よりも、さらにうまくできるようになったことは何か」、ということを問いかけ始めました。これはデータサイエンスの黄金時代とも言えるでしょう。この本で紹介するデータサイエンスの基本原理と技法は、将来において今よりもはるかに広く深く活用されることになるはずです。

> 先進的な企業の中には、Web1.0の時代からWeb 2.0のアイデアをいち早く取り入れていた企業もあります。これは特筆すべきことです。Amazonはその代表例であり、かなり早い段階で「顧客の声」を商品の評価やレビューに取り入れていました（さらには、商品レビュー自体の評価にも利用していました）。同じように、既にビッグデータ2.0時代の考え方を取り入れている企業もあります。またもAmazonはその最先端を進んでおり、ビッグデータをもとにしたデータ主導型の商品レコメンドシステムを提供しています。他の例も見てみましょう。オンライン広告業者は超巨大データを処理する（1日に数十億件もの広告効果を処理することも珍しくありません）とともに超大量スループットが低下しないように維持しています（数10ミリ秒で意思決定を行うリアルタイム広告入札システムもあります）。こうした事例はビッグデータやデータサイエンスを使って優位性を得るためのヒントであり、すぐに他の業種でも取り込まれることになります。これらの事例や類似業種での取り組みをよく観察するべきでしょう。

1.7　戦略的資産としてのデータとデータサイエンス

これまでに述べたことはデータサイエンスの基本原則の1つを示唆しています。それはつまり「データと、データから有用な知識を抽出する能力を、企業の重要な戦略的資産と見

なすべきである」、という原則です。多くの企業がデータ分析を、データから価値ある情報を見つけることだと考えていますが、自分たちが適切な分析能力を保持しているかを考慮に入れていないことが珍しくありません。データとデータ分析能力を戦略的資産と見なすことで、どの程度投資を行うべきか判断できるようになります。意思決定を行うためのデータが不完全なことも多く、そしてまたデータをもとに意思決定を支援するための適切な能力が欠如していることもよくあります。そのような場合に、データとデータ分析能力を戦略的資産として捉えると、それらの役割は**相互に補完的**であることが理解できます。優れたデータサイエンスチームであれば、適切なデータがなくても少しは成果を出すことができます。逆に適切なデータがあったとしても、十分なデータサイエンス能力がなければ、実際に意思決定を改善することはできません。あらゆる経営資源に当てはまることですが、何らかの投資が必要になることが多いのです。一流のデータサイエンスチームを作り上げることは並大抵のことではありませんが、企業の意思決定を大きく変える可能性があります。データサイエンスを含んだ戦略的な観点から検討すべきことについては、13章で議論することにします。次に紹介する事例では、データ資産に対してどのように投資すべきか十分に考えておくことが、それに見合った報いを得られることを示しています。

90年代のシグネット銀行の事例が最適な例です。そこから少し前の1980年代に、データサイエンスは金融ビジネスを一変させました。デフォルト（債務不履行）発生確率のモデリングが、個人に対してデフォルトの見込みを直接評価するビジネスから、大規模な戦略とマーケットシェアがものを言うビジネスへと変革したのです。現在の感覚からすると違和感がありますが、当時はクレジットカードの価値はどれも同じでした。これは次の2つの理由によるものです。

1. 大規模なデータに対して、個別に異なる価格付けをもとに処理できる情報システムがなかった。
2. 銀行の経営陣は、顧客が自分の信用度によって金額別に差別されることなど我慢できないと考えていた。

1990年頃、戦略的視野に富んだ2人の実業家（リチャード・フェアバンクスとニゲル・モーリス）は、情報技術がより洗練された（この本を通じて紹介するような数々の技法を用いた）予測モデリングを行うための十分な力を持っていることを理解し、新しい概念（今日使われている、プライシング、クレジット限界、低開始レート残高繰り越し、キャッシュバック、ロイヤリティポイント、など）を使ったクレジットカードの契約条項を提案しました。2人は大手銀行に対して、彼らをコンサルタントとして受け入れてチャンスを与えてく

れるように説得を試みましたがうまくいきませんでした。大手銀行はどこも受け入れてくれませんでしたが、バージニアの地方銀行であるシグネット銀行が興味を持ってくれました。シグネット銀行の経営陣は、デフォルト確率をモデリングすることだけではなく、利益に関してもモデリングすることが正しい戦略であるという考え方を受け入れてくれました。彼らは銀行の「100%以上」の利益が少数の顧客のクレジットカード利用により達成されている（残りの顧客による利益は差し引きゼロかマイナスであった）ことを把握していました。収益に関するモデリングを行えば、最良の顧客に対してもっと適したオファーを出し、「大手銀行から優良顧客を獲得できる」と考えたのです。

しかしシグネット銀行はデータサイエンスに基づいた戦略を遂行する上で、1つの深刻な問題を抱えていました。シグネット銀行は、顧客ごとに異なる契約条項を提供することを目標にしていましたが、そのために行うべき利益性のモデリングに必要なデータを保有していませんでした。このようなデータは当時誰も持ってはいなかったのです。当時、シグネット銀行が信用提供を行う際には、ある1つの契約条項と1つのデフォルト予測モデルだけを使っており、そのため収益性モデリングに使用できるデータとしては次のデータしか持っていませんでした。

1. 過去に提供した契約条項に関するデータ
2. 実際に信用提供を受けた顧客の種類に関するデータ（つまり、既存のデフォルト予測モデルにより信用できると判定された人たち）

シグネット銀行は何を実践したのでしょうか。彼らはデータサイエンスの基本戦略を実行に移しました。最初に行ったことはコストをかけて必要なデータを収集することでした。データをビジネス上の資産として捉えるのであれば、データへの投資の要否と投資量について検討するべきです。シグネット銀行の場合には、実験的に異なる契約条項を顧客に与え、それにより収益性に関するデータを準備することができました。さまざまな契約条項がさまざまな顧客に無作為に提供されました。データ分析思考の背景を知らなければ、馬鹿げておりお金を捨てているように見えたでしょう。確かにコストはかかりました。この事例では、その損失がデータ収集のコストに当たります。データ分析思考を実践する人は、投資を正当化できるほどの十分な価値を持ったデータが期待できるかどうかを十分に検討する必要があります。

シグネット銀行はどうなったのでしょうか。ご推察の通り、データ収集のために無作為に契約条項を提供したため、収益性に問題のある口座が急増しました。シグネット銀行は業界をリードするほどの低い「貸倒償却率」（残高の2.9%が未払い）から、ほぼ6%の償却率に

なりました。シグネット銀行の損失が数年間続く一方で、データサイエンティストはデータからモデルを構築し、その評価を進め、収益改善のための施策に使い始めました。利害関係者からの苦情もありましたが、シグネット銀行はこの損失はデータへの投資であると捉えていたので施策をやり通しました。最終的に、シグネット銀行のクレジットカード業務は刷新され収益も大幅に改善されました。そして、クレジットカード事業は新たな企業として銀行から独立し、クレジットカード業務の足を引っ張る他の銀行業務とは切り離されました。

　フェアバンクスは会長兼CEO、モリスは社長兼COOになり、データサイエンスを自社の他の業務（顧客獲得だけではなく顧客引き止めなど）にも適用することを推進しました。顧客がカスタマーサービスに電話をかけてきたとき、カスタマーサービス担当者のコンピュータはデータ主導型モデルを使って、さまざまな方策を行った場合の潜在的収益を計算し（異なるオファーや現状のオファーも対象とし）、最良のオファーをはじき出すようになっています。

　シグネット銀行の話はおそらく初めて聞いたと思いますが、この本を読み進めていくと、スピンオフした2人の会社（キャピタル・ワン社）についてもっと知ることになるでしょう。フェアバンクスとモリスの新しい会社は有数のクレジットカード発行会社へと成長し、業界内において優秀な貸倒償却率を誇っています。2000年には、シグネット銀行は45,000もの科学的検証を行った銀行としてレポートされました[†]。

　企業は戦略的価値がある自社の成果を漏らしたがらないので、データ資産の価値を明確に定量化した実例を見つけることは困難です。例外的にマーティンとプロボスト［Martens, D., & Provost, F. 2011］の成果は公開されています。この事例では、ある銀行の顧客に関する特定取引のデータから、提供するべき商品を決定するためのモデルを構築できるかどうかの評価を行っています。その銀行は商品ごとにオファーを提供する顧客を決定するためのモデルをデータから構築し、多くの種類のデータを調査した上で、予測モデルのパフォーマンスを検証しました。社会統計的データからは、特定の商品を購入しやすい顧客をモデル化することはできました。しかし、あるデータ量を超えると社会統計的データからはそれ以上の成果を得ることはできませんでした。対照的に、顧客の個々の取引に関する詳細なデータ（匿名化されたもの）を使った場合は、社会統計的データだけを使った場合に比べて、大幅にパフォーマンスを向上させることができました。データの種類と予測モデルのパフォーマンスの関係は明白であり有意なものでした。マーティンとプロボストはデータの調査範囲をどんどん拡大しましたが、結果的に多くのデータを使うほど、予測パフォーマンスは向上することがわかりました。これは非常に重要な示唆を含んでいます。すなわち巨大なデータを

[†] 詳しい話を知りたい場合はキャピタル・ワン社について記載された論文［Clemons, E., & Thatcher, M. 1998］［McNamee, M. 2001］を読んでみるとよい。

持つ銀行は小規模なデータしか持たない銀行に対して、大きな戦略的優位性を持っているということです。この傾向が一般的になり、銀行が洗練された分析方法を適用できるようになれば、大規模なデータ資産を保有する銀行は、個々の商品に最適な顧客をより高い精度で識別することができることになります。最終的に巨大なデータを保有する銀行は、商品購入の増加と顧客獲得コストの削減の両方を実現できるでしょう。

データを戦略的資産として捉える考え方は何もキャピタル・ワン社に限られたものではありませんし、金融業だけに限定されるものでもありません。Amazon はオンライン顧客のデータを早期から収集しており、そのデータを使って顧客を Amazon に乗り換えさせることができました。顧客は Amazon が提供するレコメンドとランキングに価値を見出したのです。そして、Amazon は長期にわたって顧客をつなぎ止め、さらには顧客にプレミア料金が必要なサービスを利用してもらうことにも成功しました［Brynjolfsson, E., & Smith, M. 2000］。ハラーズカジノがギャンブルに関するデータ収集とマイニングを行っていることは有名です。これにより 1990 年中頃には小さなカジノだったハラーズカジノは、2005 年にはシーザーズ・エンターテイメントを買収し、世界でも有数のカジノ企業へと成長しました。Facebook に対する高い評価は、個々のユーザ情報やユーザの「いいね」に関する情報、そしてソーシャルネットワーク情報といった、巨大でユニークなデータ資産が評価されたことが理由です［Sengupta, S. 2012］。ソーシャルネットワークに関する情報は、誰がどの商品を購入するかといった予測、およびそのモデルの構築にも役立つと考えられています［Hill, S., Provost, F., & Volinsky, C. 2006］。Facebook が注目に値するデータ資産を保有していることは明らかですが、Facebook がそのデータを最大限に活用するデータサイエンス戦略を保有しているかどうかには議論の余地が残されています。

この本では、データマイニングとデータ分析思考の原則について掘り下げて行く中で、数々のサクセスストーリーの背後にあるデータサイエンスの基本コンセプトについても解説していきます。

1.8　データ分析思考

顧客の乗り換えのような事例を分析することで、データ分析の視点で問題に取り組む能力を磨くことができます。そして、データ分析の視点を身につけることこそがこの本で達成してほしいことです。ビジネスの問題に直面した場合に、データを使った改善が可能であるか、そしてどうすれば改善できるのかを評価できるようになってほしいのです。この本ではデータ分析思考のための基本原則と基本原理について解説していきます。また、分析を体系的に行うためのフレームワークも身に付けます。これにより意識的にデータ分析思考を実践できるようになるでしょう。

先に述べた通り、今日ビジネス戦略にはデータ分析が決定的な要素となっているため、た

とえあなたがデータサイエンスに興味がなかったとしても、データサイエンスを理解することは重要なことです。データ分析を使ってビジネスを推進する傾向はますます増えています。データサイエンスを活用し、データ主導型ビジネスを進めることができれば、大きな優位性を得られます。データサイエンスの基本コンセプトを理解し、データ分析思考のフレームワークを使いこなせるようになれば、データ分析をビジネスに活用できるようになるだけでなく、意思決定の能力を改善する機会に気付いたり、データサイエンスにより脅威になりつつある競合企業を発見できるようになります。

　従来の産業分野に所属する企業も、新しいデータ資源や既存のデータ資源を開拓し、競合企業に対する優位性を確保しようとしています。そして最先端の技術を活用してさらなる収入増加やコスト削減を図るべく、データサイエンスチームを雇い入れています。加えて、多くの新しい企業がデータマイニングを企業戦略の中核要素としています。Facebook や、Twitter などの Business Insider 誌の「Degital 100」に選ばれた企業（Business Insider 2012）の多くは、その企業が収集・作成したデータ資産によって高い評価を受けました[†]。これからますます、経営陣はデータ分析チームと分析プロジェクトをマネジメントする必要が増えていきます。また、マーケティング担当者はデータ主導型のキャンペーンの進め方を理解した上で、一連のキャンペーンを編成することが求められますし、ベンチャーキャピタリストは充実したデータ資産を持つビジネスに多くの投資をすることが求められます。そしてビジネス戦略の立案者はデータを活用した戦略を立てる必要性に迫られるでしょう。

　いくつかの例を考えてみましょう。あなたがデータ分析思考を身に付けることができれば、例えば、コンサルタントがデータマイニングでビジネスを改善する提案を持ちかけて来たときに、その提案が理にかなったものであるか判断できます。また、競合企業が他社との新しいデータパートナーシップを発表したときに、あなたのビジネスにとってそのパートナーシップが、いつ戦略上の障害となり得るか見極めることもできます。あるいは、あなたがベンチャー企業と取引を始め、最初のプロジェクトとしてある広告代理店への投資に対する潜在的効果を評価することになったとします。そのベンチャー企業の設立者は、その投資によって彼らが収集できることになる独自のデータから、大きな価値を創出できるということを主張します。そして説得力があるように聞こえる議論を展開し、その根拠に基づいてより高い評価を主張するでしょう。さて、その議論は本当に理に適ったものなのでしょうか。データサイエンスの基礎を理解していれば、的確な質問を行い、その根拠の妥当性がわかります。

　少し規模が小さくなりますが、多くの読者に関係する例として、データ分析プロジェク

[†] もちろんこれは驚くほど目新しい話ではない。Amazon と Google はデータ資産から数多くの価値ある情報をマイニングするビジネスモデルを確立させている。

トがあらゆる事業部門の業務と関係を持つことになるということが挙げられます。従業員はあらゆる事業部門においてデータサイエンスチームと連携することが求められます。その際に、従業員がデータ分析思考の原則に関する知識を持っていなかった場合、データ分析によってビジネスに何が起こるのかを真に理解することはできないでしょう。データサイエンスは意思決定の支援を担うため、データサイエンスプロジェクトにおいてデータサイエンスの必須知識が欠落することは、他の技術的なプロジェクトの場合と比較してより深刻な弊害となります。次章で述べるように、データサイエンティストと意思決定に関わるメンバーの間には、密接な連携が必要とされます。業務メンバーがデータサイエンスについて理解していない企業は既に大きなハンデを負っています。そのような企業では、時間と労力を浪費したあげく、誤った意思決定を下すことになるかもしれないからです。

> **マネージャーにとってのデータ分析思考の必要性**
> コンサルティングファームのマッキンゼーは、ビッグデータを利用して優位性を得るために企業が必要とするデータサイエンティストが不足すると指摘しています。2018年までに、アメリカだけでも14万〜19万人ほどのデータサイエンティストが不足すると予測しています。加えてビッグデータの分析ノウハウを意思決定に活用することができるマネージャーやアナリストは150万人ほど不足すると予測しています（Manyika, 2011）。マネージャーやアナリストがデータサイエンティストの10倍も必要になるのはなぜなのでしょうか。何も、データサイエンティストという職種が扱いづらいため、10倍もの人数が必要になるわけではありません。これは、ビジネスにおけるさまざまな分野において、データサイエンスチームの成果から精度の高い意思決定をするために必要だからです。マッキンゼーは、データサイエンスに関わるマネージャーはデータサイエンスの基礎を理解していなければ、データサイエンスがもたらす成果を十分に得ることはできないとも指摘しています。

1.9 この本について

　この本ではデータサイエンスとデータマイニングの基礎知識を重点的に取り扱います。すなわち、基本原則、コンセプト、そして思考と分析を体系化するための技法です。これらを学ぶことで、データサイエンスのプロセスと技法に精通することができます。その際に、数多くのデータマイニングアルゴリズムを深く掘り下げる必要はありません。

　データマイニングのアルゴリズムや技法については、実践的ガイドから数学的・統計学的な内容のものまで、優れた書籍がいくつもあります。この本では、基本コンセプトそのものと、基本コンセプトを使ってデータマイニングにおける問題をどのように考えるかということに焦点を当てます。とはいえ、データマイニングの技法に全く触れないわけではありません。データマイニングの多くのアルゴリズムや技法は、まさしく基本コンセプトを具象化し

たものです。しかしいくつかの事例を除いて、データマイニングの技法の効果については、詳細には解説しません。技術的な詳細については最小限にとどめ、どのような技法であり、どのように基本原則に基づいているか理解することを目的とします。

1.10 再びデータマイニングとデータサイエンスについて

　この本では、巨大なデータからビジネスに役に立つパターンやモデルを抽出することを扱います［Fayyad, U., Piatetsky-shapiro, G., & Smyth, P. 1996］。そしてデータマイニングの根底に存在するデータサイエンスの原則についても解説していきます。例えば顧客の（他社サービスへの）乗り換えを予測する事例では、過去に乗り換えた顧客のデータを使って、顧客のパターン（例えば顧客の行動パターンなど）を抽出します。そうしたパターンを見つけることができれば、将来的に乗り換える見込みが高い顧客を予測したり、より良いサービスを企画することに役に立ちます。

　データサイエンスの基本コンセプトはデータ分析の領域の多くに登場します。この本を通じてそれらコンセプトを説明しますが、ここではそれに先立ちその概要に触れておくことにしましょう。それぞれのコンセプトの詳細については後の章で説明していきます。

　基本コンセプト：ビジネス問題を解決するためにデータから有用な知識を抽出する行為は、理論的かつ明確に段階分けされたプロセスに従うことで、体系的に処理することができる。 CRISP-DM（Cross Industry Standard Process for Data Mining）はそのようなプロセスの1つです。このようなプロセスを学ぶことにより、データ分析の問題を構造的に考えるフレームワークを身に付けることができます。実務においては、問題に対する入念な分析に基づかない分析「ソリューション」や、十分に検証されていない分析ソリューションを何度も見かけることになります。データ分析についての体系立てた考え方をすることで、データに基づく意思決定を支援するという観点におけるそれらの問題点が明確にわかるようになります。またそうした考え方をすることで、人の創造性が重要なポイントと、分析ツールが活躍するポイントも明らかになります。

　基本コンセプト：IT（情報技術）を駆使すれば、巨大なデータから個々のデータが持つ有益な属性を見つけることができる。 この本で紹介する乗り換えの事例においては、顧客一人一人のデータが分析対象のデータであり、それぞれの顧客のデータは多くの属性で表現されています。具体的にはそれら属性とは、サービスの利用量やカスタマーサービスの使用履歴などです。他にも多くの属性があります。それら多くの属性のうち、実際に契約更改時における顧客の乗り換え確率に関係する属性はどれなのでしょうか。そして、その属性が持つ情報の価値はどれほどなのでしょうか。これはつまり、乗り換えという事象と「相関」する変数を見つけるということでもあります（この点については後ほど厳密に議論します）ビジネスアナリストは仮説を立て、またそれらを検証することになりますが、この検証を円滑に進

めるためのツールが存在します（これについては、「2.6　他の分析手法や分析技術」で紹介します）。またアナリストは、有益な情報を与えてくれる属性を機械的に発見するためにもITを使うことができます（ただしこれには大掛かりな検証が必要になります）。さらに後で紹介するように、自己フィードバックを受けながら複数の属性から乗り換えを予測するモデルを構築することもできるのです。

　基本コンセプト：データを入念に見ていれば何かのパターンを発見することができるが、そのデータ以外のデータには適用できないかもしれない。これはデータのオーバーフィッティングと呼ばれるものです。データマイニングの技法は非常に強力ですが、オーバーフィッティングを検知し回避しなければいけません。オーバーフィッティングの検知と回避は、データマイニングを実際の問題に適用する際の重要なコンセプトであり、データサイエンスのプロセスやアルゴリズム、手法の評価にも組み込まれています。

　基本コンセプト：データマイニングによるソリューションを作り上げたり、その結果を評価する際には、それが用いられる背景について十分に考慮すること。データマイニングの目的が**価値ある知識**を抽出することであるならば、価値があるということをどのように定義すればよいでしょうか。それはデータマイニングの成果を使おうとしているビジネスの領域に依存します。乗り換え問題に関する次のような質問について考えてみてください。このような質問について考えることがビジネス問題についての十分な検討につながり、価値あることの定義に役立つでしょう。

- 過去のデータから抽出したパターンをどこまで厳密に扱えばよいか。
- 乗り換え率に加え、顧客価値は検討すべき項目であるか。
- そのパターンを使って他の手段よりも的確な意思決定ができるのか。
- 偶然に任せたとしてどの程度うまくいくか。
- あえて何もしなかった場合にはどれほどうまくいくか。

　ここまでに述べた4つの基本コンセプトが、この本でこれから解説していくデータサイエンスの基本コンセプトです。この本を通して何度も基本コンセプトを説明するとともに、基本コンセプトがデータ分析思考の体系化やデータマイニング技法およびアルゴリズムの理解にどのように役に立つかを説明します。

1.11 化学とは試験管について学ぶことではない:データサイエンスとデータサイエンティストの仕事について

ここから先に進む前に、データサイエンスのエンジニアリング的側面についてもう一度簡単に見ておきましょう。この本を書いている時点においては、データサイエンスの議論にはデータ分析のスキルや技法だけではなく、そのためのツールまで含むことが一般的です。データサイエンスの定義(またはデータサイエンティストの募集要項など)には、純粋なデータサイエンスの専門領域だけではなく、データ処理に必要なプログラミング言語やツールについても記載されています。データマイニング技法(例えば、ランダムフォレストやサポートベクターマシンなど)や特定の業務領域(レコメンドシステムや広告配置最適化)の知識に加えて、ビッグデータ処理のためのソフトウェア(HadoopやMongoDB)についても言及された求人広告をよく見かけます。データサイエンスと、巨大なデータセットを扱うためのテクノロジーの間には、あまり大きな違いがないかのようです。

データサイエンスがコンピュータサイエンスと同じように若い分野であることはよく認識しておく必要があります。データサイエンスはとても新しい話題ですし、その一般原則はちょうど理解され始めたところです。データサイエンスの状態は19世紀半ばの化学の状態と類似するところがあります。すなわち、理論と一般原則が定式化され始めてはいるものの、その多くが実験的に進められている状態です。その当時、優秀な化学者の必須条件は優秀な実験技術者でもあることでした。同じように、現在のデータサイエンスにおいては、データ処理に必要なソフトウェアツールに習熟していない人がデータサイエンティストの仕事をすることは考えにくい状態なのです。

それでも、この本ではデータ処理技術ではなくデータサイエンスそのものに焦点を当てます。この本には、巨大なデータマイニングジョブをHadoopクラスタ上で稼働させる最良の方法についての説明はありませんし、Hadoopが何かという説明や、Hadoopについて学ぶ必要性についての説明もありません[†]。この本ではデータサイエンスの一般原則に焦点を当てます。10年経過すれば、現在流行の技術は移り変わっているか、現在の議論が時代遅れになるくらい進化しているでしょう。一方、基本原則は20年経過しても同じままであり、数十年経過してもあまり変わりません。

1.12 まとめ

この本は、ビジネスにおける意思決定の改善を目的として、大規模なデータから有用な情

[†] Hadoopは高度な並列コンピューティングのために広く利用されているソフトウェアであり、ビッグデータ関連技術の1つ。Hadoopを使って、リレーショナルデータベースでは扱えない巨大なデータを処理することができる。HadoopはGoogleによって開発されたマップリデュース(MapReduce)という並列処理フレームワークをもとにしている。

報や知識を抽出する方法について書かれています。あらゆる産業やビジネスには膨大なデータが蓄積されており、データマイニングのチャンスが存在します。広範なデータマイニング技法の根底に存在するのは、**データサイエンス**を構成するいくつかの基本コンセプトです。これらのコンセプトは普遍的なものであり、データマイニングとビジネス分析の本質的要素が込められています。

今日のデータ主導ビジネスの環境において成功するためには、データサイエンスの基本コンセプトをビジネス問題にどのように適用するか考えることが重要であり、そのためにデータ分析的な思考が必要になります。例えばこの章では、データはビジネス資産であるという原則と、はじめにデータに対する投資の要否や投資規模について検討すべきであるという原則について述べてきました。そのため、基本コンセプトを理解することは、データサイエンティストにとって重要なだけではなく、データサイエンティストとともに働く人たち、具体的にはデータサイエンティストの雇用主や、データ関連ベンチャーに投資する人、組織においてデータ分析の現場への適用を管理する人にとっても重要なことなのです。

データ分析的思考は、この本を通じて解説していく基本原則に支えられています。例えば、データからのパターンの自動抽出は明確に定義された段階的プロセスである、という基本原則は次の章のテーマです。プロセスとその段階を理解することは、データ分析思考を体系的に理解するために役立ちますし、その結果として失敗や手抜かりを避けることができます。

データ主導型の意思決定やビッグデータ技術がビジネスパフォーマンスを大幅に向上させるという主張には説得力のある根拠が存在します。データサイエンスはデータ主導型の意思決定を支援するものであり（そうした意思決定を自動的に実行制御することもできます）、それを実現するためにはビッグデータストレージやビッグデータエンジニアリングの技術が必要です。しかし、原則はまた別物です。この本で解説するデータサイエンスの原則は、統計的仮説検定やデータベース照会（これらだけを解説する書籍や授業があります）などのデータ処理関連技術とは違いますが、同時に補完的な役割も果たします。次の章では、その違いについてもさらに詳しく説明します。

2章
ビジネス問題とデータサイエンスが提供するソリューション

基本コンセプト：
- 標準的なデータマイニングタスク
- データマイニングプロセス
- 教師ありデータマイニングと教師なしデータマイニング

　データマイニングは明確に定義された段階を伴う**プロセス**であるということは、データサイエンスにおける重要な原則の1つです。情報技術を活用して、データからパターンを自動的に発見し、そのパターンを評価することもできますが、データマイニングにおける大半の作業においては、分析担当者の創造性やビジネス知識、経験に裏打ちされた判断力が必要となります。データマイニングプロセスの全体像を把握すると、データマイニングプロジェクトを体系的に理解できるようになりますし、データマイニングプロジェクトとは、個人の直感によって偶然達成するようなものではなく一定の手順に沿って実行すべきものであることがわかります。

　データマイニングプロセスに従うと、データからパターンを発見するというタスク全体を、明確な定義を持つサブタスクの集まりへと分解することができます。これはデータサイエンスについての議論を体系的に整理する助けにもなります。この本では、データマイニングプロセスがあらゆる議論をする上での前提となります。この章では、データマイニングプロセスを解説しますが、最初に前提知識を理解するためにデータマイニングプロジェクトに共通するタスクについて解説します。共通のタスクを把握していれば、プロセスの全体や後の章で説明する基本コンセプトについても、より明確に理解することができます。

　この章の最後では、データベース、データウェアハウス、統計学などのビジネス分析に関する重要なテーマを取り上げます。ただし、これらはこの本の主要なテーマというわけではありません（これらのテーマを学ぶためには、他にふさわしい書籍がたくさんあります）。

2.1　ビジネスの問題をデータマイニングタスクへ

　データ主導でビジネスの意思決定を行うときには、多くの場合、異なる目的・要求・制約・利害関係者が組み合わさっているため、どのような意思決定であれそれぞれに異なった問題であると言えます。エンジニアリング領域と同じように、データサイエンスにも問題解決についての共通のタスクがあります。データサイエンティストはプロジェクトの利害関係者と協力しながら、ビジネス問題に取り組むためのタスクをより小さなサブタスクへと分解します。それらのサブタスクを解決するための方法を組み合わせることが、元の問題を解決することにつながるのです。対象とするビジネス問題に固有のサブタスクというものもありますが、多くのサブタスクはほとんどのデータマイニングに共通するタスクです。例えば、この本で取り扱う顧客乗り換え（churn）問題はMegaTelCo社に固有の問題です。言い換えると、MegaTelCo社の乗り換え問題の構造や内容は、他の携帯電話会社のそれとは異なるのです。しかし、あらゆる乗り換え問題において、それに対応するためのパーツとなるサブタスクがあります。ある顧客が契約切れのタイミングで他社に乗り換える確率を、過去の顧客データから推定するタスクなどがそれに該当します。MegaTelCo社が収集したデータを、ある評価手法を使うことができる形式に変換することで（これについては次の章で説明します）、乗り換え確率の推定（estimation）を一般的なデータマイニングタスクとして取り扱うことができます。筆者たちは一般的なデータマイニングタスクを科学的かつ実践的なアプローチで解決することに精通しています。後の章では、ビジネス問題を分解することやサブタスクにおける解決技法から最終的なソリューションを再構成するために役立つフレームワークを紹介します。

> データサイエンスにおける重要な能力の1つは、データ分析の対象とする問題を、対応方法がわかっているタスクへと分解し、解決できる状態にすることです。一般的な問題とその解決手段を知っておくことで、車輪の再発明に対する時間とリソースの浪費を回避することができます。これにより、人間の関与を必須とする高度なプロセスに人的リソースを集中させることができます。すなわち、自動化されておらず、人の創造性・知性が必要となるようなプロセスです。

　長年にわたり多くのデータマイニングアルゴリズムが研究・開発されてきましたが、それらのアルゴリズムを適用できるタスクはほんの一握りしかありません。そのため、そうしたアルゴリズムを適用可能なタスクを、あらかじめ明確にしておくことには意味があります。次章以降では、最初に紹介する2つの手法（分類 – classificationと回帰 – regression）を通じて、いくつかの基本コンセプトを説明します。なお以降で「個別の」という言葉が示す意味は、「1人の顧客を表すデータ」、「1人の消費者を表すデータ」、あるいは「1つのビジネスを表すデータ」、というようにデータセット内のデータ1件という意味ですので覚えてお い

てください。この考え方については、3章でより正確に定義します。ビジネスにおける分析プロジェクトの多くは、個別のデータを構成する変数とその他の変数の間に存在する相関関係を見つけることを目的の1つとしています。例えば、過去のデータを調べれば契約切れの際に他社に乗り換えをした顧客がわかりますが、そうしたとき、近い将来に乗り換える見込みがある顧客との相関関係がある変数を見つけ出すことができます。このような相関関係を見つけることが、分類と回帰の基本的な事例です。

1. **分類**（classification）や**クラス確率推定**では、母集団の構成要素がどのクラス（母集団を複数の集まりに分割する際にそれら集まりを示す階級）に分類されるかを予測（predict）します。通常の場合、クラスは相互に排他的であり、個別のデータが同時に2つのクラスに属することはありません。分類によって解くべき問題は、「MegaTelCo社の全顧客の中で、提示したオファーに反応してくれるのはどの顧客か」のような問題です。この場合、分類の対象とするクラスは「反応する」と「反応しない」、の2つのクラスになります。

    分類のタスクでは、データマイニングの手法を使ってモデルを作成します。そのモデルは、何らかの個別のデータが与えられた場合に、そのデータが所属すべきクラスを判定します。**スコアリング**や**確率推定**は分類と密接に関連するタスクです。スコアリングのモデルを個別データに適用すると、クラスを予測する代わりに、そのデータが各々のクラスに属する確率（あるいはそれに類する値）を表すスコアを算出します。オファーに対する顧客の反応を知りたい場合には、スコアリングモデルを使って個別の顧客を評価し、オファーへの反応の見込みを表すスコアを算出することができます。分類とスコアリングは密接に関連しているため、たいていの場合、分類モデルを修正してスコアリングモデルとして使用したり、あるいはその逆も可能です。

2. **回帰**（regression）（値の推定）は個別のデータに対して、何らかの変数の数値を予測あるいは推定することです。回帰を使うと、「顧客はこのサービスをどれほど使ってくれるか」といった問いに答えることができます。この場合、予測対象となる特性（変数）は**サービス利用量**です。母集団とする顧客の中から似通った顧客を探し出し、その過去の利用量データからモデルを作成することができます。回帰を使った手法では、何らかの個別のデータが与えられた場合にそのデータからある特定の変数の値を推定するモデルを作ります。

    回帰は分類と関連がありますが、同じものではありません。簡潔に言うと、分類とは何かが**起こるか**どうかを予測するものであり、回帰とは**どの程度**起こるかを予測するものです。この違いは本書を読み進めていくうちに明確になります。

3. **類似性マッチング**（similarity matching）は、既知の情報に基づいて類似するデータを識別します。類似性マッチングは文字通り類似するデータを発見するために使用されます。例えば、IBM社は自社の営業力を最大限有効活用するために、自社の優良顧客と類似する企業を探すことに力を注いでいます。IBM社は企業特性を表現する「企業グラフ」というデータに基づき類似性マッチングを行っています。類似性マッチングをベースとした有名なレコメンド手法（製品の購入履歴や趣向が似通った人を見つける）も存在します。また、分類や回帰などのデータマイニングタスクを解決する手段の中には、類似性の測定が基礎となるものもあります。類似性とその使用方法については6章でより詳しく説明します。

4. **クラスタリング**（clustering）は特定の目的（分類の基準）を与えず、その類似性に従って母集団をグルーピングします。クラスタリングは、「特定の目的を持たせずに顧客母集団をグルーピングしたり分割境界を設定することは可能か」といった問題に答えることができます。クラスタリングによって発見されたグループから、以降のデータマイニングタスクやアプローチを決めるといった使い方ができるため、クラスタリングは対象ドメイン（対象となる問題のビジネス領域）の予備調査においても有効な手段です。またクラスタリングにより意思決定プロセスの入力情報を作成することもできます。具体的には「どのような製品を提供・開発するべきか」「顧客ケアチーム（あるいは販売チーム）をどのように組織すべきか」のような意思決定を行う場合が当てはまります。クラスタリングについても、6章で詳しく説明します。

5. **共起グルーピング**（co-occurrence grouping）を使うと、取引データの中からいくつかのデータの間に存在する**関連**を見つけることができます。共起グルーピングは頻出アイテムセットマイニングや相関ルール発見、またはマーケットバスケット分析としても知られています。共起グルーピングは、「どの商品とどの商品が一緒に購入されるか」といった問題に答えることができます。クラスタリングが、データを表現する各属性の値からデータ間の類似性を発見するものであるのに対して、共起グルーピングは取引データ内で共起（一緒に発生）するデータに基づいてデータの類似性を見つけます。例えば、スーパーマーケットの購入履歴を分析した際に、ひき肉とホットソースが一緒に購入されることが多い、という事実が明らかになったとします。発見した事実からどのような行動を起こすかを決定するには想像力を働かせなければいけませんが、この事実からは、何らかのプロモーションや製品ディスプレイの改善、あるいはそれらを組み合わせた施策をするとよさそうだということがわかります。製品購入に関する共起グルーピングはマーケットバスケット分析と呼ばれており広く知られています。また、レコメンドシステムでは、例えばある特定の顧客集団内において

同時に購入される傾向が高い書籍のペアを発見するために、類似性を持つ対象をグルーピングすることもあります。共起グルーピングは、どういったことが同時に起こるのかを示してくれます。その結果には、共起が発生する頻度を表す統計値と、その共起が起こるということがどれほど驚くべきことであるか推定した値を含みます。

6. **プロファイリング**（profiling）は個別のデータやグループ、そして母集団における典型的な振る舞いがどのようなものか明らかにします。プロファイリングは行動記述とも呼ばれます。プロファイリングは、「この顧客セグメントにおける典型的な携帯電話の使用量はどれだけか」といった問題に答えることができます。振る舞いは、単純に定義できるものであるとは限りません。携帯電話の使用量についてプロファイリングする場合も、深夜利用や週末の平均利用、国際電話利用、ローミング課金、メール利用などさまざまな利用形態を考慮した複雑な表現が必要です。典型的な振る舞いを母集団全体として定義することも多いですが、小規模なグループやデータ1件ごとに定義することもあります。プロファイリングは、クレジットカードの不正利用の検知やコンピュータに対する侵入検知（誰かがあなたのiTunesに侵入しようとすることを検知するとします）などの異常検知をするときに、その検査基準を決めるためにも使われます。例えば、ある人のクレジットカード利用に関するプロファイル（クレジットカードを使った購入商品の傾向や購入地域など）を定義すると、その人のクレジットカードが使われたときに、その使用方法がプロファイルと合致するかどうか判定できます。そしてプロファイルと合致しない点とその度合いを使って疑惑度を表すスコアを算出し、そのスコアが高い場合には警報を発することができます。

7. **リンク予測**（link prediction）とは、データ間の関連を予測することです。そのために、データ間のリンク（つながり）の有無を判定したり、リンクの強さを推定します。リンク予測はSNS（ソーシャルネットワークシステム）でよく使われています。「あなたとカレンには共通の友達が10人います。カレンもあなたの友達ではないですか？」といったフレーズで新しいリンクを提示されたことがあるのではないでしょうか。リンク予測ではつながりとその強さを推定することもできます。例えば、多数の顧客がいて複数の映画があり、その中の顧客に対して何らかの映画を推薦する場合、そういった顧客たちが過去に観賞したり評価した映画との関連を使うことができます。そうした関連を表現した図を描き、図上では存在しないが、ある顧客とある映画の間にあるべき強いリンクを予測します。こうしたリンクによって推薦すべき映画を決めるのです。

8. **データ削減**（data reduction）とは大量のデータセットから余分な情報を削ぎ落とし、

重要な情報のみを含んだ小さいデータセットへ変換することです。データセットが小さくなればなるほど、簡単に取り扱うことができますし、データセットが小さくなることで情報はより本質的になります。例えば、顧客の映画視聴に関する巨大なデータがあるとします。このデータの中には顧客の好みを表現するデータ（例えば好きなジャンルなど）が存在しています。元々の巨大な視聴データから余分なデータを削除し、顧客の好みだけを表現する小規模なデータにすることがデータ削減です。しかし、データ削減は情報の欠落を伴うことが多く、データを削減することと優れた洞察結果を出すことはトレードオフの関係になりがちであることには気を付けるべきです。

9. **因果モデリング**（causal modeling）は、他の何かに**影響を及ぼす**出来事や行為を把握するために役立ちます。例えば、ターゲット広告のために、予測モデルを作ってターゲットとする顧客を選定したとします。そして調査結果から、ターゲット広告を出した顧客の商品購入が普段より活発になったことがわかったとします。しかし、顧客の購入行動を変化させた本当の理由はこの広告だったのでしょうか。予測モデルが選んだのは単にいつも商品をよく購入してくれる顧客だったのではないでしょうか。因果モデリングの技法には、観測データから因果関係を示す結論を導出する高度な手法もありますが、大掛かりな投資が必要な場合もあります。大掛かりな投資というのは具体的には、制御された無作為実験（いわゆるA/Bテスト）などを行うための投資です。因果モデリングには、実験的な手法と観測的な手法がありますが、どちらも事実を検証するための分析と見なされています。トリートメントイベント（特定の顧客に広告を見せるような、現状を変化させるための行為）を起こすことで発生する状況と、起こさないことで発生する状況がありますが、通常の場合にはこれらを両方同時に起こすことはできません。因果モデルはトリートメントイベントを起こす場合と起こさない場合の差異を理解することに役立ちます。どんな場合でも、思慮深いデータサイエンティストであれば、因果関係から導かれる結論を堅固なものにするために、適切な仮定を設定します（堅固な結論には**必ず**適切な仮定があるものです）。因果モデルを利用する上では、仮定を排除して結論をより堅固しようとすると、それだけ投資が必要になります。そのため、ビジネスで因果モデルを使用する際は、投資によってどこまで仮定を排除するかについて考える必要があります。入念にランダム化された実験環境下であっても、ある仮定から因果的な結論が無効になることがあります。医学の研究で発見された有名なプラシーボ効果は、入念に設計されたランダム実験下においても仮定が見落とされることがあるということを示しています。

これらすべてのタスクを詳細に説明するには数冊分の誌面が必要になってしまいます。そのためこの本では、これらのタスクの根底に存在する、基本的なデータサイエンスの原則を中心に説明します。この本では主に分類、回帰、類似性マッチング、およびクラスタリングのタスクを題材として基本原則について説明します。それ以外のタスクについては、基本原則の説明に必要になった場合にだけ説明することにします。

この本で取り扱う顧客の乗り換えの問題に適したタスクについて考えてみましょう。こうした問題の専門家は、この問題を母集団の中から解約しそうな傾向にある顧客のセグメントを見つける問題と捉えます。こうしたセグメンテーション問題は、分類やクラスタリング、あるいは回帰のようにも見えます。どの手法が最適であるか決めるためには、まずそれらの違いについて説明する必要があります。

2.2 教師あり手法と教師なし手法

顧客母集団に対する次の2つの問いについて考えてみましょう。1つ目は、「何らかの分類の基準や方向性を与えない状態で顧客をグループ分けをすることは可能なのか」、という問いです。この場合は、グルーピングを方向付ける特定の目標や基準は存在しません。このような基準を持たないデータマイニングの問題は**教師なし**（unsupervised）と呼ばれています。2つ目の問いは、「次の契約切れの際に乗り換えをする確率が特に高い顧客のグループを見つけることはできるのか」という問いです。これを1つ目の問いと比較してみましょう。ここでは、顧客は契約切れの際に乗り換えするか、という明確な基準を定めています。この場合には、乗り換え確率に基づいて何らかの対策をするために、セグメンテーションが行われます。これは**教師あり**（supervised）データマイニング問題と呼ばれています。

> **用語補足：教師あり学習と教師なし学習**
>
> **教師あり**（supervised）と**教師なし**（unsupervised）という言葉は元は機械学習の用語です。教師ありという表現には、学習者であるコンピューターに例題を解かせ、その正解を知っている人間が教師として指導する、という比喩が込められています。コンピュータは例題を解く過程で、教師から与えられる答えなどからデータのパターンを学習していきます。教師なし学習を行う場合は、同じ例題を使ったとしても、教師から答えに関する情報を与えられません。その代わりに、コンピュータ自身が例題の中から共通要素を発見し、答えであるパターンを見つけるのです。

これらの質問の違いは些細なものですが重要です。分類に関する何らかの目的や基準が与えられれば、その問題は教師あり問題です。教師ありの場合は、教師なしの場合とは異なる技術を必要とします。また多くの場合、教師ありの方が有効な結果を得られます。教師あり

の手法には必ず、グルーピングを行い予測をするための何らかの特定の目的が与えられます。クラスタリングは教師なし手法の1つであり、類似性に基づいたグルーピングを行います。しかし、グルーピングに使われた類似性が有意義なものであることの保証はありませんし、何らかの目的に対して有用であるとも限りません。

技術的な観点からすると、教師ありデータマイニングには他にも必要な条件があります。それは予測の対象に関するデータです。単に方針があるだけでは不十分であり、目的（target）変数（予測対象の変数）の実際のデータが必要なのです。例えば、ある顧客が半年以上契約を継続したかどうかという事実がわかることは重要ですが、契約を継続している最中のデータが失われていたり、抜けている（例えば半年のうちの2ヶ月分のデータしか残っていない）場合があります。データから予測を行うので、途中経過が抜けたデータは予測の正解データとしては使えません。対象とするデータの収集に対する投資が、データサイエンスを活用する上で決定的になる場面も多々あります。個別のデータそれぞれの目的変数の値はラベルと呼ばれます。データにラベル付けをするコストが必要になることもあります。

分類、回帰、因果モデリングを行うときには、一般的に教師あり手法を使います。類似性マッチング、リンク予測、データ削減は両方の手法で解くことができます。クラスタリング、共起グルーピング、プロファイリングは、教師なし手法で解くことになります。そして、いずれの技法においてもその根底には、この本で紹介するデータマイニングの基本原則が存在します。

分類と回帰は、いずれも教師ありデータマイニングの代表的な手法ですが、これら2つは予測対象となる情報の種類で区別されます。回帰の予測対象は数値であり、一方、分類の予測対象は離散値（二項に分類することがよくあります）です。ここで、いくつかの似たような問題について考えてみましょう。これらはいずれも、教師ありデータマイニングで取り組むべき問題です。

「顧客はインセンティブが与えられればサービスS1を購入するか。」

二項（購入する／しない）のいずれかを予測することになるので、これは分類の問題です。

「インセンティブが与えられた場合に、顧客はサービスS1、サービスS2、もしくは購入しない、のいずれを選択するか」

対象とする値が3つになりましたが、これも同じく分類の問題です。

「顧客はどの程度サービスを利用してくれるか」

これは、数値を予測することになるため回帰の問題です。この場合の目的変数は顧客のサービス利用量（実際に利用した量、または予測利用量）になります。

これらの問題には些細ではありますが、明確にすべき違いがあります。ビジネスに適用する上では、予測対象が離散的な値であっても、定量的な結果として予測することが求められます。乗り換え問題においては、顧客が契約を継続するかを Yes/No の2つの値で予測するだけでは不十分であり、顧客が契約を継続する**確率**を予測するモデルが必要です。しかし、予測対象はあくまで離散値であるため、この場合も回帰ではなく分類と見なします。この点を明確にすべきときには、クラス確率推定と呼ぶこともあります。

データマイニングプロセスの初期段階において重要な点は次の2つです。

1. 教師ありと教師なし、どちらのアプローチにするか決定する。

2. 教師ありアプローチの場合は目的変数を正確に定義する。

目的変数はデータマイニングの鍵となる特別な値です（この値を評価してモデルを構築していきます）。この点については3章で再度取り扱います。

2.3 データマイニングとその成果

データマイニングでパターンを発見しモデルを構築することと、データマイニングの成果を利用することは、異なるものであり、この違いを認識しておくことは大切なことです。データサイエンスを学び始めたばかりの人は、この2つのプロセスを混同しがちです。企業のマネージャーがビジネス分析の議論をする際にも、この2つを混同してしまうことがあります。もちろん、データマイニング成果の利用方法は、データマイニングプロセス自体にフィードバックされるべきなのですが、両者は切り離して取り扱うべきなのです。

乗り換えの事例において、データマイニングの成果を適用するシナリオを考えてみましょう。乗り換え問題ではモデルを使って、乗り換える確率が高い顧客を予測します。ここで、データマイニングの成果として、顧客があるクラスである確率を推定するモデル M を構築するとします。顧客データは複数のデータ属性で表現されています。顧客データを与えられたモデル M はそのデータ属性を入力値として、それぞれの顧客データについてのスコアや乗り換え確率を推定します。これがデータマイニング成果の利用例です。一方データマイニングプロセスでは、過去の履歴データやその他の情報からモデル M そのものを構築します。

図 2-1 はデータマイニングと、データマイニング成果の利用という2つのフェーズを表現しています。図の上半分は、データマイニング処理により確率推定のモデルを構築することを表しています。一方、図の下半分は成果の利用のフェーズを表しており、未知のケース、すなわち実際に予測を行う対象とする入力データに対してモデルを適用し、確率推定しています。

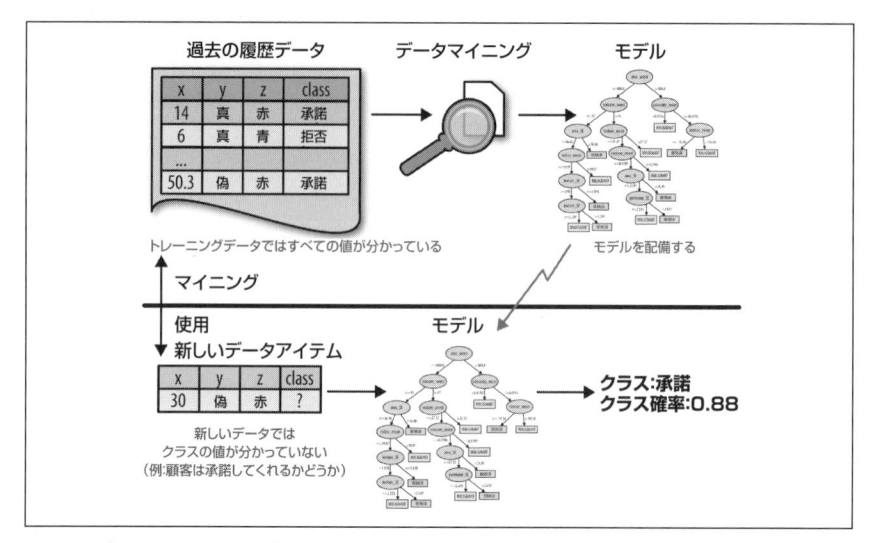

図 2-1 データマイニングとデータマイニングで得られる成果の利用について。図の上半分は過去の履歴データをマイニングし、モデルを構築することを表現している。過去データでは予測対象とする目的変数のクラス値が確定していることが重要な点である。図の下半分はデータマイニング成果の利用を表現している。クラスの値が判明していない新しいデータにモデルを使用している。モデルによりクラス値と、そのクラス値が取り得る確率の両方を予測する。

2.4 データマイニングプロセス

データマイニングには工芸のような側面もあります。理論に裏打ちされた科学と技術を十分に活用できる要素を持ちながら、技巧的な要素が必要とされる余地を残しています。しかし多くの成熟した工芸と同じように、データマイニングにも明確に定義されたプロセスがあり、問題解決の枠組みとして使用できます。このプロセスは合理的な一貫性と客観性を持った繰り返し実行可能なプロセスです。CRISP-DM［Shearer, C. 2000］はそのようなデータマイニングの標準プロセスの1つです。図 2-2 はこのプロセスを示しています[†]。

このプロセス図から、プロセスを反復することは例外的な手順ではなく、基本的な手順であることがわかります。データマイニングの対象としたビジネス問題が一度のプロセスでは解決できないこともありますが、これは失敗というわけではありません。プロセス全体にわたってデータの調査を行う場合が多く、一度プロセスを実施するとデータサイエンスチームはマイニング対象のデータに関する多くのことを学びます。そのため前回よりも多くの情報

[†] ウィキペディアの CRISP-DM プロセスモデル（http://wikipedia.org/wiki/Cross_Industry_Standard_Process_for_Data_Mining）の記事を参照してみてほしい。

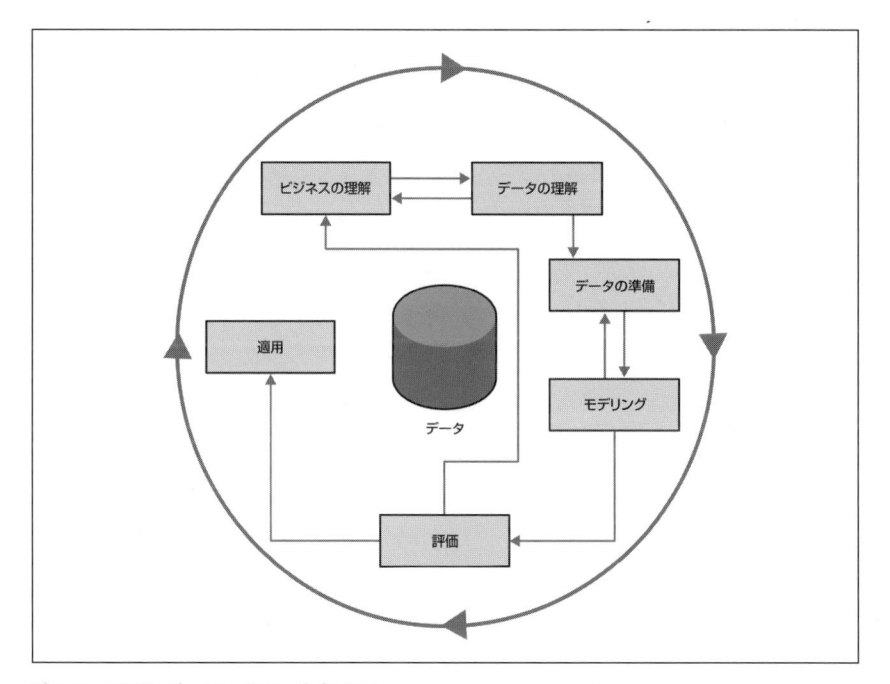

```
                 ビジネスの理解 ⇄ データの理解
                                     ↓
                                   データの準備
         適用            データ         ↕
                                   モデリング
                       評価
```

図 2-2　CRISP データマイニングプロセス

を得た状態で2回目のプロセスを回すことができます。それでは手順の詳細について見ていきましょう。

2.4.1　ビジネスの理解

　最初に、一番重要なことですが、解決するべき問題を理解しましょう。それは当たり前だと思うかもしれません。ですが実際のビジネス問題が、明確で曖昧さのないデータマイニングの問題としてあらかじめ定義されていることなどありません。ビジネス問題の再検討とその問題に対するソリューションの設計は、何らかの発見を繰り返すプロセスになることが多いのです。**図 2-2** ではデータマイニングのプロセスが直線的な（一度実施したことはもう二度と実施しない）プロセスではなく、大きなサイクルの中にまたサイクルがあるような反復を前提としたプロセスとして表現されています。一度ソリューション構築を行っただけでは完結しなかったり、最適な結果が得られないこともあります。そのため、実際にビジネスに適用できるレベルのソリューションを構築するには、プロセスを反復することが必要です。

　ビジネスを理解する段階においては、経験に頼る部分も多く、分析担当者の想像力が大き

な役割を果たす段階でもあります。データサイエンスはこの本で説明するような体系的なプロセスとしての性質を持っています。しかし、分析担当者がビジネス問題をデータサイエンスの問題に落とし込む方法について熟考し、その上で導かれた独創的な解決方法が大きな成功の鍵となることもあるのです。創造的な分析担当者にとっても、基礎知識について深く理解していることは、いままでにないソリューションを見つけるために役立ちます。

「2.1 ビジネスの問題をデータマイニングタスクへ」で解説したデータマイニングで用いられる基本的なタスクは、データマイニング問題を解くための助けとなります。一般的にデータマイニングプロジェクトの早い段階で、どのように問題を解いていくべきか設計します。ここで基本的なタスクのセットを活用できます。すなわち、ビジネス問題を分解して構造化し、分類、回帰、確率推定などのモデルを構築して解決することができる小さな問題として再定義するのです。

プロジェクトの初期段階においてソリューションを設計するチームは、データマイニングの実施方法やその成果の利用方法を示したシナリオを作り、入念に検討するべきです。シナリオを検討すること自体がデータサイエンスの最も重要なコンセプトの1つです。このことについては、7章と11章の2章分を使って説明します。データマイニングで達成したいこととは本当は何なのか。どのような方法でそれを成し遂げるのか。シナリオの中のどの部分がデータマイニングモデルで達成できるのか。このような質問に関してまずは簡略化したシナリオを使って議論を始めます。議論を進めていき、そしてこの質問に立ち帰った時、こうしたシナリオには現実のビジネスニーズが的確に反映されていなければいけないことがわかります。この本では思考を助けるコンセプトを提供します。例えば、期待値という概念を使ってビジネス問題を捉えると、ビジネス問題をデータマイニングのタスクへと体系的に落とし込むことができます。

2.4.2 データの理解

ビジネス問題を解決することを目的とする場合、データとはソリューションを構築するための材料だとみなすことができます。利用可能なデータがビジネス問題の解決にそのまま使えることは滅多にないため、そのデータの信頼性と限界について理解しておくことが重要です。過去のデータは解決対象のビジネス問題とは無関係の目的のために収集されていたり、あるいは明確な目的がないまま収集されていることが多いのです。また顧客データベース、取引データベース、マーケティングデータベースはそれぞれ異なるデータを保持しています。これらのデータベース中のデータは異なる母集団から収集されたものであることもあり、そのデータの信頼性も異なります。

一般的にデータにかかるコストもさまざまです。データの中には実質的に自由に利用できるものもあれば、データを取得するために特別な労力が必要となるものもあります。また、ときにはデータを購入することもあります。さらに、存在しないデータを使用したいので

あれば、データ収集のためのプロジェクトが必要になることもあります。「データの理解」フェーズの勘所は、データソースごとにデータの取得にかかるコストとそこから得られる利益を見積もること、そして見積もった結果から追加投資を行うべきか判断することです。また、データを収集をして終わりというわけではありません。データが正しいものであるか確認するためにも労力をかけなければいけない場合もあります。例えば、顧客レコードや製品識別データは変化が激しくノイズが多いことが知られています。データをクリーニングし顧客1人につき1レコードになるようにデータを加工・修正することは、それ自身が分析における難しい問題です［Hernández, M. A., & Stolfo, S. J. 1995; lmagarmid, A., Ipeirotis, P., & Verykios, V. 2007］。

　データの理解が進むにつれて問題解決の道筋も変化し、それに応じてチームの取り組みも変わります。不正検出の事例においてこの流れを見て行きましょう。データマイニングは不正検出のためによく利用されています。不正検出の問題では、教師ありのデータマイニングタスクを使います。クレジットカードの不正利用を検出するタスクを考えてみましょう。クレジットカードの取引は各顧客の口座に計上されます。そのため、口座上に記録された取引を確認すれば、カードの不正利用がわかります。もしクレジットカード会社が不正利用に気付かなかったとしても、カードの所有者はクレジットカードの請求書の明細を見て、不正利用に気付くことができます。クレジットカードの不正検出の場合には、正規の顧客と不正を企てる人は異なる人物であり、正反対の目的（正規利用と不正利用）を持つため、不正利用を特定しデータに対して確実にラベル付けできます。クレジットカードの取引データは信頼性の高いラベル（正規利用と不正利用を識別するラベル）を持つため、教師ありの手法においては、データをどのように分類するか判別するための目的変数としてこのラベルを使用できます。

　次に同じ不正検出に関する問題として、メディケア[†]の不正利用問題について考えてみます。アメリカではこの問題に年間で10億ドルものコストが費やされており、非常に大きな問題となっています。この問題は典型的な不正検出の問題（先ほどのクレジットカードの不正検出のように、正規利用と不正利用を見分ける問題）のように見えるかもしれません。しかし、ビジネス問題とデータの関係をよく検討すると、この問題が典型的な不正検出問題とは明らかに違うことがわかります。この問題では不正に加担する人物（誤った支払い申請を行う医療提供者やその患者）も、正規のサービス提供者であり、支払いシステムの正規の使用者なのです。不正を行う使用者も正規の使用者の一員であるため、正しい医療費請求だけを行っている集団を抜き出すことは困難です。結果的に、メディケアの支払いデータが不正であることを明確に示す目的変数はないと言えます。そのため、クレジットカードの不正利

---

† 　アメリカにおいて、国が運営する高齢者と障害者のための医療保険。

用検出のときに使った教師あり手法は使えません。このような問題に対してはプロファイリングや、クラスタリング、異常検出、そして共起グルーピングなどの教師なし手法が必要となります。

クレジットカードの問題もメディケアの問題も同じ不正検出の問題であり表面上は似ていますが、実際には別物です。「データの理解」のフェーズでは、対象のビジネス問題と提示されたデータに隠されている構造を明らかにするために、深く掘り下げて考える必要があります。構造を明らかにした上で問題を分解し、データサイエンスとその技法を使って、解決可能なデータマイニングのタスクへと落とし込むのです。ビジネス問題が複数種類のデータマイニングタスクに分解されることも珍しいことではありません。その場合には、複数のタスクの解決方法を組み合わせることが不可欠となります（これについては11章で説明します）。

2.4.3 データの準備

この本で説明する分析技術は強力ですが、適用する際にはいくつかの要求事項を満たさなければいけません。収集されたデータを分析技術が適用できるように整形することもその1つです。この条件を満たすためには何らかの変換処理が必要になります。そのため、「データの準備」フェーズは「データの理解」フェーズと同時並行に進められることがよくあります。「データの準備」フェーズでは、データを分析し、より良い結果を導くために適した形式に加工し変換します。

データを表形式に変換する処理や、欠損値を除外あるいは補完する処理、そしてデータを異なる形式に変換する処理などは典型的なデータ準備タスクです。データマイニング技法の中には記号や階級値のような離散的なデータを取り扱うものもありますが、大半の技法は数値データを扱います。対象とする数値は正規化したり、対数を取るなどの変換を行って、相互に比較ができるようにする必要があります。これらの変換処理にも標準的な技法や経験則があります。3章ではこのデータ変換処理に関連した、データマイニングにおける代表的な形式について説明します。

この本では、データ準備の技法をそれほど詳細には取り扱いませんが、データ準備はそれだけで一冊の本になるテーマです［Pyle, D. 1999］。後の章では、基本的なデータ形式について定義します。データサイエンスの基本原則の説明に必要となる場合や、具体的な事例を説明するために必要な場合には、データ準備についてさらに取り上げることにします。

> 一般的にデータマイニングの初期段階では、データサイエンティストは後のプロセスで使用する変数を定義することにかなりの時間をかけています。変数を定義する行為は、データマイニングにおいて人間の想像力・教養・ビジネス知識が活躍するところです。分析担当者がどの程度うまくビジネス問題を構造化し、変数を定義し

たかによって、データマイニングのソリューションの品質が決まることが多いのです（そして、このことがなかなか受け入れられないこともあります）。

データを準備する際は、「リーク」について十分に警戒する必要があります［Kaufman, S. 2012］。収集した過去の履歴データに、目的変数の予測に使用できる変数が含まれているにも関わらず、予測する時点では何らかの理由でそれを使用できないことがあります。このような状況がリークです。例えば、ある時点においてWebサイトの訪問者が閲覧をやめるか、別のWebサイトに移ってしまうことを予測するとします。このような予測を行う場合、「閲覧を終えるまでの総閲覧ページ数」は予測に有効な変数です。しかしながら、閲覧を終えるまでのWebサイトの総閲覧ページ数は、その一連の閲覧が終わるまではわかりません［Kohavi, R. 2000］。言い換えると、閲覧中に予測したい目的変数あるのに、予測に必要な値はすべての閲覧が完了しないとわからないのです。別の例として、ある顧客がたくさんの買い物をしてくれる顧客であるか予測する問題を考えてみましょう。この場合、最終的に購入された商品のカテゴリ（または税額）などが予測において有効な情報となります。しかしながら予測は買い物の最中、すなわち決済前に行いたいのです。そのため予測する段階ではこれらの情報を使用することはできません［Kohavi, R., & Parekh, R. 2003］。データの準備は実在する過去のデータを使って実施します。そのため、過去データに存在するすべての種類のデータが使えることを前提とした予測計画を立ててしまうことがあります。もちろんこれは誤りで、予測するタイミングにおいて、予測に利用したいデータが必ずも存在しているとは限りません。そのため、データの準備においてはリークについて十分に考慮する必要があります。リークを見つける事例については、14章で紹介します。

2.4.4　モデリング

モデリングについては、この後の章で主題として取り扱います。そのためここでは、モデリングとはデータの規則性を捉えたモデルやパターンを作成することである、と述べるにとどめておきます。

データマイニングの技法をデータに適用する主な場面がモデリングです。データマイニングではデータサイエンスの多くの要素や技法を使用します。そして、モデリングとはそれらの技法を使う代表的な場面なのです。そのためモデリングを行うためには、技法やアルゴリズムを含むデータマイニングの基本的な考え方を理解しておく必要があります。

2.4.5　評価

評価の目的は、適用の段階に進む前にデータマイニングの結果に対して厳密な検証を行い、妥当かつ信頼できる結果であることの確証を得ることです。データセットを入念に見ていれば何らかのパターンを発見できるかもしれませんが、そのパターンが厳密な検査を必ず

しもパスできるわけではありません。データから導出されたモデルやパターンに求められることは、特異的でも例外的でもない真の規則性です。評価とはそのような規則性を持っているかの確証を得るための段階なのです。データマイニングが完了したら即座にその結果を適用することもできますが、それは避けた方が賢明です。まずはモデルを制御された実験環境下においてテストしましょう。そうしたテストは簡単に実行できますし、その費用も安価であり、何より安全です。

　同じように重要な点として、評価の段階では、構築したモデルが当初に掲げたビジネス上の目的を満たすものであるか確認します。ビジネスにおけるデータサイエンスの主な利用目的は意思決定の支援であり、そしてデータマイニングのプロセスが、解決するべきビジネス問題を把握することから始まることを思い出してください。多くの場合、データマイニングのソリューションはより大きなソリューションの一部分にすぎません。そのためその効果を評価しておくことが必要です。さらに、テスト環境下での厳密な検証をパスしたモデルであっても、外的要因によってモデルが運用に耐えないものであることが発覚することもあります。例えば、検知を行う場合に（不正検知、スパム発見、侵入監視など）、大量の誤検知アラートが発生してしまうことがあります。これはこの種のソリューションではありがちな欠陥です。仮に、実験環境下において非常に精度が高い（例えば精度99%超の確率で正しく判断できる）と判定されたモデルがあるとします。しかし、このモデルを実際のビジネス環境に適用した場合には、たとえ間違える確率が1%以下であったとしても誤検知が多くコストが掛かり過ぎるかもしれません（誤検知アラートに対応するために割り当てる要員のコストはどれだけでしょうか。あるいは、誤検知により顧客満足を毀損した場合、どのようなコストがかかるでしょうか）。

　データマイニングの成果の評価は、定性的側面および定量的側面の両面から行います。成果としてのモデルを適用することで、ビジネスにおける意思決定を実現したり改善できます。ステークホルダーが関心を持つのはこの点です。多くの場合において、ステークホルダーがモデルの適用可否を左右します。そのため、モデルの適用が認められるには、ステークホルダーが満足する以上にモデルが意思決定の品質を高めることを証明する必要があります。モデルを使った意思決定の実現や改善の内容はさまざまであるので、満足の基準もその内容ごとに異なります。しかしながらステークホルダーは、モデルが利益をもたらすものであるかという点と、モデルが壊滅的な被害をもたらさないかという点については常に注意を払っています[†]。定性的な評価を円滑に行うには、モデルが関係者にとって理解しやすいもの

[†] あるデータマイニングプロジェクトにおいて、顧客の事業所の電話ネットワークを診断し、問題が起こっていそうな場所に技術者を派遣するためのモデルを構築したことがある。このとき適用に先立ち、電話会社の関係者は、病院が特別扱いされるようにモデルの修正を要求された（言うまでもなく、人の命を扱う病院では早急な復旧が求められるため）。

である必要があります。そのため、データサイエンティストはモデルの理解しやすさについて配慮しなければいけません（モデルはデータサイエンティストだけがわかればいいものではないのです）。モデル自体が理解しにくい場合（例えば、モデルが複雑な数式などで構成される場合）、モデルの働きをわかりやすい表現に置き換えることが求められます。

　最後に、運用を始めてしまったモデルの性能に関する詳細な情報を得ることは、困難であったり不可能なことがあるため、モデルに対する包括的な評価を行うための枠組みが重要であると言えます。モデルを適用した環境へのアクセス手段（データ取得など）が限られることが多いため、一度運用を始めてしまうと、包括的な評価をすることは難しくなってしまいます。また、モデルを適用したシステムは多くの構成要素を持つこともあり、そのうちの1つの要素の貢献だけを評価することは困難です。熟練したデータサイエンティストを抱える企業は、本物の環境にできるだけ近づけたテスト環境を構築します。これは、モデルを適用する前に、リスクへの備えとしてできるだけ現実に近い評価をするためです。

　現実に近いテスト環境があったとしても、例えば、開発中のモデルを運用中のシステムにつないで、無作為試験をしたいことがあります。乗り換え問題の事例において、あるデータから構築したモデルが実験室中では乗り換えの抑制に効果があると評価されたとします。その場合にはモデルを運用中のシステムにおいて無作為に抽出した顧客に適用し、残りの顧客は比較用にそのままにしておくようなテストをします（1章での因果モデルの議論を思い出してみてください）。このようなテストは十分に検討を重ねた上で設計する必要があります。しかし、この本ではその技術的な詳細には言及しません。興味を持った読者は、まずロン・コービーと共著者による論文を読んでみることをお勧めします［Kohavi, R. 2007］［Kohavi, R. 2009］［Kohavi, R. 2012］。この論文は教訓的な内容も含んでいます。また、モデルを適用したシステムに、モデルによる意思決定が不利益を発生させていないかどうかを評価する機能を組み込みたくなることもあります。不正検知システムやスパム検出システムなどでは、新しいモデルを適用した結果として検出の挙動が変化する可能性があるため、このような機能が必要とされます。加えて、モデルの出力結果は入力データに決定的に依存するのですが、データの形式や中身がデータサイエンスチームへの報告なしに変更されることもあります。レーダーの著書［Raeder, T. 2012］ではシステム設計に関する詳細な議論がなされており、適用時の評価をどのように取り扱うべきかについてのヒントが得られるでしょう。

2.4.6　適用

　適用の段階では、それまでの投資に対する利益を得るために、データマイニングの成果やデータマイニング技法そのものを実際に使い始めます。予測モデルを情報システムやビジネスプロセスに組み込むことなどがわかりやすい例です。乗り換え問題の事例においては、顧

客を管理するビジネスプロセスに乗り換え予測モデルを組み込むことになります。例えば、乗り換える可能性が高い顧客を判別し、そうした顧客に向けてスペシャルオファーを送るような仕組みを組み込みます（これについては本書を進めていく中で詳細に議論します）。また、口座を監視するとともに、不正行為の分析担当者が監査報告書を作成するために、不正検出モデルをシステムへ組み込むことなども考えられます。

　データマイニング技術そのものがシステムに組み込まれることも徐々に増えてきています。例えば、オンライン広告でターゲットの選定をするために予測モデルを使う場合について考えてみましょう。新しいキャンペーン広告が打ち出されたときに、自動的にモデルを作成する（さらに検査もする）システムを構築したとします。このようなシステムはデータマイニング技術そのものが組み込まれていると言えます。データマイニングの成果であるモデルだけではなく、データマイニングシステムそのものを組み込む理由は次の2点です。(1). 不正検出や侵入検知のように、データサイエンスチームの対応速度を超える速さでその領域（モデルを適用した環境や取り巻く条件）が変化する。(2). ビジネスにおけるモデリング作業の数が多すぎ、データサイエンスチームが各モデルを手動で管理することが不可能である。このような場合において、データマイニングフェーズそのものを運用環境に組み込むのは最善の策であると言えます。データマイニングフェーズを運用環境に組み込む場合は、正常でない状態を検知した場合にデータサイエンスチームに警告するプロセスを組み込むこと、そしてフェールセーフな運用を実施することが重要です［Raeder, T. 2012］。

> 適用は、技術的な要素をできるだけ排除して簡単な手順で行うこともできます。印刷業界ではデータマイニングを使って、問題を診断し修正するための条件を発見した有名な事例があります。その事例での適用の仕方は、プリンタの横に紙を貼りその条件を記載するという単純なものでした［Evans, R., & Fisher, D. 2002］。適用はより細かく行うことも可能です。データ収集処理だけを変更したり、データマイニングから得られた考察に基づき戦略、マーケティング、オペレーションの一部だけを変更するようなことも考えられます。

　一般的に、運用環境のシステムにモデルを適用する場合には、処理の高速化や既存システムとの互換性を考慮して調整された運用環境専用のモデルが必要になります。この調整のためにかなりの費用や追加投資が必要になることもあります。多くの場合、データサイエンスチームはプロトタイプモデル作成とその評価を担当することになります。そして、作成したプロトタイプモデルはシステム開発チームへ受け渡されることになります。

実務的には、モデルをデータサイエンティストの領域からシステム開発の領域へ持っていくには、いくつかのリスクが存在します。そのため、「データサイエンティストが設計したものがモデルなのではなく、エンジニアが構築したものがモデルなのである」、ということを覚えておきましょう。データサイエンスプロジェクトの初期の段階からシステム開発チームをプロジェクトに巻き込んでおくことは、マネジメントの観点からすると賢明な選択です。開発チームにはデータサイエンスチームに重要な知見や洞察を提供するアドバイザー役として参加してもらうことから始めましょう。また、「データサイエンスエンジニア」と呼ばれる特殊な開発者も徐々に増えてきています。データサイエンスエンジニアとは、システム開発にもデータサイエンスにも精通したソフトウェアエンジニアのことです。プロジェクトが進むにつれて、開発者達の責任範囲は徐々に大きくなっていきます。そしてある時点で、開発者達はプロジェクトを牽引する立場となり、最終的な成果物についての責任を負うようになります。一般的にデータサイエンティストは最後にモデルの適用が完了するまでプロジェクトに残ることが望ましいでしょう。彼らにはそのスキルを活かしてアドバイスをしたり開発を助けたりしてもらいましょう。

　モデルの適用の成否に関わらず、プロジェクトのプロセスがビジネス理解のフェーズに戻ることは多々あります。データマイニングプロセスを実施することで、ビジネス問題に対する数多くの洞察を獲得できます。同時に、問題を解決するためのソリューションの困難さが明らかになることもあります。しかし、再度データマイニングプロセスを実行することで、ソリューションを改善することができます。こうした反復を繰り返すことで、ビジネスやデータそして改善目標について熟考する経験を積むことができます。この経験がビジネスパフォーマンスを改善する新しいアイデアや新しいビジネス、そして新しい投資事業につながることが多々あります。

　しかし、再度このサイクルを回すためには、適用の段階で失敗しなければいけないわけではありません。その前の評価の段階で、マイニングの成果がまだ適用するには不十分であることが明らかになったときには、問題の定義を再検討したり、データをさらに取得します。このような流れはデータマイニングプロセスの図において、評価からビジネス理解へと戻るショートカットリンクとして定義されています。あらゆるデータマイニングのプロセスは未知の事実を調査するという要素を含んでいるため、データマイニングプロジェクトでは新しい発見があった場合には前のプロセスに簡単に戻れる柔軟さが求められます。そのため、データマイニングプロセスには任意の段階から前の段階に戻るリンクが存在する方が良いと考えられます[†]。

[†] ソフトウェアエンジニアリングに精通した人は、「より早く成功するためにより早く失敗しなさい」という考え方と似ていると感じるかもしれない［Muoio, A. 1997］。

2.5　データサイエンスチームを管理するということ

　データマイニングプロセスをソフトウェア開発サイクルと同じようなものとして考えてしまいがちですが、それはたいていの場合には誤りです。実際に多くのデータマイニングプロジェクトがソフトウェア開発プロジェクトと同じように扱われ、同じように管理されています。そのようなプロジェクトは、ソフトウェア部門によって始められ、巨大な情報システムによって収集されたデータを分析し、その結果を情報システムにフィードバックするプロジェクトであることがあります。このような背景からすると、ソフトウェア開発と同じやり方で管理がなされてしまうこともわからないことではありません。このような場合、管理者はソフトウェア技術に精通していることが多いため、ソフトウェア開発プロジェクトの管理方法で管理したくなります。ソフトウェア開発プロジェクトでは、マイルストーンに対する合意を得ることが可能ですし、プロジェクト成功の定義を明確に定められます。ソフトウェア開発の管理者はCRISPデータマイニングサイクル (**図2-2**) を見て、ソフトウェア開発サイクルと似ていると安易に考えてしまう可能性があります。結果的に、分析プロジェクトも自分の得意範囲であるソフトウェア開発の手法で管理できると考えてしまいがちです。

　しかし、これは間違いの元です。データマイニングとはソフトウェアエンジニアリングというよりも研究開発に近い調査事業なのです。CRISPサイクルは調査を主要素として構成されています。このプロセスは、ソフトウェアの設計とは違い、**アプローチ**と**戦略**に基づいた反復を伴うプロセスなのです。調査を主要素とするプロセスであるため、その成果が明確であるとは限りません。また、ある段階の成果により、問題に対する根本的な理解が覆ることもあります。適用することだけを目的としたデータマイニングソリューションを構築したところで、完成度が低く費用だけかかるものが出来上がるだけです。そのため、データ分析プロジェクトでは適用を急ぐのではなく、不確実性を削減するために、さまざまな方法で情報に投資を行う体制を整えるべきです。小規模な投資で、パイロット研究やプロトタイプ検証を行うこともできます。データサイエンティストはプロトタイプの内部挙動 (構成要素やその働き) について記載したドキュメントによく目を通しておくべきでしょう。また大規模な投資があれば、実際の運用環境を模したテスト環境を構築してさまざまな実験を軽快に実施することもできます。

> **ソフトウェアスキルと分析スキル**
> データマイニングはソフトウェアの要素を含んでいますが、通常のプログラマがあまり意識しないスキルが要求されます。ソフトウェアエンジニアリングでは、要求仕様に対して効率的で質の高いコードを書く能力が重要視されます。そして、チームメンバーに対する評価には、コード記述量や修正したバグの数などのソフトウェアメトリクスが使われます。対して、データマイニングにおいては分析に特有の能力が重要視されます。具体的には、問題を数式化する能力、プロトタイプを迅速に

作成する能力、複雑な構造を持つ問題に対して合理的な仮説を構築する能力、投資に値する実験を設計する能力、そして結果を分析する能力などです。データサイエンスチームを組成する際は、従来のソフトウェアエンジニアリングの専門知識よりもこのような資質・能力を持ったメンバーが必要になります。

2.6 他の分析手法や分析技術

　ビジネスの分析では、データ分析を行うためにさまざまなデータ分析技術を利用することになります。この本はデータ分析思考とデータから有用な知見を抽出するための基本原則に焦点を当てています。そのため、それら多くの分析技術を利用する方法、すなわち分析技法の説明に紙面を割くことはしません。とはいえ、これら関連技法の目的や役割、そしてその技法の専門家にいつ相談するべきか、などを把握しておくことは大切なことです。そのため、これら関連技法について理解しておくこともまた重要なことであると言えます。

　このような背景があるので、本章では6つの関連する技法について簡単に説明します。この説明に当たっては、データマイニングとの違いについて述べることにします。主な違いは、データマイニングが**知識・パターン・規則性**をデータから**自動的**に抽出することに主眼を置いている点です[†]。与えられた問題に対してどの分析手法を適用するのがふさわしいかを判断するスキルは、ビジネスアナリストに求められる重要なスキルです。

2.6.1 統計学

　ビジネスの分析において「統計」という言葉は、異なる2つの使われ方がされています。1つ目は、何であれデータから関心のある数値を算出するときの使われ方です。例えば、「悪化している事象を把握するために、顧客利用履歴データからいくらかの統計量を収集する必要がある」、のような使い方がそれに該当します。ここでいう統計量とは合計・平均・割合などを含みます。これを要約統計量と呼びます。考察を深めた結果、母集団から特定の条件で絞り込んだ部分集合に対して要約統計量を計算する場面は多いでしょう。例えば、「乗り換え率は男女で違いが出るのか」、「アメリカ北東部の高収入世帯の乗り換え率はどうか」、などを考えてみてください。これらの質問に答えるためには、顧客母集団を特定の条件で絞り込んだ上で、何らかの数値を求めることになります。要約統計量はデータサイエンスの理論と実践における重要な構成要素です。

　要約統計量は解決対象のビジネス問題に対してよく考えた上で選択するべきです（これは後述する基本原則の1つです）。また、対象データの分布にも十分注意を払うべきです。例えば、2004年の国勢調査局経済調査によると、アメリカ人の平均年収は60,000ドル超です。

[†] 発見を完全に自動化できることは滅多にない。しかしながら、手動による検索・発見を技術的に支援することよりも、部分的にでもデータマイニングを自動的に行うことが重要だ。

しかしながら、政策の策定を行う際にこの値を平均収入として使うと、誤った判断に繋がる可能性があります。アメリカにおける所得分布においては、低中所得者がその分布の大半を占める一方、一部の人たちだけが極端に高所得であり、非常に偏っています。このような所得分布において求められた単純な平均は、人々の収入に関する情報としては不十分です。ここでは中央値のような別の平均尺度を利用するべきです。中央値とは、データの分布があり、そのデータを小さい順（大きい順でも良いですが、一般的にデータの分布を見る場合は小さい順に並べるものでしょう）に並べた際に、並び順の中央に位置する値です。前述の国勢調査によると収入の中央値は44,389ドルでした。これは、先ほどの算術平均よりかなり少ない値です。こうした考え方はあらゆる要約統計量の算出に対して適用することができます。

統計という言葉のもう1つの使い方は研究分野や学問としての「統計」です。区別のために学問としての統計を表す場合は「統計学」と記述します。統計学には分析の基礎となる知識が多く含まれています。そのため統計学を、データサイエンスという分野の大きな構成要素の1つとして見なすこともできます。統計学はさまざまなデータ分布を理解したり、データ分布を要約することに適した統計量について理解することに役立ちます。また統計学は、仮説を検証したり結果の不確実性を推定する際に、どのようにデータを使うべきか理解する助けになります。データマイニングとの関連について考えると、データマイニングによって抽出されたパターンが妥当であり、あるデータセットにおいて偶然起こったものでなく一般的な規則性を持つことを確認するためには仮説検定が役立ちます。この本で扱う、モデルやパターンを抽出する技法も元をたどれば統計学に行き着きます。

例えば予備調査により、アメリカ北東部の顧客の乗り換え率が22.5%であり、アメリカ全体では15%であるということがわかったとします。乗り換え率は地域によっても、時間によっても変動することが考えられるので、この違いは単なる偶然（偶然による変動の結果）によるものかもしれません。しかしながらアメリカ北東部の値がアメリカ全体の平均の1.5倍にもなっています。これは著しく高いように見えます。偶然このような差異が発生することはあり得るのでしょうか。このような問いに答えるためには、統計仮説検定が使われます。

信頼区間における不確実性もこの問題と関係しています。アメリカ全体の乗り換え率は15%であったとしても、統計的な偏差が存在します。伝統的な統計解析を使えば、乗り換え率は95%の確率で13〜17%の間の値であることがわかるかもしれません。

仮説検定はデータマイニングの（補完的な）プロセスである仮説生成と対照をなしています。データだけがある状態で、データからパターンを発見することができるでしょうか。仮説生成はこのような問題に対する解決の糸口になります。仮説生成の後には仮説検証を慎重に行うべきです（一般的に仮説検定には仮説生成とは異なるデータを使います。この点については5章を参照してください）。加えて、データマイニング処理の結果として何らかの推定値を算出することがあります。その場合、その数値に対する信頼区間を求めることが多い

でしょう。この点については、データマイニング結果の評価について議論する際に再度取り扱います。

この本では統計学の概念についてじっくりと解説することはしません。この本の紙面で解説しようとしても、狭い範囲の表面的な説明しかできないからです。統計学やビジネス向けの統計については、それに適した入門書がたくさんあります。

ビジネス分析の場面では「相関」という統計の言葉をよく耳にします。例えば、「最近の顧客の退会と相関を示す指標が存在するか」、のような使い方をします。統計の用語としての「相関」は2つの意味を持っています。1つは汎用的な用語（ある数量の変化によって他の数量が変化がわかる）としての意味です。もう1つは専門的な用語（特定の数式で表すことができる「線形相関」など）としての意味です。次章から始まるビジネスについてのデータサイエンスの議論の出発点がこの「相関」という概念です。

2.6.2 データベースクエリ

クエリ（query）とはデータセットから一部のデータを取得したり、何らかの統計値を取得するために使う、データベースに対する問い合わせ要求のことです。クエリはある形式の専用の言語（後述する SQL など）で記載し、データベースに対して発行します。クエリを扱うための多くのソフトウェアツールがありますが、それらを使うとクエリを1度発行するだけでなく何度も繰り返し発行することができます。これらのツールは、データベースを操作するためのソフトウェアとして提供されています。これらのソフトウェアは、SQL（データベースに問い合わせを行うための構造化照会言語）を直接入力するアプリケーションか、クエリの作成を視覚的に補助してくれる GUI（グラフィカルユーザインターフェース）を備えたアプリケーションです。例えば、データベースのデータを使って計算することができる何らかの「収益性」の指標を定義すれば、クエリを使って「アメリカ北東部において最も収益性が高い顧客」を見つけ出し、得られた結果を収益性の高い順に並べ替えることができます。クエリを発行してデータを取得することはデータマイニングとは本質的に異なります。なぜなら、クエリはパターンやモデルを発見するものではないからです。

データベースクエリは、分析において主要な要素を含む部分集合が何であるか既に目処をつけている場合に力を発揮します。このような場合にクエリを使って特定の部分集合を抜き出して調査を行ったり、仮説を確かめたりすることができます。例えば乗り換え問題の分析の過程において、アメリカ北東部に住んでいる中年男性にはある種の特徴的な傾向がある、という仮説を立てたとします。この場合に次のようなクエリ（SQL）を書くことができます。

SELECT * FROM 顧客 WHERE 年齢 > 45 and 性別 = '男' and 居住地 = '北東部'

このクエリは、データベースの中から、年齢が 45 以上で、性別が男であり、居住地が北

東部である顧客を取得するためのものです。このようにして抽出した顧客に向けてオファーを提供したいのであれば、クエリツールを使って顧客に関するすべての情報（クエリ中の「*」がすべてという意味です）をデータベースから取得できます。

対照的に、データマイニングはどのようなクエリを使うべきかを考えるために使われます。言い換えると、先ほどの例で出てきた『アメリカ北東部に済む中年男性の顧客』といった、特定のパターンや規則性を発見するために使用されるのです。例えば、データマイニング処理により過去の顧客の乗り換えデータに対して、調査を行ったとします。そして調査の結果、このセグメント（年齢が45歳以上であり性別は男で住所は北東部）が、乗り換え確率を予測する上で特徴的な傾向を示すセグメントであるという仮説を設けたとします。この仮説を設けた場合に、この条件をクエリにしてクエリツールで実行することで、データベースから条件にマッチするレコードを取得し、仮説が正しいか確かめることができます。

一般的にクエリツールは各種の便利な処理を実行する能力を持っています。具体的には、特定の条件で絞り込んだデータに対して要約統計量を計算したり、結果の並び替えを行ったり、複数のデータを関連するデータ属性で結合した結果を取得することなどができます。データサイエンティストの多くは経験を積むとともに、クエリ構築の熟練者となり、必要なデータを簡単に取得できるようになります。

オンライン分析処理（OLAP）には、巨大なデータを検索するための使いやすいGUIが用意されています。このGUIを使ってデータの調査を効率的に行うことができます。オンライン処理とは、処理がリアルタイムに行われるという意味です。OLAPを使えば、分析担当者や意思決定者はクエリに対する回答を、迅速かつ効率的に取得することができます。クエリツールを使う場合には、その場で考えたクエリをすぐに使うことができますが、OLAPを使う場合には、分析処理をあらかじめプログラミングしておく必要があります。例えば、地域別・時間別での売上を検索する必要があるとします。その場合、これら3つの次元（地域・時間・売上）で検索結果を絞り込みドリルダウンする処理をプログラミングしておきます。クリックやドラッグやダイナミックチャートに対する操作などの簡易な操作をするだけで、こうしたドリルダウンを実現できます。

OLAPは、データを手動もしくは視覚的な操作で検索できるように設計されていますが、モデリングや自動的なパターン抽出には使えません。加えて対照的な点として、データマイニングツールの場合には、分析に使用する次元を簡単に追加することができます（この場合は分析に使用する変数の属性が1つ増えると考えてください）。これはOLAPとは異なる点です。ビジネスのデータから何かを発見するという目的においては、OLAPはデータマイニングツールを補完する役割をすることもあります。

2.6.3 データウェアハウス

　データウェアハウス（Data warehouses）は企業内を横断してデータを収集し、それらのデータを統合的に管理します。場合によっては、それぞれが独自のデータベースを持つ複数のトランザクション処理システムからデータを収集することもあります。分析システムがそうしたデータウェアハウスにアクセスすることもあります。データウェアハウスはデータマイニングを円滑に進めるための技術と捉えられることもあります。もちろん、データウェアハウスを必ず利用しなければいけないわけではありませんし、多くの場合、データウェアハウスを利用せずにデータマイニングを行います。しかし、データウェアハウスに投資を行っている企業の場合は、データマイニングをより広くより深く適用できていることが多いことも事実です。例えば、データウェアハウスが売上データと社員データを統合したデータを持っていれば、データウェアハウスを使って有能な販売員が持つ特徴的なパターンを発見できるかもしれません。

2.6.4 回帰分析

　回帰分析（Regression analysis）はさまざまな分析手法の中核的な役割を果たしています。回帰分析の技法は統計学の分野や経済分析の分野でも広く利用されています。この本では通常の回帰分析に関する本や授業ではあまり登場しない回帰分析の使い方について取り上げます。ビジネスプロセスの改善を目的にする場合には、特定のデータにしかないパターンを見つけるのではなく、他のデータに対しても広く適用できるパターンを抽出することが重視されます。分析対象のデータセットには含まれない新しい値を予測したり推定することもあります。この本で取り上げる乗り換えの事例でも、ある特定の過去データに対して乗り換えの原因を深く掘り下げることはしません（それが重要な場合もありますが）。むしろまだ乗り換えていない顧客のうち、乗り換え防止の対応が効果的な顧客を予測することに注力します。そのため、発見したパターンを新しいデータでテストして、その規則性が普遍的なものであるか評価することについて時間をかけて説明します。また、特定のデータセットには適用できるものの一般的な母集団には適用できないパターンというものもあります。このようなパターンを発見してしまう傾向を抑制する技法についても同じように時間をかけて説明します。

　現象を説明するためのモデリングと予測するためのモデリングの違いはよく議論になりますが、この本では取り扱いません[†]。これらについて覚えておくべきこととしては、説明モデリングと予測モデリングでは同じ技法が使われることが多いということです。しかし、説明モデリングで学んだことのすべてを予測モデリングに適用できるわけではありません。回帰に関してある程度の知識を持っている読者は、その説明が矛盾しているのではないかと感じ

[†] 興味を持った方はシミューリの著書を勧める［Shmueli, G. 2010］。

るかもしれません[†]。

2.6.5　機械学習とデータマイニング

　データから（予測）モデルを抽出するために、今ではコンピュータに学習させる技法がよく使われています。これらの技法はさまざまな領域で同時に発展してきました。機械学習はその代表であり、他にも応用統計学、そしてパターン認識などで発展してきました。研究分野としての機械学習は人工知能学のサブカテゴリとして始まりました。人工知能学では知性を持たせたエージェント（各種センサーを備えて人工知能で稼働するロボットなどがわかりやすいかもしれません）を現実世界での活動で得た経験から学習させます。人工知能学はエージェントの知識や性能を改善する手法などを研究対象としています。このような改善手法には、環境から得られたデータを分析したり、未知の情報に対する予測を行うといったことが含まれます。長い年月を経て、機械学習の分野におけるデータ分析についての側面は非常に重要な役割を果たすようになりました。機械学習の手法の適用分野はさらに広がっています。機械学習や応用統計学およびパターン認識の科学的領域は密接に関連しており、今や領域の境界は曖昧です。

　データマイニング（あるいは、KDD：知識発見とデータマイニングとも呼ばれます）の研究分野は機械学習の分野から枝分かれして始まり、今でも密接に繋がっています。両分野ともデータ分析を行い、与えられた目的に対して有益なパターンや有用な情報を提供するパターンを発見することを扱っています。その技術とアルゴリズムは両分野間で共有されています。また、実際に2つの領域は密接に関連しているので、研究者は通常両方のコミュニティに参加したり、所属するコミュニティを簡単に切り替えたりしています。それでもなお、両者の差異を指摘し、全体を見渡せる視点を養うことは価値のあることです。

　機械学習はさまざまな種類の性能向上を研究対象としています。そのためKDDとは関係のないロボット工学や画像認識なども機械学習の研究対象に含まれます。また、機械学習は認知と動作についても研究対象としています。具体的には特定の環境下に置かれた知性を持ったエージェントが、学んだ知識をどのように使って判断・行動するかを取り扱います。しかしこのテーマはKDDの研究対象ではありません。

　歴史的に見るとKDDの分野は機械学習の分野から派生し、現実世界で発生する事象に焦点を当てた研究分野として始まりました。それから15年ほどが経過し、KDDコミュニティは機械学習コミュニティよりも、現実世界での応用にさらに関心を持っています。そのため、商業利用やビジネスにおけるデータ分析についての研究は、機械学習ではなくKDDコミュニティの方が力を入れています。また、KDDはデータ分析プロセス全体（データ準備、

[†] より深く学ぶと見かけ上の矛盾はうまく解決できることがわかる。だが、そのような深い学習は基本原則を理解するには必要ない。

モデル学習、評価、など）についても研究対象としています。

2.6.6 さまざまな技法を活用したビジネス問題の解決

　これらの技法をビジネス分析に適用する方法について説明します。そのために、よくある問題とそれを解決するために必要となる技術という観点から見ていきましょう。これらの問題はすべて何らかの関連を持っていますが内容は異なっています。使う必要がある技術が何であるか判断したり、どのような人に相談すべきか考えるためには、この違いを理解することが重要です。

1. 収益性の高い顧客は誰か
   既存のデータにおいて、収益性が高いということについての定義が明確にされているのであれば、データベースにクエリを発行すればいいだけです。標準的なクエリツールを使えば、データベースから条件に合致する顧客データを取得できます。また、この結果を累積取引金額や、他の収益性を表す指標で並び替えることもできます。

2. 収益性の高い顧客と平均的な収益の顧客との間には何らかの明確な差異が存在するか。
   これは推察や仮説の評価に関する問題です。この場合であれば「企業にとっての価値」という点で、収益性の高い顧客と平均的な顧客の間で違いはあるのか、ということです。このような推察や仮説に対して統計仮説検定を用いて、その確かさを評価できます。統計分析により、仮説に基づく差異が有意である確率やその信頼区間を導出することができます。結果は「これら収益性の高い顧客の価値は平均的な顧客の価値とは有意に異る。偶然にこのような値を取る確率は5%以下である」のように表現されます。

3. しかし、そのような顧客は結局誰なのか。そのような顧客の特徴を示すことはできるのか。
   収益性の高い顧客のリストを出すことは一定の成果ですが、それ以上の高度な分析が必要になることもあります。収益性が高い顧客に共通する特性が知りたくなったとします。顧客一人一人の特性については、クエリを使ってデータベースから抽出することができますし、そのとき要約統計量などを使うこともできます。またより深く分析することで、収益性が高い顧客とそうでない顧客を区別する特性を見つけられることもあります。このような特性を見つけることがデータサイエンスの領域なのです。データマイニングの技法を使ってパターンを自動的に発見することもできますが、これについては後の章で詳しく説明します。

4. 新しい顧客は収益性が高い顧客になるか。そのような顧客を獲得することでどれほどの利益が見込めるか。

これらの問題に対しては、データマイニングの技法で回答することができます。過去の顧客データを調査し、収益を予測するモデルを作成するのです。このような技法では、まず過去のデータをもとにしてモデルを作り、新しい顧客に適用して予測を行うことになります。この点については次章で取り上げます。

最後の2つの問題はどちらもデータマイニングに関する問題ですが、その内容は少し異なります。1つ目は分類の問題です。この場合には、新しい顧客が収益性が高い顧客になるかならないか（もしくは、どちらかになる確率）を予測します。2つ目は回帰に関する問題です。この場合には、顧客が企業にもたらす利益を数値として予測します。どちらも、この本の中でより詳しく説明します。

2.7 まとめ

データマイニングは工芸のようなものです。多くの工芸と同じように明確に定義されたプロセスがあり、プロセスに従うことで優れた成果を上げる確率を高めることができます。このプロセスはデータサイエンスプロジェクトを検討する上で極めて重要です。この本を通じてこのデータマイニングプロセスについて何度も言及し、それぞれの基本コンセプトがデータマイニングプロセスとどのように結び付いているかについて説明します。データサイエンスの基礎を理解することが、結果的に企業がデータマイニングを実行して成功する機会を大きく向上させることになるのです。

データサイエンスと関連するさまざまな研究分野において、データマイニングの標準的なタスクが開発されてきました。具体的には分類、回帰、クラスタリングなどです。いずれのタスクも固有の目的とそれに関連する技法（問題を解決するための各種手法）を持っています。データサイエンティストが新しいプロジェクトに取り組む際は、プロジェクトを明確に定義された標準タスクに分解します。そして、それぞれのタスクに適した技法を選択し、それらを組み合わせて、元の問題を解決するためのソリューションを構築します。このアプローチをうまく行えるようになるには、かなりの経験と技能を必要とします。成功するデータマイニングプロジェクトは、データでできることとプロジェクトの目標との間に合理的な妥協点を設定します。言い換えると、データから予測できることとその予測精度について十分理解した上で、データマイニングの成果の現実的な利用方法を設定します。そのため、データマイニングの成果をどのように利用するかや、データマイニングの成果をどのようにデータマイニングプロセスにフィードバックするかについては常に考えるようにしましょう。

データマイニングは、統計仮説検定やデータベースクエリなどの関連技術そのものとは異

なりますが、相互に補完的な関係にあります。これら重要な関連技術を学ぶための専門書や授業も数多くあります。データマイニングとこれらの関連技術は常に明確に区別されるわけではありません。しかし、関連技術の能力や強みを理解して、その使いどころを把握しておくべきです。

　ビジネス上の責任者にとって、データマイニングプロセスはデータマイニングプロジェクトやデータマイニングの提案を評価する上で有効な枠組みとなります。データマイニングプロセスは体系的なものであり、それを理解することで、データマイニングのプロジェクトや提案が妥当なものであるか、それとも根本的な欠陥を持っているか評価できるようになります。この本では、基本原則についてさらに詳細に解説した後、再度この点に戻ります。

3章
予測モデリング：相関から教師ありセグメンテーションへ

基本コンセプト：
- 情報価値のある属性を特定する
- 段階的に属性を選択しデータを分割する

代表的技法：
- 相関を見つける
- 属性／変数の選択
- ツリー帰納法

　前の章ではモデリングについてはあまり細かな説明をしませんでしたが、この章では予測モデリング（predictive modeling）についてさらに詳細に解説しましょう。予測モデリングはデータマイニングにおいて重要な役割を果たします。まず最初の章でも扱った乗り換え予測についてのデータマイニングを例として、教師ありセグメンテーション（supervised segmentation）を使った予測モデリングとはどのようなものか考えてみましょう。教師ありセグメンテーションでは、対象とする母集団をいくつかのグループに分割します。このとき予測値が同じものが同じグループになるように、母集団を分割します。できれば避けたいことを予測の対象としても構いません。例えば、契約期間が終わった後に他社に乗り換えてしてしまう顧客、違法な口座、返済ができなくなりそうな顧客（電話代金やクレジットカードの負債など）、不適切な内容を含むWebサイトなどでもいいのです。あるいは逆に、もっと好ましいものを扱っても構いません。例えば、広告やスペシャルオファーによく反応してくれる消費者や、Web検索に最適化されたWebサイトなどでもいいのです。

　教師ありセグメンテーションを説明していく過程で、データマイニングの基本的な考え方の1つを紹介します。その考え方とは、データの中から重要で情報価値のある変数や属性を見つけたり選択するということです。何をもって「情報価値がある」とするかは、対象とする分野によって変わります。一般的に、情報とはそれまでわからなかった何かをより確かなものにしてくれるもののことです。例えば、もし海賊の財宝の隠し場所についての情報を得

られたとします。その情報は財宝の確実な位置は示していないかもしれません。それでも財宝の隠し場所は、以前より確かになります。情報価値が高いものであればあるほど、対象とするものの確かさが増すことになります。

さて、2章で触れた「教師あり（supervised）」データマイニングとはどのような意味だったか思い出してみましょう。教師ありデータマイニングで重要なことは、予測したり理解したい対象が何であるのかあらかじめわかっているということです。よくあることですが、ビジネスにおいて何らかの判断をしなければならないとき、そのために予測すべきものが何であるかわからないことがあります。予測したいこととは、例えば契約期間が終わったあと顧客がすぐに他の会社に乗り換えてしまうか、あるいはどの口座が違法に扱われているか、といったことです。何を予測の対象にするかを決めると、情報価値のある属性をどうやって見つけたらよいかはっきりしてきます。情報価値のある属性とは、予測値をより確実にすることができる属性のことです。そのような属性は存在するのでしょうか。こういったことを考えることは、前に説明した相関（correlation）の考え方を応用するということに他なりません。ここで見つけたい属性は、対象とする数量と相関関係があるもので、しかも、対象の不確かさを少しでも減らすことができるものです。相関関係にある変数を見つけるだけでも、ビジネス上の問題についての重要な気付きを得ることができるかもしれません。

また、情報価値のある属性を見つけると、近年ますます巨大になっていくデータベースやデータストリームを扱うときにも役に立ちます。何らかの解析技法を使ったとしても、巨大なデータセットを計算して結果を出すのは難しいものです。特に、解析する人が高性能のコンピュータを使えない場合にはなおさらです。巨大なデータセットを解析するための確実な方法は、最初にそのデータセットから解析対象とするサブセットを切り出すことです。情報価値のある属性を見つけることができれば、データセットから意味のあるサブセットを選び出すための賢い方法がわかります。さらに付け加えるなら、データ手動モデリングをする前にそのような属性を選び出しておけば、モデルの精度を高めることができます。その理由は5章で説明します。

情報価値のある属性を見つけることが、ツリー帰納法（tree induction）の基本となります。ツリー帰納法は一般的に広く用いられているモデリング手法です。この章では、基本コンセプトの適用事例の1つとしてツリー帰納法を解説します。ツリー帰納法には教師ありセグメンテーションの考え方がうまく組み込まれていて、情報価値のある属性を繰り返し選び出すことによってモデルを構築することができます。この章の終わりまでには、次のことについて理解できるようになっているでしょう。

- 予測モデリングの基本コンセプト

- 特定の1つの手法に従って情報価値のある属性を見つけるための基本的な考え方
- 木構造モデルについての考え方
- あるデータセットから木構造モデルを抽出するプロセス——つまり教師ありセグメンテーションを使うということ

3.1　モデル、帰納法、予測

　一般的にモデルとは、現実にある何かを簡略化して表現したものです。簡略化するときには、そのモデルの目的に照らし合わせて何が重要であるかということを基準にします。ときには扱う情報についての制約や取り扱いやすさも考慮に入れることがあります。例えば地図とはこの世界そのもののモデルです。地図を作る人は、地図の目的に照らし合わせて、意味がないとみなした情報を大量に切り捨てます。意味のある情報については残し、それをさらに簡略化することもあります。例えば道路地図では、道路そのものやその接続の仕方といった情報を残し、さらに強調して描いています。ある場所へ行くための道順や、そこへ行くために必要なその他の情報が描かれることもあります。世の中のさまざまな分野の専門家たちは、その分野においてよく知られたモデルを使っています。構造設計書、エンジニアリングプロトタイプ、ブラックショールズモデル（金融派生商品の価格についてのモデル）などです。これらのモデルは、その目的にとって意味のない細かな情報を切り捨て、意味のある重要な情報だけを残し整理したものになっています。

　データサイエンスにおいては、予測モデルとは一定の方式を定めたもので、わからない値（つまり目的変数（target variable））を推定するために使います。モデルは数学的なものであったり、ルールのような何らかの論理的記述であることもあります。それら2つの種類の組み合わせとなることもよくあります。教師ありデータモデリングは分類（classification）問題に対するものと、回帰（regression）問題に対するものがあります。得られるモデルはそれぞれ分類モデル（および、クラス確率の推定モデル）と回帰モデルと呼ばれます。

> **用語：予測**
> 通常の意味においては、「予測（prediction）」とは将来何が起こるかについて考え予想することです。データサイエンスでは少し意味が違っていて、「予測」とはわからない値を推定するという意味です。推定するものは未来における何かかもしれませんし（通常の意味での予測）、あるいは過去や現在における何かかもしれません。データマイニングをするときには、それまでに集めた過去のデータを扱いますし、モデルを作ったり検証するときには、過去に起こった事象をもとにします。例えば金融業での顧客の信用評価についての予測モデルでは、そのとき契約している顧客のうち何パーセントが貸し倒れになるか（債権が回収不能になるか）を推定し

ます。スパムフィルタリングについての予測モデルでは、メールの一部分からそのメールがスパムであるかどうかを推定します。不法行為の検出のための予測モデルでは、ある口座が不法なものであるかどうかを推定します。重要なことは、モデルというものはわからない値を推定するためにを使われるということです。

予測モデリングは記述モデリング（descriptive modeling）とは対照的です。記述モデリングの第一の目的は、わからない値を推定することではありません。対象としている現象やプロセスを理解し、何らかの気付きを得ることです。顧客が他社に乗り換えてしまう問題についての記述モデルを作れば、乗り換えしやすいのはどのような顧客であるかわかるでしょう[†]。記述モデルを評価するときは、その理解のしやすさも基準にしなくてはいけません。あまり精密なモデルでなくても、理解しやすいのであればそのほうが望ましいこともあります。一方予測モデルの場合は、どれだけ正確に予測できるかがたった1つの評価基準です。ただし、それでもなお理解しやすさは重要です。このことについては後で説明します。2つの種類のモデルの違いはそれほど厳密というわけではありません。両方のモデルを作成するために、同じ技法を使うこともあります。1つのモデルが2つの目的を果たすこともあります。場合によっては、予測モデルであったとしても、予測することよりも、それを見て何らかの理解を得ることに価値があることもあります。

ここで、いくつかの用語を紹介しましょう。そしてその後で、予測モデルについてさらに説明を続けることにします。「教師あり学習（supervised learning）」とは機械学習の用語で、いくつかの変数（属性や特徴）を選んで、それら変数とあらかじめ定義しておいた目的変数との関係を記述したモデルを作ることです。このモデルは選んだ変数で構成された関数（確率的関数）として表現されます。この関数を使うことで目的変数の値を推定できます。乗り換え問題の場合は、乗り換えしやすい人の特性についてのモデルを顧客の属性の関数として作ります。顧客の属性とは、例えば、年齢、収入、勤務年数、カスタマーサポートの利用回数、利用超過金額、顧客統計情報、利用データ量などのことです。

図3-1はかなり簡略化していますが、債権回収についての予測問題を例にして、ここで紹介した用語を示しています。「インスタンス（instance）」とは、何らかの事実やデータを表すものです。ここでの例では、過去にお金を貸した顧客についてのデータがインスタンスに相当します。インスタンスは、データベースや表計算においては行に当たるものです。1つのインスタンスは属性（フィールド、列、変数、特徴量）のセットになっています。インスタンスは特徴ベクトルと呼ばれることもあります。なぜならインスタンスは、その要素（属性）数が決まっていて要素の順序も決まっている値の集まり（つまりベクトル）とみなすこ

[†] 記述モデルは、そのデータができていく過程（乗り換えについてであれば、どのようにして顧客が他社への乗り換えという結果に至るのか）を簡便に理解するためにも使われる。

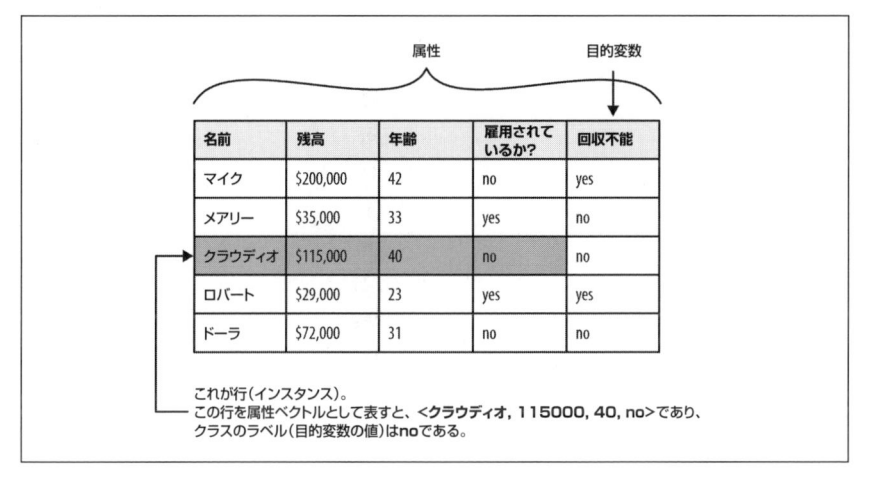

	名前	残高	年齢	雇用されているか?	回収不能
	マイク	$200,000	42	no	yes
	メアリー	$35,000	33	yes	no
→	クラウディオ	$115,000	40	no	no
	ロバート	$29,000	23	yes	yes
	ドーラ	$72,000	31	no	no

属性 / 目的変数

これが行(インスタンス)。
この行を属性ベクトルとして表すと、<**クラウディオ, 115000, 40, no**>であり、クラスのラベル(目的変数の値)は**no**である。

図 3-1 ある教師ありセグメンテーションに関するデータマイニングの用語：この問題は「教師あり」である。なぜなら、予測したい対象である目的変数がわかっているため。目的変数のトレーニングデータも存在し、それらがどのような値かもわかっているためである。また、この問題は回帰問題ではなく分類問題である。なぜなら、対象となる属性は離散値（yes か no）であり、数値ではないためである。

とができるからです。特に明記しない限り、今後取り扱う属性値（目的変数は除く）は、分析対象とするインスタンスが必ず持っているものとします。

同じものに付けられたいくつもの名前

これまでに、さまざまな分野の人たちが、データサイエンスの原理や手法を研究してきました。その分野は機械学習、パターン認識、統計学、データベースなど多岐にわたります。その結果として、1つのものに異なる複数の名前が付いてしまいました。例えば、この本ではインスタンスの集まりのことをデータセットと呼んでいますが、これはデータベースの分野ではテーブル、表計算の分野ではワークシートと呼ばれています。インスタンスは、データベースの分野では行と呼ばれ、統計学の分野ではケースとも呼ばれます。

特徴（属性、テーブルの列）にも同様に、いくつかの名前があります。統計学者は入力値として与えられる特徴や属性のことを、独立変数（independent variable）や予測変数（predictor）と呼んでいます。オペレーションズリサーチの世界では、特徴と同じものを説明変数（explanatory variable）と呼んでいるのを聞いたことがあるかもしれません。統計学の分野では、目的変数（予測しようとしている値）のことを従属変数（dependent variable）と呼んでいます。この用語は少し混乱を招くかもしれません。独立変数は互いに

> （あるいは何に対しても）独立でないことがありますし、従属変数はすべての独立変数に従属するとは限らないからです。こういった理由があるため、この本では従属/独立という言葉は使っていません。目的変数も特徴の1つだと考えている専門家もいますが、そうでない専門家もいます。大事なことは、目的変数を予測するときに目的変数そのものを使うことはない、ということです。ただし、過去における目的変数の値が、未来における目的変数の値を予測するために役立つことがあります。こういった過去の目的変数の値を属性とみなすこともできます。

　実際のデータからモデルを作り出すことは、帰納法的なモデリング手法だと言えます。帰納法（induction）とは、もとは哲学の言葉で、個別の事例から一般的な規則（または法則や真実）を導き出すことです。ここで導き出すモデルとは、厳密な意味での規則というよりも、統計学的な意味での規則です（つまり常に100%正しいわけではありません）。データからモデルを作り出す手法は、帰納法アルゴリズム（induction algorithm）や学習器（learner）とも呼ばれます。帰納法による手法には、分類モデルを導き出すものと、回帰モデルを導き出すものがあります。この本では主に分類モデルについて解説します。なぜなら、分類モデルは統計学においてはあまり扱われない傾向があるにも関わらず、多くのビジネス上の問題を分析するには適しているからです（そのためデータサイエンスの仕事の多くは、分類に焦点を当てています）。

> **用語：帰納法と演繹法**
> 帰納法と演繹法（deduction）とは対照的です。演繹法では、一般的な規則といくつかの事実をもとにして、新たな事実を導き出します。この本では、モデル自体は帰納法で作りますが、そのモデルの使い方は（確率的な意味での）演繹法的と言えます。この点についてはまた後で触れます。

　帰納法でモデルを導き出すときに使われる入力データをトレーニングデータ（training data）と呼びます。2章でも触れましたが、トレーニングデータはラベル付きデータとも呼ばれます。これは目的変数（つまり、ラベル）がどのような値であるかわかっているからです。
　さて、再度乗り換え問題の例に戻りましょう。1章と2章で学んだことをふまえると、モデリングをするときには、教師ありセグメンテーションによるモデルを作ると良さそうです。モデルを作るには契約期間が終わった後に別の企業に乗り換える傾向の高さに応じて、サンプルデータをセグメントに分けます。どのように分けていくかを考えるために、基本コンセプトに立ち戻りましょう。その基本コンセプトは「どのようにすれば、目的変数を予測するために、サンプルの分割に適した属性/特徴/変数を選ぶことができるか」です。

3.2　教師ありセグメンテーション

　予測モデルとは、ある目的変数の値を推定するためのものでした。直感的に考えると、教師ありの場合にデータからパターンを抽出するためには、元のデータをそれぞれ異なった目的変数を持つサブグループに分割すればいいはずです（サブグループに含まれるインスタンスが似たような値の目的変数を持つようにします）。値がわかる属性を使ってセグメントに分けておくと、そうしてできたセグメントは、目的変数を予測するために使えます。そういった分割の仕方は人間にもわかりやすいものになります。例えば、「ニューヨーク市に住んでいて、中年で、専門職の人々は、平均で5%の乗り換え率である」といった具合です。ここで、「ニューヨーク市に住んでいて、中年で、専門職」の部分が、セグメントの定義（属性を特定するもの）であり、「5%の乗り換え率」の部分がそのセグメントでの目的変数の予測値です[†]。

　データマイニングをするとき、属性がたくさんありすぎてどのようなセグメントに分割するべきかわからないこともあります。この本で扱っている乗り換え予測問題においても、乗り換えする傾向を予測するために最適なセグメントがどのようなものであるか簡単にはわかりません。こうしたとき、異なる目的変数（の平均値）を持つセグメントに分割できる属性があるなら、そうした属性を簡単に抽出する方法があればいいはずです。

　ここで次の基本コンセプト「目的変数に対して重要な意味を持つ変数を判別する」を考えてみましょう。目的変数の値を予測するために役に立つ情報価値の高い変数を簡単に機械的に選び出すには、どうすれば良いでしょうか。

　まず、最も情報価値のある属性を1つだけ選び出すことを考えてみましょう。このことを考えていくと、ある1つのデータマイニングの技法を導き出すことができます。この方法はシンプルですが簡単に拡張可能で便利な技法です。乗り換え問題の例の場合には、乗り換え率を予測するのに最も有効な属性は何でしょうか。考えられる属性としては「専門職であること」、「年齢」、「居住地」、「収入」、「カスタマーサービスに苦情を言った回数」、「利用超過金額」など多くの属性がありますが、どれがふさわしいでしょうか。

　ここでは、情報価値の高い有用な変数を選ぶための方法の1つを解説していきます。その後、教師ありセグメンテーションを行うときに、この方法が繰り返し使われることをお見せしましょう。この方法は便利でわかりやすく、しかも直感的な方法でありながら、さまざまな形で応用がきく方法です。多変数の教師ありセグメンテーションも、情報価値の高い変数を選び出すこの基礎的な技法の1つの応用例にすぎないのです。ここで紹介する考え方は、データサイエンスにおける別の問題を考えるときにはいつも役立ちます。例えば、この後他

[†] 後で触れるが、別の方法でも予測値を推定することができる。今の時点では、その方法とはセグメントにあるトレーニングデータの平均のようなものだと考えてほしい。

のモデリング方法についても掘り下げて説明していきますが、その中には直接的には変数を選び出さない方法もあります。そのような方法を使う場合でも、もし属性の数が多すぎて困るようなときには、ここでの考え方に立ち戻ると情報価値の高い属性を選び出すために役に立つでしょう。そうすることで、大きすぎて扱いづらいデータセットのサイズを実質的に減らすことができ、結果としてより精密なモデルを作ることができます。

3.2.1　情報価値の高い有用な属性を選び出す

　大量のインスタンスがあるとき、どうすればインスタンスを効果的に分類分けできる属性を選べるでしょうか。ここではまず目的変数が2種類（2クラス）のうちいずれかになる問題を考え、その後でその考えを広げていきます。具体的に考えるために、図 3-2 に簡単なセグメンテーションの問題を示します。この例では分類の対象とする人が 12 人います。2 種類の頭（正方形と円）と、2 種類の体（長方形と楕円）があります。2 人の体は黒で、残りの 10 人は白です。

　こういった属性で図中の人がどのような人であるか記述しています。それぞれの人の上にあるラベルは、Yes または No のいずれかの値となる目的変数で、その人の（例えば）借りているローンが回収不能になるかどうかを示しています。これらの人々についてのデータを、次のように記述することにします。

属性
- 頭の形：正方形、円
- 体の形：長方形、楕円
- 体の色：黒、白

目的変数
- 回収不能：Yes、No

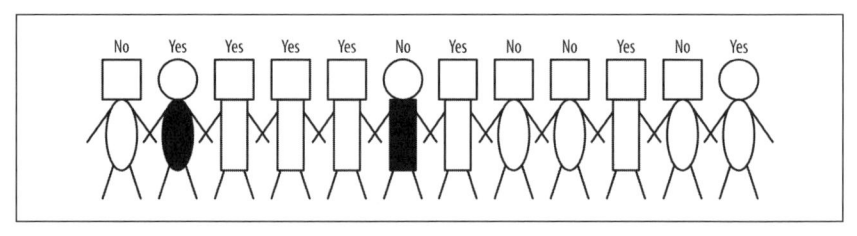

図 3-2　分類対象となる人々。頭の上のラベルは、目的変数の値（債権が回収不能になるかどうか）を表す。色や形は、それぞれ異なった属性を持つことを表す。

さて、これら属性のうち、どの属性が図中の人々をセグメントに分けるのに最適でしょうか。ここでは、回収不能となるセグメントと、そうでないセグメントに分けることにします。セグメントはできるだけ純粋なものにしたいところです。ここでの純粋（pure）という言葉の意味は、あるセグメントに配した人々の目的変数の値が全員同じになるということです。もし、あるセグメント内の人々の目的変数がすべて同じ値になるのであれば、そのセグメントは純粋ということになります。もし、セグメント内に1人でも目的変数が異なる人がいたら、そのセグメントは純粋ではありません。

残念なことに、データマイニングで扱う現実のデータでは、セグメントを純粋にできる属性が見つかることは稀です。しかし、もし完全ではないにしろ十分に純粋に近いセグメントが得られれば、そのデータセットについてさまざまなことがわかるようになります。そして、この章においては特に大切なことなのですが、そうして得た予測モデルの属性を使うことで、例えば、回収不能になる確率が他よりも高い（あるいは低い）セグメントを予測できるようになります。そして、回収不能になりにくいと予測される人たち向けにより多くのお金を貸したり、回収不能になる確率に応じて貸出条件を変えるといったことができるはずです。

ただし、実際にはいくつかの懸念点があります。

1. セグメントを完全に純粋に分割できる属性はほとんどありません。もしも、1つのセグメントが純粋になることがあったとしても、その他のセグメントが純粋になるとは限りません。例えば図3-2で、2人目の人がいなかったとしましょう。そのとき「体の色が黒」という条件でセグメントを作ると、そのセグメントは純粋（回収不能 = NO）になります。しかし、もう一方のセグメント（体の色が白）は純粋ではありません。

2. ここでの例では、「体の色が黒」という条件で、たった1人だけが含まれる純粋な1つのセグメントになるように単純に切り分けました。このようにしてできたセグメントは、他の方法のものよりも良いものだと言えるのでしょうか。純粋なセグメントが1つも得られなくても、全体としてより純粋になる分割方法のほうが、より良い予測性能を得られるかもしれません。

3. すべての属性が2つの値のうちいずれかを取る属性であるとは限りません。属性の多くは3つかそれ以上の値にもなります。ある1つの属性を使うと全体を2つに分割することができるとき、その他の属性を使えば3つか、あるいは7つに分割することができるかもしれません。当然このようなことも考慮して分割を行うべきです。どうすればこれら属性を比較して最適なものを選べるでしょうか。

4. 値が数値（連続値あるいは整数値）である属性もあります。このとき取り得るすべての数値についてのセグメントを作ることに、意味はあるでしょうか（もちろんありません）。数値属性を使った教師ありセグメンテーションについては、どのように考えるべきなのでしょうか。

幸いにして、分類問題についてはある種の数式を作ることで、たいていの問題をうまく扱うことができます。そうした数式は、それぞれの属性がどれだけうまくインスタンスをセグメントに分けられるかを評価するものです。このときもちろん目的変数をどれだけ予測できるかといった観点で評価すべきです。セグメントの純粋さを測ることができれば、その仕組みを使ってこのような数式を作ることができます。

純粋さを基準にしてセグメントを分割するためには、情報利得（information gain）が最もよく使われます。情報利得はエントロピー（entropy）と呼ばれる純粋さの測定値から得られます。どちらの概念も、情報理論のパイオニアの1人であるクロード・シャノンが、その分野における独創的な研究の過程で発明したものです［Shannon 1948］。

エントロピーとは、あるデータの集まりについての乱雑さを測る尺度です。今の場合には、セグメントの乱雑さを表します。あるデータセットのインスタンスそれぞれが、ある特性を持っていたとしましょう。それぞれのインスタンスはその特性について何らかの値を持っているものとします。教師ありセグメンテーションでは、目的変数がこのような要素の特性に相当します。乱雑さの度合いは、そのセグメントにどれだけ特性の異なったインスタンスが混ざっているか（純粋でないか）ということに相当します。例えば、回収不能である人もそうでない人も多数混じっているセグメントは高いエントロピーになります。

学術的にもう少し厳密にするなら、エントロピーは次の式で定義できます。

式3-1 エントロピー

$$\text{エントロピー} = -p_1 \log(p_1) - p_2 \log(p_2) - \cdots$$

ここで、それぞれの p_i は、データセット中に存在するあるインスタンスの特性（目的変数）が i という値である確率（相対的な割合）です。すべてのインスタンスの特性の値が i であるなら、p_i は1です。いずれのインスタンスも特性の値が i でなければ、p_i は0です。「…」は単に、特性値が2種類だけではなくもっと多いかもしれない、ということを示しています。また、厳密に言うと log の底は2です。

このエントロピーの定義式だけではわかりにくいので、**図3-3** で、あるデータセットにおけるエントロピーを例示しました。このデータセットには10個のインスタンスがあり、それらインスタンスは2つのクラス（＋か−）のいずれかに分類されます。ここで、＋か−と

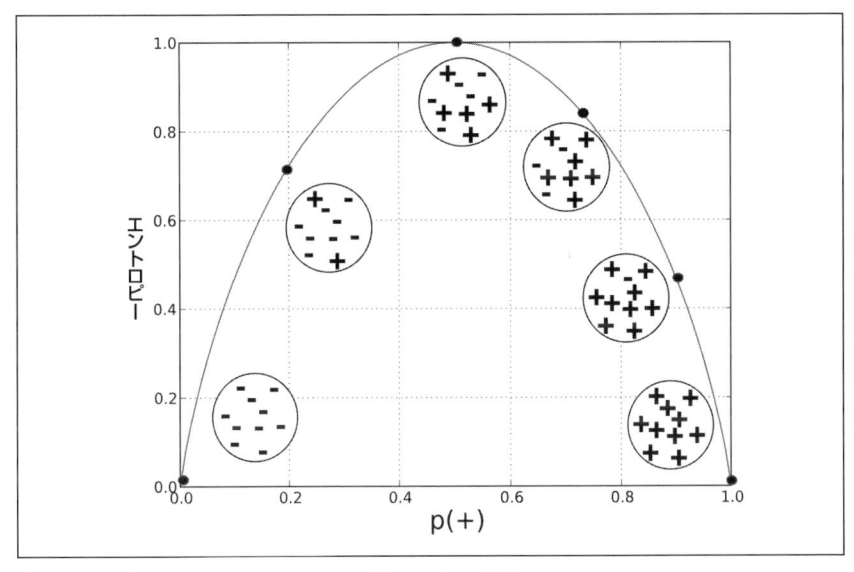

図3-3 2クラスのデータセットのエントロピー（p(+)の関数）

なるクラスが、エントロピーの評価対象とする特性（目的変数）です。この図を見ると、エントロピーがそのデータセットの乱雑さを示していることがわかります。乱雑さが最小のとき（すべてのインスタンスが同じクラスであるとき）エントロピーは0となり（log1は0であるため）、乱雑さが最大になるとき（異なるクラスのインスタンスが等しく混じっているとき）エントロピーは1になります。ここではインスタンスの特性は、2つのクラスのいずれかになるので、$p_+ = 1 - p_-$ となります。左下のすべてのインスタンスのクラスがマイナスの点では、$p_+ = 0$ となります。このときが最も乱雑でない（つまり純粋な）状態で、エントロピーは0です。ここからインスタンスをマイナスからプラスに変えていくと、エントロピーは増えていきます。プラスとマイナスのインスタンスの数がちょうど等しくなったとき（それぞれ5）エントロピーは最大になり、$p_+ = p_- = 0.5$ となります。さらに要素がプラスに変わると、プラスのインスタンスが優勢になり、エントロピーは減少し始めます。すべてのインスタンスがプラスになると、$p_+ = 1$ となりエントロピーは再び最小値0になります。

具体的な例として、あるデータセット S を考えてみましょう。データセット S は、10人の人のデータから構成されていて、10人のうち3人が回収不能であり7人が回収不能ではありません。

$$p(回収不能) = 7/10 = 0.7$$
$$p(回収不能でない) = 3/10 = 0.3$$

$$\text{エントロピー}(S) = -[0.7 \times \log_2(0.7) + 0.3 \times \log_2(0.3)]$$
$$\approx -[0.7 \times -0.51 + 0.3 \times -1.74]$$
$$\approx 0.88$$

　この章の残りの部分では、エントロピーが重要な役割を果たします。対象とする値を予測するに当たって、ある属性がどれくらい情報価値のあるものであるか測るにはどうしたらいいでしょうか。選択した属性から、目的変数についてどれくらいの情報を得られるのでしょうか。インスタンスの属性を使ってデータセットを分割し、いくつかのセグメントに分けるとします。エントロピーは単に、ある1つのセグメントがどれだけ乱雑か（純粋でないか）を示すだけです。幸いにも、エントロピーを使うと情報利得（information gain：IG）を定義することができます。情報利得とは、ある属性を使ってデータセットを分割するとき、それによって全体としてのエントロピーをどの程度減少（あるいは増加）させられるかを評価するものです。もう少し厳密に言うなら、情報利得とは、新しい情報が増えるときに、エントロピーがどの程度変化するかを測るものです。教師ありセグメンテーションの場合には、新しく増える情報とは、あるデータセットを1つの属性で分割することで得られる情報のことです。分割に使う属性が k 個の異なる値を取るとしましょう。分割前の元のデータセットを親セットと呼ぶことにします。また、属性によって7つに分割した後のそれぞれのセットを子セットと呼ぶことにします。情報利得は親セットと子セットから構成される関数になります。属性で分割することにより、どれだけの情報が得られたでしょうか。それは、子セットが親セットと比べて、どれくらい純粋になったかによります。予測モデリングの文脈で言い換えるなら、データセットの属性の値がわかると、目的変数の値についてどれだけのことがわかるでしょうか。

　情報利得（IG）は次のように定義できます。

式3-2　情報利得

$$\text{IG}(\text{親}, \text{子セット}) = \text{エントロピー}(\text{親セット}) - $$
$$[p(c_1) \times \text{エントロピー}(c_1) + p(c_2) \times \text{エントロピー}(c_2) + \cdots]$$

　ここで、ある子セット（c_i）のエントロピーには、その子セット中のインスタンス数（の割合）に応じた重み $p(c_i)$ を掛けています。この重み付けは、前に提示した懸念点に対処するためのものです。つまり、インスタンス数が1つの子セットを作って、その子セットを完全に純粋にしたとしても、その子セットの重み付けは小さいため、情報利得全体に対してはたいした影響を与えません。そのように分割するよりも、完全には純粋ではなくてもインスタンス数が多い2つの子セットに分けた方が、良い結果が得られるかもしれないのです。

　1つの例として、図3-4における分割を考えてみましょう。これは目的変数が2クラス（●

と★) である問題です。この図を評価してみると、子セットは確かに親セットよりも純粋です。親セットは 16 個の ● と 14 個の★を含んだ 30 個のインスタンスを持っています。親セットと子セットのエントロピーの計算結果は次のようになります。

$$\text{エントロピー}(親セット) = -[p(\bullet) \times \log_2 p(\bullet) + p(\star) \times \log_2 p(\star)]$$
$$\approx -[0.53 \times -0.9 + 0.47 \times -1.1]$$
$$\approx 0.99 (まったく純粋ではない)$$

左側の子セットのエントロピーは次の通りです。

$$\text{エントロピー}(残高 < 50K) = -[p(\bullet) \times \log_2 p(\bullet) + p(\star) \times \log_2 p(\star)]$$
$$\approx -[0.92 \times (-0.12) + 0.08 \times (-3.7)]$$
$$\approx 0.39$$

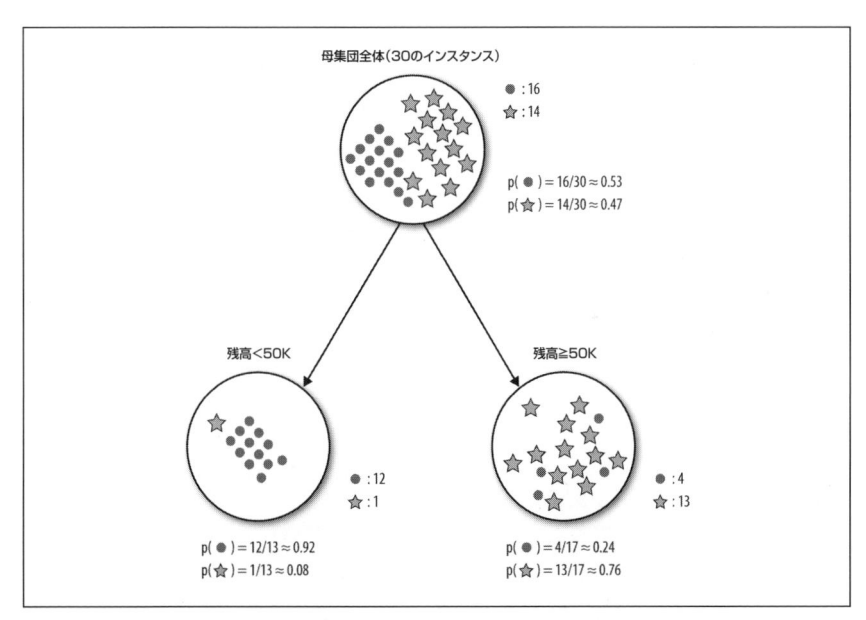

図 3-4 「回収不能」についてのデータセットを 2 つのセグメントに分ける。このとき属性「残高」の値が 50K 以上かどうかで分ける。

右側の子セットのエントロピーは次の通りです。

$$\text{エントロピー}(残高 \geq 50K) = -[p(\bullet) \times \log_2 p(\bullet) + p(\star) \times \log_2 p(\star)]$$
$$\approx -[0.24 \times (-2.1) + 0.76 \times (-0.39)]$$
$$\approx 0.79$$

式 3-2 を使うと、この分割の結果得られる情報利得は次の通りです。

$$IG = \text{エントロピー}(親セット) - [p(残高 < 50K) \times \text{エントロピー}(残高 < 50K)$$
$$+ p(残高 \geq 50K) \times \text{エントロピー}(残高 \geq 50K)]$$
$$\approx 0.99 - [0.43 \times 0.39 + 0.57 \times 0.79]$$
$$\approx 0.37$$

この分割は十分にエントロピーを減少させています。予測モデリングの観点では、この属性は目的変数について多くの情報を与えてくれる、ということになります。

2つ目の例として、別の分割の仕方を考えてみましょう。図 3-5 では、図 3-4 と同じ親セットを使っています。ただし、「残高」ではなく「住居」で分割しています。住居は「所有」、「賃貸」、「その他」、の 3 つのうちいずれかの値を取ります。細かい計算を省くと、エントロピーは次のようになります。

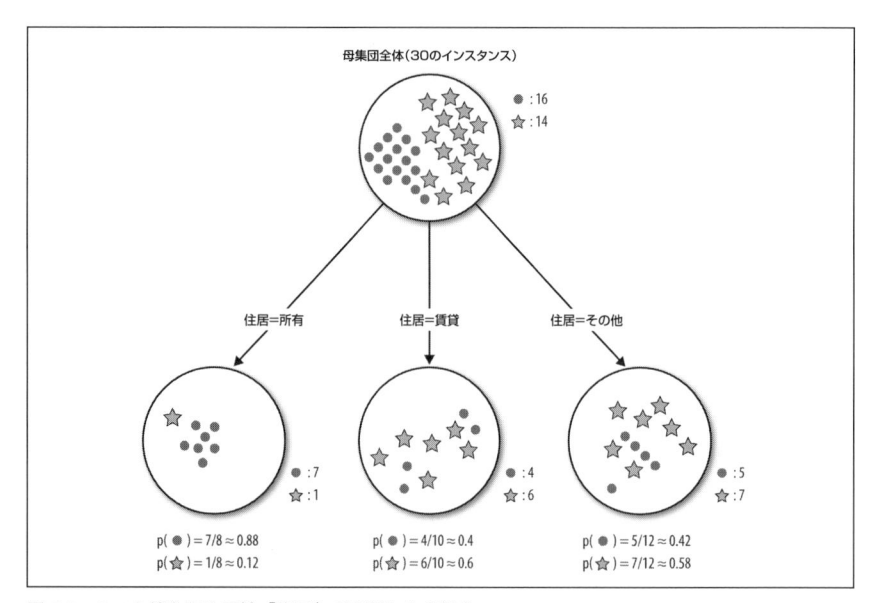

図 3-5　3 つの値を取る属性「住居」で分割した分類木

エントロピー(親セット) ≈ 0.99
エントロピー(住居 = 所有) ≈ 0.54
エントロピー(住居 = 賃貸) ≈ 0.97
エントロピー(住居 = その他) ≈ 0.98
IG ≈ 0.13

　住居で分割するとプラスの情報利得が得られますが、その値は残高の場合よりも小さな値です。これは住居による分割によって「所有」の子セットのエントロピーがかなり減少したのに対して、「賃貸」や「その他」の子セットは親セットと比べてそれほど純粋にはならなかったからです。これらの結果から、住居は残高と比べて、あまり情報価値がないということになります。

　ここで、前に示した教師ありセグメンテーションにおける懸念点について振り返ってみると、情報利得を使うことでそれら懸念点に十分対処できていると言えます。情報利得を使えば、完全に純粋であることは求められません。子セットの数がいくつであったとしても対処できます。子セットの相対的な大きさの違いも考慮に入れていて、大きなサブセットにはより大きく重み付けしています[†]。

数値属性

属性が数値の場合については、厳密には説明してきませんでした。数値属性はその数値を分ける基準点を1つ（あるいは多数）選んで分割し、カテゴリに分けることで、離散値とみなすことができます。例えば、何らかの金額を基準として収入を2つかそれ以上の範囲で分けることができます。こうすれば情報利得を使って離散値で分割したセグメントを評価できます。まだ数値属性を分割する点をどのように選べばよいか、という問題が残っていますが、基本的な考え方としては、意味のあるすべての分割点で試してみて、そのうち最も高い情報利得を得られるものを採用すればよいでしょう。

　最後に、回帰問題（目的変数が数値である場合）についての教師ありセグメンテーションについて考えてみましょう。子セットの純粋さをできるだけ高めるという方法は、この場合にも意味があります。しかしこの場合は情報利得を使っても、正しい結果は得られません。なぜなら、エントロピーから求める情報利得は、セグメントにおける異なる特性値の割合を使って計算するものだからです。数値のような連続値の場合には、特性値の割合に意味があるとは限りません。回帰問題の場合には、その代わりにそれぞれの子セットにおける数値

[†] より多くの値を取る属性を使う場合にはまだ懸念点が残る。そういった属性で分割すると大きな情報利得を得られるかもしれないが、必ずしも予測に役立つとは限らないからだ。この問題（オーバーフィッティング）は5章で取り扱う。

（目的変数の値）の純粋さを測ればよいはずです。

　ここでは、その導出方法は説明しません。しかし、重要なことなので基本的な考え方だけをかいつまんで説明しましょう。数値についての純粋さを測るための1つの方法は、分散を使うことです。もしある数値の集まりがあって、その数値がすべて同じ値であったとすると、そのときその集まりは純粋と言えます。このとき分散はゼロです。もしその集まりの中の数値がそれぞれ大きく異なる値を取るなら、分散は大きくなるでしょう。親セットと子セットでどれだけ分散が減少したかを測れば、情報利得に似たものを計算できます。目的変数が数値である場合に最適なセグメントを作り出すためには、分散の加重平均が最も小さくなるようにセグメントを分割することが1つの方法です。結局のところ本質的なことは、目的変数と最も相関関係が高い属性、あるいは最も予測精度が高い属性を選ぶということです。

3.2.2　例：情報利得を使った属性選択

　ここまでで、1つ目のデータマイニング技法を扱う準備が整いました。複数の属性と目的変数があるデータセットに対して、目的変数の値を推定するために最も有効な属性はどれであるか判断することができるようになりました（このことについては後ほどさらに詳しく解説します）。情報利得を使って属性の情報価値に応じたランクを付けることもできます。データセット中のすべてのデータを扱いたくない（あるいは扱えない）場合には、属性を選んで、対象のデータセットのサイズを減らすこともできます。

　情報利得の使い方をわかりやすく説明するために、シンプルではあるけれども現実に近いあるデータセットを使うことにします。カリフォルニア大学アーバイン校の機械学習データセットリポジトリには、こういう場合に使えるデータセットが保存されています。その中のある1つのデータセットを使います。このデータセットは食用キノコと毒性キノコについてのデータセットで、書籍『*The Audubon Society Field Guide to North American Mushrooms*』から抜き出したものです。このデータセットについての説明から一部を抜粋します。

> このデータセットには、ハラタケ属とテングタケ属の23種のキノコについての標本の説明が含まれています。これらのキノコは食用に適するか、毒性を持つか、不明であるかのいずれかです。このデータセットでは、毒性を持つか不明な場合にも、毒性を持つものとして分類しています。ガイドには「キノコが食用に適するかを見分けるための簡単な規則はない」と明確に記載されています。ウルシの場合であれば「葉が3枚なら毒のあるアメリカツタウルシ」のような簡単な見分け方がありますが、この種のキノコの場合には簡単な見分け方はないのです。

データセット中のそれぞれのインスタンスはキノコのサンプルであり、そのキノコの属性（特徴）が記述されています。キノコについての 12 の属性とそれぞれが取り得る値を表 3-1 に記載しました。キノコのそれぞれの属性は必ずある 1 つの値を取ります（例えば、ヒダの色 = 黒）。このデータセットの中から 5,644 個のサンプルを使います。このうち 2,156 個のキノコには毒性があり、他の 3,488 個は毒性がなく食用に適します。

このキノコについての例は分類問題です。なぜならこのデータセットには、2 つのクラスのうちいずれか（食用に適するかか、適さないか）となる目的変数があるからです。トレーニングデータ内のインスタンスがその目的変数を持っています。情報利得を使って、「食用に適するか（食用 =Yes）、適さないか（食用 =No）を判別するのに最も適する属性は何か？」という問題を解いてみましょう。これは基礎的な属性選択問題です。数百から数千の属性があるもっと大きなデータセットの場合には、属性の中から目的変数を予測するのに適する上位 5 個から 10 個の属性を選ぶことになります。属性が多すぎたり、大部分が役に立たないのであれば、役に立つ属性を選び出せばいいのです。ここでは問題を簡単にするために、上位 10 個ではなく、最も適した属性を 1 つだけ見つけることにします。

表 3-1　データセット中のキノコの属性

属性	取り得る値
かさの形	釣鐘型、円錐形、饅頭型、扁平型、こぶ型、凹型
かさの表面	繊維状、溝状、鱗片状、なめらか
かさの色	茶色、黄褐色、肉桂色、灰色、緑色、ピンク、紫色、赤色、白色、黄色
傷があるか	ある、ない
匂い	アーモンド、アニス（香草）、クレオソート（防腐剤）、魚、腐敗臭、カビ、なし、刺激臭、香辛料
ヒダの付き方	直生、垂生、離生、湾生
ヒダの間隔	近い、密集、まばら
ヒダの大きさ	大きい、小さい
ヒダの色	黒色、茶色、黄褐色、チョコレート色、灰色、緑色、オレンジ色、ピンク、紫色、赤色、白色、黄色
柄の形	末広がり、先細り
柄の根部分	球根状、棒状、カップ状, 菌糸塊、根状、ない
柄の表面（環状輪の上部）	繊維上、鱗片状、シルク状、なめらか
柄の表面（環状輪の下部）	繊維上、鱗片状、シルク状、なめらか
柄の色（環状輪の上部）	茶色、黄褐色、肉桂色、灰色、オレンジ色、ピンク、赤色、白色、黄色
柄の色（環状輪の下部）	茶色、黄褐色、肉桂色、灰色、オレンジ色、ピンク、赤色、白色、黄色
皮膜の種類	内皮膜、外皮膜

表3-1 データセット中のキノコの属性（続き）

属性	取り得る値
かさの形	釣鐘型、円錐形、饅頭型、扁平型、こぶ型、凹型
環状輪の数	なし、1、2
環状輪の種類	くも膜状、消退性、フレア状、大きい、なし、吊下形、鞘状、帯状
胞子紋の色	黒色、茶色、黄褐色、チョコレート色、緑色、オレンジ色、紫色、白色、黄色
分布状態	密集、房状、多数、散在、まばら、単独
生育地	草の上、葉の上、草地、小道、都市、荒地、森
食用に適するか？（目的変数）	yes、no

情報利得を測定する方法はわかっているので、すべきことは単純です。一番高い情報利得を得られる属性を1つ見つければいいのです。

まず、各属性で分割して情報利得を計算します。式3-2で示した情報利得は親セットと子セットで定義されています。どのような属性で分割するとしても、親セットはデータセットに含まれるすべてのデータです。まず最初に親セットのエントロピー、つまりデータセット全体のエントロピーを求めます。もし、データセット中の2つのクラス（食用に適する、適さない）のインスタンスの数が完全に同じ数であるなら、エントロピーは1です。ここで対象としているデータセットの場合には、完全に同数ではなくわずかに偏りがあり（食用に適する方が多い）、エントロピーの値は0.96です。

エントロピーが減少することを図でわかりやすく説明するために、キノコのエントロピーのグラフを示します（図3-6から図3-8）。各グラフは、それぞれ異なる属性で分割した場合のデータセット全体のエントロピーを表しています。x軸はデータセット全体のある属性値を持つインスタンスの割合（0～1）です。y軸はエントロピー（0～1）です。グラフ中の斜線で表された面積が、そのとき選んだ属性で分割した場合のエントロピーを表します（図3-6の場合は実際には分割していませんが）。斜線部分が可能な限り小さくなるようにすれば、求めたい最小のエントロピーがわかります。

図3-6は分割していない場合のデータセット全体のエントロピーを示しています。属性で分割した結果、エントロピーが最大となるときには、図中のすべての部分に斜線がかかります。エントロピーが最小値になるときは、すべての部分が白（斜線がかからない）になります。こうした図は、データセットをさまざまな方法で分割したときの情報利得を視覚化するのに便利です。情報利得を構成する項目のうち各属性の値に応じた部分は、グラフ中の長方形の部分に相当します（長方形の横幅がデータセット中のインスタンス数の割合であり、高さがエントロピーです）。情報利得の計算式のうちの、子セットに関する割合で重み付けし合計したエントロピーの部分は、図中の斜線がかかった箇所として表されます。

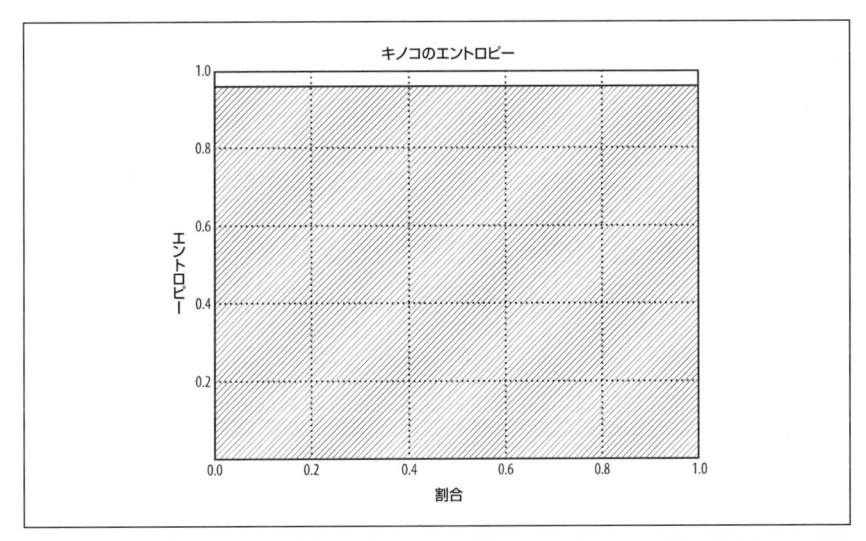

図 3-6 キノコのデータセット全体についてのエントロピー図。全体のエントロピーは 0.96 で、図中の 96% に斜線がかかっている。

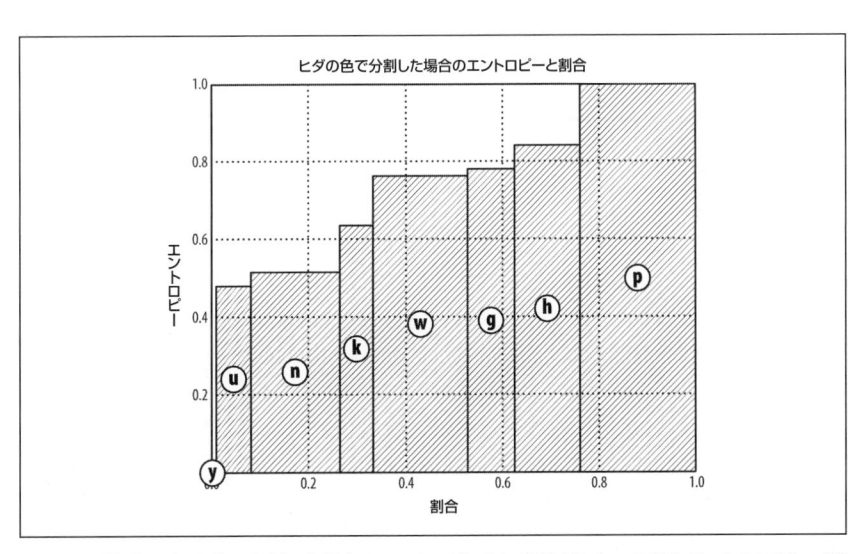

図 3-7 属性「ヒダの色」で分割した場合のエントロピー図。斜線がかかった部分がエントロピー（重み付けした和）。それぞれの長方形の高さがその属性値についてのエントロピーであり、横幅がインスタンスの割合。

ここでのデータセット全体についてのエントロピーは 0.96 であり、**図 3-6** では、$y = 0.96$ より下の斜線部分に相当します。これをエントロピーを考える上での出発点とします。目的変数を予測するのに有効な情報価値が高い属性を選んで分割すれば、斜線部分の面積がこれよりも小さくなるはずです。次に 3 つの属性についてのエントロピーの図を見ていきましょう。属性によって取り得る値とその割合は異なります。そのため分割に使う属性によって、データセットは異なった分割のされ方をするはずです。

図 3-7 は、データセットを属性「ヒダの色」で分割した場合です。それぞれの属性値は y（黄色）、u（紫色）、n（茶色）などで示されています。それぞれの属性値が記載された長方形の横幅は、その属性値を持つインスタンスの割合を表しており、高さはそのエントロピーを表しています。**図 3-7** を見ると、斜線部分の面積が**図 3-6** に比べてずいぶん減っているので、属性「ヒダの色」がエントロピーをかなりの量減少させていることがわかります。

同様に、**図 3-8** は属性「胞子紋の色」がエントロピーをどれだけ減少させているかを示しています。h（チョコレート）など、いくつかの値は目的変数の値を完全に特定できており、そのためエントロピーがゼロ（高さがゼロ）となっています。ただし、それらの属性値のインスタンス数はあまり多くなく、たかだか 30% 程度である点に注意すべきです。

図 3-9 は、属性「匂い」についての図です。この図においては a（アーモンド）、c（クレオソート）、m（カビ）などの多くの属性値について、エントロピーがゼロとなっています。

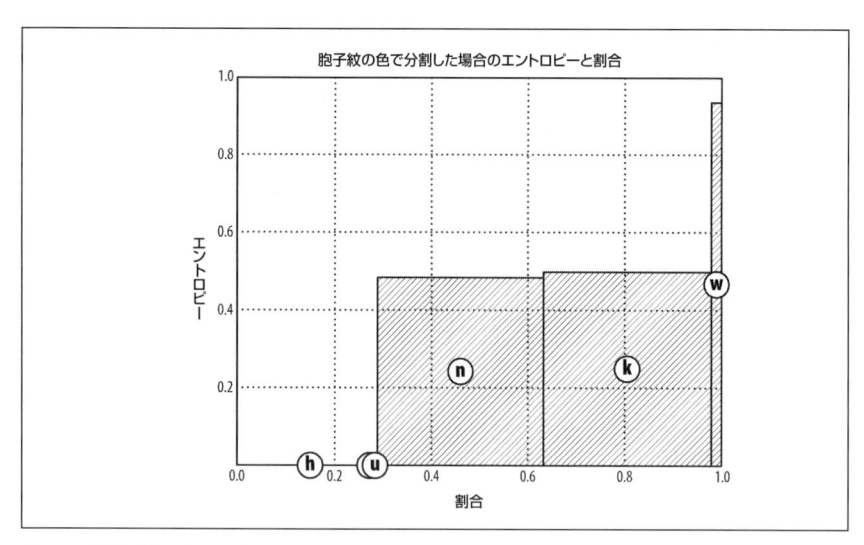

図 3-8 属性「胞子紋の色」で分割した場合のエントロピー図。斜線がかかった部分がエントロピー（重み付けした和）。それぞれの長方形の高さがその属性値についてのエントロピーであり、横幅がインスタンスの割合。

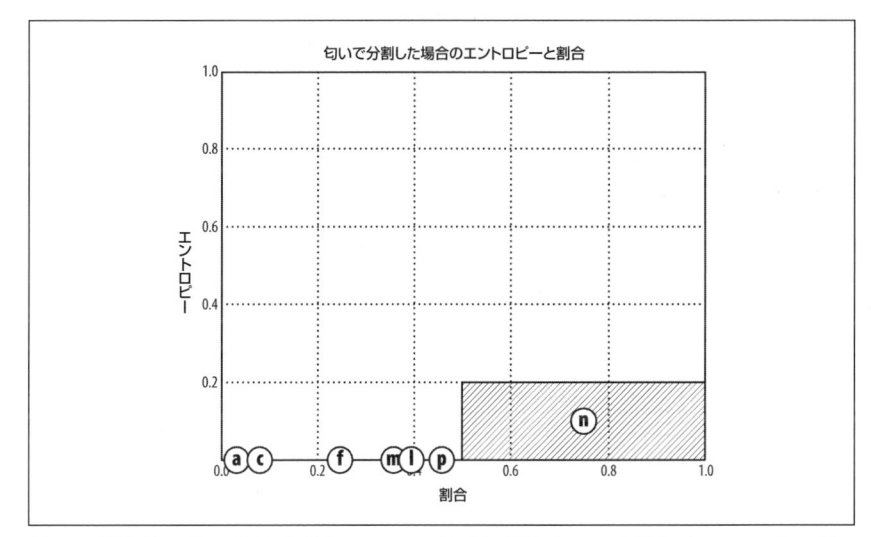

図3-9 属性「匂い」で分割した場合のエントロピー図。斜線がかかった部分がエントロピー（重み付けした和）。それぞれの長方形の高さがその属性値についてのエントロピーであり、横幅がインスタンスの割合。

ただn（匂いなし）だけは、かなりのエントロピー（約20%）を示しています。実際、属性「匂い」は、このキノコのデータセットにおいて、最も高い情報利得を得られる属性です。「匂い」を使えば、このデータセットの全エントロピーを約0.1にまで減少させることができます。このときの情報利得は 0.96 − 0.1 = 0.86 となります。このことから何が言えるでしょうか。匂いは、この種のキノコが食用に適するかあるいは毒性を持つか完全に示すことができる特徴なのです。「匂い」はキノコが食用に適するかを検討する際に最も有効な属性です。ただ1つの特徴を使ってキノコの食用性についてのモデルを作るのであれば、匂いを使ったモデルを作れば良いのです。もし、さらに複雑なモデルを作るのであれば、「匂い」を出発点として、さらに他の属性を加えることを検討するとよいでしょう。このことは次のトピックです。

3.2.3　木構造モデルを使った教師ありセグメンテーション

これまでにデータマイニングにおける基本的な考え方「データの中から有用で情報価値のある属性を見つける」を紹介してきました。さらに教師ありセグメンテーションについての説明を続けます。これまでに見てきたような属性を1つだけ選択する方法だけでは十分ではありません（もちろん重要なことではあるのですが）。最も高い情報利得を得ることができる1つの属性を選ぶと、とてもシンプルなセグメンテーションになります。ある程度以上の

情報利得を得られる複数の属性を選ぶ場合には、それら属性を組み合わせなくてはならず、単純なセグメンテーションではなくなります。以前登場した問題を振り返ってみましょう。「ニューヨーク市に住んでいて、中年で、専門職の人々は、平均で5%の乗り換え率である」というような、複数の属性を使ったセグメントを作りたいのでした。ここで、多変数（多属性）の教師ありセグメンテーションのために、これまでに見てきた複数の属性の中から重要な属性を選ぶという方法をうまく応用します。

図3-10に示した木構造を使ったデータの分割方法を考えます。この図では木が逆さまになっていて、根が上の方にあります。木は内側ノードと終端ノード、およびブランチから構成されています。ブランチは常に内側ノードから出ています。内側ノードはある属性を評価することを表しており、そのノードから出ているブランチは属性の値を表しています。一番上の根に当たるルートノードからブランチを下に（矢印の方向に）たどっていくと、いずれの経路でも最終的に終端ノード（リーフ）にたどり着きます。この木はデータのセグメンテーションになっています。すべてのインスタンスは、ルートノードからリーフに至るいずれか1つの経路に割り振ることができます。インスタンスはいずれか1つのリーフに割り当たるとも言えます。別の観点から考えると、リーフは1つのセグメントに対応し、経路上の属性値がそのセグメントを特徴付けています。図3-10の木における右端の経路は、セグメント「雇用されておらず、残高が高く、年配の人々」に相当します。この木は教師ありセグメンテーションです。なぜなら、いずれのリーフも何らかのクラスに相当する目的変数を持つからです。リーフはデータセット中のインスタンスを分類したセグメントだと見なすことができます。こうした木は分類木（classification tree）、あるいは決定木（decision tree）と呼ばれています。

分類木は、木構造の予測モデルとしてよく使われます。どのように分類すべきかわかっていない1つのインスタンスが与えられたとします。このとき、このインスタンスに対応するリーフ（セグメント）を見つけ、そのリーフの目的変数のクラスを見れば、そのインスタンスを分類できます。まずルートノードから始めて、そのインスタンスの属性値に従ってブランチを決めながら内側ノードを下にたどっていけば、自動的にリーフを決定できます。リーフでないノードはデシジョン（決定）ノードとも呼ばれます。なぜなら、その木を下にたどっていくとき、それぞれのノードにおいて属性値を使ってたどっていくべきブランチを決めるからです。こうしてブランチをたどっていくことで最終的に末端のノードにたどり着き、目的変数のどのクラスに分類されるかわかります。分類木においては、複数の親ノードが1つの子ノードを共有するということはありません。また、ノードが循環する経路もありません。ブランチは常に下に向かっていきます。そのため、すべてのインスタンスは常にリーフノードにたどり着き、分類が決まります。

図3-10の分類木を使って、図3-1で示した人々のうちの1人「クラウディオ」のインス

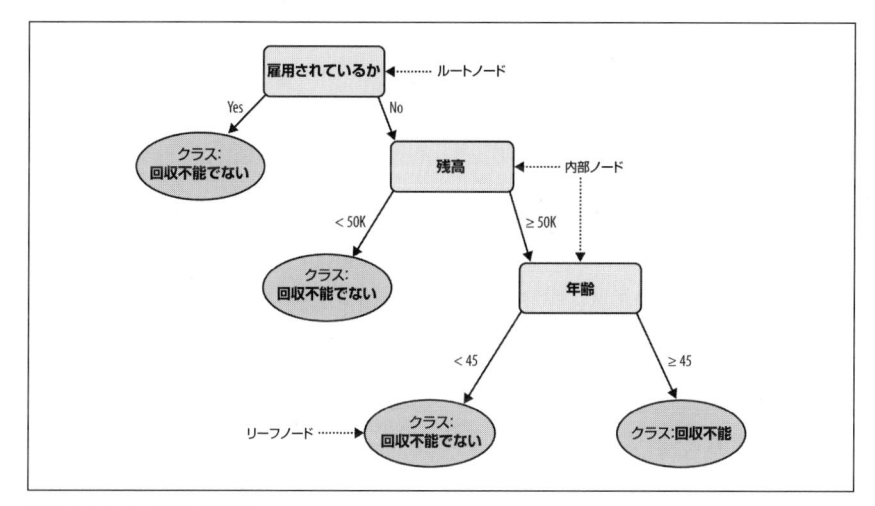

図 3-10 シンプルな分類木

タンスを分類してみましょう。クラウディオの属性値は、残高 =115K、雇用されているか =No、年齢 =40 です。まず、ルートノードから始めて、そこで属性「雇用されているか」を評価します。この属性値は No なので、右側のブランチに行くことになります。その次は「残高」です。属性「残高」の値は 115K であり 50K よりも大きいので、また右側のブランチに行くと、属性「年齢」を評価するブランチにたどり着きます。「年齢」は 40 なので、今度は左のブランチに行きます。こうしてクラス =「回収不能ではない」に相当するリーフノードにたどり着き、クラウディオは回収不能にはならないであろうことが予測できます。別の言い方をするなら、クラウディオは「雇用されているか =NO、残高≧ 50K、年齢< 45」で定義されるセグメントに分類され、そのクラスは「回収不能ではない」である、と言うこともできます。

分類木は木構造モデルの一種です。後で触れるように、ビジネスの問題に対して使うときには、目的変数のクラスそのものよりも、そのクラスになる確率を予測したい場合があります（例：他社に乗り換える確率や回収不能になる確率）。この場合には、確率推定木のリーフは、単純に 1 つの値を持つのではなく、確率を持つことになります。もし目的変数が数値であれば回帰木と呼ばれ、そのリーフは数値を持つことになります。ただ、基本的な考え方はまったく同じです。

分類木を使えば、何らかの教師ありセグメンテーションを表すモデルを作ることができます。そしてモデルを使って対象とする値を予測する方法もわかっています。しかしまだ、与えられたデータからモデルを作る方法を説明していませんでした。ここでは、モデルの作り

方を見ていくことにしましょう。

　あるデータセットから教師ありセグメンテーションを作る技法には、さまざまな種類のものがあります。その中でも最もよく使われる技法は、木構造モデルを作る技法（ツリー帰納法）です。木構造モデルはわかりやすく、モデルを導出する手順がシンプルで扱いやすいため、この技法がよく使われるのです。こうした技法は、データを扱うときによく起こるさまざまな問題に対応できますし、他の技法と比べても比較的効率の良い方法です。たいていのデータマイニングパッケージでは、何種類かのツリー帰納法が使われています。

　与えられたデータから分類木を作るにはどのようにしたらよいのでしょうか。これまでに説明してきたことから考えると、分類木の目的は教師ありセグメンテーションを作ることです。より明確にするなら、属性を使ってインスタンスを区分けし、同じ目的変数を持つサブグループを作ることです。それぞれのセグメントに該当するリーフが、同じクラスに属するインスタンスを持つようにするのです。

　分類木を導き出すための手順を説明するために、もう一度、以前に図3-2で示したシンプルなデータセットを考えてみましょう。

　ツリー帰納法では、分割統治法（divide-and-conquer approach）を使います。最初にデータセット全体から始めて、それに対して分割後のサブグループが最も純粋になるように分割できる属性を選びます。ここでの例における分割方法の1つは、体の形で分割することです（長方形 vs 楕円）。こうして作ったサブグループは図3-11 に示したようになります。この分割方法は、どれだけ目的に適したものと言えるでしょうか。左側の体が長方形の人たちのうち、多くの人は目的変数の値がYesであり、1人だけNoとなっています。このため、長方形のサブグループについてはおおむね純粋であると言えるでしょう。右側の体が楕円のサブ

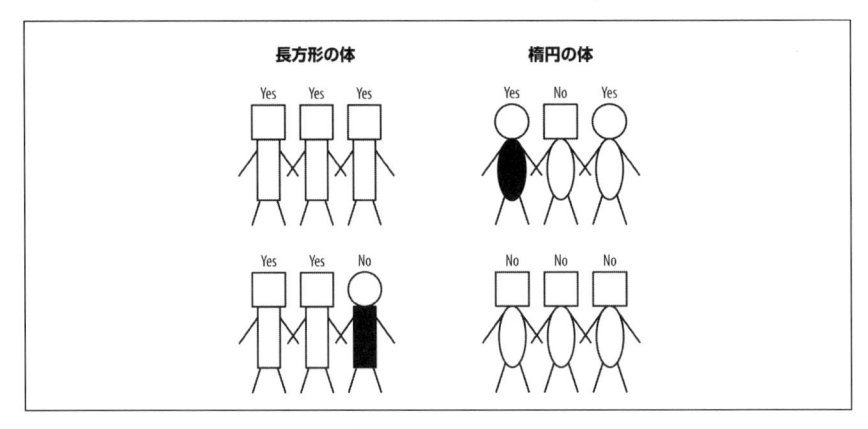

図3-11　最初の分類：体の形で分類する（長方形 vs 楕円）

グループについては、多くの人が No であり、2 人が Yes です。この段階では、単にこれまでに説明した情報価値の高い属性を選び出す方法を使っただけです。この分割によって、最も高い情報利得を得られているか検討してみましょう。

図 3-11 を見ると、ツリー帰納法が素晴らしいものであり、なぜ多くの人々に支持されているかがわかります。左右のサブグループは元の問題におけるデータセットが単に小さくなったものだということがわかります。そのため、こうして得られたサブグループに対しても、繰り返し分割に最も適した属性を選び出して、分割していくことができます。まずは体が楕円のグループを考えてみましょう（図 3-12）。さらに再度このサブグループを分割するために、別の属性「頭の形」を考えます。これにより図 3-11 の右側のサブグループを 2 つ

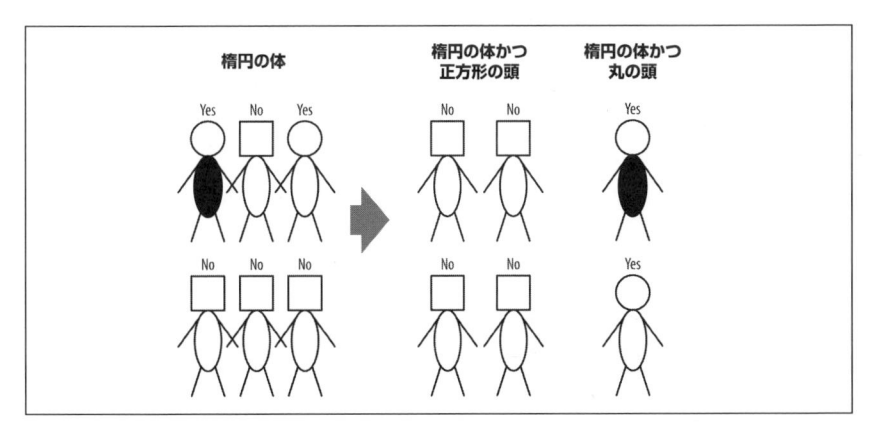

図 3-12　2 回目の分割：体の形が楕円である人たちを頭の形で分割

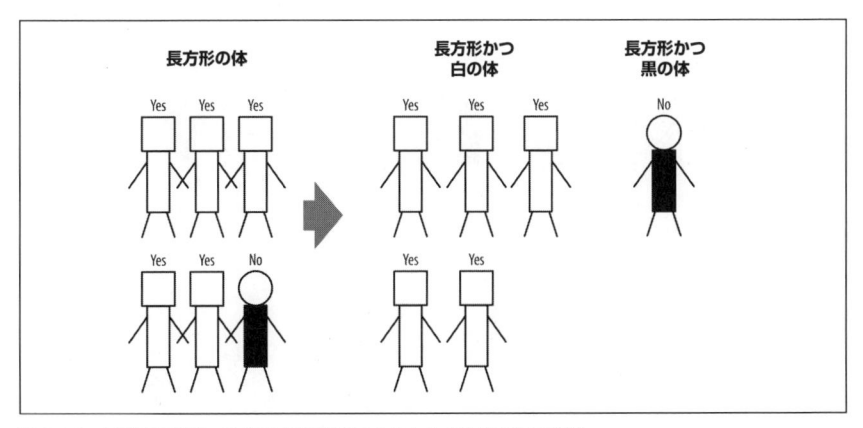

図 3-13　3 回目の分割：体の形が長方形である人たちを体の色で分割

に分けることができます。この分割はどれほど有効なものだと言えるでしょうか？新しくできた2つのサブグループは、それぞれ目的変数について1つだけ値を持つことになります。頭の形が正方形の4人はNoであり、頭の形が丸の2人はYesです。こうしてできたサブグループは完全に純粋であり、これ以上分割する必要はありません。

ここで、まだ図3-11左側の体の形が長方形のグループについては何もしていません。これらについてはどのように分割すべきか考えてみましょう。このグループには目的変数が

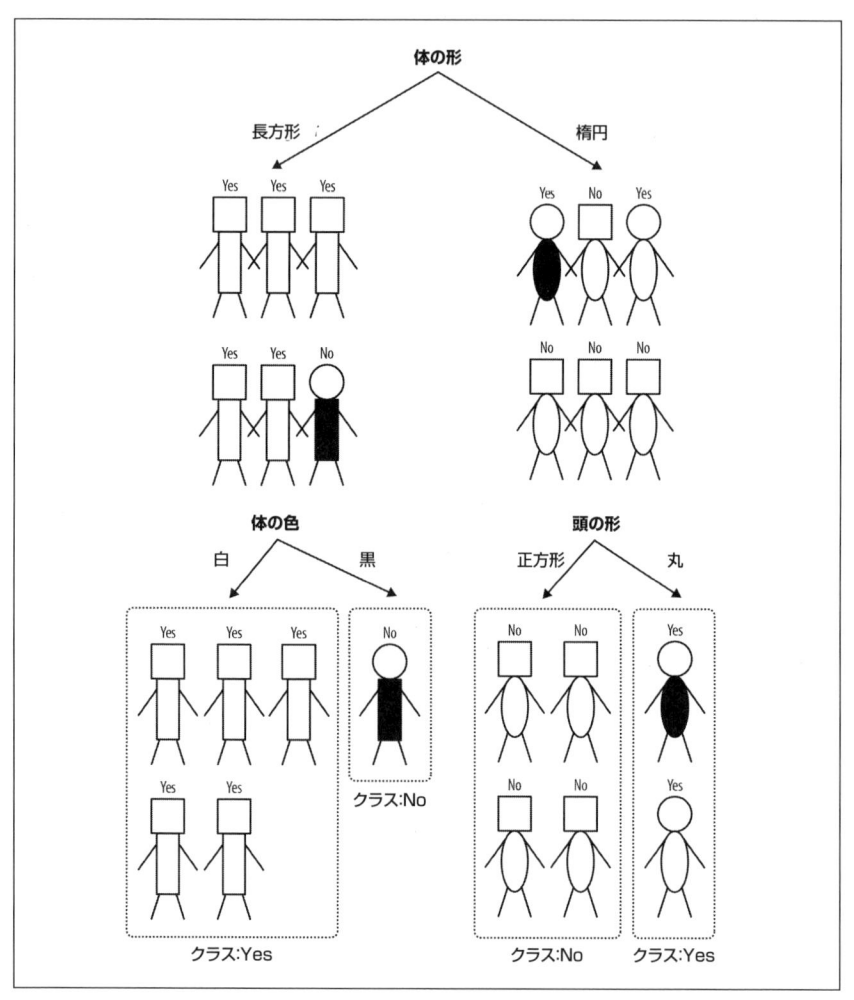

図3-14 図3-11から図3-13で行った分割によって得られた分類木

Yesの人が5人と、Noの人が1人います。分割に使える属性は2つあります。頭の形（正方形あるいは丸）と、体の色（白色あるいは黒色）です。どちらを選んでもうまくいきますが、ここでは体の色を選ぶことにします。この分割によって、**図3-13**で示したグループが出来上がります。これらのグループは純粋であり、これで分割は完了です。こうしてできた分類木は**図3-14**のようになります。

ここまで説明した内容をおさらいすると、分類木を導出する手順は分割統治法を繰り返すものでした。それぞれの段階における目的は、そのとき対象としているグループを分割するための属性を選び出すことで、分割後のサブグループが目的変数についてできるだけ純粋になるように属性を選びます。こうした分割を繰り返し実施していきます。属性を選ぶ際には、それらを評価して、できるだけ純粋なサブグループを作り出すものを選びます。この作業をいつ終えればいいでしょうか（繰り返しをやめればいいでしょうか）。木の中のノードがすべて純粋になれば、当然やめることになります。あるいは、分割に使える属性がなくなったときにも終えることになります。ただ、最後まで到達する前にもっと早い段階でやめたい場合もあるでしょう。このような問題については5章で説明します。

3.3　セグメンテーションの視覚化

予測モデルを構築するということは、すなわち教師ありセグメンテーションであると見なしてきました。分類木がインスタンス空間をどのように分割するかを示せば、このことについての理解がより深まるでしょう。インスタンス空間（instance space）とは、そのインスタンスの属性を使って記述された仮想的な空間です。インスタンス空間を視覚化するためによく使われる方法は、ある2つの属性の組み合わせで散布図を作ることです。これを使って、ある属性ともう1つの属性を比較すれば、それら属性の相関関係を検出することができます。

インスタンスは数十から数百の属性を持つかもしれませんが、セグメンテーションを視覚化するために一度に使うことのできる属性はそのうちの2つか3つだけです。2～3の属性を使って、2～3次元の空間を表します。2～3次元のインスタンス空間を使ってモデルを視覚化することで、異なる種類のモデルも理解しやすくなります。なぜならモデルを視覚化することで、さらに高い次元のインスタンス空間についても理解が進むからです。全く種類が異なるモデル同士を比較するときに、その形式を評価したり（例：数学的な公式 vs ルールの集まり）それらを作り出したアルゴリズムを比較することは、とても難しいのです。たいていの場合、それらモデルがどのようにインスタンス空間を分割するかという観点から比較した方が簡単です。

例えば、**図3-15**はシンプルな分類木と、それについての2次元のインスタンス空間を示しています。このインスタンス空間においては、x軸が「残高」で、y軸が「年齢」です。分類木のルートノードは、50Kを基準にして残高を評価しています。これは、インスタンス

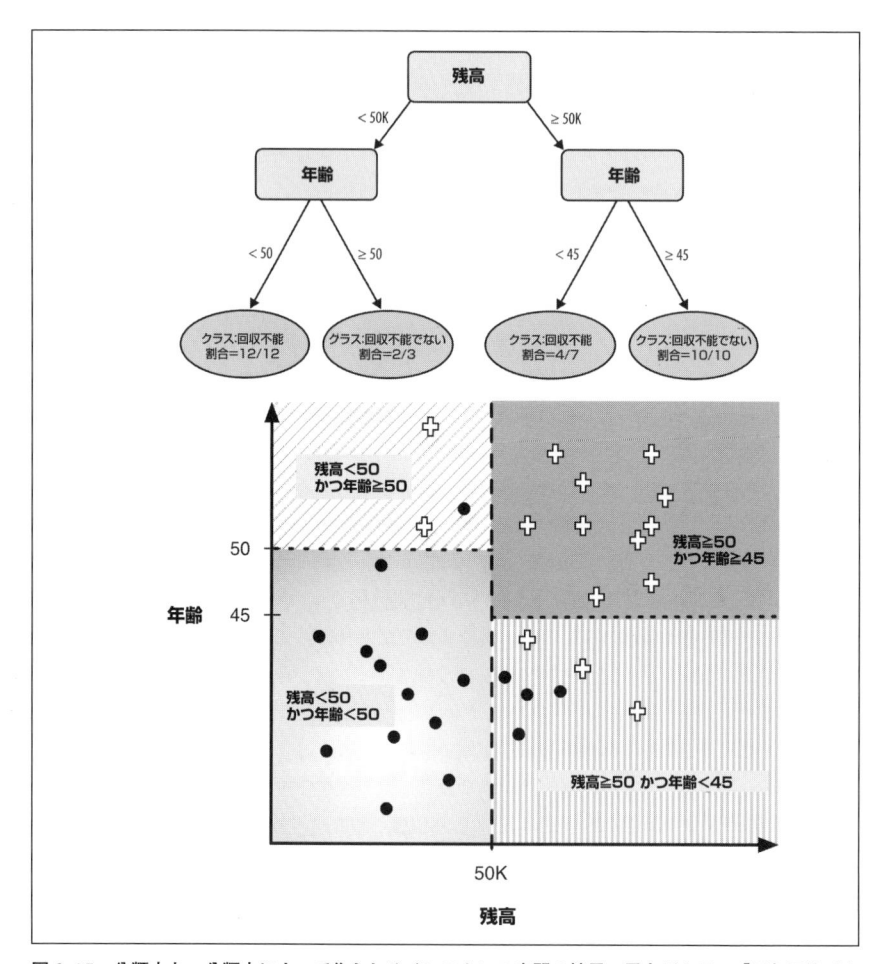

図3-15 分類木と、分類木によって作られるインスタンス空間の境界。黒丸がクラス「回収不能である」に属するインスタンスに相当し、+印がクラス「回収不能ではない」に属するインスタンスに相当する。境界線で分割された領域は、分類木のリーフがインスタンス空間のセグメントとどのように対応しているかを表している。

空間の図における50Kの縦線に対応し、この縦線はこの空間を残高＜50Kの部分と残高≧50Kの部分に分割しています。この縦線の左側には、残高の値が50Kより小さいインスタンスが配置され、そこにはクラス「回収不能」のインスタンス（黒点）が13個と、クラス「回収不能でない」のインスタンス（+印）が2個あります。

ルートノードから出ているブランチの右側には残高≧50Kのインスタンスが分類されま

す。分類木の次のノードは、属性「年齢」を基準値45で評価します。これは、この図においては年齢=45のところに引かれた横線に対応します。この線はこの図の右側にしか出てきません。なぜなら、この分割は残高≧50のインスタンスに対してだけしか適用しないからです。年齢を評価するノードの左のブランチの先には、年齢＜45のインスタンスが割り当たっており、それらは図中の右下の部分に対応します（残高≧50Kかつ年齢＜45）。

内部ノード（デシジョンノード）はそれぞれ、インスタンス空間を分割する線に相当することに注意してください。リーフノードはインスタンス空間における分割後のそれぞれの領域（母集団を分割したセグメント）に相当します。木の経路をたどって内部ノードを進むにつれて、たどり着く場所はインスタンス空間を分割する線で定義された1つか2つの領域に限定されていきます。分類木を下っていくと、インスタンス空間内のある領域に絞り込まれていくのです。

決定線と超平面

2次元のインスタンス空間内の領域を分割している線は決定線（decision lines）と呼ばれます。3次元以上の場合には決定面（decision surfaces）あるいは決定境界（decision boundaries）と呼ばれます。分類木のノードでは、1つの属性をある値と比較して評価します。決定線あるいは決定面は、属性を表す軸に対して常に垂直になります。2次元の場合には、その線は縦線か横線となります。もし対象とするデータセットが3つの属性を持っていたら、そのインスタンス空間は3次元となり、境界は平面になります。分類木のあるノードで評価した属性はそれ以降のノードでは考慮せずに済むため、さらに高い次元のインスタンス空間では、ノードは決定境界の1つの次元を固定するものだと考えてもいいでしょう。n個の属性がある問題では、分類木のノードは、インスタンス空間における$n-1$次元の超平面（hyperplane）である決定境界と言えます。

データマイニングの文献では、超平面という言葉をよく見かけます。超平面とはn次元空間を分割するものです。nが3の場合に通常の意味での平面になるので、超「平面」というのです。あまりこの言葉を怖がらないでください。単に2次元空間を分割する「線」や、3次元空間を分割する「平面」を、他の次元の場合に一般化したものだと考えればいいだけです。

その他の種類の決定面を考えることもできますが、それについては後にしましょう。

3.4　ルールの集まりとしてのツリー

さて、分類木の次へと進む前に、分類木を論理的記述のセットだと解釈することができることを述べておきましょう。もう一度、**図3-15**にある分類木を考えてみます。インスタンスを分類するには、ルートノードから出発して、その属性を評価しながらリーフノードまでたどっていくのでした。リーフノードにたどり着くと、インスタンスのクラスがわかります。1つの経路をたどってリーフまで行く時に、属性を評価した条件を集めていくと、ある

ルールが出来上がります。こうしてできるルールは、属性の評価条件を「かつ（AND）」でつなげたものになります。図3-15で、ルートノードから始めて、いつも左側のブランチを選んでいくとしましょう。こうすると次のルールが出来上がります。

（残高 < 50K）かつ（年齢 < 50）ならば、クラス = 回収不能

このようにして他のすべてのリーフに達する経路を考えると、さらに次の3つのルールが得られます。

（残高 < 50K）かつ（年齢 ≥ 50）ならば、クラス = 回収不能でない
（残高 ≥ 50K）かつ（年齢 < 45）ならば、クラス = 回収不能
（残高 ≥ 50K）かつ（年齢 < 45）ならば、クラス = 回収不能でない

図3-15の分類木はこのルールのセットと等しいのです。このルールは同じような条件の繰り返しを集めたように見えるかもしれませんが、それはたまたまこの分類木がそのような構成になっているからです。すべての分類木はこのようにルールのセットとして表すこともできます。分類木かルールのセットのどちらがわかりやすいかは、その状況と見る人によって異なります。今見たような簡単な例では、どちらもわかりやすいですが、モデルが大きくなっていくと、人によって意見が分かれます。

3.5 確率推定

たいていの場合、意思決定をするための問題では、単なる分類ではなく、より意味がある情報を得られる予測をしたいものです。例えばこれまでに見てきた他社への乗り換え予測問題では、単純にある人が解約するかどうかよりも、その人が解約する確率を予測したいのです。得られた推定はさまざまな目的で使うことができます。後の章で詳細に解説しますので、ここでは少しだけ説明しておきます。例えば、解約の確率を使って解約する可能性がある人をランク付けし、顧客引留のための限られた予算を、解約する確率が高い人たちだけに割り当てることができます。あるいは、解約した場合に失う見込み金額が高い人たちに予算を割り当てることも可能です。もちろんこの見込み金額は、解約の確率も考慮したものとする必要があります。いったんこういった確率推定を得ることができれば、この確率を使っていままでに示した単純な例よりも、より洗練された意思決定をすることができます。このことについては、後の章で詳しく説明します。

単純に分類をするだけのモデルには、確率を推定するモデルに比べると、もう1つ潜在的な問題があります。回収不能になる確率を推定する問題を考えてみましょう。通常の場合には、ほとんどのセグメントで、回収不能になる確率はとても低いはずです（0.5よりもずっ

と低い)。このような場合に分類(回収不能か否か)を予測するためのモデルを作ると、どのセグメントに分類されるインスタンスであれ、その多くは「回収不能」ではありません。このため、すべてのセグメントを同じ分類(回収不能ではない)にすることになってしまいます。例えば、あまりよく考えずに作ったツリーモデルでは、すべてのリーフが「回収不能ではない」になってしまい、データマイニングの初心者は、腹立たしい思いをすることになります。最終的に出来上がったモデルは、ただ単に誰も回収不能にはならない、と言っているだけなのです。これは、このモデルが役に立たないということを意味するわけではありません。異なるセグメントはかなり違った回収不能の確率になっているかもしれないのです。ただ単に、それらすべての確率が0.5より低いというだけなのです。お金を貸すときには、こうした確率を使えば、回収不能になるリスクを減らすことができるかもしれません。

　教師ありセグメンテーションでは、それぞれのセグメント(ツリーモデル上のリーフ)に対して、異なるクラスになる確率の推定値を割り当てたくなります。図3-15のような図は、シンプルな回収不能予測問題についての「確率推定木(probability estimation tree)」モデルを表すことになり、単に回収不能かどうかを予測するだけでなく、どのクラスになるかの確率の推定値を示します。

　幸いにも、これまでに説明してきたツリー帰納法を使えば、分類木の代わりに、簡単に確率推定木を作ることができます[†]。ツリー帰納法では、インスタンス空間を純粋さ(低いエントロピー)に応じた領域に分けました。もし、あるリーフに相当するセグメントのすべてのインスタンスに同じ確率を割り当てるだけで十分なのであれば、そのリーフにおけるインスタンスの数から確率推定を計算することができます。例えば分類の結果、あるリーフがn個のプラスのインスタンスとm個のマイナスのインスタンスを含むことになったとすると、そのリーフに割り振られた新しいインスタンスがプラスである確率は、$n/(n+m)$となります。このような算出方法を頻度ベースのクラス確率推定と呼びます。

　ここで、このようにクラス確率の推定をするときの問題点を1つ取り上げましょう。あるセグメントのインスタンス数がとても少ないときには、単純に確率を考えてはいけないのです。極端な場合、もしリーフが1つのインスタンスしか持たなかったとしましょう。このとき、このリーフに分類されることになる別のインスタンスは、最初に含まれていたインスタンスと同じクラスになる確率が100%だと言ってよいのでしょうか。

　この現象は、データサイエンスにおける基本的な問題の1つであり、オーバーフィッティングと呼ばれています。この問題については後で1つの章を使って説明します。確率推定をする上で、インスタンスが少ないがために起きるこういった問題について、ここでは簡単に対応できる方法を簡単に説明しましょう。リーフのインスタンスの数から単純に計算するの

[†] 確率を推定するために使われるにもかかわらず、こうして作った木も同じく分類木と呼ばれることがある。

ではなく、少し工夫した方法を使います。この方法は、ラプラス補正（Laplace correction）と呼ばれる計算方法で、わずかなインスタンスしか持たないリーフの影響を抑制します。2クラスのいずれかを取る場合の確率推定では、次の式になります。

$$p(c) = \frac{n+1}{n+m+2}$$

ここで、n はリーフ中のインスタンスのうち、クラスが c であるインスタンスの数であり、m は c でないインスタンスの数です。

ラプラス補正がある場合とない場合の例を見てみましょう。ラプラス補正がない場合には、2個のプラスのインスタンスだけを含むリーフは、20個のプラスのインスタンスだけを含むリーフと同じ推定値（p=1）になります。ただ前者の場合、その値は根拠に乏しく、インスタンス数が極端に少ないことが影響しているかもしれません。このため、その推定値を調整した方がいいでしょう。ラプラス式はこの推定値を、より穏やかな値（p=0.75）にし、その不確実性を反映させます。ラプラス補正は、20個のインスタンスを含むリーフに対しては、それほど影響を与えません（p=0.95）。インスタンスの数が増えるに従って、ラプラス式は元の頻度ベースの推定に収束していきます。図 3-16 はクラスの比率ごと（2/3, 4/5, 1/1）に、インスタンス数の増加に伴って、ラプラス補正がどのように影響するかを示しています。それぞれのクラスの比率に対して、図中の横線は補正しなかった場合の推定値（固

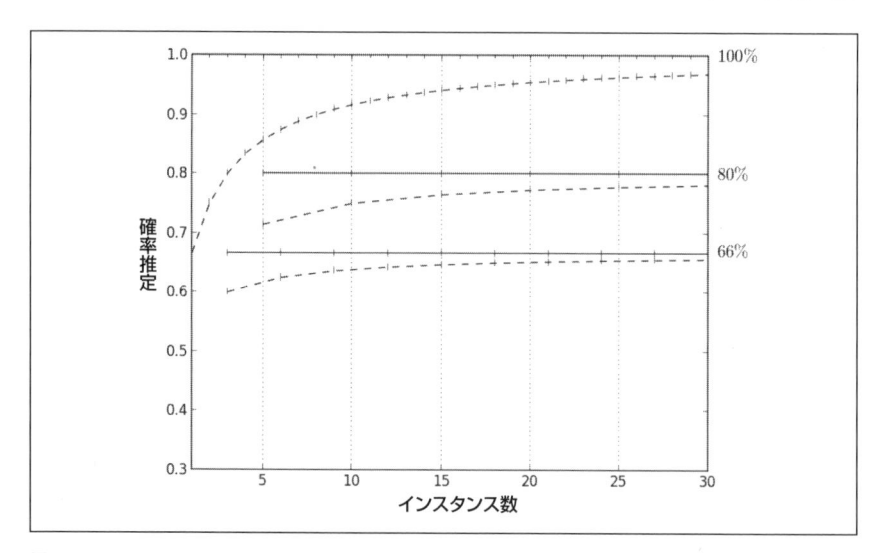

図 3-16　インスタンスの比率に応じた、確率推定に対するラプラス補正の効果。

定値となる）を示しています。それに対する点線は、ラプラス補正を掛けた場合の推定値を示しています。補正なしの線は、ラプラス補正をかけた推定値の漸近線となっていて、インスタンス数が無限に増えたときのラプラス補正をかけた推定値と一致します。

3.6　例：ツリー帰納法で解く乗り換え問題

　これまでに、予測モデリングのための基礎的なデータマイニング技法の1つを学びました。ここで、もう一度乗り換え問題を考えてみましょう。この問題を解くために、どのようにツリー帰納法を使えばよいのでしょうか。

　乗り換え問題についての、20,000人の顧客のデータセットがあるとしましょう。これらのデータを集めた時点においては、その顧客はまだ契約を続けているか、解約してしまった（乗り換えた）かのいずれかです。それぞれの顧客は**表 3-2** に示した属性を持っているものとします。

表 3-2　携帯電話の乗り換え予測問題における属性

属性	説明
大学卒	顧客は大学で学んだことがあるか
収入	年収
超過金額	月の利用超過金額の平均
残存時間	月の会話可能時間の月末における残存時間の平均
住宅価値	不動産価格の見積額（国勢調査の結果より）
携帯電話の価格	携帯電話の価格
長時間通話回数	月の長時間通話（15分以上）の回数の平均
平均通話時間	1回の通話における平均通話時間
満足度	満足度の調査結果
使用率	自己申告による使用率
解約（目的変数）	顧客は契約を継続したか、解約した（乗り換えた）か

　これらの属性は、基礎的な人口統計や顧客の利用状況や契約内容から得られます。こういったデータをもとにツリー帰納法を使って、新しく契約した顧客が近い将来他社に乗り換えるかどうかを予測しましょう。

　まず最初にそれぞれの属性について評価し、その後で、これらの属性を使って分類木を作ることにします。そのためには、まず属性ごとに情報利得を測定します。具体的には**式 3-2** を使って計算します。こうすることで、どの属性を使うとよいかわかります。

　この結果は**図 3-17** に正確な値も含めて記載しました。見てすぐにわかるように、最初の3つの属性（住宅価値、残存時間、長時間通話回数）の情報利得は他の属性に比べて高い値に

なっています†。驚くべきことかもしれませんが、電話の使用量や満足度は、乗り換えの予測にはあまり役に立たないのです。

分類木のアルゴリズムをこれらデータに対して使うと、図 3-18 にある分類木を得ることができます。図 3-17 に従うと、属性「住居価値」が最も高い情報利得を得られる属性であり、この属性を分類木のルートノードにしています。分類木を作るには、最初に最も高い情報利得を得られる属性を選ぶべきなので、これは当然のことです。2 番目に高い情報利得を得られる属性「超過金額」も、分類木の上の方に配置しています。しかし、分類木上の属性の順序は、図 3-17 の順序と一致するわけではありません。これはなぜでしょう。

その答えは、図 3-17 の順序は属性をそれぞれ「独立に」評価したときのものであり、インスタンス全体に対する個別の属性の評価となっているからです。分類木のノードは、その

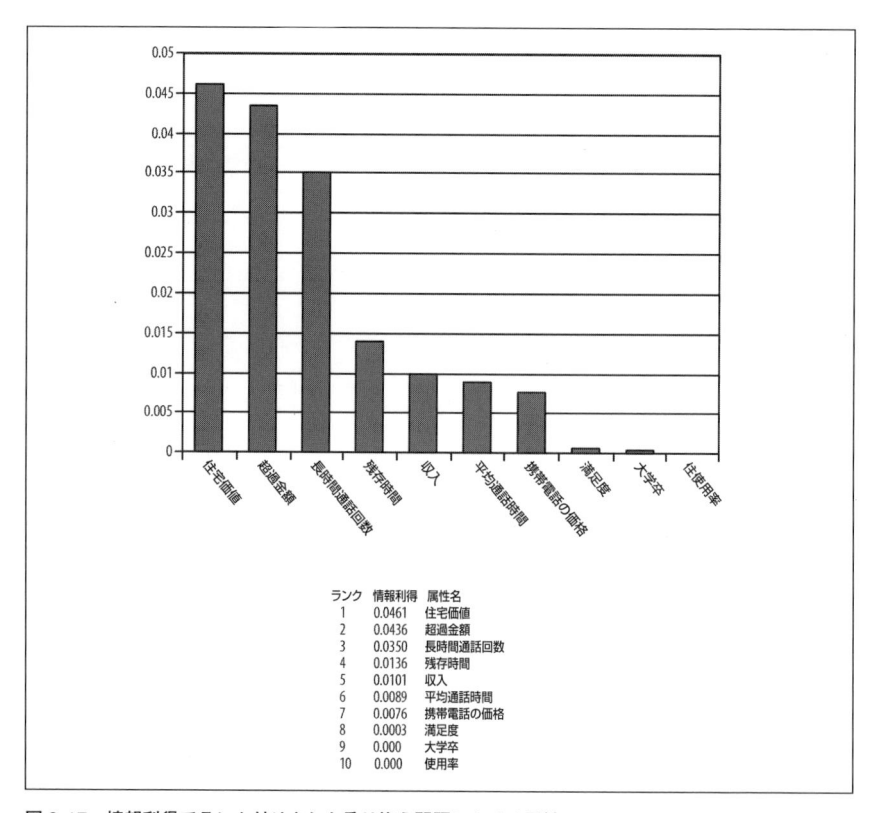

ランク	情報利得	属性名
1	0.0461	住宅価値
2	0.0436	超過金額
3	0.0350	長時間通話回数
4	0.0136	残存時間
5	0.0101	収入
6	0.0089	平均通話時間
7	0.0076	携帯電話の価格
8	0.0003	満足度
9	0.000	大学卒
10	0.000	使用率

図 3-17　情報利得でランク付けされた乗り換え問題における属性

† 乗り換え問題の場合の情報利得は、前に見たキノコの場合に比べてとても小さいことに注意する。

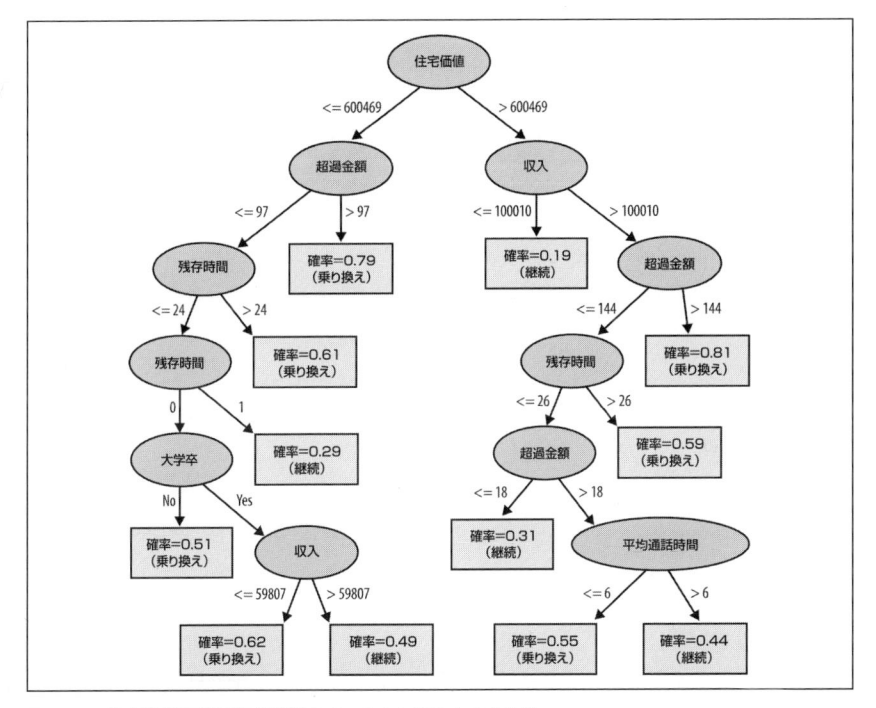

図 3-18　携帯電話の乗り換え問題のデータから得られる分類木

ノードよりも上で評価されたインスタンスにも依存します。そのため、ルートノードを除けば、分類木上の属性は、すべてのインスタンスに対して評価されるわけではないのです。ある属性の情報利得は、それより上のノードで評価された結果として得られるインスタンスに依存します。そのため、内部ノードにおける情報利得のランクは、全体に対するランクと同じとは限らないのです。

　これまで、どうやって分類木の作成を終えたらよいか説明していませんでした。今見ているデータセットには 20,000 のインスタンスがありますが、分類木には明らかに 20,000 のリーフノードがあるわけではありません。分割のための属性をさらに選び続け、分割できなくなるまで分類木を作り続けることはできないのでしょうか。結論としては、続けることはできます。しかし、モデルが複雑になってしまう前にやめるべきです。この問題は、モデルの一般性とオーバーフィッティングの問題に深く結び付いています。この問題についての解説は 5 章まで待ってください。

　このデータセットについての最後の問題を考えます。データから木構造モデルを作った後には、データに対する予測の精密さを測定し、モデルそのものを評価したほうがいいでしょ

う。今の場合は、半分の人が乗り換えし、残りの半分は乗り換えしていないデータから構成されるトレーニングデータを使います。分類木を作った後、分類木をこのデータセットに適用して、どれだけのインスタンスを正しく分類できるか評価します。これを行った結果、分類木は 73% の精密さで分類することができました。このことからは次の2つの疑問が生じます。

1. 第一に、この数値を信用してよいのでしょうか。もしもう一度、今度は別の 20,000 人分のデータセットに対して分類木を適用しても、また 73% の精密さを得られるのでしょうか。

2. 第二に、もしこの数値を信じたとして、この数値はこのモデルがよくできているということを意味するのでしょうか。別の言葉で言うなら、73% の精密さを持つモデルは使う価値があるのでしょうか。

7章と8章でもう一度これらの問題を振り返り、モデルの評価についての問題を考えることにしましょう。

3.7　まとめ

この章では、予測モデリングの基本コンセプトを紹介しました。それはデータサイエンスにおける主要な仕事の1つでもあり、それをすることによって、目的変数を推定するためのモデルを作ることができます。この過程において、データサイエンスにおける基本的な考え方を紹介しました。それは有用で情報価値の高い属性を見つけ出すという考え方です。情報価値の高い属性を選び出すことは、データマイニングでは便利で役に立つ方法です。この方法によって、大きなデータセットがあったときに、その中から目的変数と相関関係があったり、目的変数に関する何らかの情報を与えてくれる属性を見つけることができます。例えば、もし契約終了後に顧客が乗り換えたか、そうでないかを示すデータを集めて、属性選択の手法を使えば、乗り換えの傾向について有益な情報を与えてくれる人口統計上の変数や顧客の登録情報を見つけることができます。属性を評価するための基本的な測定値は情報利得です。情報利得は純粋を測定する値であるエントロピーから導き出されます。その他の測定値としては分散の減少量があります。

情報価値の高い属性を選ぶことが、ツリー帰納法と呼ばれるモデリング技法の基本です。ツリー帰納法では、繰り返し対象とするデータのサブセットから情報価値が高い属性を見つけます。そうすることで、インスタンス空間を、似たインスタンスが配置される領域に分割していくのです。分割は教師ありで行われ、予測したい対象の値に関してより正確な情報を

得られるセグメントを見つけ出します。結果として得られる木構造モデルは、インスタンス空間を分割し、目的変数について異なる予測値を持ったセグメントを作り出します。例えば目的変数が、乗り換えするかしないか、回収不能かそうでないか、のような2つの値を取る変数の場合には、木構造モデルのリーフは、インスタンスの集合であるセグメントに相当します。それらセグメントは、目的変数に対して異なる確率推定を持ちます。

> エクササイズとして、回帰問題についての木構造モデルの構築は、分類の場合についてのものと何が異なるか考えてみてもよいでしょう。これまでに学んだ分類についてのツリー帰納法から何を変える必要があるでしょうか。

ツリー帰納法は昔からよく使われているデータマイニングの手法です。なぜなら、とても理解しやすく、扱いやすく、計算も楽だからです。ツリー帰納法を使った調査は、少なくとも1950年代から1960年代頃には行われていました。初期のよく使われたツリー帰納法のシステムは、CHAID（Chi-squared Automatic Interaction Detection、カイ二乗自動交互作用検出）［Kass 1980］やCART（Classification and Regression Trees、分類木と回帰木）［Breiman, Friedman, Olshen, & Stone 1984］といったアルゴリズムを採用していました。これらのアルゴリズムは現在でもよく使われています。C4.5とC5.0もとても有名なアルゴリズムです［Quinlan 1986, 1993］。J48はC4.5をWekaで再実装したものです［Witten &Frank 2000］［Hall et al. 2001］。

あるデータセットがあるとき、木構造モデルはそのデータセットから作ることのできる最も正確なモデルであるとは限りませんが、実務上はとても良い成果を上げています。多くの場合、特にデータマイニングの初期の段階においては、モデルが理解しやすく説明もしやすいということは重要なことです。このことはデータサイエンスチームだけでなく、データマイニングのことをあまり知らない関係者とコミュニケーションを取るためにも役立ちます。

4章
モデルをデータにフィットさせる

> **基本コンセプト：**
> - データに最適なモデルのパラメータを見つける
> - データマイニングのゴールを決める
> - 目的関数と損失関数
>
> **代表的技法：**
> - 線形回帰
> - ロジスティック回帰
> - サポートベクターマシン

　これまでに見てきたように予測モデリング（predictive modeling）では、目的変数とそのデータを特徴付ける属性で構成されるモデルを見つけ出します。3章では教師ありセグメンテーションモデル（supervised segmentation model）を作りました。その過程において、インスタンスの集合から情報価値のある属性を選び出し、より精密なインスタンスのサブセットを作る、ということを繰り返しました。幾何学的な見方をするなら、インスタンス空間（instance space）をより細かな小領域に分割したということです。また、データをもとにして構造化されたモデルを作り出し（ツリー帰納法（tree induction）により得られる木構造モデル）、そしてそのモデルの数値パラメータを定義しました（リーフノードにおける確率推定）。

　データセットから予測モデルを作り出すためのもう1つの方法は、最初に特定の数値パラメータを定めずにモデルの構造だけを定義する方法です。そしてその後で、与えられたトレーニングデータから最適なパラメータ値を計算します。このときのモデルの構造は、パラメータ化された数学的な関数や、いくつかの数値属性を含む数式になります。そのモデルで使われる属性を選ぶには、対象分野についての知識や、3章で解説した属性選択方法のようなデータマイニング技法が必要です。いずれの場合でも、データマイニングの担当者はモデルの構造とその属性を定めます。このときのデータマイニング技法の目標は、そのモデ

ルが与えられたデータにフィットするように、そのパラメータを最適化することです。こうした方法は**パラメータ学習**（parameter learning）、あるいは**パラメトリックモデリング**（parametric modeling）と呼ばれます。

> 統計学や計量経済学の分野では、パラメータを特定していないモデルのことを単に「モデル」と呼ぶことがあります。この本では言葉の意味を明確にするために、パラメータが特定されていない場合は「モデル」でなく「モデルの構造」と呼ぶことにします。

データモデリングの手法にはいくつもの種類がありますが、その多くはここで述べる一般的な理論的フレームワークに当てはまります。ここではその中でも最も一般的な線形モデルをベースとしたものを解説していきます。もし読者が統計学を学んだことがあるなら、おそらく線形モデリング技法の1つである線形回帰（linear regression）をご存知でしょう。これまでに、分類、クラス確率推定、回帰について、そのモデルの作り方の違いを見てきました。今回も同じようにモデルの作り方の違いを見ていきます。その例として、数値の予測（推定）、2値のいずれかになる変数の予測（検索内容に対して、ある資料やWebページが妥当であるかの判定など）、ある事象が起きる可能性の予測（回収不能になるか、オファーに反応するか、不正な口座であるか、など）を説明します。

また、3章では避けてきたことも明示的に解説します。モデルがデータにフィットするということは、正確にはどのような意味なのでしょうか。最適なモデルのパラメータを見つけてモデルをデータにフィットさせることが、この章における基本コンセプトの要点です。このことは、後の章でもう一度扱います。基本コンセプトを十分に理解できるように、この章では他の章よりも数学的な観点で解説していきます。ただし、数式などはできるだけ少なくして、数学に不慣れな読者でも読み進められるようにします。

この章での説明を簡単にするための前提

この章ではパラメトリックモデリングを解説します。説明をわかりやすくするために、また過度の注釈を避けるために、いくつかの前提を設けます。

- 分類や確率推定をするときには、結果が2クラスのいずれかになる問題しか考えません。モデルはある事象が起きるか起こらないかということだけを予測します。例えば、顧客があるオファーに反応するか、他社に乗り換えるか、不正が行われるか、といったことです。ここで説明している方法はすべて3クラス以上の場合にも一般化できます。ただ、一般化すると説明が必要以上に複雑になってしまうので、ここでは

- 2クラスの場合だけを考えます。
- この章では数式を扱っており、すべての属性は数値であると仮定します。分類のような離散値の属性を数値に変換して数式を使う方法も存在します。
- 本来は数値の測定値を共通的なスケールに正規化する必要がありますが、この章ではその点については無視します。例えば年齢と収入では、取り得る幅が大きく異なります。通常はモデルをわかりやすくするために、それぞれの属性値の幅が同じスケールになるように正規化します。この点については後の章で説明します。

この章では、このような解説が複雑になる要素は無視します。しかし、これらは本来とても重要なことです。実際にデータマイニングをする場合には、どのようなデータマイニング技法を使ったとしても無視することはできません。

4.1　数学関数を使った分類

3章で見たツリーモデルのインスタンス空間を思い出してください。インスタンス空間の1つをもう一度図4-1に示しました。この図では、インスタンス空間が縦線と横線の決定境界でいくつかの領域に分割されています。1つの領域内のインスタンスはできるだけ同じ目

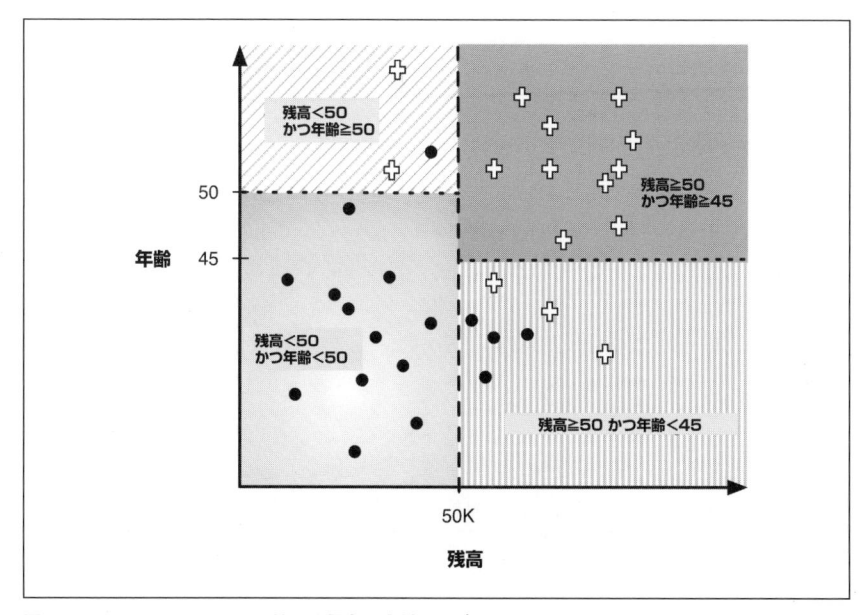

図4-1　4つのリーフノードを持つ分類木で分割したデータセット

的変数を持っているべきです。前の章では、エントロピーを使ってインスタンスの純粋さを測定し、決定境界を選ぶ方法を見てきました。

できるだけ純粋な領域を作る目的は、新しい未知のインスタンスがどのセグメントに入るべきかを決め、その目的変数を予測できるようにするためです。例えば、図4-1で新しい顧客インスタンスが左下の領域に入るのであれば、その顧客の目的変数は「●」である可能性が高いと予測できます。同様にもし右上の領域であれば、「+」になる可能性が高いと予測できます。

インスタンス空間を使った見方はとても便利です。x, y軸に平行な決定線を使わないのであれば、インスタンス空間を分割するもっといい方法があることがわかります（**図4-2**参

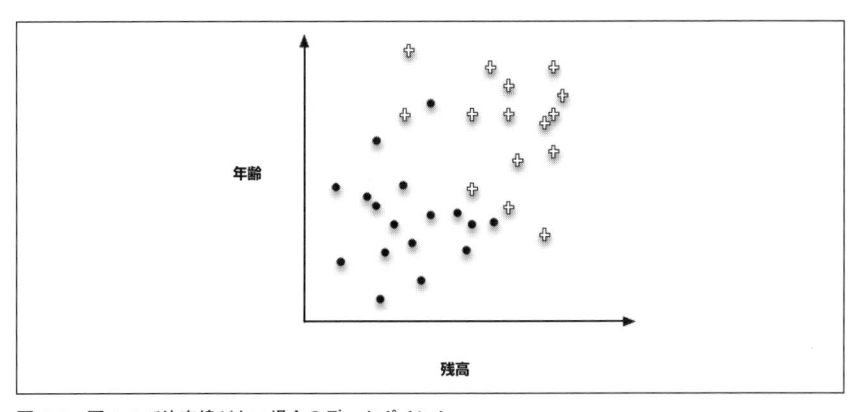

図4-2 図4-1で決定線がない場合のデータポイント

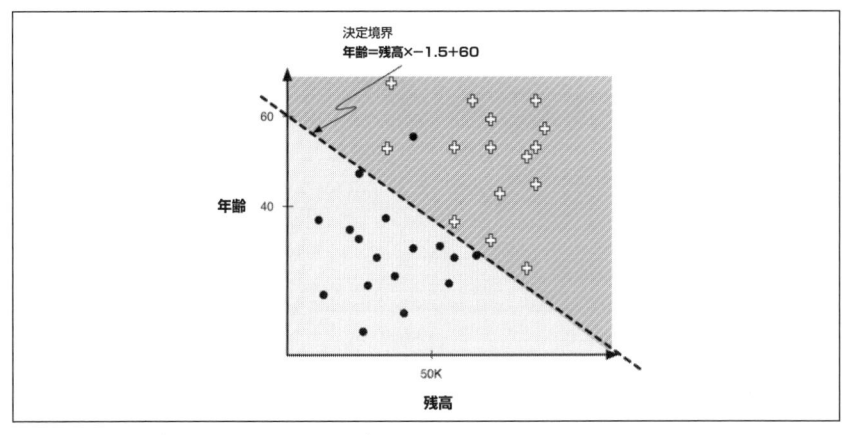

図4-3 1つの直線で分割された図4-2のデータセット

照)。例えば、図中に1つの直線を引いて、インスタンスをほぼ完全に別々のクラスに分割することができます (**図 4-3**)。

このような直線を**線形分類器** (linear classifier) と呼びます。これは本質的には、さまざまな属性値に重みを付けた和から得られるものなのですが、このことについては後で説明します。

4.1.1 線形判別関数

この章の目的はモデルをデータにフィットさせることです。そして、そのためにはモデルを数学的に表現すると便利です。2次元平面における直線は数式 $y = mx + b$ となることを覚えているでしょうか。ここで m は直線の傾きで、b は切片です (x が 0 のときの y の値)。**図 4-3** の直線の場合は、次の数式で表現することができます (残高の単位は千)。

$$年齢 = (-1.5) \times 残高 + 60$$

この直線を使って分類すると、インスタンス **x** がこの直線より上にあるなら **+**、下にあるなら • となります。このように数学的に再構成することで、この章で解説するすべての技法の基礎となる関数を導き出すことができます。まず最初に、この例における分類関数を**式 4-1** に示します。

式 4-1 分類関数

$$クラス(\mathbf{x}) = \begin{cases} + & (1.0 \times 年齢 - 1.5 \times 残高 + 60 > 0 \text{ のとき}) \\ \bullet & (1.0 \times 年齢 - 1.5 \times 残高 + 60 \leq 0 \text{ のとき}) \end{cases}$$

このような関数は**線形判別器** (linear discriminant) と呼ばれます。決定境界を表す関数は、数学的には属性の線形結合であり、つまり重み付けされた属性値の和です。ここで説明に使っている2次元の例の場合には、線形結合は直線になります。3次元の場合には平面であり、さらに高い次元では超平面です (「3.3　セグメンテーションの視覚化」のヒント「決定線と超平面」参照)。ここで重要なことは、重み付けした属性の和としてモデルを表現できるということです。

さて、この線形モデルはいままでとは違った種類の、多変数の教師ありセグメンテーションです。この章での教師ありセグメンテーションの目的も、これまでと同様に、データセットを異なる目的変数を持つ領域に分割することです。これまでと違っていることは、複数の属性を含む数学関数を作ってモデルに属性を組み込んでいるということです。

「3.4　ルールの集まりとしてのツリー」では、分類木 (classification tree) がルールの集まりでもあり、論理的な分類モデルとみなせることを説明しました。例えば特徴ベクトル x があり、そのそれぞれの特徴が x_i であるとしましょう。このとき線形モデルは**式 4-2** のよう

に書くことができます。

式 4-2　一般的な線形モデル

$$f(\mathbf{x}) = w_0 + w_1 x_1 + w_2 x_2 + \cdots$$

次の数式は**式 4-1**の具体例です。

$$f(\mathbf{x}) = 60 + 1.0 \times 年齢 - 1.5 \times 残高$$

このモデルを線形判別器として使うには、特徴ベクトル x で表されるインスタンスに対して、f(x) がプラスであるかマイナスであるか判定しなければいけません。これまでに説明したように、この判定は 2 次元の場合にはインスタンス x が直線の上になるか下になるかということに相当します。

線形関数はデータサイエンスにおいてとても役に立つ道具の 1 つです。ここまで来てやっとデータサイエンスの話になります。今、**パラメトリック**モデルを得ることができました。この線形関数の重み（w_i）がパラメータです。データマイニングをする過程で、このパラメトリックモデルをある特定のデータセットにフィットさせます。つまりその特徴に合う最適な重みの組み合わせを見つけるのです。

結果として得られるこうした重みは、それぞれの特徴の重要さを表す指標と見なすこともできます。簡単に言うと、特徴の重みが大きくなるほど、その特徴は対象とするデータを分類するために重要になります（以前に説明した前提を思い出してみましょう）。同様に、ある重みがゼロに近ければ、通常はその特徴を無視するか捨て去ります。ここで重要なことは、トレーニングデータをうまく判別し未知のインスタンスの目的変数をできるだけ精密に

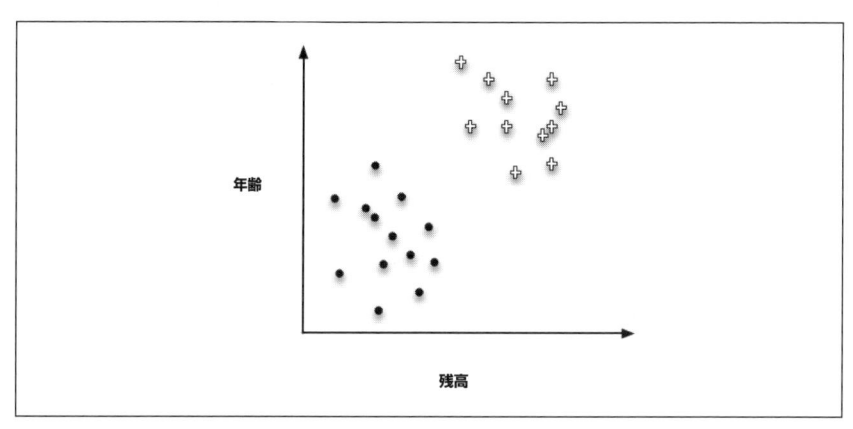

図 4-4　2 クラスの点が存在する 2 次元のインスタンス空間

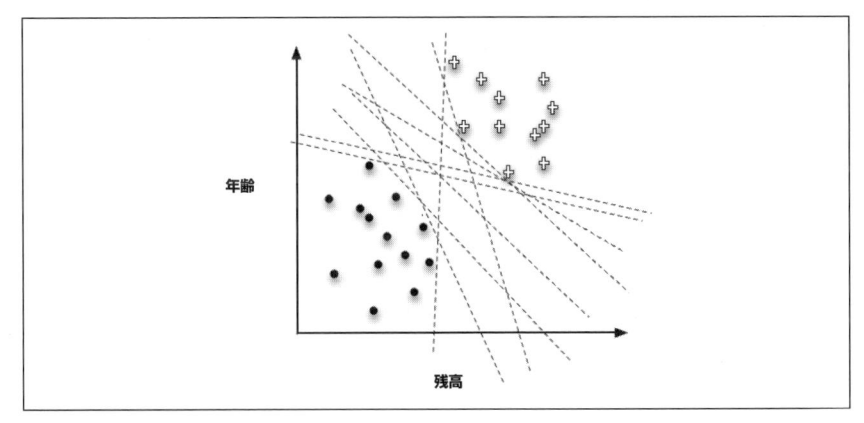

図4-5 図4-4の点を2つのグループに分ける多くの直線の例

予測できる重みのセットを見つけることです。

　残念なことに、クラスを分ける最適な直線を選ぶことは、決して簡単ではありません。**図4-4**に示した単純な例を考えてみましょう。ここでは確かに線形判別器を使ってトレーニングデータを分割することができています。しかしながら**図4-5**に示したように、2つのクラスに分けることができる線形判別器は他にもたくさんあります。それらはそれぞれ違った傾きと切片を持った異なるモデルです。実際、このトレーニングデータを分けることができる直線（モデル）は無限にあるのです。一体どの直線を使えばいいのでしょうか。

4.1.2　目的関数の最適化

　このような疑問から、データマイニングにおいて重要であり、かつ基礎的な考え方が出てきます。残念ながらデータサイエンティストの中にさえ、このことを軽視する人がいます。その考え方とは、パラメータを選ぶことのゴールあるいは目的は何であるか必ず問うべきである、ということです。今の場合には、どのような重みを選ぶべきかを問い、それに答えるべきです。そのための手順としてはまず、ゴールを表す**目的関数**（objective function）を定義します。目的関数は対象とする特定の重みのセットやデータセットに対して、何らかの値を計算可能なものにします。そして、その目的関数の値を最大化あるいは最小化させることによって、最適な重みを見つけます。見落とされがちなことは、こうして得た重みのセットが最適であるのは、その目的関数が、達成したいことを本当に表現している場合だけだということです。この点については、この本の後の方でもう一度触れます。

　残念ながら多くの場合、データマイニングの本来のゴールに適した完全な目的関数を作り

出すことは不可能です。そこでデータサイエンティストは何らかの信念[†]と経験に基づいて目的変数を選びます。そのためのとても効果があるとされる方法が、これまでにいくつか発明されてきました。そのうちの1つはサポートベクターマシン（support vector machine：SVM）と呼ばれるものです。サポートベクターマシンについては、簡単な目的関数の例を示した後で少し詳しく解説します。さらにその後で、分類ではなく回帰についての線形モデルを説明します。最後に、最も役に立つデータマイニング技法の1つであるロジスティック回帰（logistic regression）を解説して締めくくります。本当は、ロジスティック回帰という名前は不適切な名前です。ロジスティック回帰は本当の回帰、つまり数値の推定をするものではないからです。ロジスティック回帰は線形モデルを応用してクラス確率推定を行うためのものであり、多くの問題においてとても役に立ちます。

線形回帰、ロジスティック回帰、サポートベクターマシンは、どれも（線形）モデルをデータにフィットさせる技法であり、とてもよく似ています。それらの違いのうち重要な点は異なる目的関数を使っているということです。

4.1.3　データから線形判別器を見つけ出す例

線形判別関数を説明するため、UCIのデータセットリポジトリ（http://archive.ics.uci.edu/ml/）にあるIris（アイリス）[‡]のデータセット（http://archive.ics.uci.edu/ml/datasets/Iris）を使います［Bache & Lichman, 2013］。これはとてもシンプルなデータセットで、さまざまな種類のアヤメのデータを含んでいます。アヤメは花を咲かせる種類の植物です。データセットには4つの属性で表される3種のアヤメのデータが含まれています。このデータセットとそこに含まれる属性値を使って、それぞれのインスタンスを3種のアヤメのうちいずれかに分類する問題を考えます。

ここではそのうちの2種のアヤメだけを使います。ヒオウギアヤメ（Iris Setosa）、ブルー

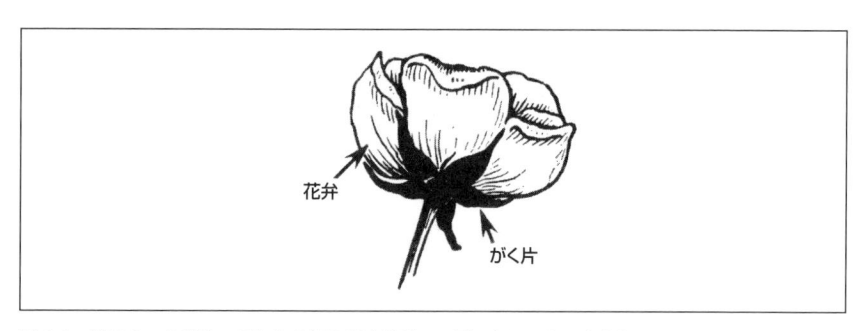

図4-6　花の2つの部位。これらの幅の測定値がIrisデータセットに含まれている。

[†] このことを認めることは、驚くほど困難な場合もある。
[‡] 訳注：アヤメ属の多年草

4.1 数学関数を使った分類 | 97

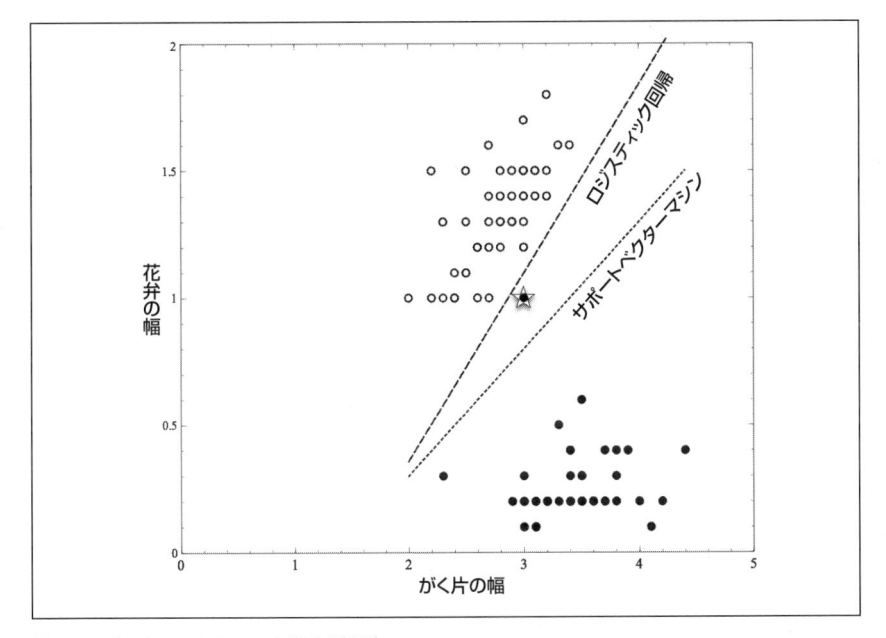

図4-7 データセットと2つの線形分類器

フラッグ（Iris Versicolor）です。ここで扱うデータセットはこの2種のアヤメの花のデータを集めたもので、2つの属性で記述されるものとします。その2つの属性とは、花弁とがく片です（**図4-6**）。これらのデータを**図4-7**にプロットしました。それぞれの属性を x 軸と y 軸にしています。グラフ上の1つの丸が1つの花のインスタンスに相当します。黒丸がヒオウギアヤメで、白丸がブルーフラッグのインスタンスです。

図中には、インスタンスを分ける2つの直線があります。1つはロジスティック回帰を使った直線で、もう1つはサポートベクターマシン（後で解説します）を使った直線です。このデータセットは、2つのインスタンスの塊と少しの外れ値で構成されていることに注意してください。ロジスティック回帰の直線は2つのクラスを完全に分けることができています。ブルーフラッグのインスタンスはすべて直線の左側にあり、ヒオウギアヤメのインスタンスはすべて直線の右側にあります。サポートベクターマシンの直線は2つの塊のおおよそ中間にあります。ただし、(3, 1) にある星印がつけられた黒丸だけはうまく分類できていません。さて、どちらがより適切に分類できていると言えるのでしょうか。5章では、なぜこれらの違いが生じるのか、そしてなぜどちらが好ましいと言えるのか詳しく解説します。今の時点では、2つの方法が異なった境界を作り、それは異なる関数を最適化しているためだということを知っていれば十分です。

4.1.4　インスタンスを採点しランク付けするための線形判別関数

どのインスタンスがどちらのクラスに属するかを単純に「yes」か「no」の2値で判定するよりも、そのインスタンスがどちらのクラスに属する傾向があるか、その度合いを知りたい場合も多くあります。例えば、どういった顧客がこれから出すオファーに最も反応しやすいか、どのような顧客が契約終了後に他社に乗り換えやすいのか、といったことがわかるようになりたいはずです。そのための1つの方法はクラス確率推定のためのモデルを作ることです。3章では、クラス確率推定のためにツリー帰納法を使いましたが、線形モデルを使っても同じことを実現できます。このことについては、後でロジスティック回帰を解説するときにさらに詳しく説明します。

一方、正確な確率推定が必要ではない場合もあります。そのような場合には、単に、あるクラスに属する傾向をランク付けするための採点方法しか必要としません。例えばターゲットマーケティングをするとき、限られた予算しかなかったとします。このとき企業からのオファーへの反応しやすさでランク付けした顧客リストがあるといいはずです。反応しやすさについての正確な確率を推定できる必要はありません。妥当なランク付けができればいいのです。リストの先頭の顧客が最もオファーに反応しやすい顧客ということになります。

線形判別関数を使えば、簡単にそういったランク付けができます。**図4-4**を見てください。+のインスタンスを反応しやすい顧客とし、●のインスタンスを反応しにくい顧客とします。このとき、どちらのクラスに分類すべきかわからない未知のインスタンス **x**（例えば、まだオファーを送っていない顧客）があったとしましょう。オファーへの反応のしやすさを期待するなら、**x** はインスタンス空間のどこに配置されるべきだと考えれば良いでしょうか。あるいは、反応しにくいとするならどこでしょうか。どちらかまったくわからないものはどこに配置されるでしょうか。

多くの人はインスタンスが決定境界のすぐ近くにある場合に、どちらのクラスであるか最も不確定だと思うでしょう（この後のマージンについての解説も参照）。決定境界から離れて+側にいくほど、オファーへの反応が良くなると期待できます。**式4-2** の境界についての数式では、**x** が境界に近づいていくと $f(\mathbf{x})$ はゼロになります（数学的には、この場合の **x** は直線または超平面上の点です）。**x** が境界近くのとき、$f(\mathbf{x})$ は比較的小さい値になります。**x** が境界から+側へ離れていくと、$f(\mathbf{x})$ は大きく（プラスに）なっていきます。そうして、線形判別関数の出力そのものである $f(\mathbf{x})$ の値が、直感的にも理解しやすいインスタンスのランクを与えてくれます。

4.1.5　サポートベクターマシン

もし読者がデータサイエンスの世界かその周辺にいるのであれば、いずれはサポートベクターマシンに出会うことになるでしょう。サポートベクターマシンはデータサイエンスにつ

いての知識が豊富な人々にとってさえ恐ろしく思えます。その名前自体、理解しにくいですし、その手法については、しっかり理解できていないと感覚的に導かれただけのように見え、魔法のように思えるからです。

幸いにも今であれば、サポートベクターマシンを理解するために必要な考え方を身に付けています。簡単に言うと、サポートベクターマシンは線形判別器です。データサイエンスに関心があるビジネスパーソンのうち多くの人にとっては、そのことを知るだけで十分かもしれません。それでもサポートベクターマシンをもっと詳しく説明していきます。さらに詳細な部分がわかれば、線形判別器をフィットさせる手順が感覚的にも理解できるはずだからです。

他の線形判別器を使う場合と同じように、サポートベクターマシンは**式4-2**に記述した属性の線形関数を使ってインスタンスを分類します。

> 読者によってはもしかしたら、**非線形サポートベクターマシン**（nonlinear support vector machine）という言葉を聞いたことがあるかもしれません。端的に言うと、非線形サポートベクターマシンとサポートベクターマシンの違いは、異なる属性（元の属性の関数値）を使うところです。元の属性に対する関数値を扱う線形判別は、元の属性に対する非線判別器です。

これまでに説明してきたように、サポートベクターマシンをデータにフィットさせるための目的関数は何であるかを問うことが、決定的に重要です。ここでは感覚的な理解を得るために数学的に詳細な説明は省きます。主な考え方は2つです。

図4-5は、クラスを分ける線形判別器はいくらでもあるということを示していました。そして、データをフィットさせるための目的関数を選ぶということは、これらの直線のうち最も適した直線を選択するということです。サポートベクターマシンはシンプルで洗練された方法で直線を選択します。まず、1つの直線で分割するのではなく、2つのクラスを分ける最も幅の広い帯状の線を考えます。**図4-8**では、平行する2つの破線がその帯を示しています。

サポートベクターマシンの目的関数を使うときには、より幅の広い帯が望ましいという考え方をします。最も幅の広い帯が見つかれば、そのときの線形判別器はその中央を通る直線です（**図4-8**における実線）。平行する破線間の距離は線形判別器のマージン（margin）と呼ばれます。サポートベクターマシンの目標はこのマージンを最大化することです。

マージンを最大化するという考え方は、次の理由から感覚的にもわかりやすいものです。トレーニングデータは、ある母集団から取ったサンプルにすぎません。しかし、予測モデリングでは、未知のインスタンスの目的変数を予測したいのです。こうした未知のインスタンスはインスタンス空間上に散らばります。もちろんトレーニングデータと同じように分布す

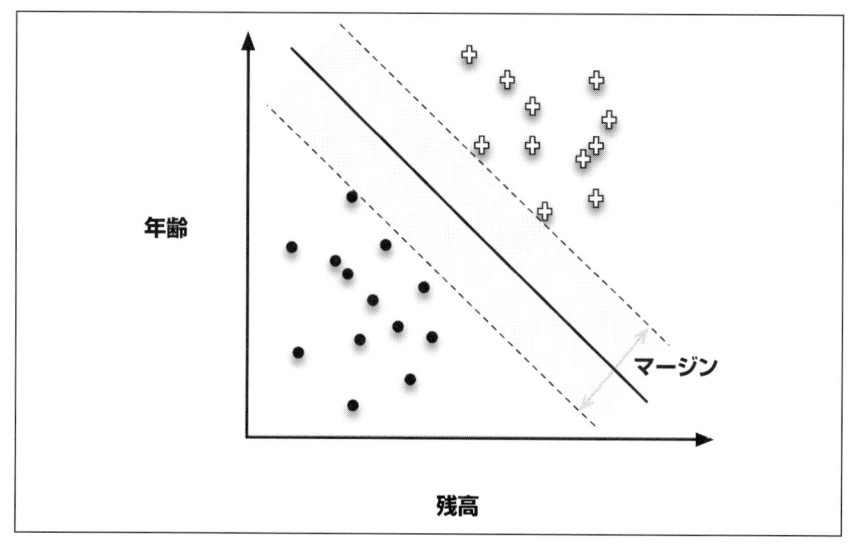

図 4-8 図 4-2 における点と最大のマージン

ることが期待できるのですが、実際にはトレーニングデータとは異なるものであるため、どうなるか確かではありません。そしてインスタンスのうちいくつかは、それまでのインスタンスに比べて、境界に近い場所になるかもしれません。それらのインスタンスはマージン上にプロットされるかもしれないのです。マージンを最大化する境界では、そのような点が多くなる余地が大きくなります。特に、新しいインスタンスが間違って分類される場合には、決定境界（decision boundary）を再度選んで、そのインスタンスがマージンの外側に適切に分類されるようにしなければいけません。

　サポートベクターマシンの2つ目の大切な考え方は、決定境界の間違った側に行ってしまうインスタンスをどのように扱うかということです。図 4-2 における最初の例では、1つの直線ではデータを完全に分けることができませんでした。現実の複雑なデータを扱う場合には、常にこの問題がつきまといます。どのようなモデルを作って分類したとしても、いくつかのデータポイントはどうしても間違って分類されるのです。このことは線形判別器に対する問題を提起するわけではありません。すべてのデータポイントについて必ずしも正しい分類ができなくてもいいのです。線形関数をデータにフィットさせるときには、データを完全に分割できる直線がどれであるか、単純に問うことはできません。実は完全に分割できる直線は存在しないかもしれないからです。

　ここでもサポートベクターマシンは、感覚的にわかりやすい解決方法を採ります。数学的な説明を省くと、その考え方は次の通りです。まず、目的関数（モデルがどれだけトレーニ

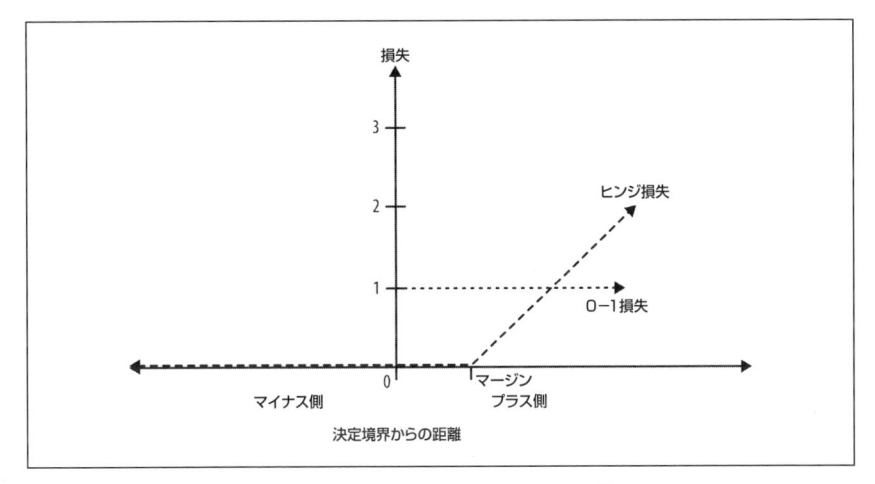

図 4-9 2つの損失関数。x軸は決定境界からの距離を示している。y軸はマイナスのインスタンスによって発生した損失を表しており、これは決定境界からの距離の関数である。もし、マイナスのインスタンスがマイナス側に配置された場合には、損失はゼロである。もし、プラス側（間違った側）に配置された場合には、それぞれの損失関数は異なるペナルティを与える（プラスのインスタンスの場合も同様。ただしプラス／マイナスは反対。囲み記事「損失関数」参照）。

ングデータにフィットするかを測るための関数）が決定境界の間違った側にトレーニングデータを配置してしまう場合には、そのトレーニングデータに関してペナルティを与えます。データをすべて直線で分割できる場合にはペナルティを課す必要はなく、単にマージンを最大化させるようにすればいいだけです。もしデータを直線で分割できないのであれば、マージンの幅の広さとペナルティの合計値の大きさ（小さい方が良い）を比べて、両者が適度にバランスするときに最もデータにフィットしていることにします。間違って分類されたときのペナルティは、決定境界からの距離に比例させます。これがうまくできれば、サポートベクターマシンは少しの誤差しか発生させません。このときの誤差関数はヒンジ損失として知られています（囲み記事「損失関数」と**図 4-9**参照）。

4.2　数学関数を使った回帰

　前の章では、基本的な考え方として、情報価値の高い変数を選ぶという考え方を紹介しました。そして、この考え方を分類や回帰やクラス確率推定に使うことができることも示しました。この章でも同じように、この章における基本的な考え方である、線形関数をデータにフィットさせるという方法を、分類や回帰やクラス確率推定に使いましょう。まずは回帰の

場合を説明します†。

> ### 損失関数
>
> データサイエンスにおいては、「損失（loss）という言葉は、予測の誤差（間違い）に対するペナルティを表す言葉として使います。損失関数（loss function）はどれだけのペナルティをインスタンスに与えるべきか決定しますが、そのためにはモデルの予測値が持つ誤差の大きさを基準にします。今の場合は、決定境界からの距離を基準にすることになります。損失関数にはよく使われる種類のものがいくつかあります。そのうちの2つは**図4-9**に示しました。**図4-9**では、x軸が決定境界からの距離を表しています。誤って分類されたときには境界からの距離がプラスの値になるのに対して、正しい場合にはマイナスになります。サポートベクターマシンは**ヒンジ損失**（hinge loss）を使います。ヒンジ損失はそのグラフがヒンジのような形になるため、そう呼ばれています。ヒンジ損失は、マージン上にあるか、あるいは正しく分類される側にあるインスタンスに対しては、ペナルティを与えません。ヒンジ損失は、インスタンスが間違った側にあり、かつマージンを超えた所にある場合にだけ、ペナルティを与えます。損失はマージンからのインスタンスの距離に比例して増えていきます。そのため決定境界から離れれば離れるほど、ペナルティは大きくなります。
> 0-1損失はその名の通り、正しく分類する場合に0、誤って分類する場合に1のペナルティを与えます。
>
> 比較対照として、別の種類の損失関数を考えてみましょう。**二乗誤差**は境界からの距離の2乗に比例する損失を与えます。二乗誤差損失は通常、分類よりも数値の予測（回帰）に使われます。誤差を2乗するということは、大きく誤った予測に対してかなり強いペナルティを与える効果があります。二乗誤差損失を分類に使う場合には、決定境界の誤った側の離れた点に対して、より大きなペナルティを与えることになります。残念なことに、二乗誤差を分類に使うと、境界の正しい側の離れた点に対しても大きなペナルティを与えてしまいます。そのためたいていのビジネス問題では、二乗誤差損失を分類やクラス確率推定に使うと、損失関数がビジネスの目的に合っているか注意深く考えるという原則を破ることになってしまいます（このようにうまくいかないことがあるため、二乗誤差のヒンジ形のバージョンも作られています [Rosset & Zhu, 2007]）。

これまでに、線形回帰について必要なことの多くを説明してきました。線形回帰モデルの構造は、**式4-2**の線形判別関数とまったく同じです。

---

† この本では線形回帰を単にモデリング技法の一種として扱っている。これは、線形回帰を予測のためだけに使っているからだ。こうした使い方は、読者が回帰分析について学ぶこととは違うかもしれない。線形回帰はデータの記述的分析にも使われるが、それについては素晴らしい文献がある。読者には、その文献を読んでさらに理解を深めることを勧める。その文献の著者たちは記述モデリングと予測モデリングの違いについてさらに詳細な議論をしている［Shmueli 2010］。

$$f(\mathbf{x}) = w_0 + w_1 x_1 + w_2 x_2 + \cdots$$

　パラメトリックモデリングの一般的な手順に従うと、次は目的関数を決める必要があります。目的関数は、モデルを最適化してデータにフィットさせるために使うものです。目的関数としてはさまざまな種類の関数が考えられ、線形回帰モデリング技法によって異なる目的関数を使います（そしてデータサイエンティストは、それが問題に対して適切かどうか精査すべきです）。

　最も一般的な（標準的な）線形回帰では、有効性がありかつ使いやすい関数を目的関数に選んでいます。回帰問題における目的変数は数値です。線形関数は、**式 4-2** を使って数値である目的変数を推定します。もちろん、トレーニングデータは実際の目的変数を含んでいます。したがって、モデルがどれだけフィットしているか考えるには、トレーニングデータにおいて推定値が実際の値からどれだけ離れているかを考えればいいはずです。つまり、モデルの誤差がどれだけ大きいかを評価するということであり、その誤差をできるだけ小さくしたいのです。あるトレーニングデータがあるとき、それぞれのデータポイントに対して誤差を計算し、その結果を集計します。そのときトレーニングデータに対する誤差の合計が最も小さくなるモデルが、そのデータに最もフィットするモデルです。こうした方法が、まさに回帰手法がすることなのです。

　読者の中には、これまでに実際には目的関数を特定してこなかったことに気付いた人がいるかもしれません。これはなぜかというと、推定値と実際の値の間の誤差を計算する方法が数多くあるからです。最も自然な方法は、単に差分を計算することです（かつ絶対値を取ります）。もし予測値が 10 で実際の値が 12 か 8 だとしたら、誤差は 2 です。これは**絶対誤差**と呼ばれます。この絶対誤差の合計、あるいは（同じことですが）絶対誤差の平均値を最小化させることもできます。ただし、このこと自体は意味のあることではあるものの、標準的な線形回帰の手法では行いません。

　その代わりに、標準的な線形回帰の手法では誤差の 2 乗の平均値を最小化させます。こうした手法は「最小二乗」回帰と呼ばれます。どうして多くの人は他の手法を使う代わりに、最小二乗回帰を使うのでしょうか。簡単に言うとそれは便利だからです。最小二乗回帰は統計学の基礎の授業で習う手法でもあり、またさまざまなソフトウェアパッケージで使うことができます。最小二乗誤差関数は、18 世紀の著名な数学者であるカール・フリードリヒ・ガウスが発明したものです。それを使用することについては、理論的には議論があります（正規分布あるいはガウス分布に関連したもの）。より重要なことは、二乗誤差は数学的に大変便利だということです[†]。これはコンピュータの登場以前にとても役に立っていました。データサイエンティストの立場から見ると、その便利さは理論的な分析にも波及し、モデルの誤

[†]　ガウスはその選択が恣意的であるという反対意見には同意している。

差を分解してそれらの原因を明らかにする場合にも役立ちます。より現実的な話をするなら、大きな誤差に対してより大きなペナルティを与えられるため、分析の専門家たちは、二乗誤差は望ましいものだと主張しています。ただし、ペナルティが2乗に比例することが、本当に望ましいことかどうかは、その適用分野にもよります（なぜ誤差の4乗ではいけないのでしょう。大きな誤差にもっと大きなペナルティを課したらどうでしょうか）。

どんな目的関数を選んだとしても利点と欠点があります。最小二乗回帰の深刻な欠点は、データにとても敏感だということです。誤ったデータや大きく外れたデータポイントが、得られるべき線形関数を大きく歪ませる可能性があります。対象とするビジネス領域によっては、データを直接手で扱う時間を十分に取れないかもしれません。完全に自動的にモデルを作ってそれを適用するシステムであれば、そのモデルは、アナリストが「手で」詳細な回帰分析をする場合に比べて、データの誤差に左右されにくい堅牢さがあるべきです。そのため、自動的にモデルを作る場合には、誤差に左右されにくい、より堅牢なモデリング手法が望まれます（例えば、目的関数には二乗誤差ではなく絶対誤差を使います）。覚えておいていただきたいのは、線形回帰を、（線形）モデルをデータにフィットさせるための1つの方法としたことです。そしてそのとき、最適化するために目的関数を選ばなければいけないのでした。最終的にはこうしたことをビジネス上の問題について実現しなければいけません。

4.3　クラス確率推定とロジスティック「回帰」

以前にも述べた通り、多くの問題では、未知のインスタンスが期待するクラスに属する確率を推定することが望ましいことです。そして推定した確率を使って、コストや利益などの要素が絡んだ意思決定をしたいのです。例えば、巨大な顧客データを使った予測モデリングは不正検出のためにも行われますが、それ以外の幅広い分野でも行われ、特に銀行、通信、オンラインコマースにおいて行われます。線形判別は不正が行われたと疑われる口座や取引を特定するために使われることもあります。不正検出を担当する部署の責任者は、単に不正が行われた可能性が高いケースを見つけるだけではなく、多額のお金が関係するケースも見付けてほしいかもしれません。それは例えば、その企業の金銭的損失が最も高くなりそうな口座などです。こうしたとき、不正である実際の確率を推定する必要があります（7章では、ビジネス問題を構造的に理解するために期待値を使う方法を詳しく説明します）。

幸いにも、線形モデルをデータにフィットさせるという考え方は同じにしたまま、目的関数に別のものを選べば、クラス確率の精密な推定値を得るためのモデルを作ることができます。こうした方法の中で最もよく使われる方法が、ロジスティック回帰です。

4.3 クラス確率推定とロジスティック「回帰」 | 105

精密なクラス確率推定とは厳密にはどのような意味であるか議論することは、この本で扱うべき範囲を超えています。大雑把に言うならそれは次の通りです。1. 確率推定は十分に精査され調整されているべきです。つまり、もしクラス確率が 0.2 だと推定されるインスタンスが 100 あったとしたら、実際にそのうちの約 20 が期待するクラスになるべきだということです。2. 確率推定は識別可能であるべきです。つまり異なるインスタンスに対しては、それぞれに異なる有意の確率推定を与えるべきです。この 2 つ目の条件は、単純に「ベースレート (base rate, 基本比率)」(母集団全体に対する傾向) をすべてのインスタンスの予測に使うことを避けるためのものです。例えば、全体的に見ると口座の 0.5% が不正なものであるとしましょう。このとき条件 2. がなければ、単純にすべての口座が同じように 0.5% の確率で不正であると予測してしまうかもしれません。このようなとき、この確率推定は十分によく精査され調整されたものではありますが、まったく識別可能にはなっていません[†]。

　ロジスティック回帰を理解するためには、最初に次のことを考えるとわかりやすいでしょう。基本的な線形モデル (**式 4-2**) を単純にそのまま使ってクラス確率を推定したとすると、そのときに生じる問題とは何でしょうか。これまでに説明してきたように、インスタンスが決定境界から離れれば離れるほど、ある一方のクラスになる確率が高くなるはずです。そして線形関数 $f(x)$ の値は決定境界からの距離を与えます。このことはある問題を示しています。$f(x)$ は $-\infty$ から ∞ の間の値を取りますが、一方、確率は 0 から 1 の間の値となるはずなのです。

　境界からの距離 $f(x)$ をどのように確率に変換すべきかという問題を、あるクラスに属する可能性という点で考えてみましょう。私たちの日常の中には、何かが起きる可能性を表すための別の表現方法があります。もし範囲が $-\infty$ から ∞ である何かに出会ったら、確率についてのその別の表現方法でモデル化すればいいのです。このとき、これまでに見てきた線形方程式を使います。

　あることが起きる可能性を表すためによく使われる方法の 1 つはオッズ (odds) です。何かが起きるオッズは、それが起きる確率と起こらない確率の比率です。例えば、何かが起きる確率が 80% だったとすると、そのオッズは 80:20 あるいは 4:1 です。そして、線形関数がオッズを与えてくれるなら、ちょっとした計算でそのオッズを確率に変換できます。もっと詳しい例を見てみましょう。**表 4-1** はさまざまな確率に応じたオッズを示しています。

[†] 訳注:つまり、異なるインスタンスごとに違う確率推定を与えてはいないということ。

表 4-1 確率とそれに対するオッズ

確率	オッズ
0.5	50:50 または 1
0.9	90:10 または 9
0.999	999:1 または 999
0.01	1:99 または 0.0101
0.001	1:999 または 0.001001

　表 4-1 のオッズを見ても、まだこれをそのまま決定境界からの距離だと解釈することはできないことがわかります。境界からの距離は $-\infty$ から ∞ の間です。しかしこの例からわかるように、オッズの幅は 0 から ∞ です。それでも、単にオッズの対数（log-odds と呼ばれます）を求めるだけで、この問題を解決できるのです。なぜなら、0 から ∞ の間のあらゆる数値について、その対数は $-\infty$ から ∞ の間の数値になるからです。**表 4-2** はこのことを示しています。これで 0 から 1 の間を取る値（確率）と、$-\infty$ から ∞ の間を取る値（距離）との対応付けができます[†]。

表 4-2 確率、オッズ、log-odds

確率	オッズ	Log-odds
0.5	50:50 または 1	0
0.9	90:10 または 9	2.19
0.999	999:1 または 999	6.9
0.01	1:99 または 0.0101	-4.6
0.001	1:999 または 0.001001	-6.9

　もしクラス確率というよりも、確率の表現方法のモデルだけが大事なのであれば、$f(x)$ を使って log-odds のモデルを作ることもできます。

　こうした問題を考えた結果、この節の主題に戻ってきました。これが正にロジスティック回帰モデルなのです。この章を通して見てきた同じ線形関数 $f(x)$ を、対象とする何かが起きる確率を表す log-odds を測るために使えるのです。そのモデルにおいては、$f(x)$ とは、x がプラスのクラスに属する場合の log-odds の推定です。例えばそのモデルは、特徴ベクトル x で記述される顧客が契約満了時に他社に乗り換えるかどうかを表す log-odds を推定するのかもしれません。さらに言うと、少し代数を使うだけで、こうした log-odds をあるクラスになる確率に変換することができます。この点についての解説はこの本の他の部分に比べると少しテクニカルなので、次の節「4.3.1 ＊ロジスティック回帰：理論的詳細」に譲ることにしま

[†] 訳注：確率（0 から 1）と距離（$-\infty$ から ∞）は、オッズ（0 から ∞）を介して対応付けられている。**表 4-2** がその対応付けの様子を示している。

す。次の節では、ロジスティック回帰をデータにフィットさせるための最適な目的関数とは厳密には何であるかについても説明します。その部分を詳しく読んでもいいですし、ざっと眺めるだけで構いません。重要な点は次のことです。

- 確率推定の場合、ロジスティック回帰は、分類に関する線形判別や数値の推定に関する線形回帰と同様に、線形モデルを使う。

- ロジスティック回帰モデルの出力値は、あるクラスである場合の log-odds だと解釈することができる。

- こうした log-odds は直接、クラス確率に変換できる。そのため、ロジスティック回帰を単なるクラス確率についてのモデルだと考えることもある。読者もいままで、そうとは気付かないまま何度もロジスティック回帰モデルに触れてきたはずである。それらモデルは、確率を推定するために広く使われている。例えば、債権が回収不能になる確率や、オファーへの反応確率、口座が不正利用される確率、文献がテーマにふさわしい確率など。

この後でロジスティック回帰をさらに詳しく解説します。さらにその後、この章で扱った線形モデルを3章で扱った木構造モデルと比較します。

> **注意：ロジスティック回帰という不適切な名前**
> 前に述べたように、ロジスティック回帰という名前は最新のデータサイエンスの用語としては不適切です。分類と回帰の違いは、目的とする値が離散値か数値かの違いでした。ロジスティック回帰の場合には、モデルは数値である推定値（log-odds の推定値）を算出します。しかし、目的変数の値は離散値です。この点について議論するのは少し理論的すぎるかもしれません。ロジスティック回帰が何をしているかということが、理解する上で大切です。ロジスティック回帰は log-odds を推定しています。あるいは、離散的なクラスのうちどれになるかというクラス確率（数値）を推定していると言ってもいいでしょう。そのため、そのモデルはクラス確率推定モデルだと見なせます。その名前とは違い、決して回帰モデルとは考えません。

4.3.1 *ロジスティック回帰：理論的詳細

ロジスティック回帰は広く使われています。ただ、線形回帰と比べると直感的ではないため、理論的に詳細な部分についてもう少し解説しましょう。この部分を飛ばしても、この本の残りの部分を理解するために影響はありません。

さて、どこまで理解できれば、ロジスティック回帰モデルを理解できたと言えるでしょうか。まず、特徴ベクトル **x** で表されるデータに対するモデルの確率推定を表すために $p_+(\mathbf{x})$ という記法を使うことにします†。クラス + は何らかの（2 値の）事象で、モデリングの対象としているものでした。それはオファーへの反応、他社サービスへの乗り換え、不正行為の発生、などといったことです。そして、その事象が起こらない確率の推定値は $1 - p_+(\mathbf{x})$ となります。

式 4-3　log-odds 線形関数

$$\log\left(\frac{p_+(\mathbf{x})}{1 - p_+(\mathbf{x})}\right) = f(\mathbf{x}) = w_0 + w_1 x_1 + w_2 x_2 + \cdots$$

式 4-3 が示しているのは、特徴ベクトル **x** で表されるデータがあるとき、そのクラスの log-odds はこれまでに扱ってきた線形関数 $f(x)$ に等しいということです。実際には、本当に知りたいことは log-odds ではなくクラス確率推定値であることが多いため、**式 4-3** の $p_+(\mathbf{x})$ から確率を計算します。その結果は、**式 4-4** となりますが、これはあまりわかりやすいとは言えません。

式 4-4　ロジスティック関数

$$p_+(\mathbf{x}) = \frac{1}{1 + e^{-f(\mathbf{x})}}$$

式 4-4 はあまりわかりやすくはありませんが、これをグラフにすると確かに求めていたものになっていることがわかります。つまり、決定境界から遠くなると一方のクラスになる確実性が増し、決定境界付近だとどちらのクラスになるかは不確実です。

図 4-10 では、確率の推定値 $p_+(\mathbf{x})$（縦軸）が、決定境界からの距離（横軸）の関数として表現されています。この図は、決定境界（距離 x が 0）においては確率が 0.5（コイン投げと同じ）であることを示しています。この確率は決定境界付近では、ほぼ直線的に変わっていきます。しかし決定境界から離れていくと、確率は徐々に変化しなくなっていきます。モデルをデータにフィットさせるという作業には、ほぼ線形になっている部分の傾きを決めるということも含みます。それは決定境界から離れるにつれて、どれだけ早く確率を高めていくかということでもあります。

いままで触れてこなかった他の理論的に重要な点としては、ロジスティック回帰モデルを

---

† 学術的には、モデルの確率推定値と実際の確率とを区別して表す。確率推定の場合にはハット記号を使って $\hat{p}$ と表す。実際の確率の場合にはハット記号は付けない。この本ではこの記号を使わないが、学術的な知識が必要な読者は覚えておくとよいだろう。

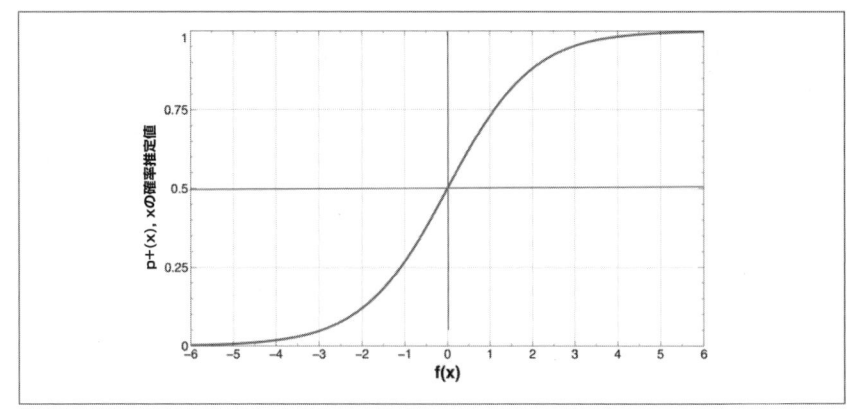

図 4-10 関数 f(x) で表されるロジスティック回帰のクラス確率推定（決定境界からの距離）。このカーブは「シグモイド」（S字）カーブと呼ばれ、確率値が正しい範囲（0から1の範囲）に入るようになっている。

データにフィットさせるために使う目的関数とは何か、という点です。トレーニングデータは2値の目的変数を含むのでした。ここで、目的変数は陽性か陰性のいずれかの値になるとしましょう。モデルをトレーニングデータに適用すれば、トレーニングデータ中のそれぞれのインスタンスが、どのクラスに属するか推定できます。さて、私たちが望んでいたものは何であったでしょうか。理想を言えば、目的変数が陽性である任意のインスタンス $\mathbf{x}_+$ については $p_+(\mathbf{x}_+) = 1$ となり、陰性のインスタンス $\mathbf{x}_-$ については $p_+(\mathbf{x}_-) = 0$ になってほしいのでした。残念なことに現実世界のデータを使うときには、こうした確率を完全に推定できることはほとんどありません（人口統計上の変数で表された消費者が、あるオファーに反応するか推定することを考えてみてください）。それでもなお、$p_+(\mathbf{x}_+)$ を可能な限り1に近づけ、$p_+(\mathbf{x}_-)$ を可能な限り0に近づけたいのです。

このように考えると、ロジスティック回帰モデルをデータにフィットさせるための標準的な目的関数にたどり着きます。次の関数を考えてみましょう。パラメータのセット $\mathbf{w}$（これによりクラス確率推定 $p_+(\mathbf{x})$ が導き出される）が与えられたとき、この関数は、あるラベル付けされたインスタンスが正しいクラスに属する尤度[†]を算出します。

$$g(\mathbf{x}, \mathbf{w}) = \begin{cases} p_+(\mathbf{x}) & (\mathbf{x} が + のとき) \\ 1 - p_+(\mathbf{x}) & (\mathbf{x} が \bullet のとき) \end{cases}$$

この関数 g はあるモデルにおいて、モデルが $\mathbf{x}$ の実際のクラスを推定する確率を算出しま

[†] 訳注：統計学におけるモデルの尤もらしさを表す値。既に起きた事象のデータをもとに算出する。

す。ここで、ラベル付けされたデータセット（トレーニングデータ）のすべてのインスタンスについて、gの値を合計することにします。このとき、異なるパラメータを与えたモデルでも、同じように合計します。異なるパラメータを与えたモデルとは、ロジスティック回帰に対して異なる重み付け（w）のセットを与えたモデルのことです。いくつかのモデルに対して合計値を算出したとき、最も高い合計値が出るモデル（重みのセット）がそのデータに対して最も高い尤度を与えるモデルです。これは最尤モデルと呼ばれます。最尤モデルが陽性である確率を推定するときには、（平均的には）陽性のインスタンスに対して最も高い確率を与え、陰性のインスタンスに対しては最も低い確率を与えます。

クラスラベルと確率

人によっては、目的変数そのものがクラス確率の表現の一種であると考えたくなるかもしれません。トレーニングデータ中で観測された目的変数の値は単に、あるクラスが観測されるときに$p(x) = 1$であり、観測されないときに$p(x) = 0$だと告げているだけです。しかし、これはロジスティック回帰モデルの使われ方と整合するわけではありません。例えば、ターゲットマーケティングに適用する場合を考えてみましょう。消費者cがオファーに反応する確率は$p(c) = 0.02$だとモデルが推定したとします。そしてそのデータにおいては、その人が実際に反応しているとします。このことは、その消費者が反応する確率が実際には1.0であったことを意味するわけではありませんし、そのモデルが大きく間違ったというわけでもありません。その消費者の確率は、本当に$p(c) = 0.02$程度なのかもしれません（多くのキャンペーンでは、これは高い反応率だと言えます）。その消費者はそのときたまたま反応しただけかもしれません。

このことについてのより納得しやすい考え方としては、トレーニングデータとは本当の確率そのものというよりも、本当の確率からの統計学的な「抽選結果」のセットから構成されている、というものです。ロジスティック回帰の手法は、線形log-oddsモデルを使って確率（インスタンス空間における確率分布）を推定します。そしてそれは、その分布からの抽選結果として得た測定データをもとにしています。

4.4 例：ロジスティック回帰 vs ツリー帰納法

分類木と線形分類器は、どちらも線形の決定境界を使いますが、それらには大きな2つの違いがあります。

1. 分類木はインスタンス空間の軸に対して**垂直な決定境界**を使います（**図4-1**参照）。それに対して、線形分類器は任意の方向を向いた決定境界を使うことができます。この理由は、分類木が1度に1つの属性だけを使うのに対して、線形分類器はすべての

属性に対する重み付けされた組み合わせを使うためです。

2. 分類木は区分的な分類器で、分割統治法を使ってインスタンス空間を再帰的にセグメント化します。原理的には、分類木はインスタンス空間を切り分けていき、任意のとても小さな領域に分割することができます（ただしこれは避けるべきであり、その理由は5章で説明します）。線形分類器は空間全体に対して**単一**の決定境界を設置します。この境界の向きには大きな自由度がありますが、1つの領域を2つに分けることしかできません。これは、すべての変数を含む単一の（線形）等式を使っているからであり、そしてモデルをインスタンス空間全体にフィットさせなければいけないからです。

こうした特徴を持つ2つの方法のうち、対象とするデータセットに適しているのはどちらであるか、あらかじめ決めることは簡単ではありません。最適な決定境界がどのようなものであるか知ることができることは滅多にありません。実際には、これらの違いはどのような結果をもたらすのでしょうか。

ビジネス上の問題に当てはめるときには、その関係者が持つ知識によって、モデルの理解しやすさは変わってきます。例えば、ロジスティック回帰が正確には何をしているのかということは、統計学の経験が十分にある人たちにとっては理解しやすいですし、そうでない人たちにとって理解することは困難です。決定木は、それが大きすぎなければ、統計学や数学の知識がない人にとっても理解しやすい方法です。

なぜ理解しやすさが重要なのでしょうか。それは多くのビジネス問題においては、データサイエンスチームはどのモデルを使うべきか、究極的には判断がつかないからです。実際には、少なくとも1人の責任者がそのとき使うモデルを承認しなければならず、多くの場合には、そのモデルを使って複数の利害関係者を納得させる必要があります。例えば、新しくモデルを作ったとして、それを使って、顧客から会社に連絡があった後すぐに修理のために技術者を派遣するとしましょう。そのとき、運用サポート部門や顧客サービス部門そして技術部門のすべての管理職が満足するように、新しいモデルがメリットをもたらすのだと（たとえ完璧なモデルなど存在せず、欠点があったとしても）説得する必要があります。

シンプルですが本物に近いデータセットに対してロジスティック回帰を使ってみましょう。対象とするのは、「ウィスコンシン乳癌データセット」(http://archive.ics.uci.edu/ml/datasets/Breast+Cancer+Wisconsin+(Diagnostic)) です。前章でのキノコのデータセットと同じく、このデータセットもデータサイエンスでよく使われます。同じように、カリフォルニア大学アーバイン校の機械学習用データセットリポジトリの中にあります。

データセット中のインスタンスは、写真に撮った細胞核の特徴を記述したものです。イン

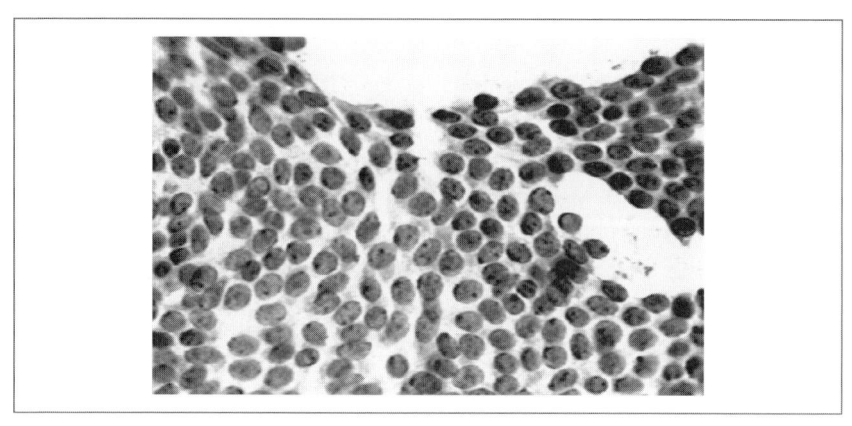

図 4-11　ウィスコンシン乳癌データセットにある細胞の写真の 1 つ（ニック・ストリートとビル・ウォルバーグの好意による）

スタンスは、専門家の診断に基づいて良性か悪性（癌）かでラベル付けされています。細胞の写真の 1 つの例が**図 4-11** です。

それぞれの写真から**表 4-3** にある 10 の特徴を抽出しました。

表 4-3　ウィスコンシン乳癌データセットの属性

属性名	説明
半径	細胞の中心から周辺までの平均的な長さ
陰影	白黒諧調の標準偏差
周辺長	腫瘍の周辺の長さ
面積	腫瘍の面積
平滑度	半径の局所的偏差
緊密さ	計算値 半径の 2 乗 / 面積 − 1.0
くぼみの度合	輪郭部のくぼみの程度
くぼみの数	輪郭部のくぼみの数
対称性	核の対称性の計測値
フラクタル次元	「海岸線近似値」[†] − 1.0
診断結果 (目的変数)	細胞の診断結果：良性か悪性か

これらは胸部の腫瘍に対する穿刺吸引細胞診（FNA）で得られたデジタル画像からコンピュータを使って算出できる値で、画像中の細胞核の特徴を表しています。それぞれの特徴から 3 種類の値を計算しました。平均値（−平均）、標準誤差（−誤差）、「最大値（最も大き

[†] 訳注：フラクタル理論における海岸線部分の近似値。

い3つの値の平均）（-最大）」の3つです。結果として、データセットから30の測定値が得られます。これらは357の良性腫瘍の画像と212の悪性腫瘍の画像から得たものです。

表4-4 ウィスコンシン乳癌データセットに対するロジスティック回帰によって得られた線形式（属性とその重み）

属性	重み（得られたパラメータ）
平滑度-最大	22.3
くぼみの数-平均	19.47
くぼみの数-最大	11.68
対称性-最大	4.99
くぼみの度合-最大	2.86
くぼみの度合-平均	2.34
半径-最大	0.25
陰影-最大	0.13
面積-誤差	0.06
陰影-平均	0.03
陰影-誤差	-0.29
緊密さ-平均	-7.1
緊密さ-誤差	-27.87
w_0（切片）	-17.7

表 4-4 は、ロジスティック回帰によって得られたもので、このデータセットに対して良性か悪性かを予測する線形モデルを示しています。ここでは、0でない重みを大きいものから順に記載しました。

このモデルはとても良い性能を示しています。データセット全体に対して6個の間違いしかなく、約98.9%の精度（モデルが正しく分類したインスタンスの率）が出ています。比較対象として、同じデータセットについての分類木を作りました。その結果は図4-13の通りです。この分類木には全部で25個のノードがあり、13のリーフノードがあります。このことはツリーモデルがインスタンス全体を13のセグメントに分割するということを意味します。この分類木の精度は99.1%であり、ロジスティック回帰と比べて少し高い精度が出ています。

この実験の意図は、同じデータセットに対して2つの異なる方法を使った場合、どのような結果になるか示すことでした。しかし少し脇道にそれて、これらの性能結果について考えてみましょう。まず最初に、98.1%という精度はとても良い結果に思えます。これは本当でしょうか。データマイニングの文献においては、こうした精度の数値をよく見かけます。癌の診断のような現実の問題の場合には、分類器そのものを評価することは、複雑で困難になりがちです。分類器の評価については7章と8章で詳しく説明します。

次に、98.9%と99.1%という2つの結果について考えてみましょう。分類木の方がわずか

に高い精度を出しているため、分類木の方が良いモデルであると考えたくなります。この結果を本当にそのまま信じるべきでしょうか。この違いは569個のインスタンスの中のたった1個の誤差によって生じたものです。さらに、精度の数値は、モデルを作るもとになった同じデータセットに対して、各モデルを使ったときの評価から得られたものです。この評価結果をどの程度信頼すればいいでしょうか。5章、7章、8章では、モデルの評価におけるガイドラインと陥りがちな落とし穴について説明します。

4.5 非線形関数、サポートベクターマシン、ニューラルネットワーク

ここまでこの章では、データサイエンスでよく使われる数値関数、つまり線形モデルを説明してきました。こうしたモデルにはさまざまな種類があり技法があります。**図4-12**では、関数にさらに複雑な特徴を持たせることで、線形関数が実際には非線形モデルを表すことができる、ということを示しています。この例では「4.1.3 データから線形判別器を見つけ出す例」で紹介したIrisデータセットを使い、二乗項（**がく片の幅**）^{2}を入力データに加えました。結果として得られたモデルは、元の特徴空間における放物線となっています。つまり（**がく片の幅**）^{2}の項が反映されたのです。また、元のデータセットに対して、ブルーフラグのデータポイントを(4, 0.7)の場所に1つ加えています。星印を付けた点がそのデータポイントです。

この章の基本コンセプトは、単に線形関数をフィットさせるというだけでなく、もっと一般的に使うことができます。もちろん、任意の複数の関数を組み合わせて、それらのパラメータをデータにフィットさせることもできます。合成された非線形関数のパラメータをフィットさせる手法のうち、よく使われるものは**非線形サポートベクターマシン**と**ニューラルネットワーク**（neural networks）です。

非線形サポートベクターマシンとは本質的には、より複雑な項を加えることで線形関数をフィットさせる体系的な手法と考えることができます。サポートベクターマシンは核関数（kernel function）と呼ばれるものを持っています。それは元の特徴を別の特徴空間に変換させるものです。したがって、線形モデルにおいても、この新しい特徴空間にフィットさせることができます。**図4-12**がその簡単な例です。このことを一般化すると、「多項式の核関数」を使えば非線形サポートベクターマシンを作ることができるということであり、それは本質的には元の特徴の「高次の」組み合わせを取るということを意味しています（特徴の平方や、複数の特徴の積）。データサイエンティストは核関数として選ぶことができるさまざまな関数（線形、多項式、その他）に次第に詳しくなっていくでしょう。

ニューラルネットワークでも同じように、この章の基本コンセプトを使って複雑な非線形の数値関数を作ることができます。ニューラルネットワークの考え方はとても面白いもので

4.5 非線形関数、サポートベクターマシン、ニューラルネットワーク

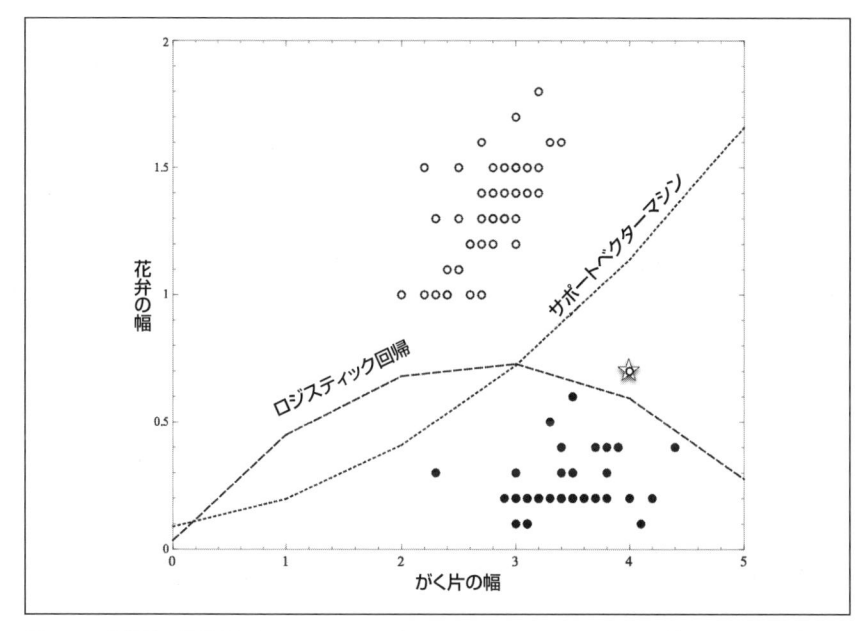

図4-12 非線形の特徴を加えたアイリスのデータセット。この図においてロジスティック回帰とサポートベクターマシン（いずれも線形モデル）には、新たに1つの特徴（がく片の幅）^{2}が加えられている。これが2つのモデルをより複雑にし、非線形の境界線を描かせている。

す。1つのニューラルネットワークは、モデルの「スタック」（積み重ね）だと考えることができます。そのスタックの最下部が対象とする元の特徴です。これらの特徴からシンプルなさまざまなモデルを得ることができます。スタックを構成するモデルがロジスティック回帰であるとしましょう。スタックのそれぞれの層は、そのすぐ下の層からのアウトプットに対してシンプルなモデル（別のロジスティック回帰など）を適用します。2層のスタックの場合には、まず最初に元の特徴からロジスティック回帰のセットを作ります。その後でその最初のロジスティック回帰のセットのアウトプットを特徴として使った、別のロジスティック回帰を作ります。このことを簡潔に捉えるなら、最初にその問題の持つ、いくつかの特徴のそれぞれに対する「エキスパート」のセットを作って（最初の層のモデル）、その後、これらの異なるエキスパートの意見をどのように重み付けして取りまとめるかを決める（2つ目の層のモデル）、ということです†。

ニューラルネットワークの考え方は、とても興味をそそります。下位の層のロジスティック回帰（それぞれが異なるエキスパート）を作るとき、それぞれについての**目的変数**は何に

---

† 12章のアンサンブル手法（ensemble methods）と比較するとよい。

すればよいでしょうか。スタックモデルを構築するとき、人によっては、ある特定の目的変数を使って下位の層のエキスパートが具体的な何かを表すようにしますが［Perlich et al. 2013］、より一般的には最後の層に対してのみ目的変数（実際の目的変数）を与えます。それでは、どのようにして下層のロジスティック回帰を作ればよいのでしょうか。それは、この章の基本コンセプトに立ち戻れば理解できます。モデルのスタックは、1つの大きなパラメータ化した数値関数として表現できるのです。ここでのパラメータは、それぞれのモデルにかかる係数です。最適化したいもの（例えば、ある関数を使ったときのトレーニングデータへの適合性）を表している目的関数を決めれば、最適なパラメータを見つけ出すための手法を、このとても複雑な数値関数に対しても使うことができます。それを終わらせたとき、すべてのモデルに対するパラメータを得ることができ、そして下層のエキスパートの最適なセットと、その最適な組み合わせがわかります。

> **さまざまな分野で使われるニューラルネットワーク**
> この節では、分類と回帰についてのニューラルネットワークを説明しています。ニューラルネットワークの分野には長い歴史があり、広く、かつ深いものです。これまでにニューラルネットワークがデータマイニングにも広く応用できることが知られています。それらは2章で述べた他の多くの分野でも使うことができます。例えばクラスタリングや時系列分析（time series analysis）、プロファイリング（profiling）などでも使われています。

これまでに見てきた方法はとても素晴らしく思えます。どうして常にこうした方法を使おうとはしないのでしょうか。それは、トレードオフがあるからです。データにフィットさせるべきモデルの柔軟性が増すほど、データにフィットさせすぎてしまう可能性が高まるのです。モデルに一般性を持たせることなく、ある特定のトレーニングデータに特化してフィットさせてしまうことがあります。モデルを適用させる対象は、本来であれば、同じ母集団や適用領域にある別のデータのはずです。この懸念点は、ニューラルネットワークだけに限らない、一般的なものです。このことはデータサイエンスにおける最も重要なコンセプトの1つであり、それが次の章のテーマです。

4.6　まとめ

この章では、2つ目の種類の予測モデリング技法を紹介しました。それはファンクションフィッティング（function fitting）[†]やパラメトリックモデリングと呼ばれています。このときのモデルは部分的に特定された数式です。つまりデータ属性の数値関数であり、いくつかの未定の数値パラメータを含みます。データマイニングにおける作業の1つは、何らかの意味

[†] 訳注：この「ファンクション」は、数式で表現された「関数」という意味でのファンクションである。

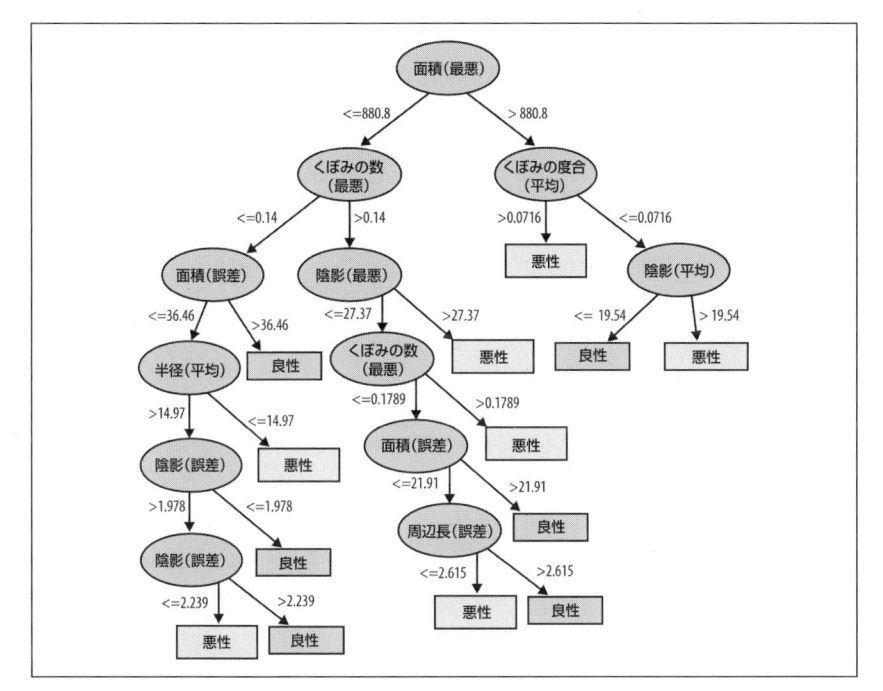

図4-13 ウィスコンシン乳癌データセットから得られた決定木

での「最適」なパラメータのセットを見つけ、モデルをデータに「フィット」させることです。

　ファンクションフィッティングの技法にはさまざまな種類があります。しかし、ほとんどの場合には同じ線形モデル構造を使います。つまり、シンプルに重み付けされた属性値の和の形になっています。データマイニングによってフィットされるパラメータはそれぞれの属性の重みです。線形モデリング技法には、サポートベクターマシンやロジスティック回帰や伝統的な線形回帰のような線形判別器もあります。概念的にはこれらの技法の主な違いは、「対象とするデータに最適なフィットとは何なのか」、という問題に対するそれらの解決法にあります。どれだけ良くフィットしているかは、「目的関数」で表します。そして、それらの技法ではそれぞれ異なる目的関数を使います。その結果として、それらの技法はまるで違ったものになるかもしれません。

　これまでに、2つのとても違う種類のデータマイニング技法を見てきました。ツリー帰納法とファンクションフィッティングです。そしてそれらを比較しました（「4.4　例：ロジスティック回帰 vs ツリー帰納法」）。さらにモデルを評価するための2つの基準を紹介しまし

た。モデルの予測性能とその理解しやすさです。1つのデータセットから異なる種類のモデルを作ることで、さらに深い理解を得られることもあります。

　この章では主に、データに対するモデルのフィットを最適化するという基本コンセプトを説明してきました。しかし、このことがデータマイニングにおいて基礎的でかつ深刻な問題を引き起こします。それはつまり、どんな場合にも頑張ればデータセットの中に何らかの構造を見つけられるということです。たとえそれが単なる偶然だとしてもです。このことは**オーバーフィッティング**と呼ばれています。オーバーフィッティングを理解し、それを回避することは、データサイエンスにおける重要でありかつ一般的なトピックです。次の章のすべてを使ってこのことを説明します。

5章
オーバーフィッティングと
その回避方法

> 基本コンセプト：
> - 汎化
> - フィッティングとオーバーフィッティング
> - 複雑性のコントロール
>
> 代表的技法：
> - 交差検証
> - 属性選択
> - ツリーの刈り込み
> - 正則化

オーバーフィッティング（overfitting）と汎化（generalization）は、データサイエンスの中でもとりわけ重要で本質的な考え方です。特定のデータセットの中にパターンを見つけようとしていろいろな可能性を試してみれば、きっと何かしらのパターンが見つかるでしょう。しかし、そうした「パターン」は、そのデータ上で偶然起きていただけかもしれないのです。これまで見てきたように、汎化できるパターン、つまり未知のデータに対しても予測が行えるようなパターンが大切です。一見すると意味があるように見えるにもかかわらず、汎化できないような偶然に発生したパターンを見つけた場合、それをデータの**オーバーフィッティング（過剰適合）**と呼びます。

5.1 汎化

次のような（極端な）例を考えてみます。あなたは MegaTelCo で顧客流出の対策を担当するマネージャーだとしましょう。一方、私はデータマイニングを使ったコンサルティング会社を経営しているとします。あなたは私のデータサイエンスチームに、ある履歴データを渡してくれました。そのデータとは、6ヶ月の契約期間の間に解約してしまった顧客と、そうでない顧客についてのものです。私の仕事はこれまで述べてきたように、何らかの特徴を

使ってモデルを構築し、解約しそうな顧客を判別することです。私はデータをマイニングし、モデルを構築しました。構築したモデルのソースコードもあなたに渡したので、そのコードは会社の解約削減システムに組み込まれることになるでしょう。

　当たり前ではありますが、あなたにとっては私の作ったモデルが本当に使えるかどうかが大事です。そこであなたは技術チームに依頼して、過去のデータに対してこのモデルがどの程度有効かをチェックしてもらうことにしました。過去のデータに対する結果が良いからといって、将来に対してもうまくいく保証がないことは百も承知です。ですが、あなたの経験によれば、携帯電話の解約動向はそれほど変化しないのが常です。変わるとすれば業界を揺るがすような出来事があった時（例えばiPhoneの発表など）ですが、データが収集された間にはそのような出来事がなかったこともわかっています。そこで、技術チームが過去のデータセットに対してこのモデルを適用してみることにしました。技術チームのリーダーは、この仕事をしたデータサイエンスチームは素晴らしい、と報告してきました。モデルは100%正確だったのです。1つの誤りもなく、すべての解約者と非解約者を判別していました。

　しかし経験豊富なあなたは、それだけでは満足しません。あなたの下には、これまで長きにわたって解約の動向を注視してきた専門家がいます。もし本当に100%正確な指標などというものがあったとしたら、解約状況は今よりもっとましになっていたはずではないか。これはただの偶然ではないだろうか、とあなたは思います。

　しかしこれはただの偶然ではありません。私たちのデータサイエンスチームなら、いつでも同じ結果が得られます。モデルの立て方はこうです。まず、解約した顧客について、それぞれの特徴ベクトルをデータベースのテーブルに記録します。これを T_c と呼ぶことにしましょう。そして、実際にある顧客が解約する可能性について判別することになったら、その顧客の特徴ベクトルを求め、T_c テーブルの中を検索します。もし T_c の中にデータがあればその人の解約可能性は100%、データがなければ解約可能性は0%という結果を返すのです。こうすれば、技術チームが過去のデータセットに対して私たちのモデルを適用しようとするときには完璧な予測が行えます†。

　このシンプルな方法を**テーブルモデル**（table model）と呼ぶことにしましょう。このモデルは学習データを記憶しますが、汎化は行いません。ではこれの何が問題なのでしょうか。実際にモデルを利用する場合で考えてみましょう。**テーブルにデータがない顧客**の契約が満了しようとしていて、このモデルを適用したいと考えます。当然この顧客は過去のデータセット内には含まれておらず、マッチするデータがないため検索は失敗し、結果としてこの顧客の解約可能性は0%と予測されることになります。実のところ、このモデルは（学習デー

---

† これは技術的には必ずしも正しくない。全く同じ特徴ベクトルを持つ2人の顧客がいて、片方が解約しておりもう片方が解約していない場合があり得るからだ。しかしここではその可能性は無視してよいだろう。例えば、重複しないような顧客IDを特徴として加えると仮定しても構わない。

タに含まれない)すべての顧客に対して同じ予測を返します。一見完璧に見えたモデルが、実際には何の役にも立たないことが明らかになってしまいました。

こんなシナリオは馬鹿らしく思えるかもしれません。実際には、顧客データをそのままテーブルに突っ込んで、これが何かの「予測モデル」である、という人などいないでしょう。しかし大事なのは、これがなぜまずいやり方かを考えることです。なぜなら、もっと現実的なデータマイニングをしようとしても同じ理由で失敗することがあるからです。このお話はデータサイエンスにおいて互いに関連する基本的な考え方、**汎化**と**オーバーフィッティング**にまつわる極端な例と言えます。汎化とは、モデルやモデルを立てるプロセスが持つ性質であり、この性質ゆえに構築の際に使ったデータ以外に対してもモデルを適用することができるのです。先の例におけるモデルは、構築のために使ったデータ以外に対しては全く汎化されていませんでした。トレーニングデータ向けに完璧に合わせ込んである、つまり「適合(フィット)」しています。もっと言えば「適合しすぎ(オーバーフィット)」ているのです。

ここは大事なポイントです。すべてのデータセットは、ある母集団から抜き出した有限個のサンプルです。この場合は、携帯電話の顧客が母集団となります。私たちは、モデルを単にトレーニングセットに対して適用するだけでなく、そのトレーニングデータのもととなる母集団に対しても適用できるようにしたいのです。トレーニングデータが実際の母集団を代表していないのではという心配があるかもしれませんが、問題はそこではありません。代表的なデータだったにもかかわらず、トレーニングデータ以外に汎化できるモデルをデータマイニングによって作れなかったことが問題なのです。

5.2　オーバーフィッティング

オーバーフィッティングとは、トレーニングデータに対してモデルを合わせ込む過程において、未知のデータに対する汎化を犠牲にすることとも言えます。前節の例は不自然なものでした。なぜなら、丸暗記という、データマイニングで考えうる限り最も極端にオーバーフィッティングする方法を使ってモデルを構築していたからです。とはいえ、どんなデータマイニングのやり方であっても、多かれ少なかれ、ある程度はオーバーフィッティングしてしまうものです。それは、どんなデータセットの中にも懸命に探せば、何かしらのパターンが見つかるからです。ノーベル賞を受賞したロナルドコースはこう言っています。「データをずっと拷問し続けていれば、そのうち自白するはずだ」と。

残念ながらこの問題は一筋縄ではいきません。オーバーフィットしないデータマイニングの手法を使う、という答えは正解ではありません。どんな方法でもオーバーフィッティングは起きるからです。単純にオーバーフィットの少ないモデルを使うというのも、正しい答えではありません。モデルの複雑性とオーバーフィッティングは根本的にトレードオフの関係

にあるからです。複雑なモデルの方が、適用する分野における実際の複雑性を捉えやすく、より正確になります。そのため、より複雑なモデルがほしい場合もあるでしょう。オーバーフィッティングをなくすための決定打はありません。オーバーフィッティングを理解した上で、原理原則に従って複雑性をコントロールしていくのがベストです。

この章の残りの部分では、オーバーフィッティングをより詳しく解説していきながら、モデリング時にオーバーフィットの度合いを評価する手法の他、オーバーフィッティングをできる限り避ける方法についても説明します。

5.3 検証・オーバーフィッティング

オーバーフィッティングへの対策を論じる前に、まずオーバーフィッティングをどう捉えるべきかを知っておく必要があります。

5.3.1 ホールドアウトデータとフィッティンググラフ

ここでシンプルな分析ツール、**フィッティンググラフ**（fitting graph）を紹介しましょう。フィッティンググラフは、モデルの精度を、複雑性の関数という形で表します。また**オーバーフィッティングを検証**するために、**ホールドアウト**（holdout）**データ**という、データサイエンスで評価を行う際の基本的な考え方を取り入れます。

先ほどの例の問題は、トレーニングデータ、つまりモデルを立てるときに使ったデータと全く同じものを使ってモデルを評価したことにあります。トレーニングデータを使って評価しても、そのモデルが未知のケースに対してどれほど汎化できるかは一切わからないのです。必要なのは、目的変数の値がわかっているけれども、モデルを構築するためには使わないデータを「とっておく（ホールドアウト）」ことです。このデータは、私たちが最終的に目的変数の値を予測するために実際に使用するデータではありません。その代わり、ホールドアウト用データを作っておくことは、汎化の性能を実験室でテストするようなものです。ホールドアウトデータを使った実際のシナリオをシミュレーションしてみましょう。まず、ホールドアウトデータの実際の値はモデルから（できればモデルを作る人からも）見えないようにしておきます。その上でモデルを使って値を予測[†]します。その後、ホールドアウトして隠しておいた実際の値と予測で出てきた値を比較することによって、**汎化性能**を推定するのです。トレーニングセットに対する精度（「サンプル内」精度と呼ばれたりもします）と、ホールドアウトデータから推定される汎化の精度との間には差が生じるでしょう。このような方法でホールドアウトデータを使う場合は、よく「テストセット」と呼ばれます。

モデルの精度は、モデルにどの程度の複雑性を持たせるかに依存します。この章でこれか

[†] 訳注：ここでの予測とは、ホールドアウトしたデータの説明変数を入力として、モデルが出力した目的変数を確認すること。

ら見ていきますが、モデルへの複雑性の与え方にもいろいろな方法があります。まずは、先ほどトレーニングデータとホールドアウトデータとに分けたデータを使って、フィッティンググラフをより厳密に定義してみましょう。フィッティンググラフ（**図 5-1** を参照）は、トレーニングデータに対するモデルの精度と、ホールドアウトデータに対する精度との差が、モデルが複雑になるにつれてどう変わるかを示しています。一般的には、モデルに複雑性を持たせれば持たせるほど、オーバーフィッティングの度合いは増します（厳密に言うと、モデリング手法が構築できるモデルについての柔軟性を与えれば、それだけオーバーフィッティングの可能性が高まります。この本ではその違いについては触れません）。

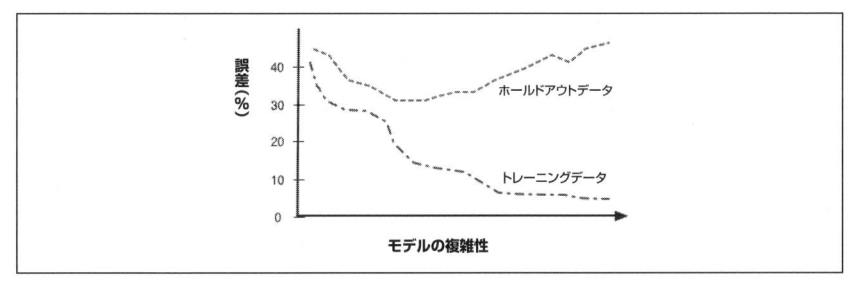

図 5-1　典型的なフィッティンググラフの例。曲線上の各点は、（横軸に示す）複雑性に対して推定されるモデルの精度を表す。トレーニングデータとテストデータに対して推定される精度は、モデルをどの程度複雑にするかによって異なる。モデルがあまり複雑でなければ、精度もそれほど高くない。一方、モデルがどんどん複雑になっていくにつれて、学習データに対しては正確になっていくように見えるが、実際にはオーバーフィッティングとなっている。トレーニングに対する精度とホールドアウト（汎化）に対する精度が離れていっているのはそのためである。

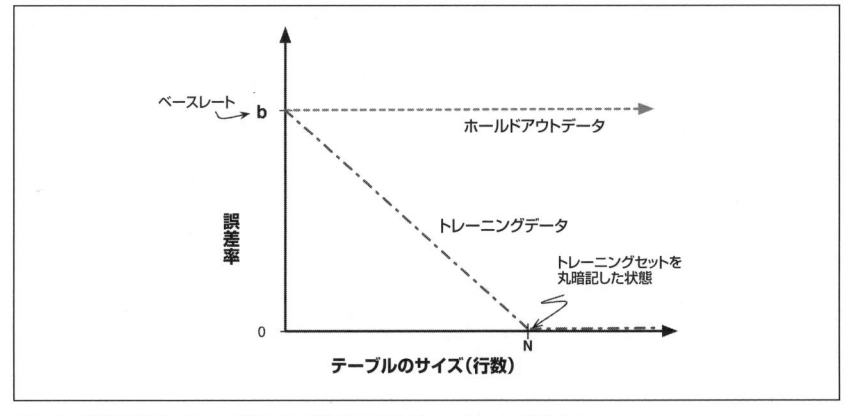

図 5-2　解約顧客の（テーブル）モデルに対するフィッティンググラフ。

図5-2は前述した、解約顧客の「テーブルモデル」についてのフィッティンググラフを示しています。これは極端な例でしたから、フィッティンググラフも特殊になっています。繰り返しになりますが、x 軸はモデルの複雑性を表します。この場合、テーブル内の行数がそれに当たります。y 軸は誤差率を表しています。テーブルのサイズを大きくしていけば、トレーニングセットのデータをより多く記憶しておくことができるので、新しい行が追加されるたびに学習セットに対する誤差は減っていきます。最終的にトレーニングセットすべてが入ってしまうほどテーブルのサイズが大きくなれば（x 軸のNの部分）、誤差はそれ以降ゼロとなります。しかし、テスト（ホールドアウト）セットに対する誤差はある値（b としましょう）からスタートし、減ることはありません。なぜならトレーニングセットとホールドアウトセットの間に重複するデータがないからです。両者の間に生じた大きなギャップが、このモデルが丸暗記であることを如実に示しています。

> **注意：ベースレート（Base rate）**
>
> b は何を表しているのでしょうか。テーブルモデルは、新しい事例については必ず**解約しない**と予測するため、**解約しなかった**ケースがみな正解となり、**解約した**ケースがみな不正解となります。したがって誤差率は母集団に対する**解約した**ケースの割合になります。これが**ベースレート（基本比率）**として知られるもので、常に多数派となるクラスを選択するような分類器をベースレート分類器と呼びます。回帰モデルにおいてこれに対応するのは、常に目的変数の平均値または中央値を予測するようなシンプルなモデルです。
>
> 「ベースレート性能」という言葉を今後耳にすることがあると思いますが、これがその意味です。ベースレートについては次の章で再び触れることにします。

これまでの章で、2つの大きく異なるモデリング手法を述べてきました。1つはツリー帰納法で、データを再帰的に分割する方法です。もう1つが数値モデルをフィッティングさせる方法で、そのために最適なパラメータの組み合わせ、例えば線形モデルにおける重み付け、を探すやり方です。では、それぞれの手法におけるオーバーフィッティングについて見ていきましょう。

5.3.2　ツリー帰納法におけるオーバーフィッティング

クラス分類のためにツリー構造のモデルを作った方法を思い出してみましょう。その際は、重要かつ予測可能な独立属性を見つけるために、データのサブセットを小さくしていきながら基本的な手順を繰り返し（再帰的に）適用していきました。わかりやすくするために、データセット内には特徴ベクトルが同じで目的変数の値が異なるようなインスタンスはない、と仮定しましょう。そのままデータを分割し続けていくと、最終的には純粋なサブセットが出来上がります。つまりどのサブセットについても、そのサブセット内のインスタ

ンスはみな同じ目的変数の値を持っています。これがツリーのリーフになります。1つのリーフが複数のインスタンスを持ち、それぞれが同じ目的変数の値を持っている状態です。必要であれば、要素をさらに分けていって、1つのリーフノードに対してインスタンスが1つとなるようにデータを再分割していくこともできます。これは定義でいうところの純粋なノードに当たります。

しかし、これで一体何が出来上がったのでしょうか。実質的には、前節でオーバーフィッティングの極端な例として説明したような、ルックアップテーブルの別バージョンを作ったことになります。トレーニング用インスタンスを分類させようとこのツリーに与えると、みな下へ降りていき、最終的に適切なリーフ、つまり特定のトレーニングインスタンスを含むデータのサブセットに対応するリーフへとたどりつきます。このトレーニングセットについてのツリーの精度はどうなるでしょうか。完璧な精度で、すべてのトレーニングインスタンスを正しく分類するはずです。

では汎化についてはどうでしょうか。おそらく多少はできるでしょう。このツリーは、ルックアップテーブルに比べて幾分ましなはずです。なぜなら未知のインスタンスはみなどこかに分類され、マッチングできずにおしまいということがないからです。このツリーは見たことのないインスタンスに対しても、きちんとした形で分類を行うことができるのです。したがって、トレーニングデータに対する精度がテストデータに対する精度とどれほど一致するかを実験的に確かめてみることも意味があります。

純粋なリーフになるまでツリーを大きくさせていくと、たいていはオーバーフィットしてしまいます。ツリー構造のモデルは非常に柔軟性が高く、さまざまなものを表現できます。実際、特徴についてのどんな関数も表せますし、際限なく大きくしてよいのであればどんな精度でフィッティングさせることも可能です。しかし、そのためには巨大なツリーが必要になってしまうでしょう。ツリーの複雑さは、ノードの数に依存します。

図 5-3 に示すのが、ツリー帰納法におけるフィッティンググラフの典型例です。ここでは、各ツリーのサイズの上限を意図的に定めています。ツリーのサイズは持てるノードの数で表し、x 軸（わかりやすくするために対数スケールになっています）に対応します。それぞれのサイズに応じて、学習データを使って新たにツリーを作ります。そして2つの値、トレーニングセットに対する精度と、ホールドアウト（テスト）セットに対する精度を測定します。リーフにあるデータのサブセットが純粋でない場合は、3章で説明したように、サブセット内の目的変数の何らかの平均値を目的変数として予測します。

左側の開始時点では、ツリーは非常に小さく、性能も良くありません。しかしノードを多く持てるようになるにつれて性能は急速に向上し、トレーニングセットとホールドアウトセット、双方の精度が高くなっていきます。また、トレーニングセットに対する精度の方がホールドアウトセットの精度よりも常に少しだけ高いということもわかります。これはモデ

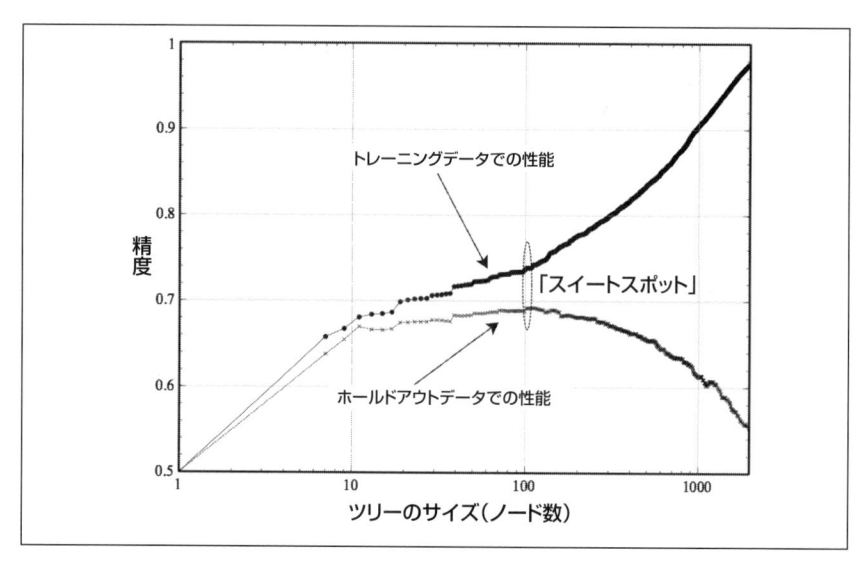

図5-3　ツリー帰納法における典型的なフィッティンググラフ。

ルを構築する際に、トレーニングデータの方は知ることができたからです。しかし、ある時点からツリーはオーバーフィットし始めます。トレーニングセットの細かい部分まで学習しますが、これはホールドアウトセットが表すような母集団の一般的な特徴ではありません。この例では、グラフ内に「スイートスポット」と示してあるところ、$x = 100$ ノードあたりからオーバーフィッティングが発生し始めています。ツリーのサイズが大きくなるにつれて、トレーニングセットへの精度はどんどん高くなります。実際やろうとすればトレーニングセット全体を記憶することも可能で、それによって精度は1.0になります（図には示していません）。しかし、ツリーが「スイートスポット」を超えて大きくなるとホールドアウトの精度は下がっていきます。リーフのデータサブセットはどんどん小さくなり、モデルはより少ないデータから汎化しなければならなくなります。こうした状況下の予測では、エラーの可能性がどんどん高まり、ホールドアウトデータ側の性能が低下する結果となります。

　つまり、このフィッティンググラフから推論できるのは、このデータセットでは100ノード付近からオーバーフィッティングが顕著になり始めるので、ツリーサイズをこの値で制限するのがよい、ということです†。これは2つの両極端な方法、すなわち1. データを一切分割せず、単純にデータセット全体での目的変数の平均値を使う方法と、2. リーフが純粋に

---

† 100ノードは特に普遍的な値というわけではなく、このデータセット固有の値だということに注意する。データを大幅に入れ替えたり、あるいは単に別のツリー構築アルゴリズムを使ったりすれば、おそらく新しいフィッティンググラフを作って新たなスイートスポットを探す必要があるだろう。

なるまで完全なツリーを構築していく方法、との間のトレードオフとしてベストと言えるでしょう。

残念ですが、このような正確なスイートスポットを理論的に決める方法はないので、実験に基づく手法を使わなければいけません。その方法を説明する前に、2つ目のモデリング方式におけるオーバーフィッティングを見ていきましょう。

5.3.3 数学関数のオーバーフィッティング

数学関数の複雑性を増やしたり減らしたりするための方法はいろいろあります。一冊まるまるそうしたテーマを論じた本もあるほどです。この節では非常に重要な方法を1つだけ説明し、「5.9.3 ＊オーバーフィッティングを回避してパラメータを最適化する」で2つ目の方法を説明します。そちらは発展的な内容の（星印付きの）節になっていて、最近のデータサイエンティストがよく使うコンセプトや用語を紹介しています。そのためデータサイエンティストでない方は頭がくらくらするかもしれませんが、最低限流し読みだけでもしていただくことをお勧めします。ここではそうした議論を概念的なレベルで理解するために必要な程度のまとめを行います[†]。しかしまず最初に、もっと直接的に関数を複雑にする方法を見ていきましょう。

数学関数を複雑にするには、変数（属性）を追加していくのが1つの方法です。例えば、**式4-2** に示すような線形モデルがあるとします。

$$f(\mathbf{x}) = w_0 + w_1 x_1 + w_2 x_2 + w_3 x_3$$

x_i を足せば足すほど、関数はより複雑になっていきます。それぞれの x_i には対応する w_i があり、これがモデルの学習パラメータに相当します。

もとの属性を非線形にした項を新たに加えることで、完全に線形だった関数を変えてしまうこともできます。例えば、4つ目の属性として $x_4 = x_1^2$ を足してもよいでしょう。また、x_2 と x_3 の比が重要であれば、新しい属性 $x_5 = x_2/x_3$ を追加するのがよいかもしれません。すると、以下のような式のパラメータ（重み付け）を求めることになります。

$$f(\mathbf{x}) = w_0 + w_1 x_1 + w_2 x_2 + w_3 x_3 + w_4 x_4 + w_5 x_5$$

いずれにせよデータセットは非常に多くの属性を持ちうるので、それらをすべて使えばモデル構築の際に、トレーニングセットにフィットさせるだけの高い柔軟性が得られます。幾何学では任意の2点に直線を、任意の3点には平面をフィットさせられることを思い出して

[†] サポートベクターマシンをもう少しきちんと理解するための概念的な説明も併せて行う。複雑性（オーバーフィッティング）のコントロールを伴うロジスティック回帰とサポートベクターマシンはほぼ同じものである、という観点での説明だ。

ください。この考え方を一般化すると、次元を増やせば増やすほど、より多くの任意の点と完全にフィットさせることができるのです。仮にデータセットと完全にフィットできなくても、次元、つまり属性を増やせば増やすほどより近い形でフィットさせることができます。

モデルを構築する時は、オーバーフィッティングを避けるために、慎重に属性を減らしていくのが普通です。その際、これまで説明したようなホールドアウトと似たような手法を使って個別の属性の情報を評価していきます。モデリングにある程度人手を割け、かつ属性の数がそれなりに少ない場合には、手作業で慎重に属性を選び出していくとよいでしょう。しかし最近の応用分野では、自動的にたくさんのモデルを構築する上に、属性の数も非常に多いため、人力で選び出すのは現実的ではありません。例えば、オンライン表示広告のターゲティングを科学的に行うような企業では毎週数千ものモデルを構築し、特徴の数は数百万に及ぶことがあります。こうしたケースでは、特徴を自動で選択する（もしくは特徴選択を丸ごと無視してしまう）以外の選択肢はありません。

5.4 例：線形関数のオーバーフィッティング

「4.1.3 データから線形判別器を見つけ出す例」では、2種類のアヤメの花を特徴付けるデータで構成された、Irisというシンプルなデータセットを紹介しました。このデータセットを再び使いながら、実際にオーバーフィッティングの影響を見てみましょう。

図 5-4 は、オリジナルのIris（アイリス）データセットを2つの属性、花びらの幅とがくの幅によってグラフ化したものです。1つのインスタンスが1つの花で、なおかつグラフ上の1点に対応していることを思い出してください。中黒の点は「ヒオウギアヤメ」（Iris Setosa）という種を表し、中空の点は「ブルーフラッグ」（Iris Versicolor）という種のインスタンスであることを示しています。これを見て気付いたことはないでしょうか。まず、2種類のアヤメのクラスの違いがはっきりしており、分離しやすいことがわかります。実際、2つのインスタンスの「塊」の間には大きなスペースがあります。ロジスティック回帰、サポートベクターマシンのいずれでも分離の境界（線）はその真ん中にあります。実際には2つの境界線はあまりに似ているのでグラフ上では区別がつきません。

図 5-5 では、新たなサンプルとして**ヒオウギアヤメ**の点を (3,1) に追加しました。このサンプルは**ヒオウギアヤメ**よりも**ブルーフラッグ**のサンプル群に近いので、現実には外れ値やエラーとして捉えるべきものかもしれません。これに合わせてロジスティック回帰の直線がどう動いたかに注目してください。ロジスティック回帰の直線が2つのグループを完全に分離しているのに対して、SVMの方の直線は全くといっていいほど動いていません。

図 5-6 では別の外れ値を (4,0.7) に、つまりは**ブルーフラッグ**のサンプルを**ヒオウギアヤメ**の領域内に追加しています。今度もサポートベクターマシンの直線はほとんど反応して動きませんが、ロジスティック回帰の直線は大幅に移動しています。

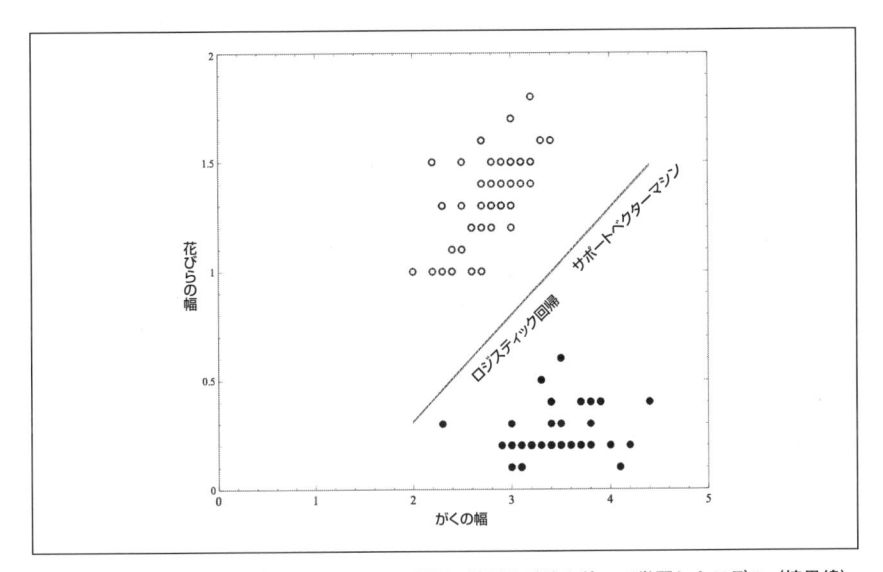

5.4 例：線形関数のオーバーフィッティング | 129

図 5-4 オリジナルの Iris データセットと、2 種類の線形な手法を使って学習したモデル（境界線）。このケースでは、線形回帰とサポートベクターマシン双方で同じモデル（直線で示された決定境界）を学習している。

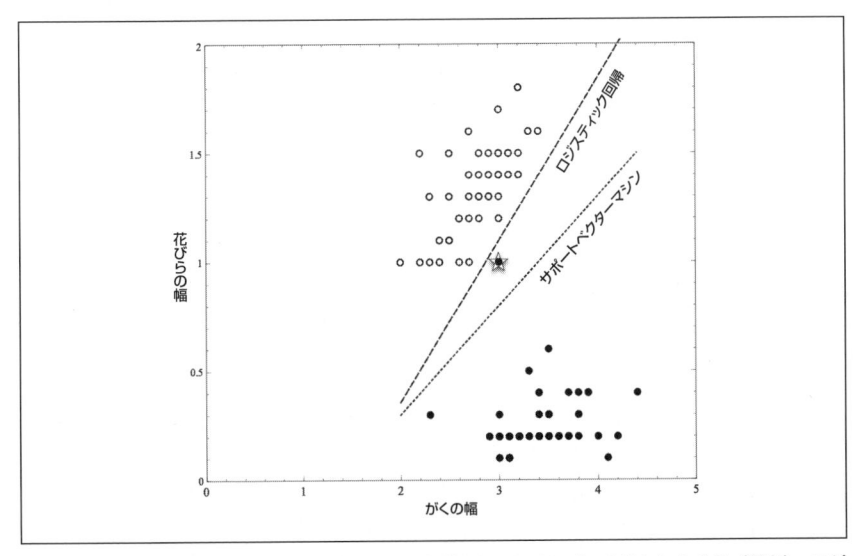

図 5-5 図 5-4 の Iris データセットに新たにヒオウギアヤメのサンプルを追加したもの（星印）。ロジスティック回帰のモデルが大きく変化していることに注目。

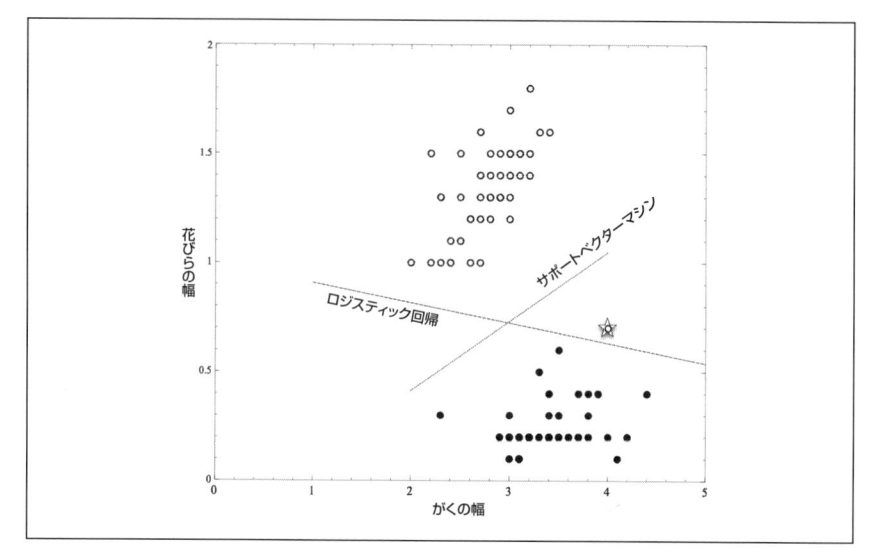

図 5-6 図 5-4 の Iris データセットに新たにブルーフラッグのサンプルを追加したもの（星印）。ロジスティック回帰のモデルが再び大幅に変わっていることに注目。

　図 5-5 および図 5-6 では、ロジスティック回帰はオーバーフィッティングしているように見えます。それぞれに追加したサンプルは、モデルに強い影響を及ぼさない外れ値であることは間違いありません。種のサンプルの大部分に対してはほとんど影響を与えないたぐいのものです。しかしロジスティック回帰の場合、その影響がはっきりと出てしまっています。線形な境界が存在するのであれば、たとえ外れ値に対応させるために境界を移動させることになったとしても、その境界を探し出すのがロジスティック回帰なのです[†]。SVM は、個々のサンプルに対してあまり敏感に反応しません。SVM の学習方法には複雑性をコントロールする要素が含まれているからです。これについては後ほど詳しく説明します。

　先に述べた通り、変数を増やしていけば数学関数をより複雑にすることができます。**図 5-7** ではまさにこれを行っています。図 5-6 と同じデータセットを使っていますが、さらに新たな属性としてがくの幅を 2 乗した値を追加しています。この属性を追加することで 2 乗の項に重みを付けられるようになるため、いずれの手法でもデータによりフィッティングさせやすくなります。幾何学的に言えば、分離境界を直線ではなく**放物線**にもできるということです。こうした自由度を新たに与えてやることによって、どちらの手法においても領域に

[†] 技術的には、すべてのロジスティック回帰アルゴリズムが境界を見つけられるわけではない。境界の発見を保証していないアルゴリズムもある。しかし、そうした議論はいまここで述べているオーバーフィッティングの問題とは特に関係のないものだ。

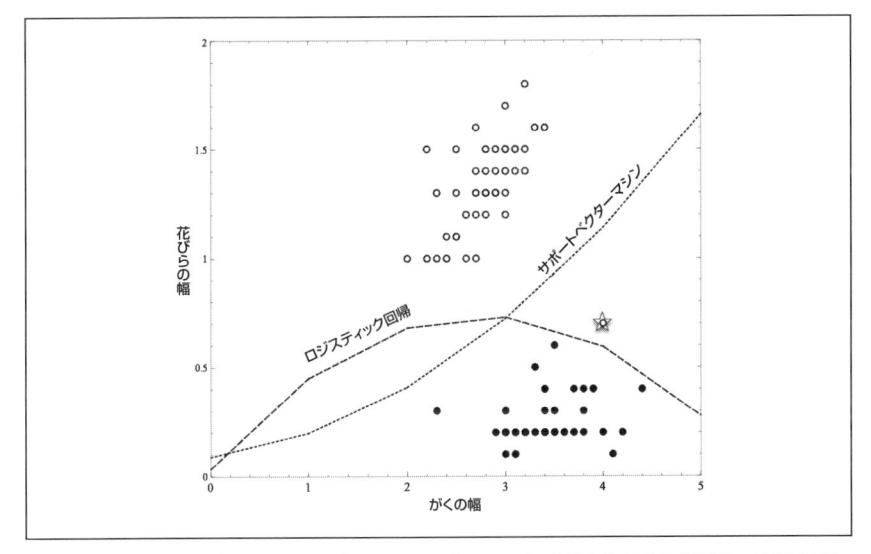

図 5-7 図 5-6 の Iris データセットにブルーフラッグのサンプルを追加したもの（星印）。この図では、ロジスティック回帰およびサポートベクターマシンの両方に（がくの幅）2 という特徴が追加されており、それに伴ってより複雑で非線形なモデル（境界）が形成されている。

よりぴったりフィットする曲面を生成できるようになります。曲面が必要なケースでは、こうした自由度が求められるかもしれませんが、それに伴ってオーバーフィッティングする可能性も飛躍的に高まります。一方 SVM では、たとえ境界が曲線になっても、異なるクラスを正しく完全に分離するモデルではなく、境界付近に大きい余白を持つモデルの方が学習の過程で選ばれる、ということに注意してください。

5.5 ＊例：オーバーフィッティングはなぜいけないのか

この章の最初で、丸暗記するだけのモデルは常にオーバーフィットしてしまい、汎化できないので使えない、と述べました。しかしこれは厳密には、モデルがある程度以上に複雑になると、オーバーフィッティングのせいでモデルの性能を上げづらくなる、ということを示しているにすぎません。図 5-3 に示したような、オーバーフィッティングがモデルの性能を**下げて**しまう理由は説明していないのです。この節では詳しい事例をもとに、こうした現象がなぜ、どのように起きるかを説明します。本題とは直接関係しない節なので飛ばしていただいても構いません。

複雑なモデルで、性能が下がってしまうのはなぜでしょうか。端的に言えば、モデルが複雑になるにつれて、不要な擬似相関をどんどん拾ってしまうようになるからです。こういっ

た相関は特定のトレーニングセットに固有のもので、母集団の特徴を一般的に表しているわけではありません。こうした擬似相関を用いてモデル内で**誤った汎化**をしてしまうと、よくないことが起こります。オーバーフィッティングが起きたときに性能が低下する原因がこれです。この節では、なぜこうしたことが起きるのかを詳細な例を通して説明します。

表 5-1 小規模なトレーニングサンプルのセット

インスタンス	x	y	クラス
1	p	r	c_1
2	p	r	c_1
3	p	r	c_1
4	q	s	c_1
5	p	s	c_2
6	q	r	c_2
7	q	s	c_2
8	q	r	c_2

属性 x と y、クラス c_1 と c_2 があったときに、データを両クラスに分類するようなシンプルな問題を考えてみましょう。サンプルの母集団には、両クラスのインスタンスが等しく含まれているとします。属性 x は 2 種類の値 p と q を持ち、属性 y は r と s の 2 種類の値を持ちます。母集団全体について、$x = p$ が成り立つのはクラス c_1 のサンプルのうち 75%、クラス c_2 のサンプルのうち 25% です。ということは、x はクラスに関する何かしらの予測を示しているとも言えます。またわざと y からは予測ができないようになっていて、どちらのクラスでも r と s、2 つの値が等しく出現するようになっています。つまり、ここに出てくるインスタンスは分離が難しく、せいぜい x を使ってある程度の予測をするぐらいしかできないのです。x を見ていくことで得られる精度は 75% どまりです。

表 5-1 は、この母集団から拾ってきた非常に小規模なトレーニングサンプルのセットです。これを使ってどう分類木を学習させていけばよいでしょうか。ここではエントロピーの計算まで立ち入りませんが、属性 x に着目して分割を行うと、図 5-8 のようなツリーが作成できます。着目すべき属性は x だけなので、これが最適化されたツリーのはずです。誤差率は 25% となり、理論上の最小誤差率と一致します。

しかし表 5-1 をよく見てみると、このデータセットに限っては y の値である r と s が両クラスで均等に分かれていないので、y からも何らかの予測が行えるように思えます。具体的には、$x = p$ となるインスタンス（インスタンス 1 から 3 および 5）を抽出すれば、$y = r$ となるインスタンス（インスタンス 1 から 3）がクラス c_1 であることを完璧に予測していることがわかります。したがって、このデータセットからツリー帰納法を使って情報利得を得るには、図 5-8 に示すように y の値で分割して 2 つのリーフノードを作成すればよいことにな

5.5 *例：オーバーフィッティングはなぜいけないのか | 133

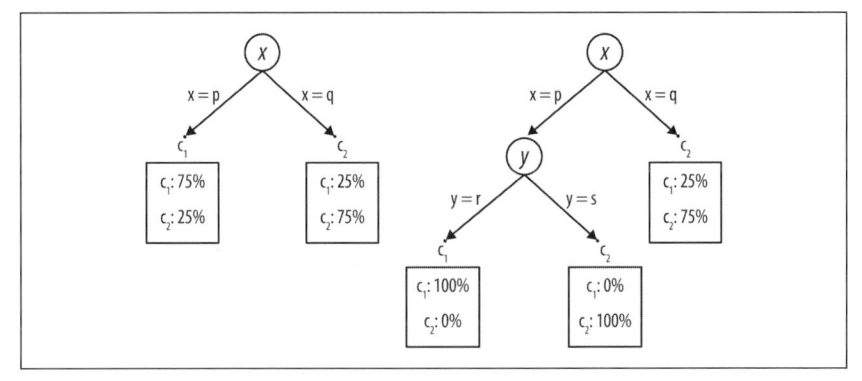

図 5-8 オーバーフィッティングの事例についての分類木。(a) 最適化されたツリーは 3 つのノードしかありません。(b) オーバーフィットしたツリーは、トレーニングデータに対してよりフィットしますが、汎化の精度は低くなります。これは余計な構造によって不要な予測が生じるためです。

ります。

このトレーニングセットに関しては、(b) のツリーの方が (a) よりも良い性能を発揮しています。(b) は 8 つのトレーニングサンプルのうち 7 つを正しく分類した一方、(a) は 8 つのうち 6 つしか正しく分類できませんでした。しかし、このサンプル内でたまたまクラス c_1 と $y = r$ に相関があったというだけで、母集団全体で見ればそのような相関はありませんから、進む方向を間違えてしまったわけです。(b) に追加された枝は、単に余分なだけではなく悪影響をもたらします。母集団全体を定義した際に、$x = p$ となるのはクラス c_1 のサンプルのうち 75%、クラス c_2 のサンプルのうち 25% であったことを思い出してください。ところが余計な $y = s$ の枝が c_2 であると予測していて、母集団全体で見ればこれは誤りです。実際、このツリーから生じるエラーの 8 つに 1 つはこの間違った枝が原因であると考えられます。全体として見ると、(a) の誤差率が 25% である一方で、(b) で予想される誤差率は 30% に上ります。

さらに何点か押さえておきたいポイントを指摘しつつこの事例の紹介を終えましょう。第一に、こうした現象は分類木に特有というわけではありません。ツリーは一部を取ってきてそこが間違っていると指摘しやすく、今回の例として都合がよかったので取り上げましたが、どんなモデルの種類であれオーバーフィッティングの影響は受けてしまうものです。第二に、こうした現象が起きた原因は**表 5-1** のトレーニングデータが代表的でなかったり偏ったりしていたため、というわけではありません。すべてのデータセットはより大きな母集団から取ってきた有限個のサンプルなので、たとえ抽出の仕方に偏りがなくてもサンプルには必ずばらつきがあります。最後に、以前も述べた通り、モデルがオーバーフィットするかど

うかが事前にわかる一般的な分析方法はありません。この例では、母集団がどのようなものかを定義していたので、モデルがオーバーフィットすると断言できました。しかし実際はそんな情報を持っているわけではないので、ホールドアウトセットを使ってオーバーフィットするかを判別する必要があるのです。

5.6　ホールドアウト評価から交差検証へ

　オーバーフィッティングを避けるために広く使われている汎用的な手法については後ほどご紹介することにしましょう。これは属性の選択やツリーの複雑性のコントロール、またそれ以外にも適用できる方法です。しかしまず先に、ホールドアウト評価についてより詳しく見ていきましょう。オーバーフィッティングを避けるためには、まずオーバーフィッティングにだまされないようにならないといけません。この章の冒頭で、モデルの汎化性能を正しく評価するためには、ホールドアウトデータの精度を調べるのがよいということを述べました。ホールドアウトデータとは目的変数の値がわかっているけれども、モデル構築時には使わなかったデータのことです。ホールドアウトテストは「実験室」内での他の評価と似ています。

　ホールドアウトセットは、確かに汎化性能を推定してはくれますが、あくまで1回の推定にすぎません。モデルの精度を1回推定したからといってそれを全面的に信用してよいものでしょうか。トレーニングデータやテストデータをたまたまうまく（もしくは悪く）選んだ結果というだけかもしれません。そうしたデータの量について細かく信頼区間を計算するといったことまではしませんが、一般的な検証方法については知っておくと後でいろいろと役に立つので大切です。

　交差検証（cross-validation）は、ホールドアウトを使った学習方法および検証方法をより洗練させたものです。汎化性能を単に推定するだけでなく、推定した性能についての統計量、例えば平均や分散といった値があると、データセット全体を通じて性能にどのようなばらつきが生じるかがわかるようになります。統計の授業で勉強したことがあるかもしれませんが、分散は信頼度（ここでは性能推定の信頼度）を測るために非常に重要です。

　さらに、交差検証を使うと限られたデータセットをより有効に利用することができます。データを1つのトレーニングセットと1つのホールドアウトセットに分割するのと違って、交差検証では分割を複数回行い、サンプルを順序立てて取り出しながらテストしていくので**すべてのデータ**を使った性能の推定が行えます。

モデリングの「実験室」を作る

　モデリングのための実験室とそのためのインフラを整備するのはお金と時間がかかるかもしれませんが、一度投資してしまえば、コントロールされた環境の下でモデルの性能をさまざまな観点から素早く評価できるようになります。しかし、ホールドアウトテストでは実際にモデルが使われる現実世界の複雑性をすべてカバーすることはできません。データサイエンティストは、実際に使われるシナリオを理解した上で実験室の条件をできるだけそれに近づけるように努力しないといけません。そうしないとお互いのずれが生じた際に思いもよらないことが起きてしまうからです。例えば、ある会社がコストのかかる個人向け広告のターゲティング性能を改善するためにデータサイエンスを利用したいと考えているとします。ある広告キャンペーンが始まると、広告を見た後で商品を購入した人と購入しなかった人のデータがどんどん集まってきます。このデータは広告を打つべき人とそうでない人を分けるためのモデル作りに使えるでしょう。サンプルをとっておいて、モデルがどれほど正確に消費者の広告への反応を予測できるか評価することも可能です。

　得られたモデルを実際に使って「生」の顧客をターゲティングしてみると、実験室の中でうまく動いていたモデルは驚くほどうまく機能しませんでした。なぜでしょうか。理由はいろいろあるでしょうが、あえて1つ挙げるとすれば、トレーニングデータとホールドアウトデータが実際にモデルを適用する現場のデータとあまり合っていなかったことでしょう。特に、トレーニングデータがすべて広告キャンペーンでターゲットとされていた顧客のデータだったことです。なぜなら、そうでなければ目的変数の値（広告に反応したかどうか）がわからないからです。その会社ではデータマイニングを導入する以前から、ただランダムなだけのターゲティングではなく、何かしらの基準に従って、反応してくれるだろうと思う人々に対してターゲティングを行っていました。実際の現場ではこの基準を満たした顧客だけではなく、より広い範囲の消費者に対してモデルが用いられました。学習時と使用時の母集団が異なることが、性能低下の原因となった可能性が高いでしょう。

　こうした現象は広告のターゲティングに限った話ではありません。消費者の債務が回収不能となるかを予測するモデルで使うクレジットスコアを考えてみましょう。ここでも、回収不能かそうでないかのデータは、過去に貸し付けをしたことがある人たち、つまりリスクが低いだろうと思われていた人たちの情報に基づいています。

　どちらのケースでも、予測モデルを立てるために適したデータセットを集めるにはどうすればよいか、ビジネスとして考えなければいけません。1章で登場した基本的なコンセプトを思い出してください。データはあなたが**投資**する資産なのです。

　交差検証はラベル付けされたデータセットを k 個の**フォールド**（fold）と呼ばれる単位に分割することから始まります。k の値としては5または10をよく使います。図5-9の上部は、ラベル付きデータセット（元のデータセット）が5つのフォールドに分割された状態を示しています。次に、決まった方法で学習とテストを k 回繰り返します。図5-9の下部に示すように、交差検証を繰り返すたびに、異なるフォールドをテストデータとして選び出して

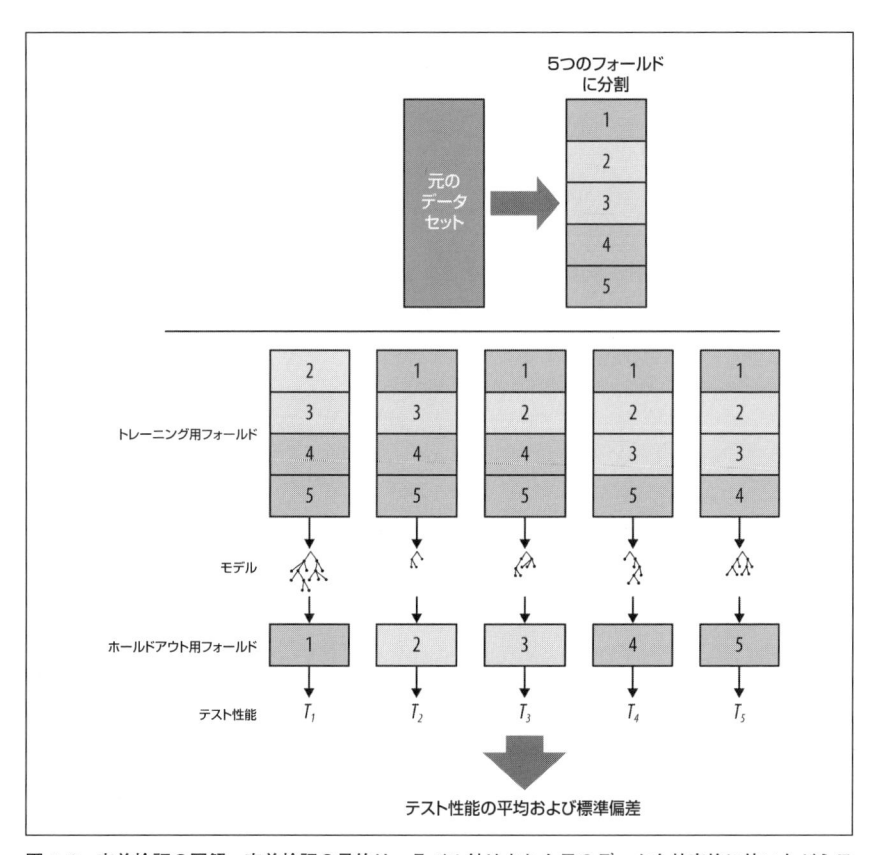

図 5-9 交差検証の図解。交差検証の目的は、ラベル付けされた元のデータを効率的に使いながらモデリング手法の性能を推定することだ。ここでは、5分割交差検証の例を示している。元のデータセットは、同じサイズの 5 つのグループにランダムに分割される。そして各グループを順番にテストセットとして使用し、残りの 4 グループをモデルの学習に使用する。結果として 5 つの異なる精度が得られるので、これを用いて精度の平均や分散を求めることができる。

いきます。と同時に、他の $k-1$ 個のフォールドはまとめてトレーニングデータとして使います。つまり、繰り返しのたびに $(k-1)/k$ 個のデータを学習用に使い、$1/k$ 個のデータをテスト用に使う、というわけです。

1 回の繰り返しでモデルが 1 つ作られるので、汎化性能の推定、例えば精度の推定も 1 回行えることになります。交差検証が完了した段階で、すべてのサンプルはテスト用に 1 回、学習用に $k-1$ 回使われたことになります。この時点で、k 個すべてのフォールドから推定さ

れた性能がわかるので、平均と標準偏差が計算できます。

5.7　乗り換えデータセット再び

「3.6　例：ツリー帰納法で解く乗り換え問題」で登場した乗り換えデータセットについて再び考えてみましょう。その節では、データセット全体を学習とテスト双方で使用し、73%の精度を得ました。そして節の終わりにこんな質問をしました。「この数値を信用してよいのでしょうか。」ここまで読んできていれば、トレーニングセットを使って測定された性能は怪しいものだということは十分にわかるはずです。オーバーフィッティングしている可能性が非常に高いからです。今はもう交差検証という方法を知っているので、評価を慎重にやり直してみましょう。

図5-10 に 10 分割交差検証の結果を示します。実際には、2 つのモデルタイプが示してあります。上のグラフは、ロジスティック回帰を用いた結果で、下のグラフは、分類木を用いた結果です。詳しく説明すると、まずデータセットはシャッフルされたのち、10 個のグループに分割されます。そして各グループが順番にホールドアウトセットとして使われ、残りの 9 個のグループはまとめて学習用に使われました。それぞれのグラフにある水平の線は、各タイプのモデル 10 個の精度の平均値を表しています。

ここで注目すべき点がいくつかあります。第一に、分類木を使ったフォールドの平均精度は 68.8% で、前回測定した 73% に比べて明らかに下がっています。これは分類木で何らかのオーバーフィッティングが起こっていたということを意味していて、この新しい（低い）方の数値が、性能をより現実的に推定しているということです。第二に、異なるフォールド間で性能にばらつきがあるため（精度の標準偏差は 1.1）、平均値を求めることでこのデータセットで分類木を導出した場合の性能とばらつきのイメージをつかむことができます。

最後に、ロジスティック回帰と分類木との間で精度を比較してみましょう。双方のグラフには共通点があります。例えばフォールド 3 ではどちらも良い結果を出しておらず、フォールド 10 ではどちらも性能が良いという点です。しかし、両者には明らかな違いもあります。大事なポイントは、ロジスティック回帰モデルは分類木に比べて平均精度がやや低く（64.1%）、分散が大きい（標準偏差 1.3）ということです。このデータセットに関して言えば、安定性と性能で勝る分類木の方がロジスティック回帰に比べてよいかもしれません。しかし、これは絶対ではありません。これから見ていくように、データセットが異なれば異なる結果が生まれるのです。

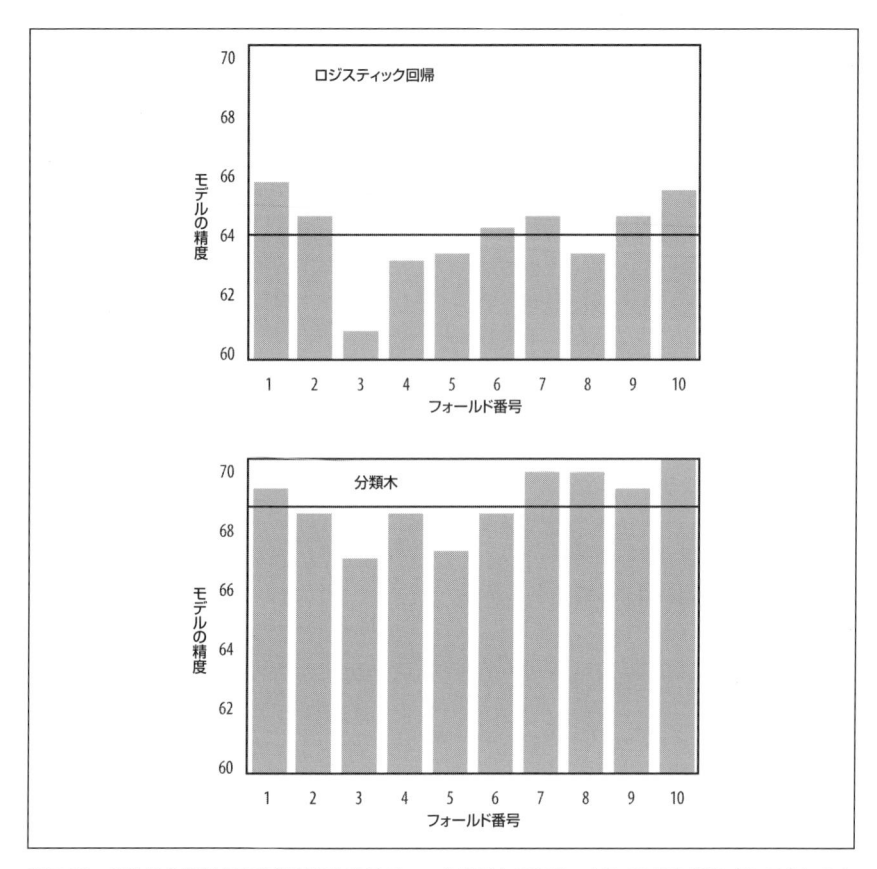

図 5-10 乗り換え問題の交差検証におけるフォールドごとの精度。上は 20,000 個のインスタンスからなるデータセットを、10 のフォールドに分割して学習させたロジスティック回帰モデルの精度を表す。下は同じフォールドを使った分類木の精度。各グラフの水平線は、フォールドの平均精度を示す（精度の差を強調するために y 軸の範囲が狭くなっていることに注意）。

5.8 学習曲線

　トレーニングセットのサイズが変われば、結果として得られるモデルの汎化性能も変わってくるはずです。データを使ったモデリングの汎化性能は、他の条件をすべて同じにした場合、一定レベルに達するまではトレーニングデータが増えるほど良くなっていきます。トレーニングデータの量に対する汎化性能をプロットしたものを**学習曲線**（learning curve）と呼びます。学習曲線も分析ツールの 1 つとして重要です。

携帯電話の乗り換え問題についての、ツリー帰納法とロジスティック回帰それぞれの学習曲線を図 5-11 に示します†。学習曲線の多くは、決まった形状をしています。最初が急角度になっているのは、モデリングの過程でデータセットの中から最も特徴的な規則性を見つけていくためです。そこからより多くのデータセットを学習させていくにつれて、モデルも正確になっていきます。しかしデータを増やして得られる効果が少なくなってくると、学習曲線もなだらかになってきます。学習データを増やしてもそれ以上精度を上げられなくなると、曲線が完全に平らになってしまう場合もあります。

重要なのは学習曲線とフィッティンググラフ（またはフィッティングカーブ）の違いを理解しておくことです。学習曲線は、汎化性能を表します。テストデータのみに対する性能（y 軸）を、**トレーニングデータの量**（x 軸）に対してプロットしたものです。フィッティンググラフは、汎化性能とトレーニングデータに対する性能の両方（y 軸）を、モデルの**複雑性**（x 軸）に対してプロットしたものです。フィッティンググラフでは一般的に、トレーニングデータの量は変わりません。

たとえ同じデータであっても、異なるモデリング手法を使うと異なる学習曲線ができます。図 5-11 を見ると、小規模なトレーニングセットのサイズでは、ロジスティック回帰の方がツリー帰納法に比べて高い汎化精度を出していることがわかります。しかし、トレーニングセットが大きくなるにつれて、ロジスティック回帰の学習曲線の方が早く平らになってしまい、2 つの曲線は交差したあげく、最後はツリー帰納法の方が精度が高くなるという結果になっています。こうした性能の違いは、柔軟性が高くなるとオーバーフィットしやすくなるという事実と関係しています。同じ特徴セットが与えられた場合、分類木は線形ロジスティック回帰に比べて柔軟性の高いモデルと言えます。その意味するところは 2 つです。まず、データが少ない場合は、ツリー帰納法はオーバーフィットしやすいということ。図 5-11 のデータで見たように、少ないデータセットの場合はロジスティック回帰の方がよい性能を発揮します（ただし常にそうなるというわけではありません）。その一方で、トレーニングセットが大きくなると、ツリー帰納法の柔軟性が武器となってくる、ということもこの図からわかります。ツリーを使えば、特徴セットと対象との間の非線形に近い関係も表すことができるからです。ツリー帰納法によって実際にこうした関係を捉えられるかどうかは、学習曲線のような分析ツールを用いながら実験的に評価してみる必要があります。

学習曲線は、別の分析的な用途もあります。データは資産である、ということはこれまでもずっと言ってきました。例えば学習曲線を見て、汎化性能が横ばいであればこれ以上トレーニングデータを投入することはおそらく無駄だということがわか

---

† Perlich らはさまざまなクラス分類問題に関して、ツリー帰納法とロジスティック回帰を使った場合の学習曲線を発表している［Perlich 2003］。

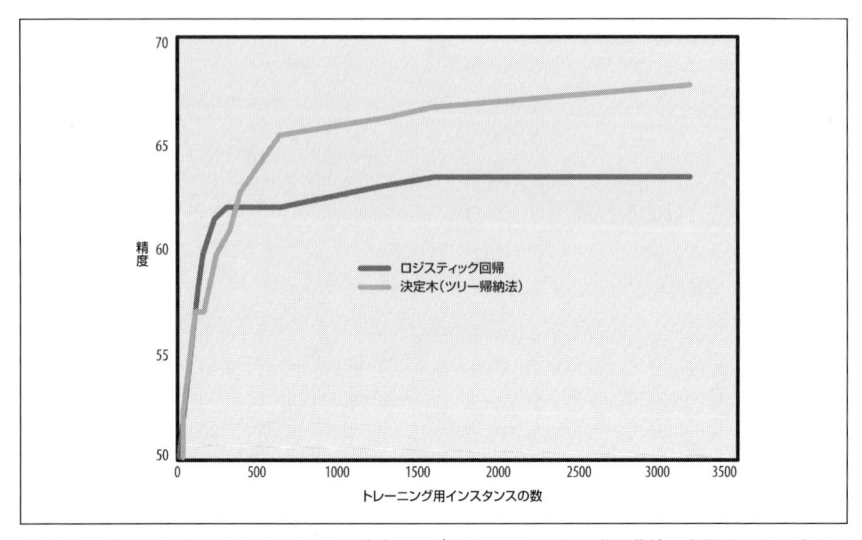

図 5-11 乗り換え問題におけるツリー帰納法とロジスティック回帰の学習曲線。学習量が大きくなるにつれて（x 軸）、汎化性能（y 軸）が向上する。重要なのは、2 つの手法で改善率に差があることと、同じ手法でも改善率が徐々に変化していることである。ロジスティック回帰は柔軟性に乏しいのでデータが少ないとオーバーフィットしにくいですが、複雑性の高いデータを完全にモデリングするのは困難である。ツリー帰納法は、柔軟性が高いために少ないデータセットではオーバーフィットしやすいものの、大規模なトレーニングセットに対しては複雑な規則性を含めたモデリングが行える。

るでしょう。だとしたら、現状の性能をよしとして受け入れるか、あるいはモデルを改善する別の方法を考える、例えばもっとよい特徴を探すといったことをすべきです。逆に、もし学習曲線を見て汎化精度が継続的に改善されているのであれば、トレーニングデータをもっと追加することが良い投資となるはずです。

5.9　オーバーフィッティングの回避と複雑性のコントロール

オーバーフィッティングを避けるためには、データから構築されたモデルの複雑性をコントロールすることです。まずはツリー帰納法における複雑性のコントロールから見ていくことにしましょう。というのもツリー帰納法は柔軟性が高いため、オーバーフィットを回避する仕組みがないとすぐにオーバーフィットしてしまうからです。ツリーに関する説明からスタートして、次いで他のモデルにも適用できる非常に一般的なメカニズムについて見ていくことにしましょう。

5.9.1　ツリー帰納法におけるオーバーフィッティングの回避

ツリー帰納法の大きな問題は、トレーニングデータにフィットさせようとツリーが成長

5.9 オーバーフィッティングの回避と複雑性のコントロール | 141

し続け、純粋なリーフノードが作られるまで止まらないという点です。これによりツリーは大きく、過度に複雑で、データにオーバーフィットしたものになってしまいがちです。それがどのような弊害をもたらすかはこれまで見てきた通りです。ツリー帰納法でのオーバーフィッティングを防ぐためには 2 つの手法をよく使います。それぞれ 1. 複雑になりすぎる前にツリーの成長を止める、2. 大きすぎるくらいまでツリーを成長させてから「刈り込む」ことでサイズ（とそれに伴う複雑性）を抑える、というものです。

両者を実現する方法はさまざまあります。ツリーのサイズを制限する一番簡単な方法は、1 枚のリーフに最低限存在しなければならないデータの数を決めることです。予測モデリングでは、そもそもリーフにあるデータを利用して、将来同じリーフへたどり着いた場合の目的変数の値を統計的に推定しようとします。ツリーの成長を止める基準として最少データ数を使うのはそのためです。もし非常に少ないデータから目的変数の予測を行おうとすると、正確な結果が期待できなくなります。リーフを純粋にする目的で作られたツリーの場合はなおさらです。ツリー帰納法では自動的にデータの多い枝を成長させ、データの少ない短い枝を切っていくため、この方法を使って複雑性をコントロールすれば、モデルをデータの分布に合わせて自動的に適応させられる、という特徴があります。

鍵となるのは、どのような閾値を使うかです。リーフに置いてもよいデータの数をどのぐらいまでにすればよいでしょうか。5 でしょうか。30 でしょうか。それとも 100 でしょうか。特に決まった数値はありませんが、実際にこの方法を使っている人たちは自らの経験に基づいた好みの値を持っていることが多いようです。ところが、成長を止めるポイントを統計的に決める方法を研究者が開発してしまいました。基礎統計の授業を思い出すかもしれませんが、統計学では「仮説検定」という考え方を用います。大雑把に言えば、仮説検定とは、ある統計量における差が、単なる偶然によるものなのかどうかを評価することです。ほとんどの場合、仮説検定は「p 値」に基づいて行われます。これは統計量の差が偶然である確率の上限を表します。p 値がある一定の値（5% のことが多いですが、問題によります）以下であった場合、生じた差は偶然によるものではないだろう、と仮説検定では結論付けます。というわけで、ツリーの成長を止めるためにリーフのサイズを固定するもう 1 つの方法は、それぞれのリーフに対して仮説検定を行い、観測された（例えば）情報利得の差が偶然によるものかを判別する、というものです。もし仮説検定によって偶然でなさそうだと結論付けられれば、分割を行ってツリーの成長を続ければよいのです（囲み記事「「多重比較」にご注意」を参照）。

オーバーフィッティングを減らすもう 1 つの方向性は、過度に大きくなったツリーを「刈り込む (prune)」やり方です。刈り込みとは、リーフや枝を切り落とし、別のリーフに置き換えるという意味です。いろいろな方法がありますが、興味のある方はデータマイニングの文献で詳細を読んでみてください。やり方としては、数枚のリーフや枝を単一のリーフに置

き換えて、精度が下がるかどうかを推定するのが一般的です。もし精度が下がらないようであれば、刈り込んでしまいます。このプロセスはそれ以降のサブツリーに対しても、切り落としや置き換えで精度が下がらない限り、繰り返し行うことができます。

ツリー帰納法でのオーバーフィッティングを避ける事例の最後に、他のデータモデリング技法にも一般化できる方法を紹介しましょう。考えてみてください、異なる複雑性を持ったツリーを全種類作ったらどうなるでしょうか。例えば、ノードが1つだけできた時点でツリーの構築を終わらせてみたとします。その次に2つのノードを持つツリーを作ります。その次は3つのノードといったように、異なる複雑性を持ったツリーを作っていきます。その上でもし、それぞれの汎化性能を推定する方法があったとすれば、最も性能が優れている（と推定された）ツリーを選べばよい、というわけです。

5.9.2　オーバーフィッティングを回避する一般的な方法

より一般的に言えば、複雑性の異なるモデルが多数あった場合、単純にそれぞれの汎化性能を推定してやればその中からベストのモデルを選択できるということです。しかし、それぞれの汎化性能をどうやって推定すればよいでしょうか。（ラベル付きの）テストデータを使えばよいでしょうか。しかしそれには大きな問題が1つあります。モデルの精度が独立して推定できるように、テストデータはモデル構築（に使ったデータ）とは完全に独立していなければならない、ということです。例えば、ビジネス向けの究極の性能を推定するために、ある系統（例えば分類木）のベストなモデルと別の系統（例えばロジスティック回帰）のベストなモデルを比較したい、ということがあるかもしれません。もし複数モデルを比較したり、精度や分散を独立して推定したりしなくてもいいのであれば、テストデータを使ってベストなモデルを選べばよいでしょう。

しかしそういう比較を本当に行いたい場合でも、まだ方法はあります。鍵となるのは、トレーニングセットとテストセットとに分割するのは何も最初だけでなくてもよい、という点に気付くことです。仮に、最終的な評価のためのテストセットを残しておいてあるとしましょう。その上でトレーニングセットをトレーニングサブセットとテストサブセットに再び分割します。そして、トレーニングサブセットを使ってモデルを構築し、テストサブセットを使ってベストなモデルを選択すればよいのです。わかりやすさのために、前者を**サブトレーニングセット**、後者を**検証セット**（validation set）と呼ぶことにしましょう。検証セットは最終テストセットとは別のものです。最終テストセットを使ってモデルを決めるということは一切しません。この方法は**入れ子の**（nested）ホールドアウトテストとよく呼ばれます。

分類木のサンプルに戻って考えてみましょう。まずサブトレーニングセットからさまざまな複雑性を持ったツリーを生成し、その上で検証セットを使って各ツリーの汎化性能を推定

します。これは、**図 5-3** で示した逆 U 字型のホールドアウト曲線の頂点を決める部分に相当します。例えばここで 122 個のノードを持つモデル（図の「スイートスポット」のあたり）がベストである、と評価されたとしましょう。そうしたらそのモデルをベストとして使い、場合によっては実際の汎化性能を最終テストセットを使って推定してもよいでしょう。また、さらにもうひとひねり加えることも可能です。このモデルはトレーニングデータの一部だけを使って作られたものでした。なぜなら複雑性を決めるために検証セットをとっておく必要があったからです。しかし、いったん複雑性を決めてしまった後であれば、元のトレーニングデータ全体から 122 個のノードを持つ**新しい**ツリーを導出してもよいのではないでしょうか。そうすれば両方のいいとこ取りができるかもしれません。サブトレーニングセットと検証セットに分割することで、テストセットを汚すことなくベストな複雑性を決め、さらにその複雑性を持ったモデルを、トレーニングセット全体（サブトレーニングセットと検証セットの両方）を使って構築するのです。

　こうしたやり方は、複雑性をコントロールする方法としてさまざまなモデリングアルゴリズムの中で用いられています。一般的なのは、ある複雑性のパラメータの値を決めるためにホールドアウトの処理を入れ子にして行う方法です。繰り返しになりますが、入れ子というのは、2 回目のホールドアウトが 1 回目のホールドアウトの処理で選ばれたトレーニングセットを使って行われるためです。

　多くの場合、入れ子の交差検証が用いられます。入れ子の交差検証はさらに複雑なので、うまく行くか不安かもしれませんが大丈夫です。例えば、新しいモデリング手法の汎化精度を調べるために交差検証を行いたいとしましょう。このモデリング手法では複雑性のパラメータ C を調整できるのですが、値をどのように決めればよいのかわかりません。そこで以前述べたやり方で交差検証を行います。ただし、各フォールドについてモデルを構築する前に、そのフォールドが持つトレーニングセット（**図 5-9** 下の一番左であれば、ホールドアウトを除いた 2 から 5 のデータ）を使ってまず実験を行います。つまり、そのトレーニングセットだけを使って別の交差検証を一通り行い、最も高い精度が出せると推定される C の値を探すのです。この実験の結果は、そのフォールドを使って実際にモデルを構築する際の C の値を決めるためにしか利用しません。そして今度はその C の値を用いて、トレーニング用のフォールド全体から新たにモデルを構築し、テストフォールドでテストを行います。通常の交差検証と違うのは唯一、まず最初に各フォールドに対してこの実験をして、小規模な交差検証を行いながら C の値を決めるという点です。

　もしこれまで説明したことが全部理解できていれば、どちらのケースでも 5 分割交差検証を行った場合、プロセス全体で計 30 のモデルを作ったことがわかるはずです（そう、「30」個です）。このように実験的に複雑性をコントロールしながらモデリングを行う方法は計算負荷が非常に高いため、広く実用的に使われるようになったのはほんのここ 10 年ぐらいの

ことです。

　データを用いながら複雑性を実験的に選択していき、そこからモデルを構築していくという考え方は、多種多様のアルゴリズムや複雑性に対して適用できます。例えば、複雑性は特徴セットのサイズに合わせて増大するので、特徴セットは間引いて数を減らすのが望ましいという話を前に述べました。そのための方法としては、異なる特徴セットをいろいろ使って実験を行い、その中で入れ子のホールドアウトを使いながら最適なセットを選ぶ、というやり方が一般的です。

　例えば、特徴の**逐次前進選択**（sequential forward selection：SFS）と呼ばれる手法では、入れ子のホールドアウトを使って以下のような処理を行います。まず特徴を1つだけ使って作られたモデルをすべて調べていくことで、最も重要な特徴を抽出します。第1の特徴を選んだあと、この特徴にさらに2番目の特徴を加えたモデルをすべてテストします。それによりベストな特徴の組み合わせが決まります。そして同じ手順を3番目、4番目というように繰り返します。そして特徴を追加しても検証データに対する分類精度が上がらなくなった時点で、SFSの処理を終了する、というものです（似たやり方として**逐次後退消去**（sequential backward elimination）という手法もあります。ご想像の通り、すべての特徴からスタートして、1つずつ特徴を減らしていくやり方です。こちらは性能の劣化が起きない限り特徴を捨て続けていきます）。

　これは広く一般的に使われている方法です。データと計算能力が潤沢にある最近の環境では、データサイエンティストは日々モデリングのパラメータを決めるために、入れ子のホールドアウトテスト（多くは入れ子の交差検証）を巧みに使って実験を行っています。

　次の節ではこの手法の新たな使い方、すなわち数値関数の学習（4章で説明しました）の際に起きるオーバーフィッティングを抑える方法について説明します。近頃のデータサイエンティストがよく使うコンセプトや用語を紹介していますので、流し読みだけでもしていただくことをお勧めします。

5.9.3　＊オーバーフィッティングを回避してパラメータを最適化する

　これまでに述べた通り、オーバーフィッティングを避けることと複雑性をコントロールすることは密接に関連しています。それはつまり、データへのフィッティング度合いとモデルの複雑性との間で「適切な」バランスを見つけることにほかなりません。ツリーについては、データにフィットさせる過程でツリーが大きくなりすぎ（複雑になりすぎ）ないようにするための方法をいくつか紹介しました。ロジスティック回帰などの数式の場合は、ツリーと違って取り入れる属性は自動では選ばれないため、「正しい」属性の集合を選ぶことで複雑性のコントロールを行います。

　4章では、データへフィットするモデルを作るために数値パラメータの集合を通じて明示

5.9 オーバーフィッティングの回避と複雑性のコントロール | 145

的な最適化を行う方法のうち、有名なものを一通り紹介しました。その中でも線形のモデルについては、線形判別学習、線形回帰、ロジスティック回帰といったものを説明してきました。非線形モデルの多くも全く同じようにデータにフィットします。

この章のこれまでの議論と「5.4 例：線形関数のオーバーフィッティング」内の図から想像がつくかもしれませんが、これらの手法もまたオーバーフィットする可能性があります。しかしこうした明示的な最適化手法には、複雑性をコントロールするためのエレガントで時に専門的な方法が用意されています。その大まかな方向性は、データへのフィッティングを最適化するのではなく、データへのフィッティングとシンプルさの組み合わせを最適化するというものです。モデルはデータにフィットすればするほどよいのですが、それと同時にシンプルであればあるほどよいのです。この全体的な方法論は**正則化**（regularization）と呼ばれ、データサイエンスの議論ではよく耳にする用語の1つです。

> この節の残りの部分では、正則化がどのように行われるかを簡潔に（そして少し技術的に）説明します。技術的な詳細まで理解できなくても心配はありません。正則化とはデータへのフィッティングだけを最適化するのではなく、データへのフィッティングとモデルのシンプルさの両方を最適化しようとするということだけは覚えておいて下さい。

4章で見たように、数値パラメータ **w** を含むモデルをデータにフィットさせるためには「目的関数」、つまりどれぐらいデータにフィットしているかを示す関数を最大化するようなパラメータの集合を探します。

$$\arg_{\mathbf{w}} \max フィット(\mathbf{x}, \mathbf{w})$$

（arg max$_{\mathbf{w}}$ とは、独立変数 **w** の定義域の中で関数 fit の値を最大化させたい、そしてそのときの **w** を知りたい、という意味です。これが最終的なモデルのパラメータになります。）

正則化を通じた複雑性のコントロールは、複雑性に対するペナルティを目的関数に追加してやることで行います。

$$\arg_{\mathbf{w}} \max \left[フィット(\mathbf{x}, \mathbf{w}) - \lambda \cdot ペナルティ(\mathbf{w}) \right]$$

λ の項は、この最適化の過程でペナルティを（データのフィッティングに比べて）どれほど重要視するかという、単なる重み付けです。モデルを立てる際には、この時点で λ とペナルティの関数を決める必要があります。

そこで、具体的な例として、「4.3.1 ＊ロジスティック回帰：理論的詳細」を思い出してください。そこでは、標準的なロジスティック回帰モデルをデータを使って学習させるために、数値パラメータ **w** を探しました。すなわち、観測されたデータを生成したと一番尤もら

しく思われる線形モデル（＝最尤「モデル」）を作るようなパラメータ **w** です。これを以下のように表します。

$$\arg_w \max g_{尤度}(\mathbf{x}, \mathbf{w})$$

「正則化」されたロジスティック回帰モデルを学習させるには、代わりに次の計算をします。

$$\arg_w \max [g_{尤度}(\mathbf{x}, \mathbf{w}) - \lambda \cdot ペナルティ(\mathbf{w})]$$

利用できるペナルティにはさまざまな種類があり、それぞれ性質も異なります[†]。最も一般的に使われるペナルティは、重みの2乗和で、w の「L2 ノルム（L2-norm）」と呼ばれることもあります。使われている理由を説明すると専門的になりますが、基本的には非常に大きな正もしくは負の重みがあると、関数はデータにフィットしやすくなるということです。重みの絶対値が大きな値である場合、その2乗和は大きなペナルティとなります。

標準的な最小二乗線形回帰にL2 ノルムのペナルティを組み込むと、**リッジ回帰（ridge regression）** と呼ばれる統計手法になります。L2 ノルムの代わりに、L1 ノルムとして知られる絶対値の（2乗ではない）和を用いると、**ラッソ（lasso）** と呼ばれる手法になります[Hastie et al. 2009]。もっと一般的には、L1 正則化と呼ばれるものです。L1 正則化では多くの係数がゼロになりますが、これはかなり専門的な理由によるものです。これらの係数はそれぞれの特徴に対し乗算で重み付けをするので、L1 正則化では自動的な特徴選択が効果的に行われます。

ここでようやく、「4.1.5　サポートベクターマシン」で紹介した線形サポートベクターマシンをもう少し詳しく説明する手はずが整いました。前出の箇所では、サポートベクターマシンとはクラスの間に「最も幅広な帯」をフィットさせることでクラス間の「マージンを最大化する」ものである、ということを述べました。またそれとは別に4章の囲み記事「損失関数」では、サポートベクターマシンは誤差にペナルティを与える目的でヒンジ損失を使う、という話をしました。ここで両者を結び付け、さらにロジスティック回帰へとつなげることができるのです。具体的には、線形サポートベクターマシンを使った機械学習は、いま見てきたL2 正則化ロジスティック回帰にほぼ等しいものなのです。唯一の違いは、サポートベクターマシンでは最適化に際して尤度の代わりにヒンジ損失を使う点だけです。サポートベクターマシンでは、以下の式を最適化します。

$$\arg_w \max [-g_{ヒンジ}(\mathbf{x}, \mathbf{w}) - \lambda \cdot ペナルティ(\mathbf{w})]$$

[†] 『*The Elements of Statistical Learning*』[Hastie, Tibshirani & Friedman 2009] という本には、このペナルティに関する優れた専門的な議論が掲載されている。

$g_{ヒンジ}$で表されるヒンジ損失の項は打ち消されます。ヒンジ損失は少ない方がよいからです。

最後になってこんな疑問がわくかもしれません。「なるほどすべてが順調にうまく行っているけど、このパラメータλがほとんどの鍵を握っていて、これを決める必要がある。しかし乗り換え予測やオンライン広告のターゲティング、詐欺行為の検出といった実世界の問題に合わせてパラメータの値を決めるなんて、一体全体どうやればよいのだろうか」、と。

実はλを決める簡単な方法がすでにあります。これまで見てきたのは、トレーニングデータに対する入れ子の交差検証を使って、どのように最適なツリーのサイズと最適な特徴セットが決定できるか、ということでした。同じやり方でλも決めることができます。この交差検証では、トレーニングデータのサブセットに対して実質自動的に実験を行うことで、適したλの値を探します。そしてこのλを使って、すべてのトレーニングデータについて正則化されたモデルを学習します。この手法はいまや数値モデルを構築する上で標準的となっていて、データのフィッティングとモデルの複雑性の間でうまくバランスを取ることが可能です。データマイニングにおいて複数パラメータの値を最適化するこの一般的手法は、グリッドサーチとして知られています。

「多重比較」にご注意

次のようなシナリオを考えてみましょう。あなたは投資会社を運営しています。5年前、あなたは市場性の高い小型株の投資信託商品を作って売ろうとしたのですが、あなたの会社のアナリストは小型株を選ぶのが非常に下手でした。そこであなたはこんなことをしてみます。まず1,000種類の異なる投資信託を始めました。それぞれの商品にはラッセル2000指数（小型株向けの主な指標）を構成する株の中からランダムに選ばれた銘柄が何種類かずつ入っています。会社は1,000種類すべての商品に投資しましたが、そのことは誰にも言いませんでした。そして、5年経った後で運用成績を見てみます。それぞれの商品には異なる銘柄が含まれているので、リターンも異なってきます。指数とほぼ同じになるものもあれば、それより悪いものもあるし、よいものもあるでしょう。一番よかった商品の利回りは相当高くなっているかもしれません。そしてあなたは成績のよかった商品数点を以外をすべて清算し、残した商品を一般に公開します。これであなたは5年利回りが実質上ラッセル2000指数よりも高かった、と正直に主張できるでしょう。

これのどこが問題なのでしょうか。問題はランダムに銘柄を選んだことです。「ベスト」なファンドの成績がよかった理由が、実際に元々優れていたのか、それとも単に成績にばらつきのある商品から優れたものをつまみ食いしているからなのかがわからないのです。もし仕掛けのない1,000枚のコインをそれぞれ何度も投げてみれば、その中には50%よりもずっと高い確率で表が出るものがあるでしょう。しかし、そのコインを「ベスト」なコインだと言って、後で投げるために使うのは馬鹿げています。これは「多重比較の問題」という、

ビジネスアナリストやデータサイエンティストが常に注意すべき統計的現象の例です。何度もテストを行ってその中からよさそうな結果を拾い出しているようなことがある場合は必ず注意して下さい。統計学の本には、統計的な仮説検定を複数回行って、その中の「有意」な結果だけに注目してはいけない、と書かれているはずです。こうしたやり方は統計的検定が前提とする仮定に反していることが多いので、結果の実際の有意性についても疑わしいものがあります。

　データからモデルを構築する際にオーバーフィッティングに陥る根本的な理由は、本質的には多重比較の問題なのです［Jensen&Cohen 2000］。オーバーフィッティングを避けるための方法自体すら、多重比較を行っていることに注意してください（例えば複数の複雑性を比較して、その中からモデルに対してベストなものを選ぶ、など）。データにフィットした「最適」モデルを真に得られるような特効薬や魔法の公式といったものはありません。とはいえ、できる限りオーバーフィッティングを減らすために注意できることはあります。この章で述べたようなホールドアウトの手法を使い、さらに勝利宣言をする前にできれば結果を注意深く見直す、といったことです。例えば、フィッティンググラフが本当に逆U字型になっていれば、曲線があちこち飛び跳ねている形状の場合とは違って、その頂点部分が「ほどよい」複雑性を表しているはずだ、と確信できるでしょう。

5.10　まとめ

　データマイニングは本質的に、モデルの複雑性とオーバーフィッティングの可能性との間のトレードオフを伴います。データを生み出す現象自体が複雑であれば複雑なモデルが必要となるでしょうが、複雑なモデルはトレーニングデータに対するオーバーフィッティング、すなわち母集団にはないデータの細かいパターンまでモデリングしてしまうリスクを抱えています。オーバーフィットしたモデルは、たとえ同じ母集団からのデータであったとしても他のデータへはうまく汎化できません。

　どんなタイプのモデルでもオーバーフィットする可能性はあります。オーバーフィッティングをなくす唯一無二の方法はありません。ベストな戦略は、ホールドアウトセットを使ってテストすることにより、オーバーフィッティングをきちんと把握しておくことです。グラフの曲線の種類を見てオーバーフィッティングを見つけたり測ったりすることもできます。**フィッティンググラフ**は、2つの曲線によってトレーニングデータとテストデータに対するモデルの性能を複雑性の関数として表すものです。テストデータに対するフィッティングカーブは、だいたいU字型ないし逆U字型（誤差と精度のどちらをプロットしているかによる）の形状をしています。モデルがシンプルな場合、精度はまず低いところから始まり、複雑性が増すにつれて高まっていき、やがて横ばいになって、オーバーフィッティングが入ってくると再び低くなっていきます。**学習曲線**は用いた**トレーニングデータの量**に対する、テストデータのモデル性能を表したものです。一般にモデル性能はデータの量に応じて向上しますが、その向上率や最終的に到達する性能はモデルによってかなり異なります。

交差検証と呼ばれる実験的な手法は、単一のデータセットを分割することで複数回の性能測定を行う体系的な方法として広く用いられています。この方法で得られた値によって、データサイエンティストはモデルの平均的な挙動とそのばらつきを知ることができます。

モデルの複雑性をコントロールすることでオーバーフィッティングを避ける一般的な手法は**正則化**と呼ばれます。ツリーの刈り込み（分類木が大きくなりすぎたときに枝を切る）や特徴選択、さらに複雑性に対するペナルティを明示的に目的関数に加える、といった手法がモデリングの際に使われます。

6章
類似度、近傍、クラスタ

基本コンセプト：
- データで表現された対象の類似度を計算する
- 類似度を使った予測
- 類似度に基づくセグメンテーションとしてのクラスタリング

代表的技法：
- 類似要素の検索
- 最近傍法
- クラスタリング手法
- 類似度計算に用いる距離基準

　類似度（Similarity）は、データサイエンス上の手法やビジネス上の課題解決に幅広く利用されています。ある2つの物事（人、企業、商品など）に類似する点がある場合、他にも共通する特徴を持っていることが多いものです。データマイニングでは、類似度に基づいてグルーピングをしたり、「適切な」類似度となる基準を探すといったことが基礎的な手法としてよく用いられます。いままでの章でも間接的に類似度を扱ってきました。例えばモデリングの過程では、境界を作成して目的変数に近い値のインスタンス群をグルーピングしました。この章では類似度を直接取り上げながら、それがデータマイニング上のさまざまなタスクにどう適用できるかを説明していきます。専門的な説明をしている節もありますが、数学の知識のある方がより深く理解できるようにと設けたものですので、読み飛ばしても構いません。

　類似する事例を集めて何らかの推論を行うという方法は、ビジネス上のさまざまな問題に対して用いられています。

- 時として類似する事例を直接探したくなることがあります。例えば、IBMは既存の優良顧客に類似する企業を見つけ出し、営業担当者にそうした企業を見込み客として

担当させたいと考えています。ヒューレット・パッカードは、顧客のために数多くの高性能サーバを保守しています。その保守作業に使うツールは、サーバの設定を入力すると、似た設定のサーバに関する情報を検索してくれます。広告主は得てして、既存の優良顧客と類似する消費者へオンライン広告を配信したいと考えることでしょう。

- 類似度は、**分類**や**回帰**を行う際にも利用できます。今や私たちは分類についてかなりのことを知っていますから、以降では分類するタスクの例を通じて類似度の使い方を説明します。

- またある時は似た項目同士をまとめて**クラスタ**ごとにグルーピングしたくなるかもしれません。例えば、既存の顧客データベースの中に似た顧客同士のグループが作れるのか、作れるとしたらどんな属性を共通に持っているのか、は知っておきたいところでしょう。以前の章で教師付きセグメンテーションの説明をしましたが、こちらは教師なしセグメンテーションです。類似度を用いた分類の方法を説明した後で、クラスタリングの方法についても説明します。

- Amazon や Netflix といった最近の企業は、類似度を用いることで似た商品や似たユーザからの**レコメンデーション**（お勧め）を行っています。「X が好きな人は Y も好きです」とか、「あなたと同じ商品を見た人はこちらの商品も見ています」といった表示が出てくれば、まず間違いなく類似度が使われていると思ってよいでしょう。12 章では、顧客と映画がどれだけ類似しうるか、双方を同じ「嗜好次元」上で表現した場合についての議論を行います。こうした手法を使うと、ある顧客に最も類似した映画（でかつ顧客がまだ見ていないもの）を探して推薦を行う、ということができるようになります。

- 類似事例を使った推論は、当然ですがビジネス分野での利用にとどまりません。医療や法律といった分野への展開も自然な流れと言えます。医者は過去の似た症例（自身で治療に当たった場合と論文に掲載されていた場合とによらず）と診断結果をもとに、新しく起きた難しい症例についての判断を下すことがあるでしょう。弁護士は裁判で主張を展開する際に判例、つまり過去の類似した裁判ですでに判決が下され、判例集に収録されているような事例をよく引用します。人工知能の分野では、長年にわたりこうした事例に基づく推論システムを構築することで医者や弁護士を支援してきました。こうしたシステムにおいても類似度の判定はカギとなる要素の 1 つです。

こうした応用例についてより深く議論するために、まずは類似度と、その兄弟とでも言うべき距離について定式化することにしましょう。

6.1 類似度と距離

　ある対象をデータとしてさえ表現できてしまえれば、対象同士の類似度、あるいは対象間の距離といった概念をより正確に議論できるようになります。そこで例えば、この本を通してこれまで使ってきたデータ表現、つまり各対象を特徴ベクトルとして表す方法を考えてみましょう。この場合、各特徴で定義される空間内でお互いが近ければ近いほど、両者は似ているということになります。

　ここで思い出してみましょう。予測モデルを立てて利用する際、そのゴールは目的変数の値を決めることでした。その過程において、対象同士の類似度は暗黙的にではありますがすでに使われていたのです。「3.3　セグメンテーションの視覚化」では、分類モデルの持つ幾何学的な意味を説明し、「4.1　数学関数を使った分類」では、2つの異なるモデルがどのようにインスタンス空間を複数の領域に分割するかを説明しました。領域の分割は、類似するクラスラベルを持つインスタンス同士の近さに基づいて行われました。データサイエンスにおける手法の多くも、このように捉えてよいかもしれません。つまりデータのインスタンスによって構成される空間を整理し、近くにあるインスタンス同士を等しく扱うことで何らかの目的を達成する、というやり方です。分類木と線形分類器はどちらも、分類が変わる領域と領域の間に境界を作ります。同じ領域に属するインスタンス同士は似ている、という考え方に基づいている点も同じです。両者の違いはその領域をどう表現し、またどう探すかという点にあります。

　それでは対象物同士の類似度や距離について直接議論していくことにしましょう。そのためには、類似度や距離を測るための基本的な方法を知る必要があります。2つの企業や2人の顧客が似ているとはどういうことでしょうか。この点を注意深く検討していきましょう。単純化した信用情報のデータから2つのインスタンスを取り上げて考えてみます。

属性	Aさん	Bさん
年齢	23	40
現住所の居住期間	2	10
住居の種類（1＝持ち家、2＝賃貸、3＝その他）	2	1

　このデータには複数の属性が含まれているので、これらを単一の類似度ないし距離の尺度に変換する唯一無二の方法というものはありません。AさんとBさんの間の類似度や距離を測る方法はさまざまです。まずは基本的な幾何学に基づいた距離の測定から始めるのがよいでしょう。

　さて思い出してください。これまでの議論で登場した幾何学的な解釈に基づけば、2つの（数値的な）特徴が与えられた時、両者は2次元空間上の点として表現されます。図6-1では2つのデータAとBが2次元平面上に配置されています。Aの座標は (x_A, y_A) で、Bの座

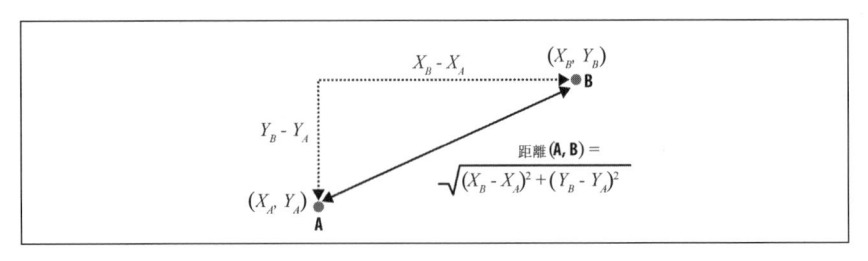

図 6-1 ユークリッド距離

標は (x_B, y_B) です。しつこいのは承知ですが、この座標は単に対象物が持つ２つの特徴（x と y）の値を表しているにすぎません。さて両者の間には、図に示すように x の差 $(x_A - x_B)$ を底辺とし、y の差 $(y_A - y_B)$ を高さとする直角三角形を描くことができます。ピタゴラスの定理から AB 間の距離は直角三角形の斜辺に等しく、その長さは残り２辺の長さの２乗和の平方に等しいことがわかります。つまりこの場合は $\sqrt{(x_A-x_B)^2+(y_A-y_B)^2}$ となります。要はそれぞれの次元、すなわちデータに含まれる個々の特徴について距離を計算することで全体の距離が計算できるということです。これが２点間の**ユークリッド距離**（Euclidean distance）[†] と呼ばれるもので、おそらく最も有名な幾何学的な距離の尺度と言えるでしょう。

ユークリッド距離は２次元に限ったものではありません。もし A と B が３つの特徴を持つのであれば、A と B は３次元空間内の点として表され、それぞれの位置は (x_A, y_A, z_A) と (x_B, y_B, z_B) となります。この場合、AB 間の距離には $(z_A - z_B)^2$ の項が新たに含まれます。特徴は新たな次元としてどんどん追加していくことができます。対象が n 個の特徴、すなわち n 次元 $(d_1, d_2, ..., d_n)$ で表される場合、ユークリッド距離の一般式は、**式 6-1** となります。

式 6-1

$$\sqrt{(d_{1,A}-d_{1,B})^2+(d_{2,A}-d_{2,B})^2+\ldots+(d_{n,A}-d_{n,B})^2}$$

これで任意の２つの対象物の距離、言い換えれば数値的な特徴を成分とするベクトルが表すオブジェクト同士の距離、を測れるようになりました。その値は個別の特徴ごとの距離に基づいた簡単な式から求められます。それでは、先ほどの A さんと B さんとの間のユークリッド距離を計算してみましょう。

$$d(A, B) = \sqrt{(23-40)^2+(2-10)^2+(2-1)^2}$$
$$\approx 18.8$$

[†] 幾何学の父として知られる紀元前４世紀のギリシャの数学者、ユークリッドにちなんでいる。

2人の間の距離は約19となりました。この距離はただの数値で、単位もありませんし、意味のある解釈もできません。この数値が本当に役に立つのは、ある2つのインスタンス間の類似度と別の2つのインスタンス間の類似度を比較する時だけです。類似度を比較することがきわめて有効だということはこれからわかってくるでしょう。

6.2 最近傍を使った推論

さて距離を測る方法がわかったところで、それをいろいろなデータ分析のタスクで使ってみたいと思うことでしょう。この章の冒頭に出てきた例を思い出してみると、この尺度を使って顧客の企業に最も近い企業を探したり、小売店の優良顧客に最も似たオンラインの顧客を探したりということができるはずです。そうした顧客を一度見つけてしまえば、ビジネス環境に合わせて適切なアクションを自在にとることができます。企業顧客に対してIBMは販売部隊を投入するでしょうし、オンライン広告主は広告のターゲッティングを行うでしょう。このようにある対象に対して最も類似しているインスタンス群のことを**最近傍**（nearest neighbors）と呼びます。

6.2.1 例：ウィスキーを分析する

ここからは新しい例を使ってお話をしましょう。私たち著者の1人（フォスター）はシングルモルトのスコッチウィスキーがお気に入りです。みなさんも一度や二度飲んだことがあれば、数百種類にものぼるシングルモルトにはさまざまな違いがあることをご存知でしょう。フォスターは本当に気に入ったシングルモルトを見つけると、他にも似たものを探したくなってしまいます。それは彼がシングルモルトという「空間」を探索するのが好きということもありますが、酒屋やレストランに置いてあるシングルモルトの種類には限りがあるので、もしお気に入りがなければ似ているもので間に合わせられる、という理由もあります。そうした時でも彼は自分が気に入るはずの一本を選べるようになりたいと思っています。例えばある晩、彼の食事相手がシングルモルトの「ブナハーブン（Bunnahabhain）」[†]を試してみないかと勧めてくれました。それは際立っていてとてもおいしかったのです。では数多くあるシングルモルトの中から、どのようにしてフォスターはブナハーブンに似た他のウィスキーを見つけることができるでしょうか。

データサイエンス的な手法を使いましょう。2章で学んだことは、まず答えるべき質問を正しく考えるとともに、それに答えるための適切なデータが何かを考えよ、ということでした。ではシングルモルトスコッチのウィスキーを特徴ベクトルで表現し、似ているウィスキー同士が近い味になるように表すにはどうすればよいでしょうか。これはまさにモントリオール大学のフランソワ＝ジョセフ・ラポワント（François-Joseph Lapointe）とピエール・

[†] 大丈夫、彼もうまく発音できなかった。

ルジャンドル（Pierre Legendre）が取り組んだプロジェクトです［Lapointe & Legendre 1994］。彼らはスコッチウィスキーの分類や整理に関する質問に注目しました。そうしたアプローチを部分的にここでも採用することにしましょう。

多くのウィスキーではテイスティングノートと呼ばれるものが出版されています。例えば、マイケル・ジャクソン（Michael Jackson）はウィスキーとビールに関する有名な評論家で、「マイケル・ジャクソンのモルトウィスキー案内」（*Michael Jackson's Malt Whisky Companion: A Connoisseur's Guide to the Malt Whiskies of Scotland*）」［Jackson 1989］を執筆しています。この本ではスコットランド産の109種類のシングルモルトスコッチそれぞれについて、「ピートスモークの食欲をそそるアロマ、まるでお香のようで、フルーティーな柔らかさを持ったヘザーの蜜」といったようなテイスティングノートの形で説明が記述されています。

データサイエンティストとしてはここまでで一歩前進と言えるでしょう。役立つ可能性のあるデータソースを見つけたのです。しかしまだウィスキーはテイスティングノートという形でしか表現されておらず、特徴ベクトルとして表せてはいませんから、データの形式化をさらに進める必要があります。［Lapointe and Legendre 1994］のプロジェクトにならい、数値的な特徴を作成することで、どんなウィスキーについてもテイスティングノート上の情報を記述できるようにしてみましょう。5つの一般的なウィスキーの属性を定義します。それぞれの属性の取り得る値は次のようにさまざまです。

1. **色合い**：黄色、強いペール、ペール、ペールゴールド、ゴールド、くすんだゴールド、濃いゴールド、琥珀色、など（14種類）

2. **香り**：香り高い、ピート、甘い、軽い、フレッシュ、ドライ、草のような、など（12種類）

3. **ボディ**：ソフト、ミディアム、フル、まろやか、滑らか、軽い、しっかりした、オイリー（8種類）

4. **味覚**：フル、ドライ、シェリー、ビッグ、フルーティ、草のような、スモーキー、塩味、など（15種類）

5. **余韻**：フル、ドライ、温かみのある、軽い、滑らか、澄みきった、フルーティ、草のような、スモーキー、など（19種類）

ここで注意すべき点は、それぞれの分類の値が相互排他的なもの**ではない**ということです（例えばアベラワーの味覚は、ミディアムで、フルで、ソフトで、まろやかで、滑らかと

表現されます）。一般的にはどの値も共起しうる（とはいえ一部の組み合わせ、例えば明るくスモーキーな色合いなどというのはありません）ため、ラポワントとルジャンドルは、各変数の取り得る値をすべて別々の特徴として記述しました。結果として、それぞれのウィスキーには 2 値（Yes/No の 2 種類の値を取る）の特徴が 68 個存在することになります。

フォスターはブナハーブンがお気に入りなので、ラポワントとルジャンドルによるウィスキーの表現形式とユークリッド距離を使ってブナハーブンと似たウィスキーを探すことができます。参考までに、ブナハーブンは以下のように表現されます。

- **色合い**：ゴールド
- **香り**：フレッシュ、磯の香り
- **ボディ**：しっかりした、ミディアム、軽い
- **味覚**：甘い、フルーティ、澄み切った
- **余韻**：フル

これがブナハーブンの特徴で、以下がブナハーブンに最もよく似た 5 種類のシングルモルトスコッチを距離の近い順に並べたものです。

ウィスキー	距離	特徴
ブナハーブン	—	ゴールド / しっかりした、ミディアム、軽い / 甘い、フルーティ、澄み切った / フレッシュ、磯の香り / フル
グレングラッサ	0.643	ゴールド / しっかりした、軽い、滑らか / 甘い、草のような / フレッシュ、草のような
タリバーディン	0.647	ゴールド / しっかりした、ミディアム、滑らか / 甘い、フルーティ、フル、草のような、澄みきった / 甘い / ビッグ、アロマ、甘い
アードベルグ	0.667	シェリー / しっかりした、ミディアム、フル、ライト / 甘い / ドライ、ピート、磯の香り / 塩味
ブルイックラディ	0.667	ペール / しっかりした、軽い、滑らか / ドライ、スイート、スモーク、クリーン / 軽い / フル
グレンモーレンジ	0.667	ペールゴールド / ミディアム、オイリー、軽い / 甘い、草のような、スパイシー / 甘い、スパイシー、草のような、磯の香り、フレッシュ / フル、ロング

このリストを使えば、ブナハーブンに似たスコッチを見つけることができるでしょう。店によっては在庫のあるなしでリストを少し下へたどる必要があるかもしれませんが、このリストは似ている順でスコッチが並んでいるため、在庫がある中で最も似たスコッチを探すことは簡単です（また、手に入る中で一番似ているスコッチと、入手できなかった他のスコッチにどれぐらい違いがあるかということも何となくわかるでしょう）。

　以上が類似度を直接的に利用して問題を解決する一例です。一度この基本的な考え方を理解してしまえば、これまで挙がっていたようなさまざまな問題（似た企業を探す、似た顧客を探すなど）に立ち向かうための強力な道具を手に入れたも同然です。ウィスキーの例で見たように、データサイエンティストが実際にデータを定義して、意味のある特徴セットについて類似度がきちんと求められるようにする、といった部分までこなすこともよくあります。では次に、データサイエンスにおける類似度の使われ方としてこれまた一般的な別の事例を見ていきましょう。

6.2.2　予測モデリングのための最近傍

　最近傍の考え方を使えば、予測モデリングもこれまでとは違う方法で行うことができます。その前に少し時間を取り、これまでの章で予測モデリングについて学んだことをいろいろと思い出してから次へ進んでください。類似度を使った予測モデリング、その基本的な方法は美しいほどにシンプルです。ある新たなサンプルが与えられ、その目的変数の値を予測したいとしましょう。まずトレーニングサンプルを一通り調べてみて、新しいサンプルに最も近いいくつかを抽出します。その後で新しいサンプルの目的変数の値を、最近傍群の値（既知）から予測すればよいのです。この最後のステップをどう行うかは検討が必要です。ここでは、何らかの結合関数（例えば投票や平均など）を使って各最近傍の値から求める、ということだけ言っておきましょう。この結合関数の結果が求める予測となります。

分類

　この本ではこれまで、分類というタスクに多くのページを費やしてきましたので、まずは近傍を使うと新しいインスタンスをどう分類できるか、非常にシンプルな条件の下で見ていきましょう。図6-2に「?」で示されているのが新しいサンプルで、このラベルを予測したいとします。先に紹介した基本的な手順に従って、最近傍（この例では3つあります）が抽出され、その目的変数（クラス）が得られました。この例では、2つのサンプルが陽性、1つが陰性でした。結合関数はどう定義すればよいでしょうか。この場合の最も簡単な結合関数は多数決になるでしょう。多数決を使うと、予測されるクラスは陽性となります。

　もう少し複雑な例として、クレジットカードのマーケティングの問題を考えましょう。ゴールは、新たな顧客がクレジットカードの勧誘に応じてくれるかどうかを、他の類似顧客

6.2 最近傍を使った推論 | 159

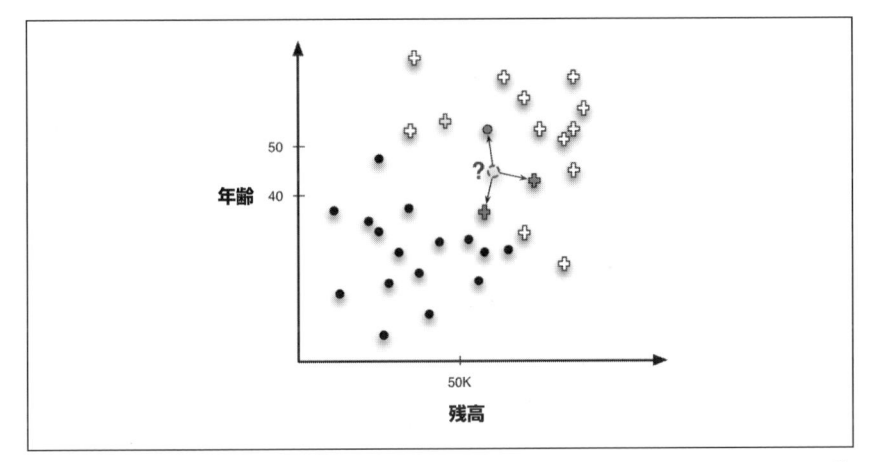

図6-2 最近傍分類。分類対象の点はクエスチョンマークで示されているが、その結果は＋となるはず。なぜなら最近傍（3点）の過半数が＋のため。

がどう応じたかに基づいて予測することです。そのデータ（当然こちらも大幅に単純化してあります）は**表6-1**の通りです。

表6-1 最近傍の例：デイビッドは勧誘に応じるのか

顧客	年齢	収入（千ドル）	カード保有数	反応（目的変数）	デイビッドとの距離
デイビッド	37	50	2	?	0
ジョン	35	35	3	Yes	$\sqrt{(35-37)^2+(35-50)^2+(3-2)^2}=15.16$
レイチェル	22	50	2	No	$\sqrt{(22-37)^2+(50-50)^2+(2-2)^2}=15$
ルース	63	200	1	No	$\sqrt{(63-37)^2+(200-50)^2+(1-2)^2}=152.23$
ジェファソン	59	170	1	No	$\sqrt{(59-37)^2+(170-50)^2+(1-2)^2}=122$
ノラ	25	40	4	Yes	$\sqrt{(25-37)^2+(40-50)^2+(4-2)^2}=15.74$

このサンプルには、以前にクレジットカードの勧誘したことのある5人の顧客のデータが含まれています。それぞれの顧客について名前、年齢、収入、既に持っているカード枚数と、そして実際に勧誘に応じたかどうかの結果もわかっています。その上で、新しい顧客であるデイビッドが勧誘に応じてくれそうかどうかを予測したいと考えています。

表6-1の最終列は、**式6-1**を使って計算した距離を表しており、各インスタンスがデイ

ビッドからどれほど離れているかを示しています。3人の顧客（ジョン、レイチェル、ノラ）はデイビッドにかなり近く、その距離はおおよそ15です。残り2人の顧客（ルース、ジェファソン）とはだいぶ距離が離れています。したがって、デイビッドの3近傍はレイチェル、ジョン、ノラの3人となります。彼らの反応はそれぞれNo、Yes、Yesです。もしこれらの値で多数決をすれば、予測結果はYes（デイビットは勧誘に応じる）となります。さて、ここで最近傍法にまつわる重要な問題に気付くでしょう。一体いくつの近傍を使えばよいのか、結合関数の中で各近傍の重み付けは同じでよいのか、といった問題です。これらについては本章の後半で述べることにします。

確率推定

　これまでも述べてきた通り、多くのケースで大切になってくるのは新しいサンプルを単に分類することではなく、その確率を推定すること、つまりサンプルにスコアを与えるということです。なぜならスコアは単なるイエス、ノーの決定よりも多くの情報を含んでいるからです。最近傍を使った分類では、こうした確率推定がとても簡単に行えます。デイビッドが勧誘に応じるかどうかを判断する先ほどの分類タスクをもう一度考えてみましょう。彼の最近傍（レイチェル、ジョン、ノラ）はそれぞれ、No、Yes、Yesと分類されています。ここでYesのクラスがYes=1、No=0となるようにスコアを付ければ、デイビッドのスコアは最近傍の平均をとって2/3ということができるでしょう。実際にこの方法を使おうとすると、3つだけではなくもっと多くの近傍を使って確率を推定したくなるかもしれません（そして「3.5　確率推定」で述べた、少ないサンプル数から確率を推定する方法を思い出すかもしれません）。

回帰

　いったん最近傍群が得られれば、それらをさまざまに組み合わせることでデータマイニング上のあらゆる予測に利用することが可能です。先ほど紹介したのは、対象に対する多数決を取ることでクラス分類を行うという方法でした。回帰（regression）についても同じ方法で行うことができます。

　表6-1と同じデータセットがあって、今回はデイビッドの収入を予測したいと仮定しましょう。距離を再び計算することはしませんが、デイビッドの3近傍は再びレイチェル、ジョン、ノラであるとします。彼らの年収は、それぞれ50,000ドル、35,000ドル、40,000ドルです。そしてこれらの値を使ってデイビッドの年収を予測します。平均値（約42,000ドル）や中央値（40,000ドル）といった値が利用できるでしょう。

近傍を得る際には目的変数を使わないという点に注意してください。というのも、そもそも目的変数自体を予測しようとしているからです。従って表6-1では収入を距離の計算に含めていましたが、ここでは含めていません。しかし、他の値がわかっている変数は何であれ距離の計算に含めることができます。

6.2.3　近傍の数とその影響はどれくらいか

　クラス分類、回帰、スコアリングの説明を行う過程では、3つの近傍を使った例のみを紹介してきました。その中で疑問が浮かんだことでしょう。まず、なぜ「3個」の近傍なのか、1個や5個、100個ではだめなのでしょうか。そして、すべての近傍を同等に扱ってよいのでしょうか。全部「最」近傍と呼んでいるけれども、他より近くに位置しているサンプルもあるから、そうした点も考慮して扱わなくてよいのでしょうか。

　何個の近傍を使うべきか、これに対する単純な答えはありません。奇数であれば2クラスへの分類に際し、多数決で引き分けにならないので便利でしょう。最近傍アルゴリズムは省略してk-NNとよく呼ばれます。kは近傍の数を表し、例えば3-NNというように表現されます。

　一般的には、kが大きくなればなるほど予測の値も近傍に対して平滑化されていきます。もしこれまでの内容を全部理解していれば、kの値を最大限に大きくする（つまり$k = n$とする）と、どんな予測についてもデータセット全体が使われる、ということにすぐ気付くはずです。こうなると、見事にどんなサンプルに対してもデータセット全体の平均を予測として返すだけになります。分類であれば、データセット全体で一番サンプルの多いクラスを予測します。また回帰であれば目的変数の平均値、確率推定であれば「ベースレート」確率になります（124ページの「注意：ベースレート」を参照してください）。

　しかしたとえ近傍のサンプルをいくつ使えばよいかがわかったとしても、今度は予測対象に対して各近傍の類似度が異なることに気付くでしょう。各近傍を扱うに当たってこのことは考慮に入れなくてよいのでしょうか。

　分類の際には、**多数決**というシンプルな方法を使いつつ、近傍の数を奇数にすることで引き分けをなくしました。しかし、この方法では重要な情報が抜け落ちてしまっています。つまり、各近傍が対象のインスタンスに対してどれほど近いかという情報です。例えば、デイビッドを分類するに当たり$k = 4$の近傍を使ったとして、何が起きるかを考えてみましょう。得られた勧誘結果は (Yes, No, Yes, No) となりちょうど半々です。しかし最初の3つの近傍はデイビッドから非常に近く（距離≈15）にある一方、4番目はかなり遠く（距離≈122）にあります。直感的に考えてこの4番目のサンプルは、最初の3つほどには投票に影響を与えない方がよさそうです。こうした懸念を考慮するため、最近傍法ではよく**重み付き投票**（weighted voting）や**類似抑制投票**（similarity moderated voting）といった方法を

使って、各近傍の与える影響を類似度に応じて調整したりします。

表6-1のデータをもう一度使って、デイビッドがクレジットカードの勧誘に応じそうかどうかを予測しましょう。デイビッドのクラスを予測する際に多数決を使うと、結果は近傍の数に大きく依存することがわかりました。今度は**すべての近傍**を使いながら、デイビッドとの類似度で重み付けを行うように再度計算をしてみましょう。重みとして距離の2乗の逆数を用います。デイビッドからの距離が近い順に近傍を並べた結果は以下の通りです。

名前	距離	類似度に基づく重み	貢献度	クラス
レイチェル	15.0	0.004444	0.344	No
ジョン	15.2	0.004348	0.336	Yes
ノラ	15.7	0.004032	0.312	Yes
ジェファソン	122.0	0.000067	0.005	No
ルース	152.2	0.000043	0.003	No

貢献度の列は、最終的な確率予測の計算に各近傍がどれだけ影響を与えたかを示す値です（貢献度は重みに比例しており、合計すると1になります）。見ての通り、距離が貢献度に大きく影響していることがわかります。レイチェル、ジョン、ノラはデイビッドに最も近く、予測結果を事実上決定付けている一方で、ジェファソンとルースは距離があまりに遠く予測にほぼ影響を与えていません。陽性、陰性各クラスの貢献度を合計すると、デイビッドについての最終的な確率推定は、Yes が 0.65、No が 0.35 となります。

この考え方は、回帰やクラス確率推定といったさまざまな予測タスクにも一般化できます。こうした方法は一般的に、重み付きの**スコアリング**と捉えることができます。重み付きスコアリングでは、用いる近傍の数をそれほど気にしなくてよくなるため、比較的よい結果が得られます。なぜなら各近傍の影響は距離によって調整されるため、距離が離れるにつれて与える影響は自然と少なくなるからです。結果として重み付きスコアリングの場合、k の値が持つ重要性は、多数決や重みなし平均の場合と比べてずっと小さくなります。手法によっては k に依存することを避けるために、大量のサンプル（例えば全サンプル、つまり $k = n$）を取得し、距離に重みを付けることで影響を調整したりもします。

> **最近傍を使った推論に付けられたさまざまな名前**
>
> データマイニングの他の用語と同じく、最近傍を使った分類器にもさまざまな用語が存在します。理由の1つは、似た概念が異なる分野で別々に研究されてきたためです。最近傍分類器は、統計やパターン認識の分野で古くから確立されていました［Cover & Hart 1967］。新しいインスタンスを分類する際に、既知のインスタンスのデータベース（メモリ）を直接参照する考え方は、**インスタンスベース学習**［Aha, Kibler, & Albert 1991］や**メモリベース学習**［Lin & Vitter 1994］と呼ばれています。また、どのようなモデルであっても「トレーニング」の過程では構築されず、すべてのインスタンスを取得するまで成果のほとんどが先延ばしされるため、こうした一般的な考え方は**遅延学習**［Aha 1997］としても知られています。
>
> 人工知能の分野で関連する手法に、**事例ベース推論**（Case-Based Reasoning、略してCBR）［Kolodner 1993］［Aamodt & Plaza 1994］があります。医師や弁護士は過去の事例を使って新しい事例の推論を行っているので、事例ベース推論はこうした分野においては長く培われてきた歴史を持っています。
>
> しかし、事例ベース推論と最近傍法には大きな違いも存在します。CBRの各事例は単純な特徴ベクトルのインスタンスではなく、起きた出来事を事細かにまとめたものです。そこには患者の症状、病歴、診断内容、治療内容、予後などが含まれ、判例の場合は原告と被告の主張、引用された判例、判決などが含まれるでしょう。事例がとても詳細に及んでいるため、CBRではクラスを分類するためだけに事例を使うのではなく、その事例に対処するための診断や計画に関する情報を提供する目的でも利用されます。蓄積してきた事例を新しい状況に適用するのは簡単でないことが多く、多大な労力を伴います。

6.2.4 幾何的解釈、オーバーフィッティング、複雑性のコントロール

いままで見てきたモデルがそうであったように、最近傍法で生成した分類結果の領域を視覚化することで学べることがあります。最近傍法では厳密な境界は作成されませんが、インスタンスの近傍には暗黙的な領域が存在します。このような領域は、インスタンス空間において体系的なポイント探査を行い、次にそれぞれのポイントの分類を行い、そして分類が変化する境界を設定することで算出することができます。

図6-3は「回収不能」領域に属するインスタンスの周辺を1-NN分類して生成した領域を示しています。この結果を**図3-15**の分類木領域や**図4-3**の線形境界における領域と比較してみましょう。

まずわかるのは、境界がきれいな直線になっておらず、また幾何的な形状にもなっていない、ということです。これらは不安定であり、異なるクラスに属するトレーニングインスタンスの境界に位置しています。このように最近傍分類器では、トレーニングインスタンス周

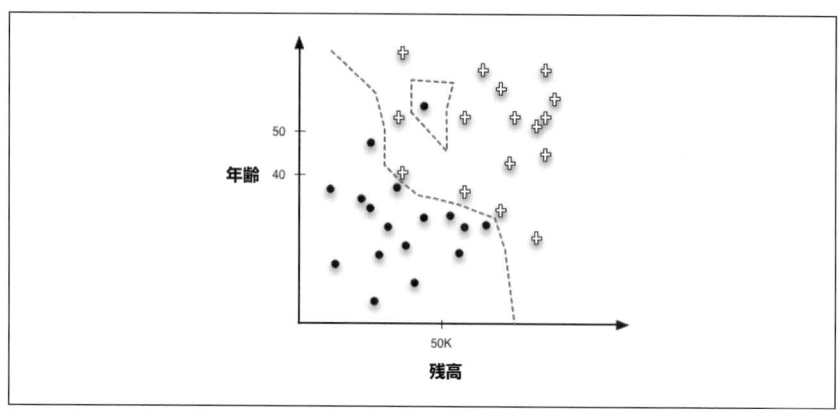

図 6-3　1-NN 分類器で生成した境界

辺部分に特殊な境界が生成されます。また、他にわかるのは、陽性インスタンスの中にある孤立した陰性インスタンスは、その周囲に「陰性クラスの島」のようなものを作ることです。この点はノイズや異常値と考えられ、別のモデルであれば滑らかな境界を設定することができるかもしれません。

このような異常値に対する過敏さは 1-NN 分類器を用いたことが原因です。1-NN 分類器は 1 つのインスタンスのみを検索するため、複数の近傍点を平均化する方法に比べて不規則な境界を持つことになるのです。これについてはまたすぐ後で取り扱います。より一般的な言い方をすると、最近傍分類器を使った分類は特定の幾何的形状に関する制約を課さないため、不規則な境界は最近傍分類器の特徴であるとも言えます。境界が不規則になる代わりに、最近傍分類器は使用している特定のトレーニングデータに適合した境界をインスタンス空間内に形成します。

これは 5 章で行ったオーバーフィッティング（overfitting）と複雑性のコントロール（complexity control）の議論を思い出させます。1-NN では非常に強いオーバーフィットが起きるのでは、と考えているかもしれませんが、それは正しいです。実際に、トレーニングデータに対して 1-NN 分類器を使って評価すると何が起こるのかを考えてみましょう。各データポイントを分類すると、合理的に使えるどの距離指標を見たとしても、そのデータポイント自身を自分の最近傍として捉えてしまうはずです。つまり、目的変数の値が自分自身を予測されるために使用されることになります。なんという完璧な分類でしょう。同じことは回帰でも発生します。1-NN 分類器はトレーニングデータを記憶しますが、5 章の冒頭でたたき台として使用した、テーブルにトレーニングデータを登録するやり方よりはいくらかましかもしれません。あのたたき台には類似度の考え方が含まれていなかったため、任意のト

レーニングデータサンプルに対して完璧な予測を単純に行うことができましたし、他のサンプルに対するある程度のベースとなる予測も得ることができました。1-NN 分類器の予測は、トレーニングデータに対しては完璧ですが、それでもなお、他のインスタンスに対しても合理的な予測を行える場合があります。なぜなら、その予測では、新しい予測対象のインスタンスに対して最も類似したトレーニングインスタンスを使うからです。

このため、オーバーフィッティングとその回避の観点からすると、k-NN 分類器における k の値は複雑度を表現するパラメータということになります。極端な例として、$k = n$ と設定してモデルが複雑になるのを制限することもできます。前述の通り、n - NN モデル（類似度に対する重み付けは無視するとします）は単純に対象となるデータセット全体の平均値を予測します。もう 1 つ極端な例として、$k = 1$ と設定することで非常に複雑なモデルになります。このようなモデルでは、境界が複雑になり、すべてのトレーニングデータが固有のクラスと自分だけが存在する領域を持つようになります。

ここで先ほどした質問に戻りましょう。一体どのようにして k を選択すればよいのでしょうか。ここでは、「5.9.2　オーバーフィッティングを回避する一般的な方法」の節で議論したのと同じ方法を、複雑性パラメータを制御する方法として使用することができます。すなわち、交差検証（cross-validation）や入れ子のホールドアウトテスト（holdout testing）をトレーニングデータセットに対して k の値を変化させながら行い、トレーニングデータに対して最良のパフォーマンスを出す値を発見するのです。そのような k の値を選択できれば、トレーニングデータセット全体から k-NN モデルを構築できていることになります。5 章で詳細に議論したように、この処理はトレーニングデータに対してのみ行うため、テストデータでモデルの評価を行い、バイアスがかかっていない汎用的なパフォーマンスを見積もることができます。多くのデータマイニングツールは、入れ子の交差検証により k を自動的に決定する機能を備えています。

図 6-4 と **図 6-5** は最近傍分類器によって形成される異なる境界を図示していて、単純な 3 つのクラスしかない問題を異なる数の近傍を用いて分類しています。**図 6-4** では 1 つの近傍のみで分類していて、データセット中のトレーニングデータに固有で不規則な境界が作られています。**図 6-5** は 30 個の近傍を平均して分類をしていて、**図 6-4** の境界とははっきりと異なり、より滑らかです。しかしながら、どちらのケースも線形モデルやツリー構造モデルの際に見てきたような、滑らかな曲線による境界や規則的な区分による幾何的な領域にはなっていません。k - NN によって定義される境界には、データの特徴が顕著に現れます。

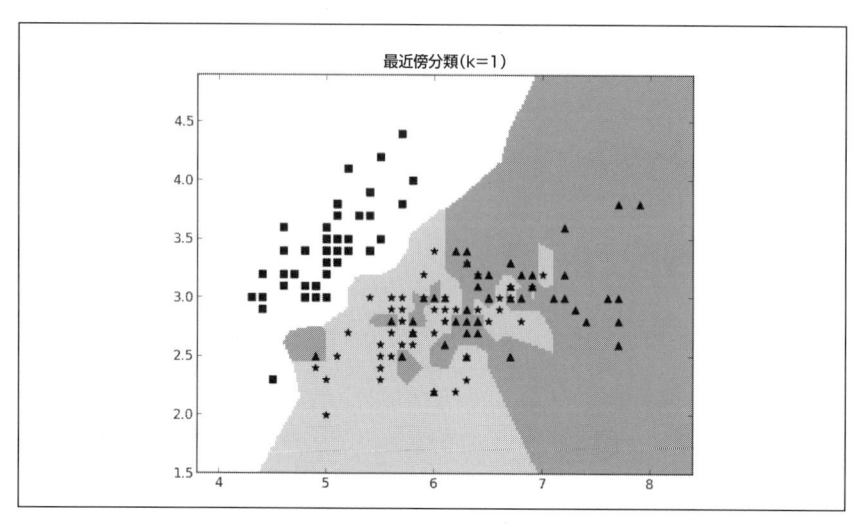

図6-4 3つのクラスしかない問題での1-NN（単一近傍）による分類境界

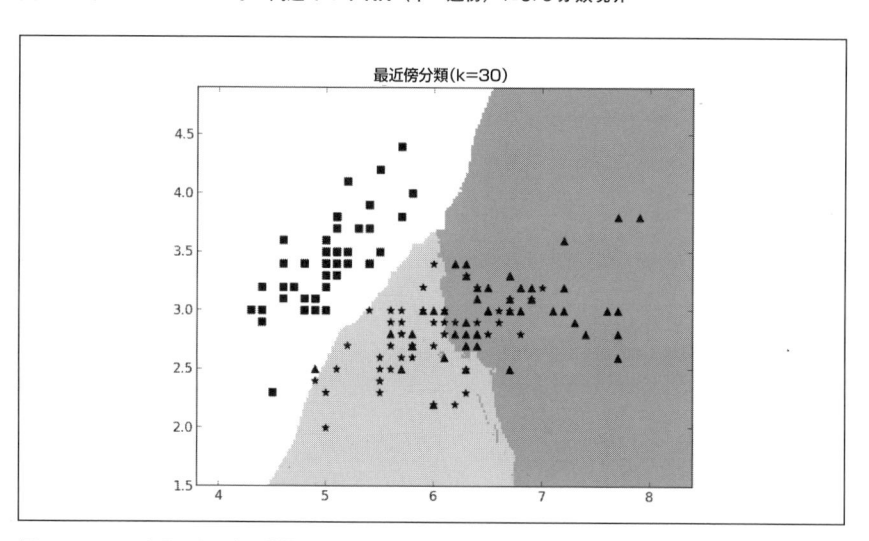

図6-5 3つのクラスしかない問題での30-NN（30個の近傍による平均）による分類境界

6.2.5　最近傍法の問題点

予測モデルとしての最近傍法に対する結論をまとめる前に、最近傍法を利用する上での問題点について説明します。これは実際に最近傍法を適用する場合にもよく起こる話です。

理解しやすさ

最近傍分類器における理解しやすさというのは複雑な問題です。前述の通り、薬事や法律などの分野において、過去の類似事例を論拠として新しい事例に対する判断を行うのは自然なやり方です。そのような分野では、最近傍法がよく適合するでしょう。しかし他の領域では、厳密さを欠いたモデルを説明に使うのは問題を引き起こすことがあります。

理解しやすさに関する問題は2つの側面を持っています。特定の**結論**に対する正当化を行う面と、**モデル全体**の理解しやすさという面です。

k-NN 分類の場合、1つのインスタンスがどのように判定されたかを容易に説明できることが多く、判定に寄与した近傍の集合と、それが判定に寄与した度合いを合わせて提示することができます。**表 6-1** の最初の方で「デビットは反応するかどうか」について考えたときにも、こういった内容の提示をしました。最近傍法を使って、ほどよい丁寧な表現をしたり、注意深い何らかの提示をしたりするのは、効果的な場合があります。例えば、Netflix はレコメンドに最近傍分類を活用し、次のような文章を加えて映画へのレコメンドを説明しています。

この「ビリーエリオット」という映画は、あなたが興味を持っている「アマデウス」、「ナイロビの蜂」、「リトル・ミス・サンシャイン」に基づいてお薦めしています。

Amazon は次のようなフレーズでレコメンドを行っています。「同じような商品を検索したユーザが購入した商品は…」、「あなたが見ている商品に関連する商品。」

そのような正当化が適切であるかどうかは、適用する対象によります。アマゾンの顧客は、レコメンドを受け取った理由が説明されていることに満足するかもしれません。一方、ローンの申請者は、「あなたはスミスとミシェルという債務不履行した人物を思い出させるので、あなたのローン申請を棄却します」、のような説明をしたら、不満を覚えるでしょう。実際にクレジットスコアリングに使用できるモデルは、法規制により特定の重要な変数に基づいた簡単な説明を与えるモデルに限られています。例えば線形モデルにおいては、次のような説明がされることがあります。「他の条件が等しい前提で、あなたの収入が 20,000 ドル以上であったなら、この特定貸し付けを受けることができたでしょう」

最近傍モデルでは、新しいインスタンスを判定した手順を説明することも容易です。最も類似するケースを発見するという考え方や、どのように分類されたか、どの値を持っていたかを探る方法は、多くの人に直感的なものになります。

難しいのは、データマイニングして得られた知識がどういうものなのかについて深く説明

することです。あなたの関係者が次のように尋ねたとします。「あなたのシステムは弊社顧客に関するデータから何を学んだのでしょうか」「この意思決定のベースになっているのは何なのでしょうか」。しかし、明確なモデルが存在しないためわかりやすい回答をすることは不可能です。厳密には最近傍モデルは事例の全体集合（すなわちデータベース）と距離関数、そして結合関数で構成しています。2次元ならば、以前に図示してきたように直接視覚化することが可能ですが、多次元になった場合このような視覚化は不可能です。このモデルに含まれる知識は理解しにくいため、モデル構造の理解しやすさとその正当化が致命的な要素となる場合は、最近傍法の利用は避けるべきです。

次元と業務知識

　最近傍法は、典型的には、2つのインスタンス間の距離を計算する際に、すべてのインスタンスの特徴を考慮に入れます。「6.3.1　異質な属性」では属性に対する難しさについて議論しています。例えば、数値属性はそれぞれ全く異なる値域を持つため、適切にスケールを調整しないと、1つの広い値域を持つ属性の影響が狭い値域を持つ別の属性の影響を圧倒することがあります。またそれとは別に、多くの属性を持ちすぎることや、類似度判定に影響を及ぼさない属性を多く持つことも問題になります。

　クレジットカードの勧誘業務の場合、顧客データベースは多数の付随的情報を保持しています。具体的には、子供の数、勤め期間の長さ、家の大きさ、平均収入、車のモデルやメーカー、平均的教育水準、などです。このうちのいくつかの属性は顧客がクレジットの勧誘に応じるかどうかに関連するかもしれませんが、おそらく大半は関係がない属性でしょう。そのような問題は高次元（次元の呪いと呼ばれるものに苦しむことになる）であると言われ、最近傍法においても発生します。この問題の原因と影響は多分に技術的な要素[†]を含んでいるのですが、大まかに言うとすべての属性（次元）が距離計算に寄与するため、多数の関係がない属性の存在によりインスタンスの類似度は混乱し、間違った方向に進んでしまうということです。

　大量の無関係な属性の問題を解決する方法が何点かあります。1つの方法は**特徴（属性）を選択する**ことです。すなわち、データマイニングモデルに取り入れる特徴を注意深く検討して決定することです。特徴選択はデータマイニング担当者の背景知識（どの属性が関連するかに関する知識）を活用して手動で行われます。これはデータマイニングチームが業務知識をデータマイニングプロセスに注入する主な方法の1つです。3章と5章にて議論したように、データ処理を行って、どの特徴から目的変数に関する情報を得られるかを自動的に選

[†] 例えば、技術的な理由により、大量の属性を持ったあるインスタンスが、極端に頻繁に他のインスタンスのk最近傍として登場することがある。このような特定のインスタンスは結果として多くの分類に非常に大きな影響を与えることになる。

択する手法も存在します。

業務知識を類似度計算に注入するもう1つの方法は、類似度関数や距離関数を手動で調整することです。例えば、**クレジットカード枚数**という属性が、顧客が勧誘を受け付けるかどうかに強く影響すること知っている場合があるかもしれません。このようなときには、データサイエンティストは、属性ごとに異なる重み付けをすることで距離関数を調整することができます（例えば**クレジットカード枚数**に大きめの重みを付けるような調整です）。業務知識を注入することができるのは、どの属性があると予測しやすくなるかを知っている場合だけではなく、もっと一般的な例だと、見つけたい対象に類似している何かを知っている場合もあります。類似のウィスキーを探す場合であれば、私は自分が**泥炭の薫り**を重視して似たような味覚のシングルモルトウィスキーを判定することを知っています。そのため類似度計算をする際には、泥炭さに強い重みを付けます。他の味覚に対する変数が重要でないならば、それを取り除いたり弱めの重みを付けたりします。

計算効率

最近傍法の1つの利点はトレーニングが非常に速いことです。これはインスタンスを登録するだけで済む場合が多いことに起因します。このため、モデル作成の際に労力を必要としません。最近傍法における主なコンピュータ利用コストは予測・分類のステップで発生し、このタイミングで新しいインスタンスの近傍を発見するための検索をデータベースに対して行うことになります。これは非常にコストが高い処理となり、分類に費やすコストも相当な量になるでしょう。極端に高速な予測が必要となる応用例もあり、オンライン広告のターゲッティングなどでは判断を10ミリ秒程度で行うことが求められます。このような利用をする場合には、最近傍法を利用することは難しいと言えます。

近傍探索を高速化する技術があります。KDツリーやハッシュメソッド[Shakhnarovich, Darrell, & Indyk 2005][Papadopoulos & Manolopoulos 2005]のような特殊なデータ構造は、より効率的な最近傍探索をするために、いくつかの商用データベースやデータマイニングシステムにおいて採用されています。しかしながら、小規模な研究用のデータマイニングツールはそのような技術を採用していないことが多く、今でも単純な力まかせの探索に頼っていることに注意してください。

6.3 類似度と近傍に関連する重要な技法の詳細について
6.3.1 異質な属性

ここまでは、ユークリッド距離を使い、その計算が容易であることを示してきました。もし属性が数値であり、しかも直接比較可能であれば、距離計算は本当に単純になります。しかし、インスタンスに複雑で異質な（heterogeneous）属性が含まれている場合は、話はより複雑になります。同じ業務分野で、もう少し属性が多い事例を検討してみましょう。

属性	Aさん	Bさん
性別	男性	女性
年齢	23	40
現住所在住期間	2	10
住居タイプ（1＝持ち家、2＝賃貸、3＝その他）	2	1
収入	50,000	90,000

複雑化を引き起こす要因が何点か現れました。まず、ユークリッド距離の式は数値式であり、性別はカテゴリカルな（離散的であり、記号で表現される）属性であることです。これは数値に変換する必要があります。2値であれば、「男性=0 女性=1」のような単純な変換で十分でしょう。しかし複数の値を持つカテゴリカルな属性の場合、これでは不十分です。

数値ではあるけれども、全く異なるスケールと値域を持つ属性があることも重要なポイントです。年齢が18から100の範囲となる一方で収入は10ドルから10,000,000ドルの範囲になります。スケーリングを行わない場合、収入で10ドルの差が出ることと年齢で10の差が出ることはユークリッド距離では同じ結果になり、これは良くありません。このため、最近傍ベースのシステムは数値のスケーリング機能を備えています。このような機能は値の範囲を計測し、それに応じて値をスケールしたり、有限数の区分内に収まるようにします。応用する内容に対して意味のある類似度計算／距離計算となるように注意を払う必要があることは、一般的な原則として覚えておきましょう。

6.3.2 ＊ その他の距離関数

議論を簡単に進めるためにこれまではユークリッド距離のみを指標として使ってきました。ここで、距離関数について詳しく説明しつつ、他の距離関数についても詳細に見てみましょう。

なお、実は、これまで行ってきた類似度の指標はすべての類似度の指標の中のごく一部です。これまで扱ってきた類似度は特に有名なものですが、データサイエンティストとビジネスアナリストにとって重要なのは、対象のビジネス問題に対して適切な類似度の指標を使用することです。なお、この節を飛ばしても後の節を読むことには影響しません。

前述の通り、ユークリッド距離はデータサイエンスにおいておそらく最も広く使われている距離指標です。ユークリッド距離は一般的かつ直感的で計算が非常に高速です。個々の次元における距離を2乗したものを使用するため、L2ノルム（L2 norm）と呼ばれることもあり、$\| \ \|_2$ と表現されることがあります。**式6-2**はそれを示しています。

式6-2 ユークリッド距離（L2ノルム）

$$d_{\text{ユークリッド距離}}(X, Y) = \|X-Y\|_2 = \sqrt{(x_1-y_1)^2 + (x_2-y_2)^2 + \cdots}$$

ユークリッド距離は広く使われていますが、他にも多くの距離計算を行う方法があります。ミシェル・マリ・デザとエレナ・デザの『*Dictionary of Distances*』（タイトル意訳 距離の辞典）[Deza & Deza 2006]には距離計算式が数百程度リスト化されており、そのうちの10数個くらいがデータマイニングに使用されています。これほど多くのものが存在する理由は、最近傍法では距離関数が非常に重要な要素であるためです。基本的に距離関数を使うと、2つの事象（潜在的に複雑である可能性もあります）の比較を1つの数値に集約することができます。個々の属性の性質の違いがどのように関連しているかは、データの種別と適用領域の性質に強く依存します。

マンハッタン距離（Manhattan distance）、あるいは **L1-ノルム**（L1-norm）は（非2乗）対距離の和であり、**式6-3**のように示されます。

式6-3 マンハッタン距離（L1-ノルム）

$$d_{\text{マンハッタン距離}}(X, Y) = \|X-Y\|_1 = |x_1-y_1| + |x_2-y_2| + \cdots$$

この距離は単純に2点 X, Y に対する次元ごとの距離の和になります。これはマンハッタン距離（またはタクシー距離）と呼ばれています。そのように呼ばれる理由は、マンハッタンのミッドタウンのようなマス目上に整理されている区域を旅行する時に、2つの点の間の総距離（東西移動距離に南北移動距離を加えたもの）に相当するためです。

先ほど紹介したウィスキー分析の研究では、別の一般的な距離指標を使用しています[†]。具体的には**ジャッカード距離**（Jaccard distance）が使用されています。ジャッカード距離は2つのオブジェクトを特徴の集合として取り扱います。オブジェクトを集合として考えることで、2つのオブジェクトのいずれかに存在する特徴の集合を表す和集合 $|X \cup Y|$ と、2つのオブジェクト両方に存在する特徴の集合を表す積集合 $|X \cap Y|$ について考えることができま

[†] [Lapointe and Legendre 1994]の文献の3章（ピュアモルトスコッチウィスキーのクラス分類）を参照してほしい。この問題の解決をどのようにエンジニアリングしたかの詳細な議論が記述されている。このリンク（http://www.dcs.ed.ac.uk/home/jhb/whisky/lapointe/text.html）から確認できる。

す。ジャッカード距離は、2つのオブジェクトX,Yが与えられた場合に、その和集合と積集合の比を表します。ジャッカード距離は2つのアイテムが共通する特徴を持っている問題に対しては適していますが、共通する特徴を**持たない**場合には適しません。例えば、類似するウィスキーを探す場合に、2つのウィスキーが両方とも泥炭さという特徴を含んでいる場合にはジャッカード距離は意味がありますが、両方のウィスキーが**塩味**という特徴を含まない場合は意味がありません。**式6-4**は集合表記を用いてジャッカード距離指標を示しています。

式6-4　ジャッカード距離

$$d_{ジャッカード距離}(X, Y) = 1 - \frac{|X \cap Y|}{|X \cup Y|}$$

コサイン距離（cosine distance）はテキスト分類において2つの文章の類似度を測定するために使用されることが多いです。これを示したのが**式6-5**です。

式6-5　コサイン距離

$$d_{コサイン距離}(\mathbf{X}, \mathbf{Y}) = 1 - \frac{\mathbf{X} \cdot \mathbf{Y}}{\|\mathbf{X}\|_2 \cdot \|\mathbf{Y}\|_2}$$

ここで、$\|\ \|_2$はそれぞれの特徴ベクトル（原点に対する単純なベクトル）に対するL2ノルム、すなわちユークリッド距離を表しています。

> 情報検索の分野の論文においては、一般的に**コサイン類似度**（cosine similarity）が話題になります。これは、**式6-5**の分数の部分のようになります。あるいは、1-コサイン距離でも求められます。

テキスト分類ではそれぞれの単語やトークンは1つの次元に相当し、それぞれのドキュメントはベクトル1つに相当します。そして、ベクトルにおける各次元の要素はドキュメントにおける単語の発生回数を表します。例えば、ドキュメントAに「運用実績」という単語が7回、「変遷」という単語が3回、「金融」という単語が2回登場するとします。ドキュメントBには「運用実績」という単語が2回、「変遷」という単語が3回、「金融」という単語は登場しないとします。2つのドキュメントは3つの単語の登場回数を要素とする、A = <7,3,2>、B = <2,3,0>というベクトルで表現されます。2つのドキュメントに対するコサイン距離は次のようになります。

6.3 類似度と近傍に関連する重要な技法の詳細について | 173

$$d_{\text{コサイン距離}}(A, B) = 1 - \frac{\langle 7, 3, 2 \rangle \cdot \langle 2, 3, 0 \rangle}{\|\langle 7, 3, 2 \rangle\|_2 \cdot \|\langle 2, 3, 0 \rangle\|_2}$$

$$= 1 - \frac{7 \cdot 2 + 3 \cdot 3 + 2 \cdot 0}{\sqrt{49 + 9 + 4} \cdot \sqrt{4 + 9}}$$

$$= 1 - \frac{23}{28.4} \approx 0.19$$

コサイン距離はインスタンス間のスケール差異を無視したい場合(技術的に言うとベクトルの大きさを無視したい場合)に特に有効です。具体的には、比較対象のドキュメントの長さを無視して、テキストの内容に集中してテキスト分類を行うようなケースです。先ほどの2つのドキュメントに加えて3つ目のドキュメントCがあると仮定し、「運用実績」という単語が70回、「変遷」という単語が30回、「金融」という単語が20回登場するとします。このベクトルCはC = <70, 30, 20>になります。計算の結果AとCのコサイン距離は0になることがわかるでしょう。なぜならCはAを単純に10倍したものだからです。

距離指標を紹介する最後の事例として、全く異なる方法でもう一度テキストについて考えてみましょう。2つの文字列の間の距離を測定したいケースについて考えます。例えば、ビジネスでの応用例であれば、2つの文字列データが同じ人物であるかどうかを判定することができれば嬉しいでしょう。もちろん、スペルミスも考えられます。ここでは、2つのテキストフィールドがどの程度似ているかについて説明できるようになりたいと考えることにします。次の2つの文字列がある場合を考えます。

1. 1113 Bleaker St.

2. 113 Bleecker St.

これらがどの程度似ているかを判定します。ここでは別の種類の距離関数である**編集距離**(edit distance)、または**レーベンシュタイン距離**(Levenshtein metric)と呼ばれるものが有効です。この指標は、1つの文字列を別の文字列に変換する際に必要となる最小編集操作回数をカウントします。ここで、編集操作とは文字の挿入、削除、置換のことです(他の操作を選択する場合もあります)。2つの文字列があった場合に、1つ目の文字列に一連の編集操作を加えることで2つ目の文字列に変換できます。

1. 「1」を削除する

2. 「c」を挿入する

3. 「a」を「e」に置換する

したがって、これら2つの文字列の編集距離は3になります。同じような編集距離の計算を他のフィールド、具体的には名前（ミドルネームのイニシャルの欠落などの取り扱いなど）などに対して行い、その上でさまざまな編集距離の類似度を統合して高度な類似度を計算することもできます。

> 編集距離は生物学の分野で広く使われており、2つの対立遺伝子文字列の遺伝子的距離を測定することに応用されています。データが文字列や配列から構成され、その並び順が重要な意味を持つ場合には、編集距離を選択することは一般的であると言えます。

6.3.3　* 結合関数：近傍を使って評価する

> 内容の網羅性のために、結合関数（インスタンスの近傍の集合から、インスタンスを予測する式）についても簡単に説明します。
> 多数決という単純な戦略から説明を始めます。この際の判定ルールは**式 6-6** のように表せます。

式 6-6　多数決投票による分類

$$c(\mathbf{x}) = \underset{c \in \text{クラス}}{\arg\max} \; \text{スコア}(c, \text{近傍}_k(\mathbf{x}))$$

ここで近傍$_k(x)$ はインスタンスxに対するk個の近傍を返し、arg max は指定した関数が最大値を取る変数の値（このケースであればc）を返します、そして評価関数（式のスコア）は**式 6-7** で示されます。

式 6-7　多数決での評価関数

$$\text{スコア}(c, N) = \sum_{y \in N} [\text{クラス}(\mathbf{y}) = c]$$

ここで［クラス(**y**) = c］という式はクラス(**y**) = cとなる時に1になり、それ以外は0となる関数です。

「6.2.3　近傍の数とその影響はどれくらいか」で説明した、類似抑制投票（similarity moderated voting）は**式 6-6** に対して、**式 6-8** で示すような重みを組み込むことで表現できます。

6.3 類似度と近傍に関連する重要な技法の詳細について | 175

式 6-8　類似抑制を行った場合の分類

$$\text{スコア}(c, N) = \sum_{y \in N} w(\mathbf{x}, \mathbf{y}) \times [\text{クラス}(\mathbf{y}) = c]$$

ここでの w は $\mathbf{x}$ と $\mathbf{y}$ の間の類似度に基づいた重み付け関数です。一般的に距離の2乗の逆数が使われます。

$$w(\mathbf{x}, \mathbf{y}) = \frac{1}{\text{距離}(\mathbf{x}, \mathbf{y})^2}$$

ここでの距離は、その業務分野で使われる任意の距離関数になります。

式 6-6 と式 6-8 を変形して、尤度算出に利用可能な評価を計算するのは、簡単なことです。式 6-8 では既に評価を算出していますので、残りのやるべきことは、式 6-9 のようにして、関係するすべての近傍の全体の評価を使って、それを0から1の間に収まるように調整することだけです。

式 6-9　類似抑制を行った場合の評価

$$p(c|\mathbf{x}) = \frac{\sum_{y \in 近傍(\mathbf{x})} w(\mathbf{x}, \mathbf{y}) \times [\text{クラス}(\mathbf{y}) = c]}{\sum_{y \in 近傍(\mathbf{x})} w(\mathbf{x}, \mathbf{y})}$$

最後に、もう1段階変更を加えれば、この式を一般化して回帰に適用できるようになります。前に説明したように、回帰問題においては、新しいインスタンス $\mathbf{x}$ のクラスを推定するのではなく、何らかの関数 $f(\mathbf{x})$ の値を推定します。この推定には、$\mathbf{x}$ の近傍のデータの f の値を用います。式 6-9 の角括弧（ブラケット）で表現されるクラスに関係する部分は、単純に数値で置き換えてしまうことができます。これは、回帰によって推定する値を、近傍の目的変数の値を重み付けして計算した平均値として推定している状態です。ただし、応用する分野にもよりますが、平均値以外の結合関数（例えば中央値など）がふさわしい場合もあります。

式 6-10　類似抑制を行った場合の回帰

$$f(\mathbf{x}) = \frac{\sum_{y \in 近傍(\mathbf{x})} w(\mathbf{x}, \mathbf{y}) \times t(\mathbf{y})}{\sum_{y \in 近傍(\mathbf{x})} w(\mathbf{x}, \mathbf{y})}$$

ここで $t(\mathbf{y})$ は $\mathbf{y}$ に対するターゲット変数を表します。

そのため、特徴の集合が与えられた前提である見込み客の期待される消費を推定する場合、式6-10でこれに関する総量を、近傍の履歴消費量の距離重み付け平均値として算出することができます。

6.4 クラスタリング

この章の初めの部分で説明したように、類似度と距離の概念はデータサイエンスを広い範囲で支えています。この理解を深めるために、全く異なるタスクについて見てみましょう。最初に深い考察を行ったデータサイエンスの適用事例である教師ありセグメンテーションについて思い出してください。教師ありセグメンテーションは、調査対象の目的変数の特徴に着目して、目的変数の値が異なるオブジェクトのグループを見つけ出すものでした。例えば、契約が切れるときにサービス会社を切り替えるような顧客の傾向に着目して、その傾向が異なる顧客のグループを見つけ出します。ところで、教師ありセグメンテーションを語る上で、なぜ常に「教師あり」という修飾語を使用するのでしょうか。

他の応用例の場合には、対象オブジェクトのグループ（例えば顧客のグループ）を見つけ出したいものの、事前に目的変数の特徴がわからない場合もあるでしょう。しかし、実際には顧客が異なるグループに分かれているとしたらどうでしょうか。もしこのグループがわかれば、さまざまなことに役立ちます。これがわかるなら少し立ち止まって、マーケティングの取り組みをより広い視野で考え直したくなるでしょう。また、顧客が誰なのかがわかっているとしたらどうでしょう。この顧客グループを理解すれば、より良い製品や、キャンペーン、販売手法や顧客サービスなどを開発できるのではないでしょうか。こういった元々データに存在するグループを見つけ出す考え方は、教師なしセグメンテーション、あるいは、単純に**クラスタリング**（clustering）と呼ばれます。

クラスタリングは、類似度の基本的な考え方を応用したものです。その基礎となる考えは、オブジェクトのグループ（顧客、ビジネス、ウィスキー、など）を発見するということです。このグループにおいては、グループ内でのオブジェクトは互いに類似し、別のグループのオブジェクトとは類似していない状態になります。

> 教師ありモデリングでは、目的変数にの値がわかっているデータをもとにして（トレーニングデータにして）、パターンを発見し新しい目的変数の値の予測を行います。一方、教師なしモデリングは目的変数には着目しません。代わりに別の種類の規則性をデータから発見しようとします。

6.4.1　例：再びウィスキーの分析

　詳細に入る前に、ウィスキー分析の問題をもう一度見てみましょう。この章では類似するシングルモルトウィスキーを発見するために類似度指標を使うことについて説明してきました。しかし、そもそもなぜ類似するウィスキーのクラスタを発見したいのでしょうか。

　ウィスキーのクラスタを発見したい理由の1つは、単純に問題をよく理解したいからです。これは探索的データ分析（Exploratory Data Analysis）の事例です。データを大量に保有するビジネスは、このような探索的データ分析に対してある程度のエネルギーとリソースを継続的に費やすべきです。なぜなら、こういった探索は有用で有益な発見につながるからです。ウィスキー分析の事例で考えてみると、興味の対象はスコッチウィスキーにあるので、味覚によって分けられるグループを理解したいと思うはずです。なぜならば自分たちの「ビジネス」を理解し、それによってより良い製品やサービスの提供に繋げたいからです。例えば、裕福な人が大勢住む地域の中で小さなお店を経営していると考えてみましょう。そしてビジネス戦略の一環として、シングルモルトスコッチウィスキーのために足を運ぶ場所としての評判を得たいと考えます。店舗のスペースと商品に投資する余裕が限られているので、膨大なウィスキーセレクションを保有することは不可能です。しかしながら、広くて多様なコレクションを保有する戦略を選びたいところです。もしシングルモルトウィスキーを味覚によってグルーピングする方法を理解していれば、例えば、それぞれの味覚のグループから有名なものと逆にあまり知られてないものを選択する戦略を取れます。あるいは高価なものと手頃な値段のものを選択する戦略も取れるでしょう。いずれの戦略も根本には、味覚でウィスキーをグルーピングすることについての良い理解があります。

　それでは、より一般的なクラスタリングについて話して行くことにしましょう。ここから先では、主要な2つのクラスタリングについて紹介し、実際の場面における類似度の考え方について説明します。その説明の中で、実際に、ウィスキーのクラスタの分析をしてみます。

6.4.2　階層的クラスタリング

　簡単な例から始めましょう。図6-6の上部には6つの点A-Fがあり、平面（2次元のインスタンス空間）に配置されています。ユークリッド距離を使うと、平面内において近接する点は、より類似している点として描画されます。複数の点を覆うように1～5でラベル付けされた円は、**クラスタ**を示しています。この図は「階層的」クラスタリングの重要な特徴を表しています。類似度によってグルーピングを行っているのので、これは**クラスタリング**の一種です。この場合、クラスタが重なることがあるとすれば、それは、あるクラスタが別のクラスタ内に含まれるときだけになります。構造上、円は実際にはクラスタの階層を表現しています。最も総合的な（階層の高い）クラスタリングをした場合、すべてを含んだ唯一のクラスタだけになります。図で言うところのクラスタ5です。最も階層の低いクラスタリ

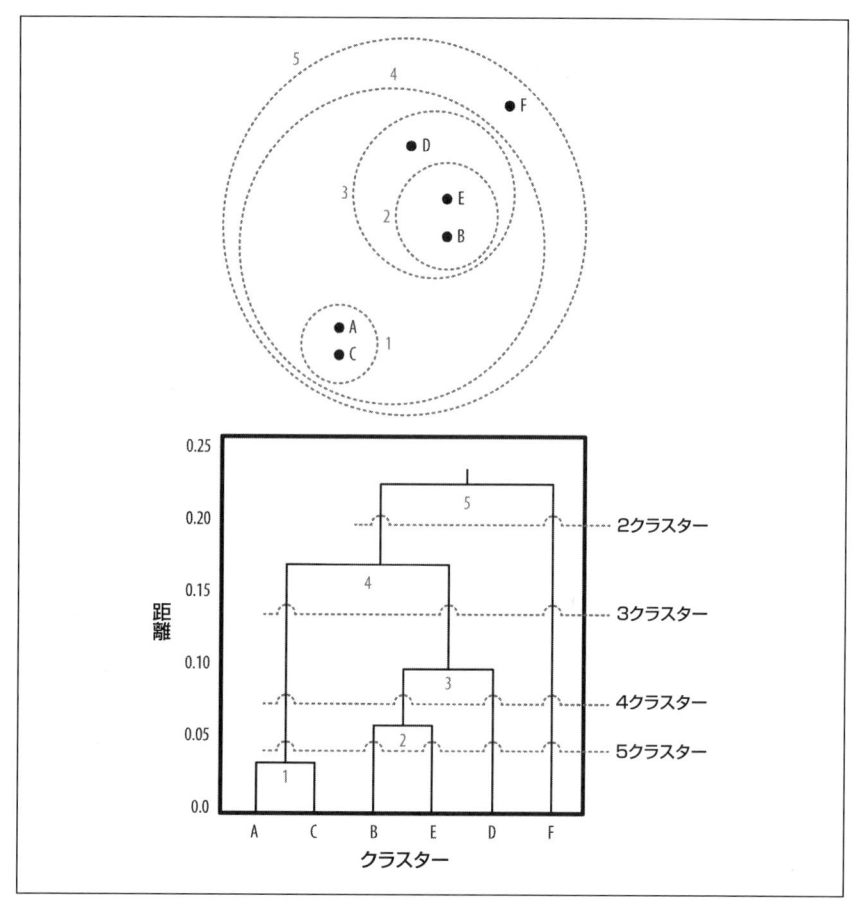

図6-6 6つの点と、それらの点のクラスタリングの方法。上部には点A-Fと、円1-5が描かれており、この円は、それぞれ異なる距離に基づいてグルーピングを行った結果に相当する。これらのグループは暗黙的な階層を表現している。下の図はグルーピングを示すデンドログラム（樹形図）であり、その階層構造を明示的に表現している。

ングをした場合は、すべての円を取り除いた場合と同じで、各点がそれぞれ6つの（末端）クラスタになります。番号の降順で円を取り除いていくと、クラスタリング結果が変わっていき、次第にクラスタ数が増えていきます。

　図の下部のグラフは**デンドログラム**（dendrogram、樹形図）と呼ばれるもので、クラスタの階層構造を明示的に表現します。x軸上には各データポイントが配置（配置順には線が

交わらないようにする以外の意図はありません）されています。y軸はクラスタ間の距離を表しています（これについては後で詳しく説明します）。最下部の $y = 0$ の状態では各点はそれぞれの独立したクラスタです。y が増えるにつれて、別々にグルーピングされたクラスタが距離に基づいて収束していきます。最初にAとCが一緒にクラスタリングされ、次にBとEも統合され、そしてBEとDが一緒になり、一番上に行くまでにすべてのクラスタが一緒になります。この樹形図における結合ポイントの番号は円の番号に対応しています。

図6-6には上部と下部に1つずつ図が含まれていますが、そのどちらも、同じことを示しています。それは、階層的クラスタリングでは、「ただ1つのクラスタリング結果」（あるいは「ただ1つのインスタンスグループの集合」）だけを作成するわけではない、ということです。階層的クラスタリングは、それぞれの点を何らかの方法でグルーピングし、複数のクラスタリング結果を得るための手法です。このことをより明確にするために、図中のデンドログラムに対して水平に線を引き、線より上の部分については無視することを考えてみましょう。図が示すように、水平に引いた線が下に移動するにつれて、クラスタ数が増えていき、異なるクラスタリング結果を得ることができます。「2クラスタ」とラベル付けされた線でデンドログラムを切り取ると、線より下には2つの異なるグループが存在することがわかります。ここでは単一点Fと他すべての点を含むグループに分かれます。**図6-6**上部の図を確認すると、確かにFは他の点から離れていることがわかります。2クラスタでデンドログラムを切り取ることは、円5を取り除くことに相当します。「3クラスタ」とラベル付けされた水平線まで下がりデンドログラムを切り取ってみたとしたら、(AC, BED, F) という3つのグループが残ることがわかるでしょう。これは円5と円4を削除した結果と対応しており、**図6-6**上部の図においても、同様に3つのクラスタを確認できます。直感的に、このクラスタリング結果は意味をなすように思えます。Fはそれ自身単独で存在していますし、AとCは密接なグループを形成しています。またB、E、Dも密接なグループを形成しています。

階層的クラスタリングには次のような利点があります。階層的クラスタリングを用いることで、データアナリストは、どのデータ同士が似ているのかということを、分析に利用するクラスタ数を決定する前に確認することができます。水平に引いた点線が示すように、図は任意の点で切り抜くことが可能であり、点線の位置によって求めたい任意のクラスタ数を得ることができます。ある階層で2つのクラスタが結合されると、それより上位の階層では常に結合した状態となる、という特徴もあります。

階層的クラスタリングでは、一般的に、それぞれのノード自体を1つのクラスタとみなすことから確認が始まります。そしてクラスタ同士の統合を繰り返し行い、最終的に1つのクラスタに統合されるまでその作業を続けます。クラスタの統合は、特定の類似度や距離関数の結果に基づいて行います。ここまでの説明では、主にインスタンス間の距離について議論

をしてきました。しかし、階層的クラスタリングでは、クラスタ間の距離を計算する距離関数が必要であり、個々のインスタンスを最小単位のクラスタとして考えます。このような関数は、**連結**（linkage）関数と呼ばれることもあります。例えば連結関数は、「各クラスタ内の最も近い点同士のユークリッド距離」のように、任意の2つのクラスタ数に対して適用できる必要があります。

> **注意：デンドログラム（樹形図）**
>
> デンドログラムからわかることは、通常2つあります。まず、デンドログラムのy軸がクラスタ間の距離を表しているので、その距離を見ることにより、どこで区切れば自然なクラスタになるのか、ということがわかります。図6-6のデンドログラムでは、クラスタ3（距離：約0.10）とクラスタ4（距離：約0.17）は比較的遠い距離に位置していることに注目してください。このことは、クラスタ数が3つとなるようにデータを区切ることは良い分割である、ということを示しています。同様に、デンドログラム内の点Fにも注目してください。ある単一の点がデンドログラムの高い位置で統合される場合、デンドログラムはその1つの点が他の点とは異なっているということを示唆しています。そのような点は「外れ値」と呼ばれ、調査の対象となるでしょう。

階層的クラスタリングの最も有名な事例の1つに「生命の樹」（Tree of Life [Sugden et al. 2003] [Pennisi 2003]）が挙げられます。生命の樹は、地球上のすべての生態系を階層構造で系統学的に表現した図表です。この図表はRNA配列の階層的クラスタリングに基づいています。「Interactive Tree of Life」（http://itol.embl.de/index.shtml）の一部を、図6-7 [Letunic & Bork 2006] に掲載しています。図6-7に示されているように、大きな階層ツリーは、領域を節約するため円形として表示されることがあります。図6-7は、完全に配列決定されたゲノムの全体的な系統（分類）を示しており、2006年にフランチェスカ・シサレリとその同僚らによって、機械的に再構築されたものです [Francesca Ciccarelli and colleagues 2006]。中心に位置しているのは、地球上における全生命の「共通祖先」であり、そこから3つの領域（真核生物、バクテリア、古細菌）に枝分かれしています。図6-8はこのツリーを拡大表示して一部を切り出したもので、この図には腫瘍を発生させる原因の一種であるヘリコバクターピロリ菌の情報が含まれます。

この章の最初で扱った例に戻りましょう。図6-9は、50種類のシングルモルトスコッチウィスキーを、デンドログラムとして表したものの一部です。クラスタの分類には、ラポワントとルジャンドルが提案した手法 [Lapointe and Legendre 1994] を用いています。このデンドログラムを切り取ることで、任意の数のクラスタを得ることができます。

図6-9は階層の一部で、フォスターの新しいお気に入りとなったブナハーブンについて注目しています。以前、「6.2.1 例：ウィスキーを分析する」では、ブナハーブンに類似した

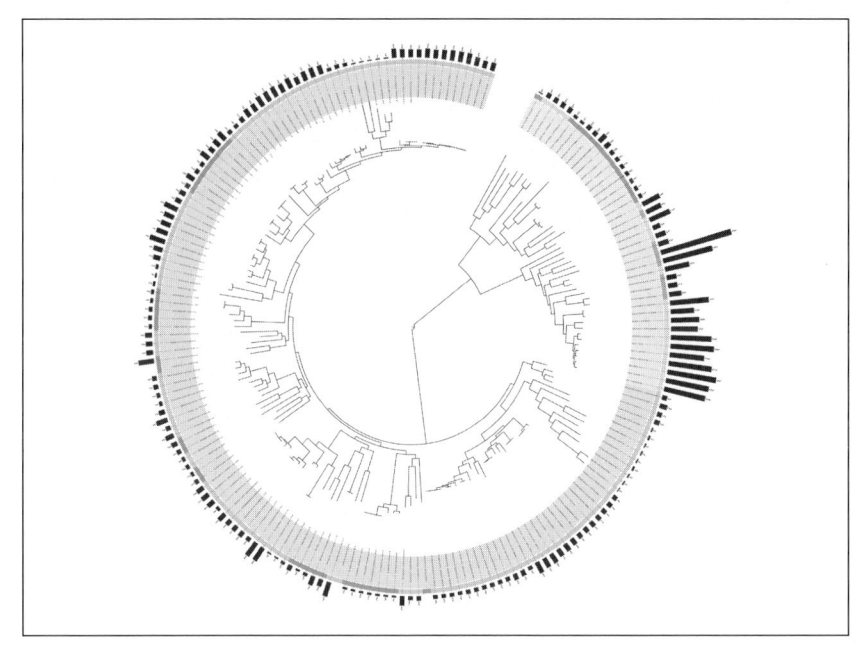

図 6-7 系統発生学的な生命の樹。種に関する巨大な階層的クラスタリングであり、円形に表示されている。

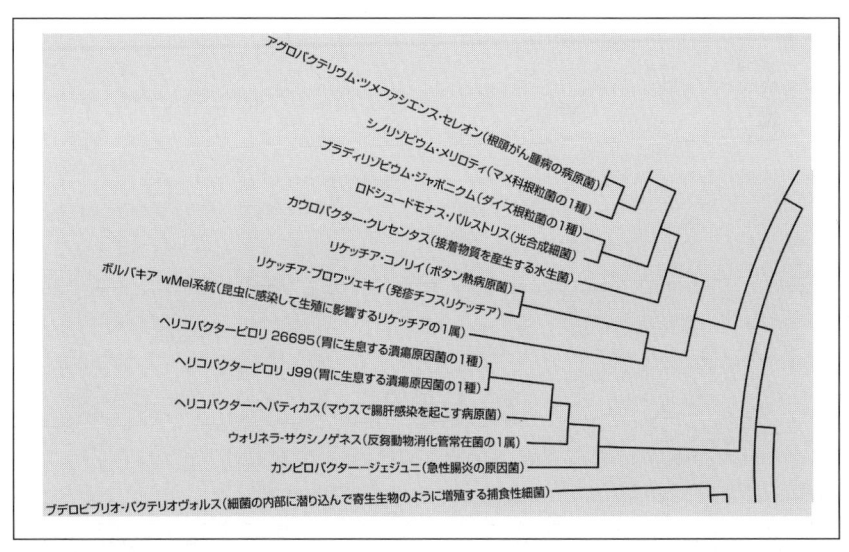

図 6-8 生命の樹の一部

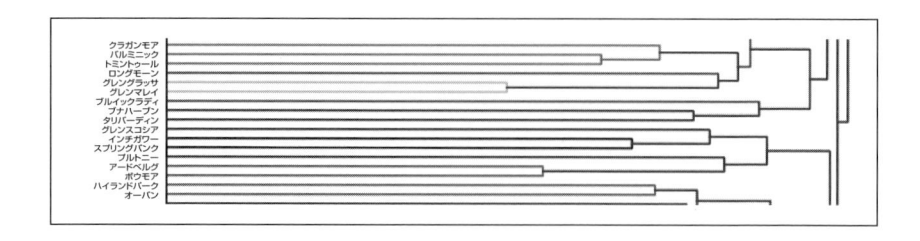

```
クラガンモア
バルブミニック
トミントゥール
ロングモーン
グレングラッサ
グレンマレイ
ブルイックラディ
ブナハーブン
タリバーディン
グレンスコシア
インチガワー
スプリングバンク
プルトニー
アードベッグ
ボウモア
ハイランドパーク
オーバン
```

ウィスキーについて取り扱いました。**図 6-9** で抜粋したデンドログラムを見ると、「例：ウィスキーを分析する」の節で最も類似していると説明したウィスキー（タリバーディン、グレングラッサ等）のほとんどは、やはり階層的に近い位置にクラスタができていることがわかります。もしかしたら、どうしてクラスタが**正確**に類似度のランキングと一致しないのか、と疑問に思う人がいるかもしれません。それは、「6.2.1 例：ウィスキーを分析する」の節でブナハーブンに最も類似しているとした 5 つのウィスキーのうちいくつかは、ブナハーブンよりもデータセット内の他のウィスキーの方と類似の関係にあるためです。そのため、それらのウィスキーは、ブナハーブンのクラスタと統合される前に、すでに他のウィスキーと統合されているのです。面白いことに、ウィスキー分類の観点から見てみると、味覚をもとにクラスタリングされたシングルモルトのグループは、スコッチウィスキーの分類でよく利用される、スコットランドの地域分類とあまり似ていないことがわかります。しかし、これらの間には相関関係がある、とラポワントとルジャンドルは指摘しています［Lapointe and Legendre 1994］。

従って、ウィスキーの在庫を考える際には、単純に最もよく知られているスコッチやハイランド、ローランド、アイラといったブランド品を持つ代わりに、専門店の経営者として、異なるクラスタからシングルモルトを選んで店頭に並べることもできる、ということがわかります。他にも、シングルモルトの愛好家向けに、ウィスキー選びのガイドを作成することもできるでしょう†。また、例えばある夜に友人に勧められてブナハーブンが好きになったフォスターに、クラスタリングの結果を利用して他の「最も類似した」ウィスキー（ブルイックラディ、タリバーディン、等）を紹介することも可能です。なお、このデータの中で最も独特な味覚を持つシングルモルトはオルトモーアです。オルトモーアは、**図 6-9** には表れていませんが、デンドログラムの最上部に位置しており、他のウィスキーとの統合は最後に行われることになります。

---

† このようなガイドは既に存在している。デイビッド・ウィシャーツの 2006 年の著書、『*Whisky Classified: Choosing Single Malts by Flavour Pavilion*』が該当する。

6.4.3 最近傍を再び：セントロイドを取り囲むクラスタリング

　階層的クラスタリングでは、個々のインスタンス間の類似度と、それらの類似度がどのようにインスタンス同士を結び付けるかに注目していました。一方で、データのクラスタリングについて考える際、これとは異なる手法も存在します。それは、クラスタそのもの、つまりはインスタンスの集合そのものに注目する、という手法です。代表的な手法として、それぞれのクラスタを「クラスタの中心点」あるいは**セントロイド**（centroid、重心）として表現する手法があります。図6-10では2次元平面上にセントロイドを表現しています。平面には3つのクラスタが存在し、個々のインスタンスは丸で表現されています。またクラスタはそれぞれセントロイドを持ち、実線の星印として表現されています。星印はクラスタに含まれるインスタンスのどれかである必要はなく、クラスタを構成するインスタンスグループの、幾何学的な中心点となっています。このような考え方は、インスタンスが数えられる空間で、かつインスタンス間の距離が計測できる場合は、3次元や4次元といった任意の次元にも適用することが可能です（当然ですが、高次元になるとうまく視覚化することができません）。

　セントロイドを用いるクラスタリングのうち、最も有名なアルゴリズムに、**k平均法**[MacQueen 1967][Lloyd 1982][MacKay 2003]と呼ばれるものがあります。k平均法の主な考え方は議論をする価値があり、データサイエンスの分野で頻繁に取り上げられます。k平均法の「平均」とは重心、つまりセントロイドのことであり、クラスタに属するインスタンスの、各次元における位置の平均（算術平均）として表現されます。例えば2次元であれば、x軸、y軸といったインスタンスごとの座標の算術平均がセントロイドとなります。図6-10の場合、各クラスタのセントロイドを計算するために、クラスタ内のすべての点のx値の平均をセントロイドのx値とし、すべてのy値の平均をセントロイドのy値とします。一般的に、セントロイドはクラスタを構成するそれぞれのインスタンスの、特徴ごとの平均値となります。図6-11に、図6-10の状態に対してk平均法を適用させていった結果を示します。

　k平均法のkは、単純にデータから見つけ出したいクラスタの数を示しています。階層的クラスタリングとは異なり、k平均法は、開始時点から求めたいクラスタ数kを前提としてクラスタリングを進めます。図6-10の場合では、アナリストが、$k = 3$であると規定したものです。k平均法では、クラスタリングが行われた時点（3つの星印が図6-11の状態となる時）で、利用者に対して 1. 3つのクラスタのセントロイドを返します。加えて、2. それぞれの点がどのクラスタに属するのか、という情報も返します。この手法は、時に最近傍クラスタリングと呼ばれます。それは、2. の結果は、それぞれのクラスタは、（他のクラスタのセントロイドよりも）そのクラスタのセントロイドに最も近い点の集合を含んでいる、ということを単純に意味しているためです。

クラスタを見つけるための手法として、k平均法は簡潔で洗練されているため、ここで紹介するのにふさわしい手法です。それはここまで**図6-10**と**図6-11**において説明してきた通りです。このアルゴリズムでは、開始時点でk個のクラスタ中心点を生成します。中心点

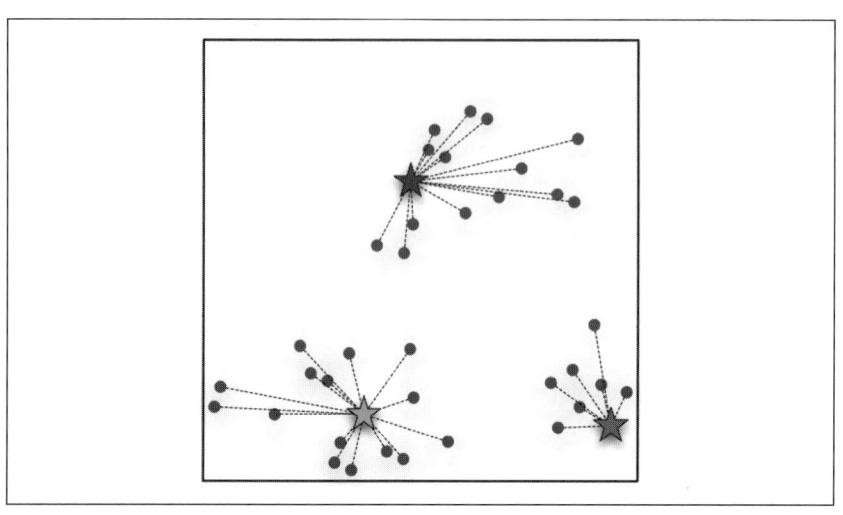

図6-10 k平均法の第1ステップ：初期に選出されたいくつかの中心点（ほぼ、無作為に選出される）の中から、最も近い点を見つける。これにより、最初のクラスタが決定されることになる。

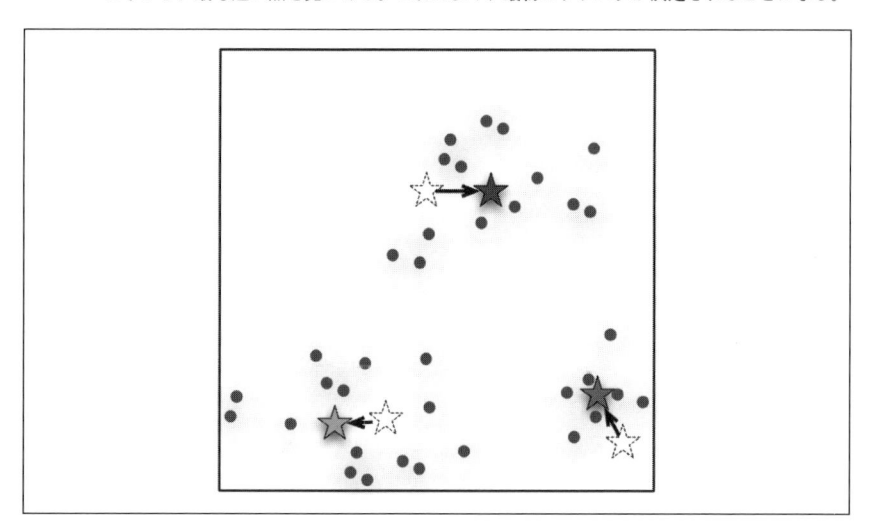

図6-11 k平均法の第2ステップ：第1ステップで見つけたクラスタの、実際の中心点を見つける。

は通常、ランダムに生成することが多いのですが、クラスタに含まれる実際のインスタンスを選ぶこともあります。あるいは、アルゴリズムの利用者によって特定の場所を指定することや、データの前処理を通じてより良い場所を選ぶ［Arthur & Vassilvitskii 2007］こともあります。図 6-10 の星印を、クラスタ中心点の初期値（$k = 3$）として考えてみましょう。そこから、アルゴリズムはここまで説明してきた通りに動作していきます。k 平均法では、図 6-10 に示したように、まず、クラスタを構成するそれぞれの点から最も近い中心点を決めることで、その中心点に対応するクラスタが形成されます。

次に、クラスタに含まれる各点の実際のセントロイドを見つけることによって、それぞれのクラスタ中心点の位置が再計算されていきます。図 6-11 で示したように、再計算によって一般的にクラスタ中心点は移動します。図 6-11 の移動後の新しい星印は、それぞれのクラスタの中心に、直感的により近いと思える位置に移動しています。そして、その直感は実際に正しいです。k 平均法では、この手順を単純に繰り返し行っていきます。つまり、クラスタ中心点が移動するたびに、図 6-10 で示したようなそれぞれのクラスタに、どの点が属するのか、ということを再計算していきます。すべての点の対応するクラスタが決まれば、クラスタ中心点もまた移動する必要があるでしょう。k 平均法は、クラスタに変化がなくなるまで（あるいは、他に繰り返しを止めるべき理由が見つかるまで）、この手順を繰り返し続けるのです。

図 6-12 と図 6-13 は、$k = 3$ の k 平均法を、90 個のデータに対して適用した例を示して

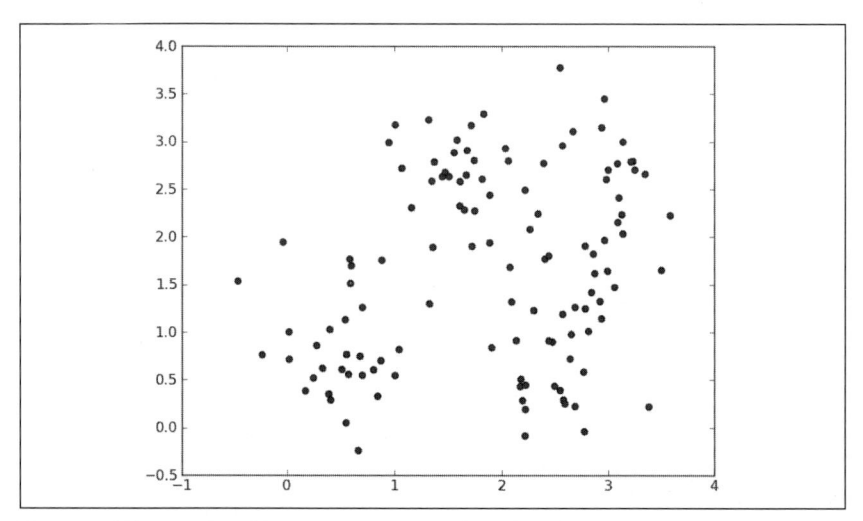

図 6-12 平面上の 90 個の点と 3 つのセントロイド（$k = 3$）を用いた k 平均法の例。この図は k 平均法適用前の初期状態を表している。

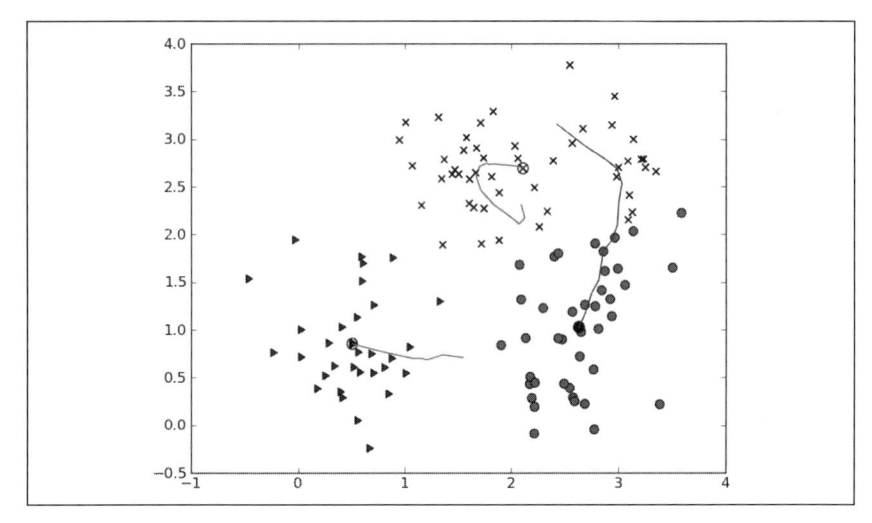

図 6-13 平面上の 90 個の点と 3 つのセントロイド（$k = 3$）を用いた k 平均法の例。この図は k 平均法を 16 回反復実行した際の、それぞれのセントロイドの動き（図上の 3 つの線）を表している。それぞれの点の形状は、最終的にどのクラスタに分類されたのか、ということを表現している。

います。このデータセットは先ほどの例よりも多少現実的で、最初にわかりやすく定義されたクラスタは存在していません。図 6-12 は、クラスタリングを行う前のデータの初期状態を示しています。また図 6-13 は、k 平均法を 16 回反復した後の最終的な結果を示しています。不規則に引かれた 3 つの線は、それぞれのセントロイドがランダムに決められた初期位置から最終的な位置まで移動した、その軌跡を示しています。3 つのクラスタのそれぞれの点は、別々の記号（丸、×、三角）で表されています。

k 平均法は、1 回の実行で良い結果が得られるとは限りません。k 平均法を 1 回のみ実行した結果は、局所的には最適な結果（局所的には最適なクラスタリング）を得ることができますが、その結果は初期のセントロイドの位置に依存しています。そのため、k 平均法は通常、初期のセントロイドの位置を変えながら、何度も実行します。結果は、k 平均法の実行結果として得られたクラスタを調べることで比較することができます（この後すぐ、詳細を説明します）。あるいは、クラスタの**歪み**のような尺度を用いることでも比較可能です。クラスタの**歪み**とは、クラスタ内の各インスタンスと対応するセントロイドの距離の平方和であり、値が低いほど良いクラスタリングと見なすことができます。

実行時間についても、k 平均法は効率的です。たとえ複数回実行したとしても、一般的に比較的高速となります。それは、それぞれの繰り返しの中で、各インスタンスとクラスタ中

心点の距離を計算するだけで済むからです。一方、階層的クラスタリングは一般に低速です。それは、それぞれの繰り返しの中で、その時点で残っているすべてのクラスタ同士の距離が必要となるためです。特に、開始時点ではまだインスタンス同士が統合されていないため、すべてのインスタンス同士の距離が必要となり、時間がかかります。

k 平均法のようなセントロイドを用いたアルゴリズムが一般的に着目するのは、k に良い値を設定するには、どのようにすればよいか、ということです。1つの答えとして、異なる複数の k の値で実験してみて、どの値が最も良い結果を生成するのか、ということを単純に検証するやり方があります。k 平均法は探索的データマイニング[†]で利用されることがよくあるため、アナリストはどちらにせよクラスタリング結果を検証する必要があります。なぜなら、探索的データマイニングでは、結果として得られたクラスタが意味をなすのかどうかを、アナリスト自身が判断する必要があるためです。通常、この過程で適切なクラスタ数も明らかになります。クラスタが小さすぎたり、あまりに限定的なクラスタが多い場合には、k の値を減らすこともありますし、反対にクラスタが大きすぎたり、まとまりがない場合には、k の値を増やすことを検討する必要があるでしょう。

より客観的な評価のため、アナリストは k の値を増やしながら実験を行い、実験の結果得られたクラスタリング結果の、品質に関するさまざまな指標（**インデックス**と呼ばれることもあります）をグラフ化することができます。k を増やしていくにつれ、品質指標は最終的に安定状態になる、あるいは変化がなくなります。つまり、指標の値が最小化されてグラフ下部に張り付くか、最大化されてグラフ上部に張り付くかのどちらかになります。一概には言えませんが、一般に品質指標が安定し始めた、最小の k を選択することは良い判断であると言えます。ウィキペディア（英語版）の記事「Determining the number of clusters in a data set」[‡]（https://en.wikipedia.org/w/index.php?title=Determining_the_number_of_clusters_in_a_data_set&oldid=526596002）では、対象のクラスタを評価するためのさまざまな評価指標が紹介されています。

6.4.4　例：ビジネスニュース記事をクラスタリングする

セントロイドを用いるクラスタリングの具体例として、ニュースアグリゲーター[§]から提供されるビジネスニュース記事を、似たような性質を持つグループに分類していくタスクについて考えてみましょう。この例の目的は、特定の企業に関して報じているニュース記事を、（非公式ではありますが）記事の内容に応じて異なるグループに分類できるよう、識別

[†] 訳注：目的変数がなく、得られた結果からパターンや類似度などを見つけ出すデータマイニング手法のこと。
[‡] 訳注：執筆時点で、日本語版ウィキペディアには同内容のページは確認できなかった。
[§] 訳注：Yahoo! ニュースや Google ニュースのように、複数のニュースを集約してポータル的に表示してくれるサービスのこと。

することです。これは、次のような場面で役に立ちます。例えば、すべての記事を読むことなく、特定の企業に関するニュースを素早く理解したい場合や、ニュースの優先順位付けのために、近々配信予定のニュース記事を分類したい場合などです。あるいは、実際にデータマイニングプロジェクトに注力する前に、マイニング対象のデータを単に理解したい場面でも役に立つでしょう。例えば、株価動向に関するニュース記事をマイニングする場合などでは、特に有意義でしょう。

この例では、（テキスト形式の）大量のニュース記事の集合を取り扱います。「Thomson Reuters Text Research Collection (TRC2)」(http://trec. nist.gov/data/reuters/reuters.html) は、ロイター通信のニュース記事から構成されたコーパス（文例を集めたデータベース）で、研究者が利用できるようになっています。コーパス全体は、2008年1月から2009年2月（の14ヶ月）の間の1,800,370のニュース記事で構成されています。例として取り上げる記事ついて、現実味を残しつつ扱いやすくするために、特定の企業を言及した記事のみを抽出することにします。ここではアップルコンピュータ（株式銘柄としては「AAPL」で表現されます。ここ以降、単純に「アップル」と表記します）の記事のみを抜粋することにしましょう。

データの準備

この例では、テキストをデータとして扱いますが、ここまでは特にデータの準備について説明してきませんでした。そのため、ここでデータの準備について多少詳しく説明をすることは有意義ですので、簡単に触れておくことにします。なお、テキストマイニングについては、10章で詳細に取り上げます。

このコーパスにおいて大企業は、収益報告や合併などの話題のように、その企業が記事の話題の中心となる場合は、いつでも言及されます。しかし周辺的な話題の時にも言及されることは多く、週間サマリーや人気株の一覧、また所属する産業分野での大きなイベントの記事などにも登場します。例えば、パーソナルコンピューター産業ではHPやDellの株価の動きは、たとえどちらの企業もイベントを開催しなくても多くの記事で言及されます。そのため、この例では明確に大見出しでアップルについて言及している記事だけを抽出しました。したがって、抽出した記事は、アップルに関係のないイベントなどに言及しているのではなく、アップル自身に直接言及している記事の可能性が非常に高いことを保証できます。抽出した記事は全部で312記事まで絞られましたが、この後見ていくように、幅広いトピックをカバーしています。

この例では、クラスタリングを行う前に、HTMLとURLを削除したり、大文字と小文字を統一したりといった、Webテキストに対する一般的な前処理を行いました。そして、コーパス内で滅多に使われない（利用されているドキュメント数が2未満である）単語と、使わ

れすぎている（50% 以上のドキュメントで利用されている）単語は削除し、残った単語で次のステップのために**語彙集**を作りました。その後、それぞれのドキュメントを「TFIDF スコア」（TFIDF はドキュメント内の各単語に対するスコア）を用いて数値の特徴ベクトル形式として表現しました。TFIDF（Term Frequency times Inverse Document Frequency）スコアは、ドキュメント内の単語の出現頻度で表現され、コーパス全体における出現頻度が高い単語は、スコアが小さくなるように計算されます。TFIDF に関しては、10 章で詳細に説明します。

ニュース記事のクラスタ

ここでは、ニュース記事を 9 つのグループ（つまり、k 平均法で言えば $k = 9$ とする）ことを考えます。以下に、それぞれのクラスタについての説明を、クラスタに含まれる記事の見出しを添えて記載します。なお、ここで行ったクラスタリングでは、見出しだけでなく、ニュース記事全体を利用していることに注意してください。

クラスタ 1：このクラスタには、格付け変更と目標株価の調整に関するアナリストの発表が分類されています。

- RBC:[†]がアップル <AAPL.O> の株価を 190 ドルから 200 ドルへ押し上げた。評価は「アウトパフォーム[‡]」を継続

- 調査会社の ThinkPanmure 社はアップル <AAPL.O> を目標株価 225 ドルで「買い」格付けと予測

- アメリカンテクノロジー社は、ニュートラル社からアップル <AAPL.O> 株を購入するため、株価を押し上げている

- Caris & Company 社はアップル <AAPL.O> 株を 170 ドルから 200 ドルへ押し上げた。評価は「平均以上」に格上げ

- Caris & Company 社はアップル <AAPL.O> 株を 165 ドルから 155 ドルへ引き下げたが、評価は「平均以上」を継続

クラスタ 2：このクラスタには、取引中や取引終了後におけるアップル株の株価変動に関

[†] 訳注：Royal Bank of Canada（カナダロイヤル銀行）。モントリオールとトロントに本社を置く世界有数の金融グループの 1 つ。
[‡] 訳注：株価上昇率が、日経平均や TOPIX などのような株価指数を上回ること。

する記事が分類されています。

- アップル株は損失を削減したが、5%の下落
- アップル株は堅調な業績を背景に、5%の上昇
- アップル株はiPhone需要に対する市場の楽観的な見方を受け、上昇
- アップル株は火曜日のイベントに先立って、下落
- アップル株は急上昇し、投資家は評価額を好意的に受け止めている

クラスタ3：2008年には、アップルのカリスマ的CEOであるスティーブ・ジョブズや、彼の膵臓がんとの闘いに関する多くの記事が発表されました。ジョブズの衰えていく健康について頻繁に議論が行われ、また多くの記事において、ジョブズ抜きでアップルはうまく回るのか、といったことに関するさまざまな憶測が飛び交いました。このクラスタには、そのような記事が分類されています。

- 分析 - アップルの成功は、スティーブ・ジョブズの存在だけに依存しているわけではない
- ニュースメーカー - ジョブズはアップルの「顔」として、時に虚勢を張り、また時に強烈なカリスマ性を発揮した
- コラム - ジョブズ亡きアップルが失うもの：エリック・オーチャード
- アップル、ジョブズの健康問題に関し、訴訟の可能性
- 写真1- 医療休暇に入るアップルのCEOジョブズ
- アナリシス - 投資家はジョブズ不在のアップルに不安感

クラスタ4：このクラスタには、さまざまなアップルの発表やリリースに関する記事が分類されています。一見、これらの記事は似ているように見えますが、個々の話題はさまざまです。

- アップル、iPhoneにおける「プッシュ」型のメールソフトウェアを発表
- アップルのCFO、第2四半期の利益率を約32%であると予測

- アップル、2008 年の iPhone の販売目標に自信
- アップルの CFO、第 3 四半期の粗利を予測
- アップル、3 月 6 日に iPhone のソフトウェア計画について話すことを発表

クラスタ 5：このクラスタには、iPhone に関することと、米国以外での iPhone 販売に関する取り決めに関する記事が分類されています。

- MegaFon 社、ロシアでのアップルの iPhone を販売することを発表
- タイの TrueMove 社、iPhone 3G を販売するアップルと契約
- ロシアにて 10 月 3 日からアップルの iPhone の販売を開始
- タイの AIS 社、アップルの iPhone 発売に関してアップルと交渉
- Softbank 社、日本でアップルの iPhone を販売することを発表

クラスタ 6：このクラスタには、(証券取引所のオープニングベル前、クロージングベル後として知られている) 通常の取引時間外における株価変動に関する記事が分類されています。

- オープニングベル前 - ブローカーの活動によりアップル株が徐々に上昇
- オープニングベル前 - 取引開始時間前にアップル株が 1.6% 上昇
- オープニングベル前 - ブローカーの格下げに伴いアップル株が下落
- クロージングベル後 - アップル株が落ち込む
- クロージングベル後 - アップル株の下落幅が拡大

クラスタ 7：このクラスタに分類された記事のテーマには一貫性がありません。

- 分析 - 失われた賞賛、アップルの 2009 年は不透明
- 注目 - アップル・マックワールド
- アップル、薄型ノート PC とオンライン映画レンタルで注目を集める

- アップルのジョブズ、映画レンタルの計画発表で講演を締めくくる

クラスタ 8：iTunes やデジタル音楽史上におけるアップルの立ち位置に関する記事でこのクラスタは構成されています。

- 新規参入 - ノキアがアップルとともにデジタル音楽市場に参入
- アップルの iTunes、音楽小売店として全米第 2 位に成長
- アップル、iTunes の競合に冷ややか
- ノキア、音楽 / スマートフォン分野でアップルのソフトウェアを搭載
- アップル、定額制音楽配信についてレーベルと交渉

クラスタ 9：ロイター通信の特定の種類の記事に、ニュース・ブリーフというものがあります。ニュース・ブリーフは通常、箇条書きされたとても簡潔なテキストとして配信されます（例えば、「● 新作映画の DVD がリリースしたのと同じ日に iTunes で購入する」といった具合です）。ニュース・ブリーフのコンテンツはさまざまですが、大変似た形式のため、同一のクラスタとして分類しています。

- 要約 - アップル、Safari3.1 をリリース
- 要約 - アップル、iLife2009 を発表
- 要約 - アップル、iPhone2.0 β版を発表
- 要約 - アップル、DVD リリースと同時に iTunes で映画を提供
- 要約 - アップル、発売 1 週で iPhone 3G を 100 万台販売したと発表

ここまで見てきてわかるように、いくつかのクラスタは興味深く一貫性のあるテーマに基づいている一方で、そうでないクラスタも存在します。中には、単純に表面的に類似しているだけのテキストの集合もあります。統計の世界では昔からよく、「相関関係は因果関係ではない」、と言われています。つまり、2 つの事象が同時に発生したからといって、片方がもう一方の原因になっているとは限らない、ということです。同様にクラスタリングにおいても、「構造上の類似は、意味上の類似ではない」、という警告が存在します。これは、単純に 2 つの物事（特にテキスト文章）が共通の表面上の特徴を有するからといって、それらは

必ずしも意味的に関連するわけではない、という意味です。すべてのクラスタが有意義で興味深いということは期待できませんが、それでもなおクラスタリングは、多くの場面で未知のデータの構造を明らかにするツールとして有用です。クラスタは、新しくそして興味深いデータマイニングの機会を提供してくれるのです。

6.4.5　クラスタリングの結果を理解する

　インスタンスを定式化しそれらをクラスタに分類したら、それは何を意味するのでしょうか。いままで説明してきた通り、クラスタリングの結果は、デンドログラムか、または、クラスタ中心とそのクラスタに属するデータの集まりとして得られます。では、どのようにすれば、このクラスタリングの結果を理解できるのでしょうか。これは、とても重要なことです。なぜなら、クラスタリングは探索的データ分析によく使われますが、そのような場合に肝心なのは、何かを発見できたかどうかであり、さらに、もし発見できたのであれば、それが何であるか、だからです。

　クラスタリングやクラスタを理解する方法は、クラスタ化するデータの種類やクラスタを適用する分野によって変わりますが、幅広く使える方法も存在します。そのうちのいくつかは既にこの本の中で紹介しました。

　ウィスキーの例を考えてみましょう。ウィスキーを調査したラポワントとルジャンドルは、デンドログラムを12のクラスタに分けました。その中の2つを見てみましょう。

グループ A
　スコッチ：アバフェルディ、グレンアギー、ラフロイグ、スキャパ

グループ H
　スコッチ：ブルイックラディ、ディーンストン、フェッターケアン、グレンフィディック、グレン・モール、グレン・スペイ、グレントファース、レディーバーン、トバモリー

　クラスタを分析するためには、まずは単純にそのクラスタに属するウィスキーを見ていくことができます。これは簡単なように聞こえますが、このウィスキーの例はこの本での説明用に用意したものだということは忘れないでください。では、クラスタの分析が比較的容易になりそうな（そして、この本の良い参考になる）応用例は何かあるでしょうか。この例ではウィスキーの数が少ないので、全ウィスキーを見ていくことも可能であり、したがって良い例なのではないか、と思ったかもしれません。これは確かにそうなのですが、それは実際にはあまり重要なことではありません。もし、この例で扱うウィスキーの数が大量な数であったとしても、各クラスタからサンプルを抽出して構成を見せることもできるからです。

結果として得られたクラスタを理解する上で（少なくともシングルモルトについてある程度知っている人にとって）より重要になる要素は、クラスタの要素をウィスキーの**名前**で表すことができるということです。この場合、各データを名前で表現できるということはそれだけで意味があり、その分野の専門家が見れば結果の意味を理解することもできます。

このことから、他の分野にも応用できる指針を得ることができます。例えば、大規模な小売業者を分類する場合には、おそらくクラスタ内の顧客の名前のリストがあってもあまり意味がありません。したがって、先ほどの方法でクラスタリングの結果を理解するのはあまり役に立つ手法とは言えません。一方、IBMが顧客企業を分類する場合であれば、クラスタ上の顧客企業の名前が（すべてとは言わずある程度多くだけでも）わかれば、マネージャーや営業メンバーにとっては、相当な意味があるでしょう。

データの名前を単純に表示できない場合や、名前を表示しても十分な理解を得られない場合には、どうしたらよいのでしょうか。もう一度ウィスキーのクラスタを見てみましょう。今回はより多くの情報を確認してみます。

グループA

- スコッチ：アバフェルディ、グレンアギー、ラフロイグ、スキャパ
- クラス最高点：ラフロイグ（アイラ）、10年、86点
- 平均的な特徴：濃いゴールド／フルーティー、塩味／ミディアム／オイリー、塩味、シェリー／ドライ

グループH

- スコッチ：ブルイックラディ、ディーンストン、フェッターケアン、グレンフィディック、グレン・モール、グレン・スペイ、グレントファース、レディーバーン、トバモリー
- クラス最高点：ブルイックラディ（アイラ）、10年、76点
- 平均的な特徴：白ワイン、淡い／滑らか、軽やか／スイート、ドライ、フルーティー、スモーキー

ここでは、クラスタリングの結果を理解するために役立つ2つの情報が追加されています。1つ目として、クラスタのメンバーを列挙するのに加えて、「模範」となるメンバーも記載しています。それは「クラス最高点」のウィスキーとして記載しています。これは、『マイケル・ジャクソンのモルトウィスキー案内』［Jackson 1989］を参考にしています（つまり、この模範に関する情報はクラスタリングのアルゴリズムで得たものではありません）。この模範となるメンバーは、クラスタ内で最も有名なウィスキーや最も売上の高いウィス

キーなどでも代用できるでしょう。この方法が特に効果的になるのは、各クラスタに大量のインスタンスが存在し、ランダムにそのどれかを選ぶと、注意深く模範を選ぶのに比べて意味がなくなるようなときです。しかしながら、この方法もインスタンスの名前に意味があると前提をおいたものです。他の例として挙げたビジネスニュースの記事をクラスタリングする場合であれば、この考え方が少し変わります。この例では模範となる記事と、それらの記事の見出しを掲載していました。それは、記事の名前（タイトル）ではなく、ヘッドラインがその記事の要約として意味があるからです。

　このウィスキーの例では、クラスタリングの結果を理解するもう1つの違った方法も使っています。それは、クラスタのメンバーにおける「平均的な特徴」を記載する方法です。要するに、クラスタのセントロイドの情報を示しています。セントロイドの情報を示すのは、他のクラスタリングにも応用できます。これが効果的な場合は、データの名前よりも値の方に意味があるような場合です。

6.4.6　＊ 教師あり学習を使ってクラスタの説明を生成する

この節では自動的にクラスタの説明を生成する方法を説明します。これはいままで説明した内容より少し複雑です。教師なし学習（つまりクラスタリング）と教師あり学習を併用して、クラスタ間の違いを説明する情報を生成します。この章で初めてクラスタリングや教師なし学習を学ぶ方には、少し難しいかもしれません。そのためこの節には星印（応用的な内容）を付けました。読み飛ばしても差し支えありません。

　クラスタリングが終わったのであれば、どのようなやり方をしたとしても、インスタンスを割り当てるためのルールが出来上がり、それによってインスタンスがどのクラスタに属するかがわかるようになります。クラスタのセントロイドは、事実上、クラスタのメンバーの平均値を説明している状態です。問題なのは、セントロイドによるクラスタの説明は詳細な情報ではあるのですが、クラスタ間の違いについては教えてくれないことです。知りたいのは、各クラスタにおいて「何がこのクラスタを他のクラスタと区別しているのか」、ではないでしょうか。これは、要するに、教師あり学習によって行うことと同じなので、ここでも教師あり学習を使うことができます。

　大まかな考え方は次の通りです。まず、インスタンスへのラベル付けにはクラスタの割り当てルールを使います。各インスタンスは所属するクラスタのラベルが与えられ、これをクラスのラベルとして扱います。ラベル付けされたインスタンスの用意ができると、そのインスタンスに教師あり学習のアルゴリズムを実行して、各クラス／クラスタに対する分類器を作ることができます。そうすると、分類器の内容を詳細に調査することで、（願わくば）理解しやすく、簡潔なクラスタについての説明を得ることができます。重要なのは、その説明

は、「区別の仕方を説明する」ものになっている、ということです。つまり、各クラスタにおいて、何がこのクラスタを他のクラスタと区別しているのか、が説明されているのです。

この節では以上の点から、クラスタとクラスを同等と見なし区別せずに利用します。

基本的には、どのような予測のための（教師あり）学習手法でも、この方法に使うことができます。しかし、ここで重要なのは「理解しやすさ」です。学習済みの分類器の定義をクラスタの説明として使いたいので、ここで使用するモデルはこの目的に適したものにしたいところです。「3.4 ルールの集まりとしてのツリー」では、分類木からどのようにしてルールを抽出することができるのかを説明しましたが、この抽出の仕方はここでのタスクに適しています。

分類タスクを構成するためには、2つの方法があります。1つは、k個のクラスタがあるときに、k個のクラス（各クラスは1つのクラスタに対応）を扱うものとして、1つのタスクを構成する方法です。もう1つの方法は、k個に分割した学習タスクを構成する方法です。この場合、各タスクを、あるクラスタを他のすべて（$k-1$）個のクラスタと区別するためのタスクとして扱います。

ウィスキーのクラスタリング問題においては、2つ目の方法を使い、また、ラポワントとルジャンドルによるクラスタ割り当ての手法「ピュアモルトスコッチ・ウィスキーの分類」の付録A（www.dcs.ed.ac.uk/home/jhb/whisky/lapointe/text.htm）も使うことにします。この方法では、AからLまでラベル付けされた12のウィスキーのクラスタが与えられています。そこで、この本で説明している手元の生データに戻って、各ウィスキーの説明として、このクラスタの割り当てを行います。ここでは2値分類手法を使い、各クラスタを順番に選んで他のクラスタと区別することにします。例えば、クラスタJを選んだ場合、ラポワントとルジャンドルの方法では、次のような説明になります。

グループ J
- スコッチ：グレン・アルビン、グレンゴイン、グレングラント、グレンロッシー、リンクウッド、ノースポート、セントマグダレイン、タムドゥー
- クラス最高点：リンクウッド（スペイサイド）、12年、83点
- 平均的な特徴：濃いゴールド／ドライ、ピート、シェリー／軽やか〜ミディアム、まろやか／甘い／ドライ

「6.2.1 例：ウィスキーを分析する」では、ウィスキーを68個の2値の特徴で記述していました。データセットはラベル（**J**または**not_J**）を持ち、各ウィスキーがクラスJに属するか否かを示しています。データセットから一部抜粋すると次のようになります。

6.4 クラスタリング

```
0,0,0,...,0,0,0,0,0,1,0,0,0,0,0,0,1,0,0,0,0,0,0,0,0,0,]      % グレングラント
0,0,0,...,0,0,0,0,0,1,1,0,0,0,0,0,0,0,0,0,0,0,0,1,0,0,not_J  % グレンキース
0,0,0,...,0,0,0,0,0,0,0,1,0,0,0,0,0,0,0,0,1,0,0,0,0,not_J    % グレンモール
```

「%」以降のテキストはコメントで、ウィスキー名を示しています。

このデータセットは、分類木を適用したものです[†]。結果を**図6-14**に示します。

この決定木では、**J**とラベル付けされた葉だけに着目します（**not_J**とラベル付けされた葉は無視します）。**J**とラベル付けされた葉は2つのみです。それらの葉にルートからたどることで、2つのルールを抽出することができます。

1. （ボディ_まろやか = 1) AND （香り_シェリー = 1) => J
2. （ボディ_まろやか = 0) AND （色_赤 = 0) AND （色_フルゴールド = 1) AND （ボディ_軽やか = 1) AND （余韻_ドライ = 1) => J

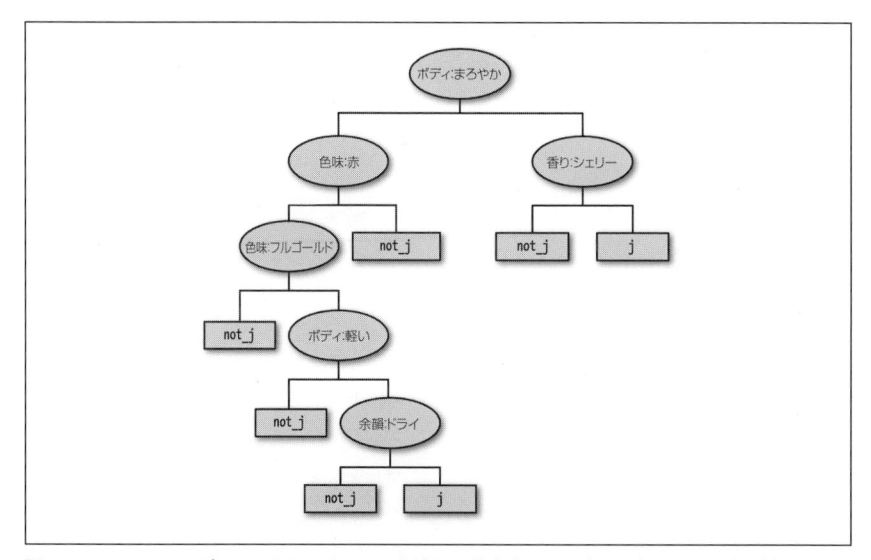

図6-14 スコッチのデータのクラスタJから作成した決定木。この木では各ノードの右の枝は、ノードの属性と一致すること（2分類の場合は値が1）を示す。左の枝はノードの属性と一致しないことを意味する（値は0）。そのため、最も右側の葉は、まろやかなボディ、シェリーの香りのセグメントとなり、このセグメントに属するウィスキーは、ほとんどがクラスタJに含まれる。

[†] 具体的には、刈り込み（pruning）をOFFにして「WekaのJ48手続き」（http://www.cs.waikato.ac.nz/ml/weka/）を用いた。

これらのルールを、次のように大まかに文章にしてしまえば、クラスタJが他のスコッチとどのように違うのかがわかります。

1. まろやかなボディでシェリーの香り、または
2. フルゴールド（赤色ではない）で軽やかなボディ、そしてドライな余韻

ここで得られたクラスタJの説明は、前述のラボワントとルジャンドルの説明と比べて良いと思うでしょうか。それは、あなたの好みにもよりますが、1つ言えるのは、これらの説明は異なる**種類**のものである、ということです。ラボワントとルジャンドルの説明は、**特徴**について記述したものです。その説明では、クラスタの典型例や特徴が語られ、それらの特徴が他のクラスタとも共通しているかどうかは無視しています。一方、分類木によって生成した説明の方は、**区別する**ための説明になっています。この説明では、何がこのクラスタを他のクラスタと区別しているかを記述したもので、クラスタ内のウィスキーに共通の特徴については無視しています。つまり、それぞれの説明は、クラスタ内に共通する特徴に着目した説明と、クラスタ間を区別する要因に着目した説明になっているということです。これは、絶対的にどちらかが良い、というものではありません。それは、何のためにこの説明を使うかによって変わります。

6.5　本題に戻る：ビジネス上の課題解決とデータ探索

ここまでデータサイエンスにおける基本コンセプトを学ぶさまざまな例を見てきました。もしかしたら、クラスタリングの例は、予測モデルの例や類似したものを探す例とは、いくらか違って見えたかもしれません。ここでは、これがなぜなのか探ってみましょう。

予測モデルの例や類似度を使った例では、特定のビジネス上の課題に着目していました。これまで強調してきたように、データサイエンスの基本コンセプトの1つには、どのようなデータマイニングであっても可能な限り明確にゴールを定義するために行うべきである、というものがありました。CRISPデータマイニングプロセスを思い出してみましょう。そのために図6-15に再度掲載します。データマイニングをするときには、可能な限り時間を費やして、ビジネスやデータの理解を小さなサイクルを回しながら行うべきです。そして、ビジネス上の課題を完全に明確に定義した上で、その課題に挑むべきです。予測モデルを応用する場合には、必然的に目的変数を明確に定義せざるを得ませんでした。また、これは7章で見ていくことになりますが、データサイエンスの理解が深まれば深まるほど、課題の定義の仕方も次第に正確になっていきます。一方、類似度を探る例の方でも、何を探ろうとしているのか具体的な考えを持って分析を行っていました。例えば、自社の取り組みの無駄をなく

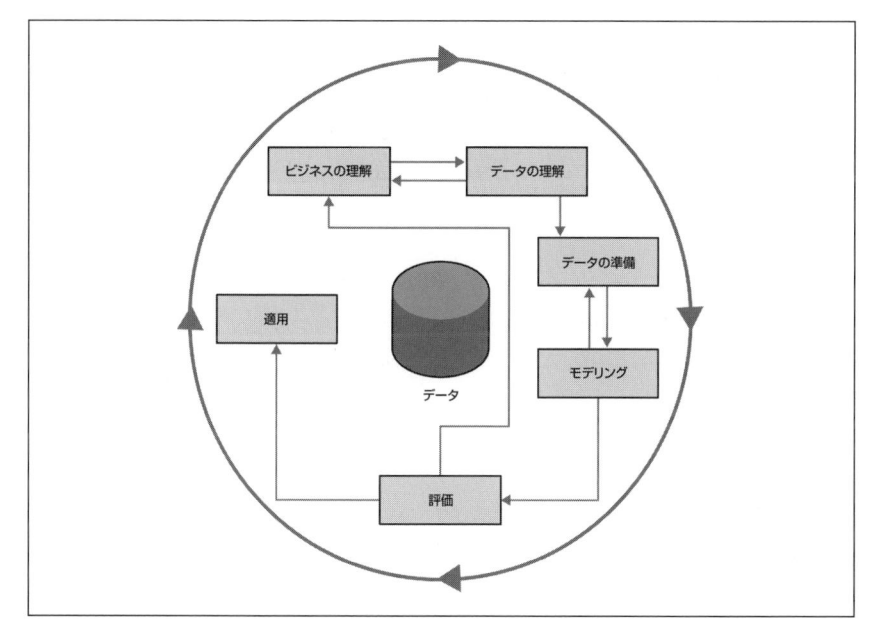

図 6-15　CRISP データマイニングプロセス

すために類似した企業を探る、といった考えを持っていましたし、類似しているということは何を意味するのか、という点についても厳密な定義をしていました。ウィスキーの例の方では、似たようなウィスキー（特に味が似たもの）を探る、という考えを持っていました。この例の場合でも、データを収集して表現することによって、厳密な方法で似たウィスキーを探すことができました。この本の後の部分では、データサイエンスのフレームワークを適用することで、ビジネス上の課題を分解して既知の内容で構成される複数の課題として扱い、そうすることで、分解したそれぞれの課題をデータサイエンスの手法を適用して解決できるようにしておく、といった方法についても議論します。

　しかしながら、すべての課題を正確に定義できるわけではありません。ビジネスを理解するフェーズで、しかも、「解決したい課題に対する正確な情報がどうしても曖昧な状況において、それでもデータについて何かを探りたい」場合には、一体何をすればよいでしょうか。クラスタリングを適用する課題は、大体このような種類の課題です。**教師なしセグメンテーション**を行いたい、ということです。それによって、自然といくつかのグループが浮かび上がってきます（もちろん、類似度をどのように定義するかによって変わってきますが）。

　議論を深めるために、扱う課題を教師あり（例：予測モデル）と教師なし（例：クラスタリング）に分けて単純化してみましょう。とはいえ、世の中そんなに型にはまったものでは

なく、例えばこれまで説明してきた（予測モデルに使うような）データマイニングの手法はデータ探索にも使うことができるでしょう。しかし、ここで単純に教師ありと教師なしの手法を分割しておけば、議論はずっとわかりやすくなります。データマイニングプロセスにおいて、どこでどれだけ労力を費やすかについては、わかりやすいトレードオフ関係があります。教師ありの課題の場合は、その課題を正確に定義するのに多くの時間を使うため、データマイニングプロセスを評価する際には、「このモデリングの結果は定義した課題を解決しているのだろうか」といった明確な疑問を持つことができる状態になっています。例えば、課題のゴールを、契約が切れそうな顧客の離脱予測を改善すること、にしたとします。これなら、実際にこれが実現できたかを評価することはできるでしょう。

一方、教師なしの課題の場合は、もう少し探索的な方法になるはずです。この場合は、「もし企業やニュース記事、ウィスキーをクラスタリングすることができれば、ビジネスをもっとよく理解できるし、ビジネスを理解できれば何かが改善するかもしれない」といった考え方をしている状態でしょう。ところが、この場合は課題の正確な定式化はできていないかもしれません。だからといって、課題が具体的で明確であることを望んで、逆にそれがデータから重要な発見をする妨げになってはいけません。ここにもトレードオフが存在します。この場合のトレードオフは、データマイニングプロセスの初期の段階で課題を明確に定式化できなかったような場合には、後続のプロセス（評価フェーズなど）の方でより多くの時間を費やさなければならない、ということです。

特にクラスタリングの場合、クラスタリングによって明らかにすること（が何であれ）それを理解することすら難しいことが多いです。クラスタリングが何か意味ある情報を明らかにしているように見える場合でも、それをどのように使ってより良い意思決定をできるのかが不明確なことが多々あります。したがって、クラスタリングを行う場合は、データマイニングプロセスの評価フェーズにおいて、さらなる創造力や業務知識が必要とされます。

アイラ・ハイモウィッツとヘンリー・シュワルツの論文［Ira Haimowitz and Henry Schwartz 1997］では、新規顧客の与信枠を設定するための判断を改善するために、どのようにクラスタリングを使用するかについて、具体的な例が示されています。彼らは既存のGEキャピタルの顧客を、クレジットカードの使用履歴や、支払い履歴、その顧客の採算性などの類似度に基づいてクラスタリングを行いました。その成果の末に全く異なった振舞いをする顧客で構成される5つのクラスタを得ました。例えば、クレジットカードを多く使うけれども毎月完済するタイプの顧客や、同じように多く使い、残高が限度額付近に保たれているタイプの顧客などです。これらの異なるタイプの顧客では、与信枠の上限も変わってきます。先ほどの2つの例であれば、債務不履行を避けるためには、後者の顧客の方に対して十分な注意が必要でしょう。このクラスタリングを意思決定に使う際にすぐに問題になるのは、最初に与信枠を設定するときには、このデータを使うことができないという点です。し

かし、ハイモウィッツとシュワルツは、ここで得た知識を活用し、あっさりとデータマイニングプロセスのサイクルの最初の部分に戻りました。彼らはここで得た知識を使ってより明確な予測モデリングの課題を定義しました。与信枠が承認された時点で利用可能なデータを使って、顧客がどのクラスタに分類されるかの確率を予測したのです。そうすることで、この予測モデルは、最初の与信枠を判断を改善するためにも使えるようになります。

6.6 まとめ

　データ間の類似度に関する基本コンセプトは、データマイニング全般に関わるものです。この章では、はじめに幅広い種類の類似度について紹介し、その説明は、要素間の類似度をそのデータの記述に基づいて探ることから始め、予測モデリングや要素のクラスタリングにまで及びました。こういったさまざまな利用法を例を紹介しながら説明しました。

　2つのエンティティ間における最も代表的な類似度としては、それらのエンティティの特徴ベクトルによって定義できるインスタンス空間上の距離を使う方法があります。この章ではその類似度と距離の計算の概要と、技術的な詳細について説明しました。また、それに似た手法として、最近傍法と呼ばれる手法を紹介しました。その手法では、新しいインスタンスとトレーニングセット（および、それらの持つ目的変数の値）の類似度を明示的に計算することで、予測を行うことができることがわかりました。最近傍のデータセット（最も類似するインスタンス）を取得できてしまえば、これを使って、さまざまなデータマイニングができます。例えば、分類や回帰、インスタンスへのスコア付けなどです。この章の最後には、類似度に関する基本コンセプトが、最も一般的な教師なしデータマイニング（つまりクラスタリング）の根底にも存在していることを説明しました。

　この章では、他にも重要なコンセプトを紹介しました。そのコンセプトが話題として出てくるのは、探索的データ分析のための手法（クラスタリングなど）を使い始めるときでした。データを探索する際には、特に教師なしの手法の場合は、データマイニングプロセスにおけるビジネスを理解するフェーズの初期には、なるべく時間を費やさずに、代わりに、より多くの時間を評価フェーズと、その後のサイクルの繰り返しに費やすのがよいのでした。これを説明するために、クラスタリングの結果を理解するためのさまざまな手法を説明しました。

7章
意思決定のための分析思考 I：
良いモデルとは何か

基本コンセプト：
- データサイエンスの結果に求められることを深く考える主要な評価フレームワーク
- 期待値
- 適切で比較可能な評価基準の検討

代表的技法：
- さまざまな評価指標
- 損益推測
- 期待利益の計算
- 比較のための基準を作る手法

　5章の初めの部分で、MegaTelCo社の責任者であるあなたは、コンサルティングファームが示したモデルを評価しようとしました。オーバーフィッティングについてはさておき、そのときどのようにモデルの評価に取り組んだでしょうか。

　データサイエンスを使うとき、それを意味あるものとするために重要なことは、データサイエンティストやその他の関係者がデータサイエンスで何を達成したいのか十分に考える、ということです。これは一見当たり前のことのようですが、実に多くの場面でないがしろにされています。データサイエンティスト自身や彼らとともに仕事をしている人たちは、（おそらく無意識のうちにですが）データマイニングの結果を本来の目的に結び付けることを避けていることがあります。これは、彼らがある統計量を報告するときになぜその統計量が正しいのか正しく理解できていない、という形で現れることもあれば、どのようにすれば意味のある方法でデータマイニングの効果を測定できるか理解できていない、という形で現れることもあります。

　こうした批判はよく聞くべきです。多くの場合、最終的な目標を達成しているか完全に測定することはできません。その理由は例えば、システムが不十分であったり、正しいデータを収集するために莫大なコストがかかったり、因果関係を確かめることが困難であるためで

す。そのため、本当に測りたいものではなく、その代替指標が必要になることがあります。しかし、たとえ代替指標を用意したとしても、計測したい最終的な目標について十分に考慮することが決定的に重要です。代替指標を使わなければならない場合でも、その選択は慎重に、データ分析思考に基づいて行うべきです。

このとき難しいことは、世の中にはさまざまなデータサイエンスの使い方があるということです。分類問題や回帰問題、その他あなたがこれから出会うさまざまな問題に対して、すべてに対処できる単一の評価指標はありません。ただし、それでもモデルの評価における共通の課題やテーマというものはありますし、またそれらのためのフレームワークや手法も存在します。

この章では、そういったフレームワークを解説していくことにします。また、分類における評価指標（この章で扱います）、インスタンススコアリング（顧客がオファーに応じる確率によって顧客に順序を付ける、など）、クラス確率推定（次の章で扱います）なども説明します。具体的な手法については、例を示して紹介することとし、その中でなぜそれらの手法を使う必要があるか深く考えていきます。幸いにもそれらの手法は、データ分析で扱う多くの問題に適用することができます。また、モデルの評価のための一般的なフレームワークも説明します。これには期待値という概念を使います。期待値を使った評価方法は、さまざまな場面で応用できます。後の章でも示すように、期待値はデータ分析思考に関する体系化されたツールとして使うことができ、これにより問題を定式化して考えることができるようになります。

7.1　分類器の評価

分類モデルは未知のインスタンスを受け取り、そのインスタンスがどのクラスに分類されるかを予測するモデルでした。ここでは二項分類について考えてみることにします。二項分類では、インスタンスを2種類のクラスに分けますが、それらクラスを「陽性（positive）」と「陰性（negative）」と呼ぶことがあります。このとき、どうすればそのモデルの性能を評価できるでしょうか。5章ではモデルの汎化性能を評価するために、学習に使用していないデータをどのように使うべきか説明しました。では、どのようにしてその汎化性能を計測すればよいのでしょうか。

有害な陽性と無害な陰性

分類器についての議論をする際、問題となる悪い結果を「陽性」と呼び、逆に良い結果を「陰性」と呼ぶことがあります。こうした呼び方は不自然に思えるかもしれません。日常的

に使っている陽性・陰性の意味とは異なるからです。例えば不法行為が起こったことを陽性とし、逆に適法な行為が起こったことを陰性とすることがありますが、これはなぜでしょうか。このような言葉の使い方はさまざまな分野でよく使われていて、機械学習やデータマイニングの分野でも使われています。この本でも「陽性」と「陰性」をこのような意味で使っていきます。無用な混乱を避けるため、ここで一度こうした言葉の使い方についてもう少し説明しておきましょう。

なぜ「陽性」と「陰性」の意味をこのように捉えるかというと、陽性のインスタンスを注目すべき（警戒すべき）対象と捉え、陰性のインスタンスを興味のない（無害な）ものと捉えたいからです。このように考えると、これらの言葉の意味を理解しやすいでしょう。例えば、ある医療検査（これ自体も一種の分類器と見なせます）では、患者から採取した細胞の特徴を検査して、病気やその疑いを見つけようとします。このとき、テスト結果が陽性であるということは、つまり病気であることを意味します。反対にテスト結果が陰性であれば、健康に問題はなく、治療の必要はないことを意味します。また同じような例として、不正行為を発見するシステムが挙げられます。このシステムにおいては、口座上の異常な取引を検知してシステムが警報を発すれば、それは陽性ということです。反対に陰性の場合（つまり口座において合法的な取引だけが行われている場合）は望ましい状態ですが、不正行為発見システムからすれば特に関心を払う必要のないことです。

この本で紹介する分野ごとに陽性と陰性の意味を定義するよりも、一般的に使われるこのような定義を使っていく方が好都合です。分類器を次のようなものだと考えてもいいでしょう。つまり分類器とは、陰性の（興味がない）インスタンスが大半である母集団をふるいにかけ、少数の陽性のインスタンスを見つけ出すためのものであるのです。実際の問題においては、陽性のインスタンスが非常に稀な（陰性より少ない）ことがよくあります。そのため分類器がその判断を誤る場合、陰性インスタンスを陽性と判定してしまう誤り（**偽陽性エラー**）が大半を占めることになり、一方で陽性インスタンスを陰性と判定してしまう誤り（**偽陰性エラー**）は少なくなります。しかしその数は少ないものの、陽性を誤って陰性として判断してしまうと（**偽陰性エラー**）、陰性を陽性と判断してしまうよりも深刻な影響を与えることがあります。

7.1.1 単純な精度とその問題点

ここまで、モデルの性能計測には、分類器の誤差率や精度といったいくつかのシンプルな指標が使われると想定していました。

分類精度はとても簡単に計測できるため、幅広く使われています。しかし残念ながら、現実のビジネスの問題にデータマイニングを適用する場合には、分類精度は単純すぎて使えないことがほとんどです。この節ではこの問題について解説し、代わりとなる評価手法をいくつか紹介します。

分類器の精度という概念があり、分類器の全般的な性能を測るときの指標として使われますが、ときに正式でない使い方をされることもあります。ここでは意味を明確にするために、**精度**という言葉を、分類器が正しい決定を行う割合を意味する言葉として定義しましょう。

$$\text{精度} = \frac{\text{正しい決定を行った数}}{\text{決定の総数}}$$

この式は、1 − **誤差率**（error rate）と等価です。精度は広く普及している評価指標で、データマイニングの研究によく利用されています。その理由は、精度を使うことで分類器の性能を1つの値で表現でき、分類器の性能をとても簡単に計測できるためです。ただ残念ながら、精度はあまりにも単純なため、いくつかの問題が知られています［Provost, Fawcett, & Kohavi 1998］。これらの問題を理解するためには、正しい決定と間違った決定を種類に応じて分け、その種類ごとにカウントする必要があります。それのために混同行列を使います。

7.1.2 混同行列

分類器を正しく評価するためには、**クラスの混同**という考え方と、分割表の一種である**混同行列**（confusion matrix）を理解することが重要です。n個のクラスを含む分類問題の場合には、混同行列は$n \times n$の行列になります。その行列における列はインスタンスの実際のクラスを表し、行は分類器が予測したクラスを表します。テストセット中の各インスタンスについては、その実際のクラスと分類器によって予測されたクラスが何であるかわかります。その2種類のクラスの組み合わせにより、インスタンスが混同行列内のどのセルに該当するか決まります。ここでは説明を簡単にするため、2×2の混合行列で表現可能な2クラスの分類問題を扱いましょう。

混同行列は、分類器によって行われた決定をその成否によって分けることで、あるクラスの中に誤って別のクラスがどれくらい混じっているか明らかにします。この方法を使うことで、決定の間違いを、その間違いの種類ごとに扱うことができます。実際のクラスとモデルによって予測されたクラスを区別するために、それぞれのクラスにわかりやすい記号を割り当てましょう。ここでは2クラスの分類問題を扱うため、実際のクラスをp（positive、陽性）とn（negative、陰性）で表します。また、モデルによって予測されたクラスをY（Yes、陽性予測）とN（No、陰性予測）で表します。モデルが、「Yes、これは positive（陽性）です」や「No、これは positive（陽性）ではありません」と示しているかのように分類するのです。

表7-1 正しい予測（主対角線）と間違った予測（非対角線）を示す2×2の混同行列

	p	n
Y	真陽性（true positive）	偽陽性（false positive）
N	偽陰性（false negative）	真陰性（true negative）

混同行列の主対角線上(左上と右下)には、分類器が正しく分類したインスタンスの数が入ります。分類の誤りには、**偽陽性**(実際には陰性だが、誤って陽性と分類された)と**偽陰性**(実際には陽性だが、誤って陰性と分類された)の2種類があります。

7.1.3　偏ったクラスに関する問題

モデルの評価をどれほど慎重に考えるべきか示す例として、一方のクラスに属するインスタンスが極めて少ない場合の分類問題を考えてみましょう。このような状態はよくあることです。分類器を使うときには、興味のないデータが大半を占める母集団をふるいにかけ、一握りの価値ある情報を見つけ出すことが多いためです。例えば、不正利用された口座を見つける、不良品を見つけるために生産ラインを検査する、オファーに応えてくれそうな顧客を対象として選択する、などが例に挙げられます。普通でない(見つけ出したい)クラスはデータ内にあまり存在しないため、クラスの配分は不均衡であり、**偏り**があります [Ezawa, Singh, & Norton 1996] [Fawcett & Provost 1996] [Japkowicz & Stephen 2002]。

クラス配分が偏るほど、残念ながら、精度に基づく評価はうまくいかなくなります。例えば、クラス配分が1:999の比率となる場合を考えてみましょう。もし単純なルール(最もインスタンス数が多いクラスを常に選ぶというルール)を使った場合、精度は99.9%になります。しかし、データマイニングを通して何らかの意味のあることを見つけようとしているのであれば、この精度はおそらく満足できるものではありません。例えば、1:100の偏りは不正利用の検知を行う場合にはよくあることですし、$1:10^6$ よりも大きな偏りのある事例も報告されています [Clearwater & Stern 1991] [Attenberg & Provost 2010]。5章では、クラスの「ベースレート」を説明しました。ベースレートとは、分類器が分類するクラスの中から1つのクラスを選び、単純にすべてのインスタンスがそのクラスであると分類した場合に、分類器がどれほど良く機能するかを示します。もしここでの例のようなクラスの配分に偏りがある問題にあてはめると、多数を占めるクラスのベースレートは非常に高くなるでしょう。しかし、99.9%という精度が何ら意味を持たないことは明らかです。

データの偏りがそれほど大きくなくても、あるクラスが他のクラスよりも多い場合には、精度が大きな誤解を生む可能性があります。もう一度、携帯電話の乗り換え問題を考えましょう。あなたは MegaTelCo 社の責任者です。分析担当者である筆者は、乗り換え予想モデルの精度は80%であると報告しました。この精度はとても良いものに思えます。また筆者の同僚は、その同僚が作ったモデルの精度は37%であると報告しました。これはかなり悪いと感じるでしょう。

このような状況においては、一度立ち止まって、そのデータセットからもっと情報を得る必要があると思うかもしれません。それはもっともなことです。それはつまり、データ分析思考ができているということです。では、どのような情報が必要なのでしょうか。これまで

議論してきたことを考えると、今扱っているデータセットにおける、乗り換えした顧客の割合の情報が必要だと気付きます。今回の場合、乗り換え比率は月に約10%だとしましょう。乗り換えした顧客を陽性インスタンスと考えた場合、母集団に占める陽性と陰性の割合は1:9です。そのため、もし単純にすべての顧客を陰性と分類すれば、ベースレートはなんと90%の精度となります。

より詳しく調べてみると、筆者と同僚はそれぞれ異なるデータセットを使ってモデルを評価していたことがわかりました。モデルの評価に使うデータセットについて、私たちが何も連携を取っていなかったとしても、このこと自体は特に驚くことではありません。筆者の同僚は、母集団から代表的なデータセット（クラスの比率が母集団と等しいデータセット）を取り、それを使って精度を計算していました。一方筆者は、意図的にクラス配分の等しい均衡の取れたデータセットを作成し、それを使ってモデルを作り評価を行いました。筆者のやり方も、筆者の同僚のやり方も、どちらも実際の現場でよく行われています。結果として、筆者の同僚のモデルは、性能が非常に悪く（ベースレートを使えば90%の精度とすることもできたのに）たったの64%の精度でした。しかし、試しに彼女のモデルを筆者のデータセットに適用してみると、精度は80%に達することがわかりました。これは、ちょっと不思議なことに思えます。

結論から言えば、何も考えずに精度を利用することは間違いです。先ほどの例では、クラス配分が等しい均衡の取れたデータにおいて、筆者の同僚のモデル（モデルAとします）と筆者のモデル（モデルBとします）は、それぞれ80%の精度でした。しかし、その内訳は異なります。モデルAは、すべての陽性インスタンスを正しく分類できましたが、陰性インスタンスは30%しか正しく分類できませんでした。反対にモデルBは、すべての陰性インスタンスを正確に分類できましたが、陽性インスタンスは60%しか分類できませんでした。

混同行列を使って、これら2つのモデルをさらに詳しく見ていきましょう。1,000人の顧客で構成されたあるトレーニングデータにおいて、その混同行列が次のような値で構成されるとします。YとNは、モデルが予測したクラスを表していることを思い出して下さい。

表7-2　混同行列A

	乗り換えする	乗り換えしない
Y	500	200
N	0	300

表7-3　混同行列B

	乗り換えする	乗り換えしない
Y	300	0
N	200	500

図 7-1 は、それぞれのモデルにおける、クラス配分が等しい均衡の取れたデータセット上での分類と、クラス配分が偏った代表的なデータセット上での分類を表しています。これまでに述べた通り、どちらのモデルも均衡の取れたデータ上では、80% の精度で分類することができます。しかし、それぞれの混同行列とその値は、大きく異なります。モデル A は乗り換えしない顧客を、誤って乗り換えすると予測しやすいですが、反対に、モデル B は実際には乗り換えする顧客を、誤って乗り換えしないと予測してしまいます。これらのモデルを本来の不均衡なデータセットに適用すると、モデル A の精度は 64% に下がる一方で、モデル B の精度は 96% に上がります。これは大きな変化です。さて、どちらのモデルが優れているの

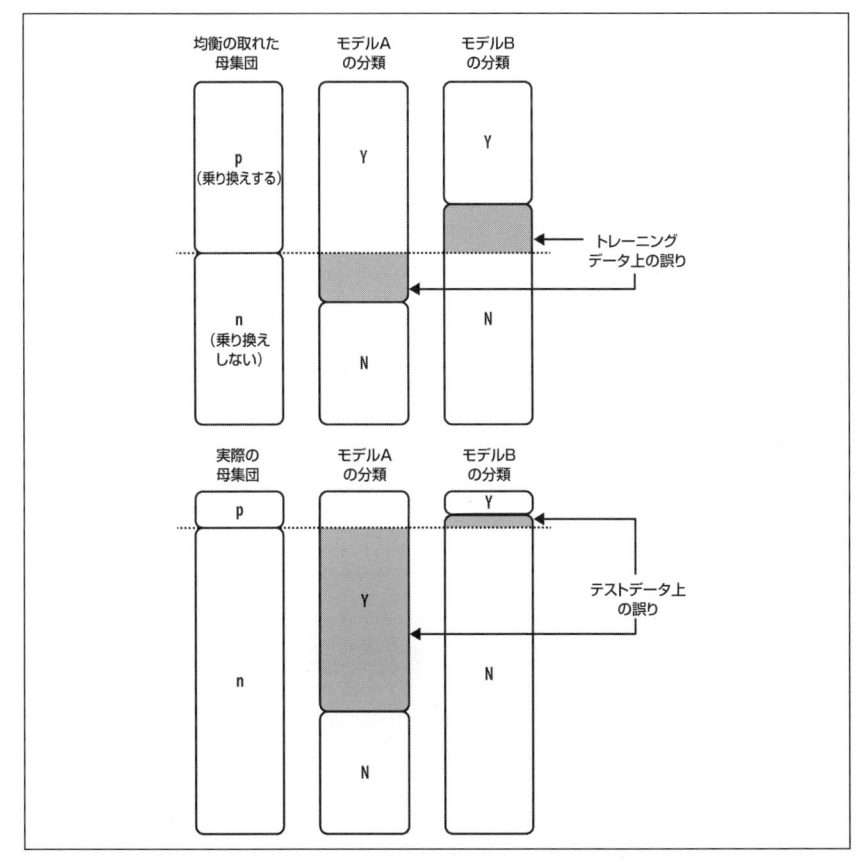

図 7-1 2 つの乗り換え予測モデル A と B は、トレーニング用の均衡の取れた母集団上で分類を行うとエラーの数は同じになる（上部）が、実際の偏りがある母集団上でテストを行うと、エラーの数は大きく異なる（下部）。

でしょうか。

　今のところ、筆者のモデルBはモデルAよりも優れているようです。それは、検証対象の母集団（乗り換えする顧客としない顧客の割合が1:9の母集団）において、モデルBの方がAよりも良い性能を発揮するように見えるからです。しかし、まだモデルBの方が優れていると決めることはできません。それは、精度についてのまた別の問題が存在するからです。分類の結果には、種類が異なる間違った決定や正しい決定がありますが、それらの違いについてどれくらい注意を払うべきか理解する必要があります。次の節では、この問題を扱います。

7.1.4　等しくないコストと利益についての問題

　単純な分類精度を指標として使った場合に発生する別の問題として、偽陽性エラーと偽陰性エラーを区別していない、という問題があります。それらを区別せずに同じものとして評価するということは、それぞれのエラーは同じ重要度であると想定していることになります。しかし現実には、それらの重要度が同じということはほとんどありません。2つのエラーは異なるコストを持ち、その意味も異なります。なぜなら、分類されたそれぞれの結果の深刻度が違うからです。

　ここでは癌検診を例にして、ある患者が癌でないにもかかわらず間違って癌だと宣告された場合を考えてみましょう。この場合は偽陽性エラーに当たります。この誤診のせいで、患者はさらなる検診や生体検査を受けることとなるでしょうが、最終的には最初の癌診断が間違いだったとわかるでしょう。この誤診により、患者は高額な検査費用を支払ったり、嫌な思いをしたり、検診によって精神的な苦痛を感じるかもしれませんが、生命を脅かされることはありません。では逆の場合はどうでしょうか。癌を患っているのに、癌ではないと診断された場合です。これは偽陰性エラーに当たります。この誤診により、患者は癌を早期発見する機会を失ったことになります。もしかすると、この患者にはより深刻な結果が待ち受けているかもしれません。これら2つのエラーは大きく異なるため、違ったものとして扱われるべきですし、異なるコストを持つべきです。

　携帯電話の乗り換え問題に戻りましょう。顧客に対してそのまま契約を続けるように促すインセンティブを与えるためにコストをかけたにもかかわらず、顧客が乗り換えてしまった場合を考えます（偽陽性エラーのコスト）。そして、そのコストと、インセンティブを与えなかったために顧客を失った場合のコスト（偽陰性エラーのコスト）と比較します。それぞれのコストとしてどれだけ支払うことに決めたとしても、それらが全く同じものだということはありません。この場合も、2つのエラーは異なるものとして扱われるべきです。

　つまり、偽陽性エラーと偽陰性エラーの違いを意識しなくてもよいということはあり得ないのです。理想を言えば、分類器の1つ1つの決定に対して、その利益やコストを予測すべ

きです。一度、それら利益やコストを判定し集計することができれば、その情報から、分類器を評価するために必要な**期待利益**（**期待便益**、**期待原価**）を得ることができます。

7.2 分類を越えて一般化する

ここまで、データサイエンスに取り組む際に遭遇するいくつもの課題をできるだけ具体的に説明するために、分類モデルを扱ってきました。それらの課題のほとんどは、分類問題だけに限らず、他の問題においても取り組む必要があるものです。

この章で議論している基本コンセプトは、データサイエンスを実際の現場に適用する際には、次の問いかけに立ち返ることが極めて大切だということです。それはつまり、「データサイエンスを適用する上で何を重要視すべきか」、「最終的な目標は何か」、「与えられた目標に対してデータマイニングの結果を適切に評価しているか」といった問いかけです。

それでは別の例を使って、この基本コンセプトを（分類モデルではなく）回帰モデルに適用してみましょう。データサイエンスチームが、映画のレコメンデーション（推薦）モデルを構築することになりました。そのモデルにある顧客と映画を与えると、モデルはその顧客が対象の映画をどれほど好むか予測します。その予測結果を使って、それぞれの顧客に対する映画のレコメンデーションを行いたいと考えています。このシステムにおいて顧客は、1～5個の星を付けることで映画を評価します。レコメンデーションモデルは、ある顧客がまだ見ていない映画に対して何個の星を付けるかを予想します。私たち分析担当者の一人は、モデルに二乗平均誤差（または二乗平均平方根誤差、R^2、その他何らかの評価基準）を使って、それぞれの予測結果を説明しようとしています。ここで私たちは、何の二乗平均誤差なのかを確認すべきです。実際に確認してみると、二乗平均誤差に使っている値は目的変数の値であり、顧客が対象の映画に付ける星の数（つまり映画に対する評価）だと担当者は答えました。星の数を予測する上で、このレコメンデーションにおいてなぜ二乗平均誤差が適切な指標なのでしょうか。その値は、評価する上で役立つ値なのでしょうか。もっと適切な指標はないのでしょうか。今回は幸運なことに、なぜ二乗平均誤差が適切なのかについて、担当者は注意深く考えていました。しかし、適切な指標を選ぶことについて、分析担当者があまり注意を払わないことはよくあることなのです。ただ単に学校で学んだからという理由で指標が使われることもあります。

7.3 重要な分析フレームワーク：期待値

ここまでで、データ分析思考の助けとなるツールについて説明する準備が整いました。そのツールとは「期待値」です。期待値の計算は、データ分析の問題を体系立てて考えるためのとても役に立つフレームワークです。このフレームワークを使うとき、データ分析思考を次の3要素に分解して考えることができます。1. 問題の構造、2. 対象のデータから得られる

分析のための要素、3. 対象のデータ以外の情報源から得る必要がある分析のための要素（例えば対象分野の専門的なビジネス知識）。

期待値を計算するには、まず、ある状態において取り得る結果をすべて列挙します。そして、それぞれの結果が示す値にその結果が起きる確率に応じて重み付けし、合計することで期待値を得ることができます。例えば列挙したそれぞれの結果が利益を表しており、それらの発生確率が異なる場合、期待利益の計算では、高い確率で発生する利益により大きく重み付けする一方で、あまり発生しない利益にはほとんど重み付けしません。この本では、繰り返し行う作業（多数の顧客を対象として選択する、多くの問題を調査する、など）を議論の対象にしており、期待利益を最大化することに注目していきます†。

期待値フレームワークでは、**式 7-1** の期待値計算の一般式によって、分析思考における問題の構造 1. を得られます。

式 7-1　期待値計算の一般式

$$EV = p(o_1) \cdot v(o_1) + p(o_2) \cdot v(o_2) + p(o_3) \cdot v(o_3)\ldots$$

それぞれの o_i は、ある条件において何らかの決定をするときの取り得る結果を表しています。$p(o_i)$ はその発生確率を、$v(o_i)$ は結果の値を示しています。多くの場合、各結果の発生確率はそのデータから予測することができますが（2. 対象のデータから得られる分析のための要素）、それぞれのビジネスにおける価値はそのデータ以外の情報源から得る必要があります（3. 対象のデータ以外の情報源から得る必要がある分析のための要素）。11 章で説明するようにデータ主導モデリングがビジネス価値の推測に役立つこともありますが、多くの場合にはやはり、対象とするデータ以外から対象分野の知識を得なければいけません。

それでは、期待値を分析フレームワークとして使う方法を見ていきましょう。この説明には、2 つの異なるデータサイエンスのシナリオを使います。この 2 つのシナリオは同じようなものと考えられがちですが、明確に区別できる点があります。これらを区別するために、2 章で扱ったモデルの**マイニング**（あるいは帰納推論）とモデルの**使用**の違いを思い出してみてください。

7.3.1　分類器を使うための枠組みとして期待値を使う

何らかのクラスを予測し、その結果としてある行動に導きたいケースがあります。例えばターゲットマーケティングでは、各顧客をオファーに**反応しそうな顧客**と反応しなさそうな**顧客**の 2 つのクラスに分類した上で、オファーに反応しそうな顧客をターゲットにしたいと

---

† 意思決定における一連の理論を学ぶことで、これらと関連する課題についても理解できるようになるだろう。

7.3 重要な分析フレームワーク：期待値 | 213

考えます。しかし残念なことに、ターゲットマーケティングでは顧客が反応する確率は非常に低く（約1～2%程度）、誰も反応しないように思えることもあります。もし仮に、反応確率が50%以上である顧客を反応しそうな顧客と定めたら、誰も対象にはならないでしょう。経験の浅いデータ分析者の多くは、データマイニングを行うモデルをデータに適用したときに、すべての顧客が**反応しない顧客**（あるいは陰性のクラス）に分類されてしまうことに驚きます。

しかし、期待値フレームワークを使うことで、この問題の重要な部分を理解することができます。ターゲットマーケティングの例を見ていきましょう†。ここでは話を単純にするために、オファーに応じたときにだけ購入できる商品を提案する場合を考えましょう。顧客はオファーを受けなければ、その商品を購入することができません。私たちには、蓄積された過去のデータから作成されたモデルがすでにあるとします。そのモデルは、$\mathbf{x}$ を入力として受け取り、各顧客の反応確率の予測を $p_R(\mathbf{x})$ と表現します。このモデルは、分類木かもしれないですし、論理帰納モデルかもしれないですし、いままでこの本で扱っていないモデルかもしれません。それでは、特徴ベクトル $\mathbf{x}$ で表現されるある1人の顧客について、対象として選択するかどうかを決めましょう。

期待値を使うことでここでの分析を行うためのフレームワークを得られます。顧客 $\mathbf{x}$ を対象として選択する場合に、その顧客から得られる期待利益（またはコスト）を計算してみましょう。

$$\text{対象顧客}\mathbf{x}\text{の期待利益} = p_R(\mathbf{x}) \cdot v_R + [1 - p_R(\mathbf{x})] \cdot v_{NR}$$

v_R は反応があった場合の利益を表し、v_{NR} は反応がなかった場合の利益を表します。すべての顧客は反応するかしないかのどちらか一方のため、反応しない確率の予測値は $1 - p_R(\mathbf{x})$ となります。前に説明した通り、反応確率は過去のデータから計算され、その結果を集約して予測モデルは作られています。利益を表す値（v_R と v_{NR}）は、ビジネスを理解する段階（2章を参照）において決める必要があります。ここでは、顧客はオファーに応えた場合にだけ商品を購入できるため、対象として選択していない顧客から得られる期待利益はゼロです。

もう少し具体的に話を進めましょう。顧客がある商品を200ドルで購入するとします。その商品にかかるコストは100ドルです。それ以外に顧客にオファーするために費用がかかります。その費用は、顧客にオファーを行うための資料を送付するために、1ドルかかるとします。この場合、顧客が反応すると（商品を購入すれば）$v_R = 99$ ドルの利益となります。

---

† ここでは、乗り換えの例ではなくターゲットマーケティングの例を用いる。それは、乗り換えの例に期待値フレームワークを使うと、まだここでは扱う準備ができていない重要で複雑なあることを明らかにしてしまうからだ。詳しくは11章で説明する。

では反対に、顧客が反応しなかった場合に得られる利益（v_{NR}）はいくらになるでしょうか。この場合、提案資料を顧客に送っているため、1ドルのコスト、つまりは−1ドルの利益となります。

さてここまでの話で、対象の顧客をオファーの対象にすべきかどうかを説明する準備ができました。その顧客からは利益を期待できるのでしょうか。専門的な言い方をするなら、その顧客の期待値（期待利益）はゼロよりも大きいのでしょうか。数式で表現すると、それは次の通りです。

$$p_R(\mathbf{x}) \cdot \$99 - [1 - p_R(\mathbf{x})] \cdot \$1 > 0$$

この式を少し変形することで、この場合の意思決定のためのルールを得られます。それは、ある顧客 $\mathbf{x}$ について、次の式が成り立つ場合にのみ対象として選択すべき、というルールです。

$$p_R(\mathbf{x}) \cdot \$99 > [1 - p_R(\mathbf{x})] \cdot \$1$$

$$p_R(\mathbf{x}) > 0.01$$

この式からわかることは、対象とする顧客の反応確率が1%よりも大きいと予測される場合にだけ対象として選択すべきだということです。

このことは、どのようにモデルを使うかについて、期待値の計算によって表現可能なことを示しています。このことを明らかにすることが、問題を定式化したり分析に取り組む際の手助けになります。この点については、11章でもう一度扱います。それでは、期待値フレームワークに関するもう1つの重要な点に移りましょう。そこでは、データから構築したモデルが妥当であるかについての分析を体系化するために、期待値フレームワークを利用します。

7.3.2　分類器を評価するために期待値を使う

ここでは、モデルが行う1つ1つの決定ではなく、それらの決定の集合を扱うことを考えます。もう少し具体的に言うなら、ある母集団にモデルを適用した場合に、モデルが行ういくつもの決定全体を評価したいということです。このような評価は、モデル同士を比較するために必要です。例えば、私たちが作成したデータ主導モデルは、マーケティング部門が手作りしたモデルよりも優れているのでしょうか。ある何らかの問題に対して、分類木モデルは線形判別モデルよりも優れているのでしょうか。また、対象顧客をランダムに選ぶようなモデルを基準として考えたとき、それらのモデルは基準としたモデルよりも優れているのでしょうか。いずれのモデルも、何度か決定を行わせれば、そのうちいくつかは他のモデルよりも良い結果が出るでしょう。ただ、ここで注意を向けたいことは、そのような個々の決定ではなく、モデルが全体としてどれほど良く機能するのかということです。そのために、**期**

待値を使います。

　期待値フレームワークは、あるモデルを使う場合に、そこから得られるベストな意思決定が何であるか決めるために使うこともできますし、複数のモデルを比較するために使うこともできます。あるモデルにおける期待利益を計算する場合、**式 7-1** の各 o_i は予測クラスと実際のクラスの組み合わせの１つに相当します。ここでは、取り得るすべての組み合わせをまとめて扱いたいと考えています。例えば、ある特定の顧客の集合を対象とすると決めたとき、その顧客の集合が反応する確率はどれほどなのでしょうか。反応しない確率はどれほどでしょうか。もしそれら顧客を対象としなかったら、それら顧客は反応したのでしょうか。幸いにも、これらの値を計算するために必要なことを、私たちはすでに知っています。それは混同行列です。それぞれの o_i は、混同行列の各セルに相当します。例えば、乗り換えすると予測したが実際には乗り換えしない顧客に該当する確率はどうでしょうか。それは、混合行列の（Y, n）のセルの値を、全顧客数で割ることで計算することができます。

　これらの確率を計算するプロセスで、期待利益を計算するための全体像を確認しましょう。**図 7-2** は、モデルの作成から評価までの一連の流れにおける、期待値の計算を表しています。図の左上では、データセットの一部をトレーニングデータとして使い、それを帰納アルゴリズムに与えることで、評価対象のモデルを生成しています。生成したモデルにデータ

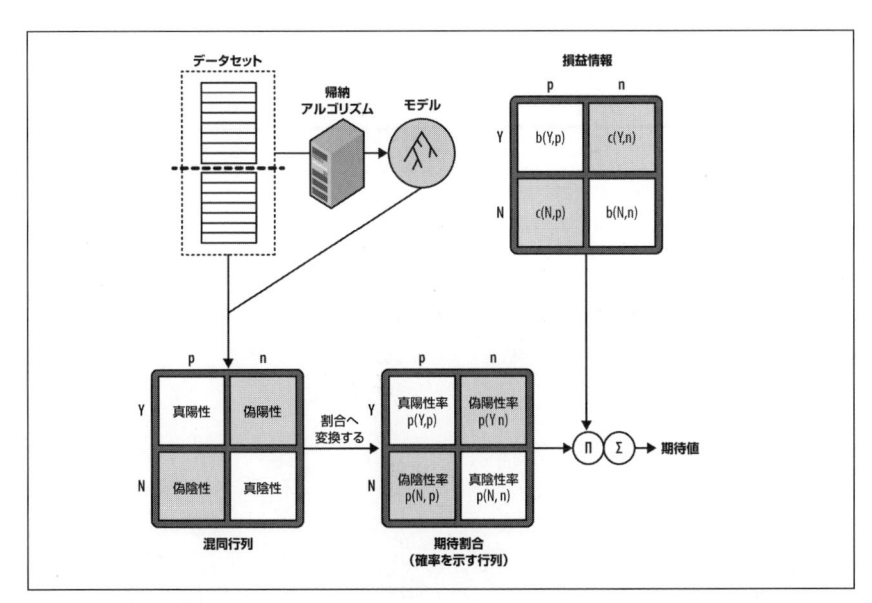

図 7-2　期待値計算のダイアグラム。Π は値を掛け合わせる（乗算する）こと、Σ は値を足し合わせる（加算する）ことを表す。

セットの残りの部分をテストデータとして与え、その結果から混合行列の各セルの値をカウントします。**表7-4** は、混合行列の具体例を示しています。

表7-4　カウントした混合行列の例

	p	n
Y	56	7
N	5	42

誤差率

　何らかのビジネス問題に対して期待値を計算する場合、分析担当者は次の疑問に直面することがあります。それは、これらの確率は実際にはどこから得られるのか、という疑問です。テストデータを使ってモデルを評価している場合、答えは簡単です。これらの確率（エラーの確率と正しい決定の確率）は混同行列上の値から、エラーの割合や正しい決定の割合を計算することで得られます。混同行列の各セルの値は、モデルが行った決定の数であり、その数は予測クラスと実際のクラスの組み合わせに対応します。それぞれの決定数を $count(h,a)$ と表現しましょう（予測（predicted）の p を使いたいところですが、p は既に使っているため、ここでは仮定された（hypothesized）の h を使います）。期待値を計算するために、これらの数からその割合を計算し $p(h,a)$ と表します。この値は、それぞれの数をインスタンスの総数で割ることで計算できます。

$$p(h, a) = count(h, a)/T$$

　次の式は、混同行列のそれぞれの値の割合を計算しています。これらの割合は、**式7-1** の期待値の計算で使う確率の推定値です。

```
T=110
p(Y,p)=56/110=0.51    p(Y,n)=7/110=0.06
p(N,p)=5/110=0.05     p(N,n)=42/110=0.38
```

コストと利益

　期待利益を計算するためには、予測と実際のそれぞれクラスの組み合わせにおける利益やコストの値も必要です（**式7-1** 参照）。利益やコストがわかれば、それらの値から損益行列（cost-benefit matrix）を作成することができます。損益行列は、混合行列と同じ行数と列数の行列で、予測と実際のそれぞれの組み合わせに対応した、決定のコストや利益を明らかにします（**図7-3** 参照）。正しく分類できた場合（真陽性と真偽性）の利益を $b(Y,p)$、$b(N,n)$ と表現します。誤った分類の場合（偽陽性と偽陰性）は、利益を $b(Y,n)$、$b(N, p)$ と表現

7.3 重要な分析フレームワーク：期待値 | 217

	実際のクラス	
	p	n
予測されたクラス Y	b(Y,p)	c(Y,n)
予測されたクラス N	c(N,p)	b(N,n)

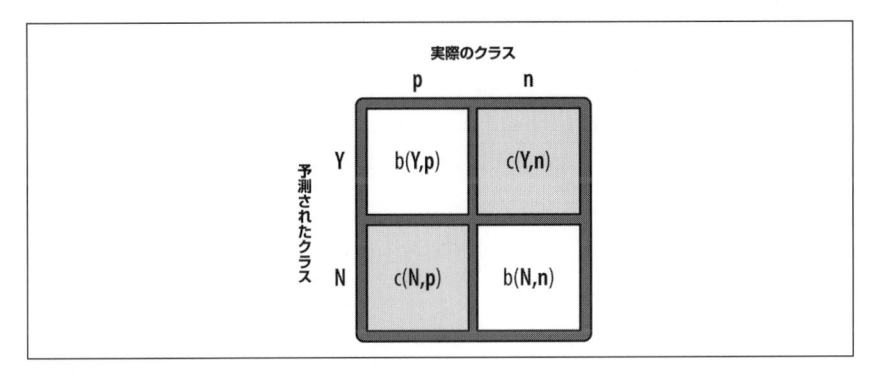

図 7-3 損益行列

します。ただし、誤った分類の場合は利益でなくコスト（マイナスの利益）であるため、明確にコストとして $c(Y, n)$ と $c(N, p)$ と表現することもあります。

確率はデータから推定することができますが、コストと利益はデータだけではわかりません。一般的にコストや利益は、対象としているビジネス問題における意思決定の結果を分析することで得られる外部の情報に依存します。そのため、コストと利益を明らかにするために、多大な時間や労力が必要となることもあります。また、それら利益やコストを正確に把握することは不可能で、おおよその値しかわかりません。8章ではこの点に立ち返り、利益やコストが正確にわからない場合にどのようにすべきかについて議論します。例えば乗り換え問題の場合、引き留めた顧客から得られる価値は、どれほどなのでしょうか。その価値は、将来の携帯電話の使用状況やその他さまざまな要因に依存するため、顧客ごとに大きく異なります。もしかすると、顧客の過去の利用状況が、その価値の推定に役立つかもしれません。多くの場合、問題や計算を簡単にするために、個別の顧客についてのコストや利益の推定値ではなく、その平均を使います。ここでもそれに従い、これ以降では、顧客の個別のコストや利益の計算は行いません。顧客それぞれのコストや利益を扱うことについては、11章で説明します。

それでは、ターゲットマーケティングの例に戻りましょう。この場合のコストや利益とは何でしょうか。ここでは、すべての値を**利益**として表現することにし、コストをマイナスの利益として扱います。明らかにしようとしている関数は、$b($予測$,$実際$)$ です。説明を簡単にするために、すべての数値の単位はドルであるとします。

- **偽陽性**は、オファーに応えそうな顧客だと予測して対象として選択したが、実際には反応がなかった顧客です。前に説明した通り、オファーを送るために顧客ごとに1ドルのコストがかかるため、利益はマイナスであり、$b(Y, n) = -1$ と表すことができま

す。

- **偽陰性**は、オファーに反応しないだろうと予測したが（そのため対象として選択していない）、もしオファーしていればそれに反応し、商品を購入した顧客です。この場合、費用も利益も発生しないため、$b(\mathbf{N}, \mathbf{p}) = 0$ です。

- **真陽性**は、オファーに反応し、商品を購入した顧客です。この場合の利益は、売上（200ドル）から商品のコスト（100ドル）と送付コスト（1ドル）を差し引いた金額で、$b(\mathbf{Y}, \mathbf{p}) = 99$ となります。

- **真偽性**は、オファーしておらず、もしオファーされても購入しなかった顧客です。この場合の利益はゼロであり（利益も費用も発生しないため）、$b(\mathbf{N}, \mathbf{n}) = 0$ です。

これらのコストや利益の推定値を、図7-4のように、2×2の損益行列として表現することができます。損益行列の行と列は、混同行列と同じく、実際のクラスと予測されたクラスを表します。この損益行列こそが、分類モデルの期待値を計算するために必要なものなのです。

$$\text{予測されたクラス} \begin{array}{c} \\ \mathbf{Y} \\ \mathbf{N} \end{array} \overset{\text{実際のクラス}}{\begin{pmatrix} \mathbf{p} & \mathbf{n} \\ 99 & -1 \\ 0 & 0 \end{pmatrix}}$$

図7-4 ターゲットマーケティングの例における損益行列

さて、これで損益行列を得ることができました。各セルのコストや利益を、確率を表す行列のそれぞれのセルを掛け合わせて合計することで、最終的に期待利益を得ることができます。具体的には以下の通りです。

$$\text{期待利益} = p(\mathbf{Y}, \mathbf{p}) \cdot b(\mathbf{Y}, \mathbf{p}) + p(\mathbf{N}, \mathbf{p}) \cdot b(\mathbf{N}, \mathbf{p}) + \\ p(\mathbf{N}, \mathbf{n}) \cdot b(\mathbf{N}, \mathbf{n}) + p(\mathbf{Y}, \mathbf{n}) \cdot b(\mathbf{Y}, \mathbf{n})$$

この式を使うことで、さまざまなモデルとターゲティング戦略における期待利益を計算することができるようになりました。また、その計算結果を利用して、それらを比較することもできます。必要な手順は、テストデータから混同行列を計算することと、損益行列を作成することです。

この式を使うことで、分類器の比較を行うことができますが、この点についてもう少し話を進めたいと思います。それは、実際の現場ではこの式の代替となる計算方法がよく使わ

7.3 重要な分析フレームワーク：期待値 | 219

れるためです。その方法は、分類器の性能を視覚化するための手法（8章参照）と深く関係しています。さらにその代替式を理解することで、この章のはじめに扱った、モデルの比較に関する問題を正確に理解することができます。その問題とは、ある分析担当者が代表的な（クラスの配分が不均衡な）母集団を使ってモデルの性能を評価した一方で、別の担当者は均衡の取れた（クラスの配分が等しい）母集団を使ってモデルの性能を評価した問題です。

期待利益を表現するためによく使われる方法として、各クラスが現れる確率を共通因数としてくくり出す方法があります。それらの確率は**クラスの事前確率**（class priors）と呼ばれます。クラスの事前確率 $p(\mathbf{p})$ と $p(\mathbf{n})$ は、それぞれ陽性インスタンスと陰性インスタンスが出現する確率を表します。それらの確率をくくり出すことで、モデルの予測性能を評価する上で、クラス配分が不均衡である影響を分離することができます。詳しくは8章で説明します。

基本確率のルールは、次の通りです。

$$p(x, y) = p(y) \cdot p(x|y)$$

この式が意味することは、2つの異なる事象が両方とも発生する確率は、2つのうちのどちらか1つが発生する確率と、それが発生している状態でもう1つの事象が発生する確率の積であるということです。このルールを使って、期待利益の計算式を次のように表現し直すことができます。

$$期待利益 = p(\mathbf{Y}|\mathbf{p}) \cdot p(\mathbf{p}) \cdot b(\mathbf{Y}, \mathbf{p}) + p(\mathbf{N}|\mathbf{p}) \cdot p(\mathbf{p}) \cdot b(\mathbf{N}, \mathbf{p}) + \\ p(\mathbf{N}|\mathbf{n}) \cdot p(\mathbf{n}) \cdot b(\mathbf{N}, \mathbf{n}) + p(\mathbf{Y}|\mathbf{n}) \cdot p(\mathbf{n}) \cdot b(\mathbf{Y}, \mathbf{n})$$

クラスの事前確率 $p(\mathbf{p})$ と $p(\mathbf{n})$ を共通因数としてくくり出すことで、最終的な式を得ることができます。

式 7-2　事前確率の p(p) と p(n) で項をまとめた期待値の計算式

$$期待利益 = p(\mathbf{p}) \cdot [p(\mathbf{Y}|\mathbf{p}) \cdot b(\mathbf{Y}, \mathbf{p}) + p(\mathbf{N}|\mathbf{p}) \cdot c(\mathbf{N}, \mathbf{p})] + \\ p(\mathbf{n}) \cdot [p(\mathbf{N}|\mathbf{n}) \cdot b(\mathbf{N}, \mathbf{n}) + p(\mathbf{Y}|\mathbf{n}) \cdot b(\mathbf{Y}, \mathbf{n})]$$

この式をよく見ると、第1項は陽性インスタンスから得られる期待値であり、第2項は陰性インスタンスから得られる期待値であるということがわかります。それぞれの項は、インスタンスが属するクラスの出現確率に応じて重み付けされています。そのため、もし陽性インスタンスがとても少なければ、陽性インスタンスの期待利益に対する影響は小さくなりま

す[†]。この式において、$p(\mathbf{Y}|\mathbf{p})$ や $p(\mathbf{Y}|\mathbf{n})$ といった値は、真陽性率や偽真性率といった値そのものであり、混同行列から直接計算することもできます（囲み記事「その他の評価指標」参照）。

ここでもう一度、混同行列の値を**表7-5**で示します。

表7-5　混同行列の例（実数値）

	p	n
Y	56	7
N	5	42

表7-6で、期待値の計算に必要となるクラスの事前確率や誤差率などを示します。

表7-6　クラスの事前確率、陽性率、陰性率、など

```
T=110
P=61              N=49
p(p)=0.55         p(n)=0.45
tp率=56/61=0.92   fp率=7/49=0.14
fn率=5/61=0.08    tn率=42/49==0.86
```

ターゲットマーケティングの例に戻りましょう。モデルの期待利益はどのような値になるでしょうか。この値は**式7-2**から計算することができます。

$$\begin{aligned}
\text{期待利益} &= p(\mathbf{p}) \cdot [p(\mathbf{Y}|\mathbf{p}) \cdot b(\mathbf{Y},\mathbf{p}) + p(\mathbf{N}|\mathbf{p}) \cdot c(\mathbf{N},\mathbf{p})] + \\
&\quad p(\mathbf{n}) \cdot [p(\mathbf{N}|\mathbf{n}) \cdot b(\mathbf{N},\mathbf{n}) + p(\mathbf{Y}|\mathbf{p}) \cdot b(\mathbf{Y},\mathbf{n})] \\
&= 0.55 \cdot [0.92 \cdot b(\mathbf{Y},\mathbf{p}) + 0.08 \cdot b(\mathbf{N},\mathbf{p})] + \\
&\quad 0.45 \cdot [0.86 \cdot b(\mathbf{N},\mathbf{n}) + 0.14 \cdot p(\mathbf{Y}|\mathbf{n})] \\
&= 0.55 \cdot [0.92 \cdot 99 + 0.08 \cdot 0] + \\
&\quad 0.45 \cdot [0.86 \cdot 0 + 0.14 \cdot -1] \\
&= 50.1 - 0.063 \\
&\approx \$50.04
\end{aligned}$$

この期待値が意味することは、もし顧客の集まりにこのモデルを適用して、陽性と分類された顧客にオファーを送ると、顧客1人当たり約50ドルの利益を期待できる、ということです。

さてここまでで、この章のはじめに紹介した例に対処する方法がわかりました。比較した

[†]　話を簡単にするためにクラス数が2つの場合を扱っているが、この考え方はクラス数がいくつであっても同じ。

い2つのモデルの精度を計算する代わりに、それぞれの期待値を計算すればいいのです。さらに、ここで説明した計算式を使うことで、ある分析担当者が代表的なデータでテストし、他の担当者が均衡の取れたデータ上でテストしたとしても、2つのモデルを比較することができます。モデルの評価に代表的なデータを使う場合も、均衡の取れたデータを使う場合も、それぞれの計算において単純に事前確率を置き換えることで、期待値を計算することができます。例えば、テストセットに均衡の取れたデータを使うということは、事前確率が $p(\mathbf{p}) = 0.5$ と $p(\mathbf{n}) = 0.5$ であることに相当します。数学が得意であれば、データの事前確率が変化しても、式の他の要素は変わらないということに気付いたでしょう。

この節では利益を推定することを扱ってきましたが、節を終えるに当たり、損益行列を作成する際に陥りやすい2つの落とし穴を紹介したいと思います。

- 損益行列を作成する際には、数値の符号に一貫性があることを確認することが重要です。この本では、利益をプラスとして扱い、コストをマイナスとして扱っていますが、データマイニングの研究では、利益を最大化することよりもコストを最小化することに焦点を当てることも多いため、符号がこの本と反対であることもあります。数学的にはこれら2つに違いはありませんが、どちらかを選びそれを一貫して使うことが大切です。

- 損益行列を計算するときの初歩的な誤りの1つに、同じ内容を重複して数えてしまうということがあります。同じものをあるセルでは利益としてカウントし、またあるセルではマイナスのコストとしてカウントしてしまうのです（その逆も同様です）。この誤りを検証するための方法の1つは、あるインスタンスに対する決定を変更した場合の**利益の改善**を計算することです。
例えば、不正利用があった口座を予測するモデルを構築したとしましょう。不正利用された場合、1件につき平均1,000ドルに相当するコストがかかるとします。もし不正利用を見つけた場合の1件当たりの改善利益を+1,000ドルとし、**かつ**、不正利用を見逃してしまった場合の費用を1件当たり−1,000ドルとしたら、不正利用を見つけた場合の**改善利益**はどのようになるでしょうか。おそらく次のような計算式になるでしょう。

$b(\mathbf{Y},\mathbf{p}) - b(\mathbf{N},\mathbf{p}) = 1000$ ドル $-(-1000$ ドル$) = 2000$ ドル

しかし少し考えるとわかるように、実際の改善利益は1,000ドルだけです。これが、重複してカウントするという誤りです。解決策としては、口座の不正利用を見つけた改善利益を1,000ドルとするか、**あるいは**、不正利用を見逃した費用を−1,000ドルとするか、いずれか一方だけに決めることです。決して両方ではありません。どちらか一方は、0とするべきです。

その他の評価指標

データサイエンスの分野において、これからたくさんの評価指標に出会うはずですが、それらの評価指標は、基本的には混同行列から導かれるものです。以降の説明のため、ここでは混同行列上の、真陽性（true positive）、偽陽性（false positive）、真陰性（true negative）、偽陰性（false negative）の数値をそれぞれ、*TP*、*FP*、*TN*、*FN*と短縮して表記することにします。これらの値から、さまざまな評価指標を表現することができます。**真陽性率**と**偽陰性率**は、実際にはインスタンスが陽性の場合の、正しい決定と誤った決定の割合を表します。これらは、$TP/(TP + FN)$、$FN/(TP + FN)$ と表現することができます。**真陰性率**と**偽陽性率**とは同じように、実際には陰性であるインスタンスの割合を表します。これらの値は、実際にインスタンスが **p** である場合に、それを **Y** と予測する確率を推定する際によく利用されており、$p(\mathbf{Y} \mid \mathbf{p})$ といったように表されます。この点については、8 章でさらに掘り下げます。

適合率（precision）と**再現率**（recall）という指標もよく使われており、特にテキストの分類や情報検索といった分野で使われます。再現率は、真陽性率と同じことを意味します。適合率は $TP/(TP + FP)$ で表現され、陽性予測の精度を意味します。*F* 値（F-measure）は、与えられたある点における適合率と再現率の調和平均で、次の式で表されます。

$$F値 = 2 \cdot \frac{適合率 \cdot 再現率}{適合率 + 再現率}$$

また、統計、パターン認識、疫学といった多くの分野では、分類の検出感度（sensitivity）と特異度（specificity）といった指標も使われています。

$$特異度 = TN/(TN+FP) = 真陰性率 = 1 - 偽陽性率$$
$$感度 = TP/(TP+FN) = 真陽性率$$

陽性的中率（positive predictive value）という言葉も聞くことがあるかもしれませんが、これは適合率と同じ意味です。

前に説明した通り、精度は正しい決定の数を決定の総数で割ったシンプルな値ですが、次のようにも表現することができます。

$$精度 = \frac{TP+TN}{P+N}$$

スウェッツはその他多くの評価指標を取り上げ、混合行列との関係を整理しました[Swets 1996]。

7.4 評価、基準性能、データに対する投資への示唆

　ここまで、モデルの評価についてのみ議論してきました。いくつかの事例では、モデルが何らかの（ゼロでない）利益やプラスの投資対効果を生み出すことを示すだけで、そのモデルは価値があるだろうと考えました。ここで、また別のデータサイエンスの基本コンセプトを紹介したいと思います。それは、「モデルの性能の比較対象となる適切な基準は何であるか深く考察することは重要である」ということです。このコンセプトは、データサイエンスチームにとって、自分たちが本当にモデルの性能を改善しているのか理解するために大切であり、また利害関係者に対してデータマイニングが価値を生み出していることを示すためにも同じように重要なことです。では、モデルの性能を比較する上で、何が適切な基準なのでしょうか。

　もちろんその答えは、実際にモデルを適用する場面ごとに異なります。適した基準を見つけることは、データマイニングのプロセスにおける、分析対象のビジネスを理解するためのタスクの1つです。適切な基準は適用する場面によってさまざまですが、それでも、それを見つける上でとても役立ついくつかの一般的な考え方が存在します。

　分類モデルの場合、ランダムモデル（インスタンスを無作為に分類するモデル）を作成し、その性能を評価することは簡単にできます。8章で扱う可視化のフレームワークでは、ランダムモデルが満たすべき基準が示されています。ランダムモデルは、分析が困難な問題や、初期の調査段階において役立ちます。ランダムモデルと比較することで、そのデータから抽出できる何らかの有用な情報があることを証明できます。

　しかし、ランダムモデルに勝る性能を出すことは簡単な（あるいは簡単そうに見える）ことが多いため、それよりも優れていると示すことは、あまり重要ではないかもしれません。データサイエンティストは、そのままデータマイニングを続けてよいことを証明するために、ランダムモデルの代わりとなるモデル（シンプルですが単純すぎないモデル）を構築する必要があることもあります。

　予測について扱ったネイト・シルバーの著書『*The Signal and the Noise*』［Nate Silver 2012］では、天気予報の場合の、基準に関する課題について述べています。

　どんな天気予報であれ、それに意味があることを示すために、2つの基本的なテストに合格しなければいけない。1つは、気象学者が持続的と呼んでいるもので、天気は明日も（そしてその次の日も）今日と同じである、という仮定よりも優れているかというテストである。もう1つは、気候統計よりも優れていることを示すテストで、ある日のある地域における過去の天気の平均という予報よりも優れているか、というテストである。

　言い換えれば気象予報士は、性能の比較に利用できる2つのシンプルな（しかし単純すぎ

ない）基準モデルを持っているということです。1つは、今日の天気から明日の天気を予測する（持続的）モデルです。もう1つは、過去のデータの平均から天気を予測する（気候統計）モデルです。どちらのモデルも、ランダムな予測よりもかなり良い成果を出しますし、どちらのモデルも比較を行うに当たり、簡単に計算できます。どのような新しい（そしてより複雑な）モデルであれ、必ずこれら2つのモデルより優れていなければいけません。

妥当な基準に対する指針とは何でしょうか。分類問題の場合には1つの基準として、**多数決分類器**があります。多数決分類器とは、トレーニングデータ内で最も多いクラスを常に選ぶ、とても単純な分類器です（124ページの「注意：ベースレート」を参照してください）。多数決分類についての解説は飛ばしてしまってもいいように思えますが、ここで少し説明しておいたほうがいいでしょう。この分類器との比較をするときに、多くの優秀な分析担当者が失敗しています。例えば、ある分析担当者が、自分が作成した分類器の精度が94%だとわかり、大変良く機能していると結論付けたとしましょう。ただこの時、実際には、データセットのうち、陽性インスタンスの割合が6%だったのです。この場合、単純な多数決分類器であったとしても、精度は同じく94%となったはずです。データサイエンスの学習を始めたばかりの学生は、データをもとに自分が作成したモデルが常に多数派であるクラスと予測してしまうことに驚くことがあります。モデリング手法が、最も精度の高いモデルを作ることを目標としているなら、このこと自体は意味のあることです。94%の精度を上回るモデルを作ることはとても難しいことかもしれないのです。ただ、もちろん正解はこの章で議論してきたコンセプトを使うことです。つまり、データマイニングの結果から何が求めるべきか慎重に考える、ということです。ただ単に予想精度の最大化を目指すことは、たいていの場合、適切な目標とは言えません。もし、私たちのアルゴリズムが精度の最大化を目標としているのであれば、それは間違ったアルゴリズムです。回帰問題においても、よく似た基準が存在します。それは、母集団の平均的な値（通常は平均値か中央値）を予測するという基準です。

モデルを適用するとき、複数のシンプルな平均を組み合わせて使いたい場合があります。例えば、映画のレコメンドシステムを評価するとしましょう。このシステムは内部的に、顧客が映画にいくつの星を付けるか予測します。このとき、次の2つの平均を使うことができます。1つは、ある映画は顧客からいくつの星が付けられたか（どれほど「いいね！」を付けられたか）という平均です。もう1つは、ある顧客はその顧客が評価した映画にいくつの星を付けているか（その顧客が星を付ける傾向はどれくらいか）という平均です。これら2つの平均を組み合わせて用いることで、それぞれを個別に利用するよりも、もっといい予測をすることができます。

シンプルな基準モデルについての議論はここまでにして、次にもう少し複雑な代替モデルを考えます。その代替モデルとは、インスタンスの特徴の中から少しの特徴だけを選んで予

測に使うモデルです。例えば、3章で扱った、データマイニングの最初の例を振り返ってみます。そこでは情報価値のある変数や属性を見つける、ということをしました。予測したい対象に最も関連した変数を見つけることができれば、その変数だけを使った分類モデルや回帰モデルを作ることができます。その結果からいままで議論してきた基準とは異なる、別の基準の考え方を得ることができます。その考え方とは、シンプルな「条件付き」モデルはどれほどの性能を発揮するか、ということです。ここでの「条件付き」が意味することは、選択した特徴の値をもとに（または条件に）予測をする、ということです。一方、母集団全体の平均は、「無条件」平均、と呼ばれることがあります。

　このように単一の特徴を使う予測モデルを構築する例の1つに、「ツリー帰納法を用いて**決定株**（decision stump）を構築する」ことが挙げられます。決定株は、決定木の一種であり、内部ノードを1つだけ持つ（つまり根ノードのみを持つ）決定木です。木構造において内部ノードの数を1つだけにするということは、最も情報価値のある特徴を1つだけ使って決定する、ということを意味します。ロバート・ホルテはその著名な機械学習の論文［Robert Holte 1993］の中で機械学習による調査で使うテストデータセットにおいては決定株はまったく妥当な基準性能を示すということを述べています。決定株は次のような戦略の一例です。それは、分析に利用できる多くの情報の中から、最も価値のある情報を1つだけ選び（3章参照）、その情報をもとにすべての決定を行う、という戦略です。場合によっては、1つの特徴だけがモデルの決定に大きな影響を与えることがあります。決定株という手法は、それが妥当かどうか、あるいはどれくらい妥当かを評価します。

　こうした考え方は、データの**発生源**にも応用することができ、それは1章で紹介した、データを投資する価値のあるリソースとして認識すべき、という基本コンセプトとも関係があります。もし、さまざまな情報源からのデータを統合して扱うモデルを構築しようと考えているのであれば、そのモデルの結果と、1つの情報源のデータだけから作成したモデルとを比較するべきです。新しい情報源を得るために、無視できないコストがかかることもあります。金銭的な費用がかかる場合もあれば、データ提供者との関係を維持したり、データフィードを監視することに労力がかかる場合もあります。データサイエンスチームは、情報源ごとにその情報源を使うモデルと使わないモデルとを徹底的に比較するべきです。このような比較を行い情報源の価値を定量化することが、それぞれの情報源を獲得するコストが妥当なのか判断する助けとなります。もし、ある情報源があまり重要でないとわかれば、その情報源を利用しないことにし、コストを減らすことができるかもしれません。

　シンプルなモデル（およびデータ量を削減したモデル）との比較とは別に、対象分野の知識や一般常識に基づいてシンプルでコストがかからないモデルを構築し、その性能を評価することは意味のあることです。例えば不正検出のモデルの場合、不正利用される口座は突然その利用量が増加すると考えられていました。そのため、突然多数の取引が発生する口座を

チェックしさえすれば、不正利用の大部分を捕えるのに十分だとされてきました。この考え方に沿ったモデルを作ることはわかりやすく、またデータマイニングから得られる恩恵を説明するための、妥当な基準となります（これは、本質的には単一特徴の予測モデルです）。また似たような事例に、IBMのあるチームが作った販売モデルがあります。そのチームでは、どこに対して営業活動すべきか判断するために、データマイニングを使ってシンプルな販売モデルを構築しました。その販売モデルでは、取引実績のある企業に対しては、その企業から前年得た利益で優先度を付け、その他の企業に対しては年間売上高で順位付けしました[†]。結果として彼らは、データマイニングによってこのシンプルな戦略を上回る大きな価値を生み出せることを示しました。データマイニングチームが比較のためにどのような基準を選ぶにしても、その基準は利害関係者にとって意味のあるものであり、説得力のある基準であるべきです。

7.5 まとめ

データサイエンスにおいて重要なことの1つは、モデルを適切に評価するための準備を行うことです。これを十分に行おうとすることは驚くほど難しく、多くの場合、何度か試行錯誤する必要があります。モデルの評価を行う際に計算を簡単に行いたいという理由で、単純な計測手段を使いたくなることもあります。分類精度は多くの研究論文で使われていますし、学校で学んだことがある読者もいるかもしれません。しかし現実の世界では、単純すぎる計測手段を使っても、問題の本質を明らかにすることはほとんどできず、また誤った判断をしてしまうこともあります。そのため、データサイエンティストは、実際の現場においてモデルがどのように使われるかに注意を向け、それをもとに適切な評価指標を用意しなければいけません。

期待値の計算は、モデルの評価を体系的に行うための、最適なフレームワークです。期待値は評価の枠組みとして有用なものであり、もしも最終的に適用したモデルが受け入れがたい結果を出したとしても、何が間違っているのかを特定する手助けになります。

インスタンスの特徴は、データサイエンスの結果を評価する上で、注意深く考慮されるべきものです。例えば実際の現場では、分類問題においてクラス配分が大きく偏ったデータを扱うことはよくあることです（母集団における各クラスの割合が等しくないということです）。クラス比率を調整することは、データからモデルを構築するためには有益なこと（もしくは、むしろ必要なこと）かもしれませんが、モデルの評価は本来のクラス配分の偏った母集団で行うべきです。そうすることで、モデルを適用した場合に、実際のところ何が達成

[†] そのチームは、そのモデルをウィリー・サットンモデル（Willy Sutton model）と名付けた。ウィリー・サットンとは有名な銀行強盗で、銀行強盗する理由を尋ねられ、「そこに金があるからだ」と答えたことで知られている。

できそうか理解できるでしょう。

　モデルの全体的な期待値を計算するためには、それぞれの決定におけるコストや利益を特定する必要があります。それらがわかれば、データサイエンティストは、各モデルにおけるインスタンスごとの期待コストを計算することができ、最も期待コストの低いモデルや最も期待利益の高いモデルを選ぶことができます。

　モデルが妥当な（あるいはより良い）成果を出しているか判断するために、何に対してデータ主導モデルを比較するべきか考慮することも大切です。この問題に対する答えは、対象としているビジネスの理解と密接に関わります。この点については、データサイエンスチームが従うべきさまざまなベストプラクティスが存在します。

　いままでの章で紹介してきたコンセプトを使って、この章における考え方を説明してきました。もちろん、それらのコンセプトは一般的なものであり、この章で扱った例以外にも適用することができます。また最初に示した基本コンセプトである、データを資産と考えどのように投資するか考える必要がある、という原則とも関係しています。この点を示すために、他のさまざまなモデルや基準と比較できるだけでなく、異なる情報源から得られる結果と比較することもできる、ということを説明しました。情報を獲得するコストはさまざまです。情報源の価値について慎重に評価することで、投資対効果を最大化するために、どの情報源を選択するべきかわかるでしょう。

　最後に、この章ではモデルの性能を表現するための、単一の定量的な値について議論してきました。その値を使うことで、「どれほどの利益を期待できるのか」、「モデルAとモデルBのどちらを使うべきか」といった質問に答えることができます。そのような答えは、意味のあることですが、いくつかの前提があった場合における1つの値を提供しているにすぎません。しかし多くの場合、それを使って、さまざまな状況下におけるモデルの挙動を可視化することができます。次章では、そのようなモデルのグラフィカルな表現を議論していきます。

8章
モデル性能の可視化

> **基本コンセプト：**
> - さまざまな不確実性のもとでのモデル性能の可視化
> - データマイニングの結果に求められるものについてのさらなる考察
>
> **代表的技法：**
> - 利益曲線
> - 累積反応曲線
> - リフト曲線
> - ROC 曲線

7 章では、モデル評価における基本的な問題を紹介し、何が良質なモデルを生み出すのか、という問いへの解答を模索しました。そして、期待値フレームワークに基づいて詳細な計算方法を考えました。前の章は、それ以前の章よりもはるかに数学的でした。あのような内容を読むのが初めての方は、紹介した方程式に少し圧倒されたかもしれません。あれらの方程式は、次の値を導き出すことはできますが、あまり直感的ではありません。この章では、方程式が解き明かしていることをより理解するために、別の視点から見てみることにします。

式 7-2 の期待値計算式は、特定の条件において 1 つの値を算出し、そのシナリオで期待される利益を表します。データサイエンスチーム以外の関係者は、詳細については少し難しいと感じるかもしれません。このため、より概念的なレベルで理解でき、そして、より直感的に見て理解できるモデル性能の説明を求めたくなるでしょう。方程式やつまらない計算に慣れているデータサイエンティストでさえ、式から導き出される 1 つの推定値だけでは貧弱であり、情報量が少ないと考えることがあります。なぜなら、それらの式は非常に厳しい仮定（コストと利益を正確に把握しているという前提、モデルによる確率の推定値が正確であるという前提）に基づいているからです。つまり、単に計算をするだけではなく、**可視化**することが有用になる場合がある、ということです。そしてこの章では、いくつかのそういった有用な技法を紹介します。

8.1　分類ではなく、ランク付けを行う

「7.3　重要な分析フレームワーク：期待値」では、モデルによってスコアを算出する方法は、個々のケースに対する意思決定を、期待値に基づいて計算する場合に利用できる、ということを説明しました。意思決定をするための別の方法としては、モデルが算出したスコアによって一連のケースを**ランク付け**し、上位ランクのケースに基づいて行動を選択する、という方法があります。個々のケースに対して1つずつ意思決定する代わりに、上位 N 個のケース（または、任意の閾値を上回るスコアを持つすべてのケース）を取り、決定する方法もよいかもしれません。このような方法を取ることには、いくつかの実用的な理由があります。

その理由の1つには、モデルが算出するスコアは、そのケースがどのクラスに分類されるかを尤度（尤もらしさ、likelihood）によってランク付けしたものであり、真の確率（母確率、true probability）ではなく、あくまで推定値であることが挙げられます（分類器のスコアとみなせる決定境界からの距離に関して説明した4章を参考にしてください）。さらに重要なことは、そういった分類器からは何らかの理由で、推定値すら正確に得ることができないかもしれない、ということです。例えば、ターゲットマーケティングを行う際には、代表的なトレーニングサンプルを十分に得ることができない場合に、これが起こります。しかし、そういった分類器が算出するスコアは依然として有用で、どの戦略が優れているのかを決めるのに使うことができます。それは、推定値として得た1%という値が、実際の1%と正確には対応していないとしてもです。

一般的なシチュエーションとして、特定のアクションを行うために**予算**が与えられます。例えば、キャンペーン用の限られたマーケティング費用などがあるでしょう。そういった状況では、最も成功する可能性が高い候補者をターゲットにしたくなるはずです。期待値の高いケース（候補者）をターゲットにするつもりであり、その際のコストと利益が分類された各クラスで一定であるなら、各ケースがターゲットとしたいクラスに属する尤度を求め、それによってランク付けすれば十分です。正確な確率を推定することを、あまり気にする必要はありません。唯一の注意点は、予算を十分に小さくしておき、採用したアクションから得られる期待値がマイナスにならないようにすることです。しかし、その点についてはビジネス面の問題として、いったん置いておきます。

また、その他の実用的な理由としては、コストと利益を正確に特定することができないにも関わらず、それでもアクションを取らなければならない（そして、尤度の高いケースでアクションできれば嬉しい）、ということが挙げられます。次の節で、このシチュエーションに戻って説明をします。

8.1 分類ではなく、ランク付けを行う | 231

クラスごとに一定のコストと利益を持つのではなく、**個々のケースが別々のコストと利益を持つ場合**、「7.3 重要な分析フレームワーク：期待値」で説明した期待値に関する内容に従うと、尤度によるランク付けでは十分でないことがわかるでしょう。

分類器を使用してインスタンスにスコアを与える場合、状況によっては、分類器の判定が非常に保守的になる場合があります。これは、その状況での分類器の特性によるものです。分類器がインスタンスをポジティブだと判定するためには、高い確実性を必要とする、という特性です。これは、具体的には、スコアの算出に高い閾値を用いている状況に相当します。逆に、状況によっては、分類器がより緩い判定をする場合もあります。これは低い閾値を用いている状況に相当します[†]。

これによって、問題が少し複雑になります。そしてそれに対処するために、モデルを評価、比較するための分析フレームワークを拡張する必要があります。「7.1.2 混同行列」で

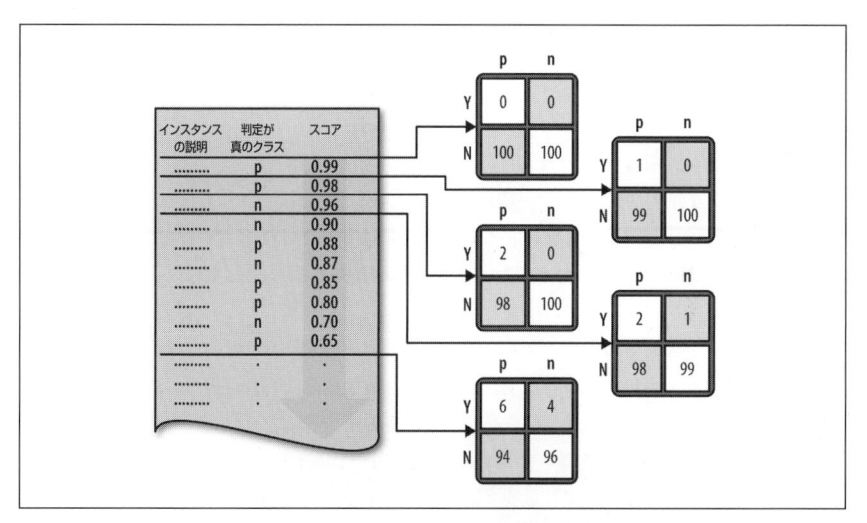

図 8-1 スコアによって並び替えたインスタンスのリストを閾値で判別する様子。ここでは、一連のテストインスタンスに対して、モデルごとにスコアを付けていて、さらにそのスコアの降順で並び替えている。一連の閾値（各水平線で表す）を適用して、すべてのインスタンスを分類し、閾値よりも上なら Y（陽性）、下なら N（陰性）としている。各閾値は、固有の混同行列を生成する。

[†] 実際、応用事例によっては、同じモデルのスコアでも、異なる状況で異なる閾値を用い、それぞれ別の意思決定をすることがある。例えば、あるモデルを最初は信用貸付の可否を決定するため使用することもあれば、同じモデルを後から新規顧客の与信限度額を設定するために使用することもある。

は、分類器が混同行列[†]を生成することについて述べました。ランク付けを行う分類器と同じように、**閾値を持つ**分類器も、1つの混同行列を生成します。閾値を変えると、混同行列も同様に変わります。なぜなら、真陽性と偽陽性[‡]の数が変わるためです。

図8-1 は、この基本的な考え方を示しています。閾値を下げるにつれて、インスタンスは混同行列の **N** の行から **Y** 行に上がります。これは、陰性と分類されていたインスタンスが陽性と分類され、陰性と陽性の個数が変化したためです。どの個数が変化するかは、その問題で真のクラスを何にしているか、に依存します。インスタンスが陽性であった場合（「**p**」列）、上に移動し、真陽性になります（**Y, p**）。陰性（**n**）であった場合、それは偽陽性になります（**Y, n**）。厳密には、異なる閾値を使用すれば異なる分類器となり、それぞれ独自の混同行列によって表されるものとなります。

これには、2つの疑問が残ります。異なる**ランク付け**をどのように比較したらよいか、という疑問と、適切な**閾値**をどのように選べばよいのか、という疑問です。正確な確率の推定ができ、かなり具体的にコスト－利益行列がわかっている場合、2つ目の疑問については、既に期待値の説明のところで答えています。その場合は、期待利益が望ましい値（通常はゼロ）を超えるように閾値を選びます。ここから先は、この考え方を探求し、拡張してみましょう。

8.2 利益曲線

「7.3 重要な分析フレームワーク：期待値」では、期待値を計算する方法を説明しました。そして直前の節では、モデルを使ってインスタンスにランク付けをする考え方を説明しました。これらの考え方を組み合わせると、モデル性能を曲線で可視化することができます。各曲線は、分類器の閾値を連続的に変化させてその効果を確認したものです。このとき計算の内部では、インスタンスのリストを一連の真と偽のクラスに分割しています。閾値をランクの「下」に向けて移動するにつれて、陰性ではなく陽性と予測できるインスタンスが増えていきます。各閾値、すなわち、陽性と陰性を判定して分割したインスタンスの集合に対して、1つの混同行列が生成されます。前の章では、ひとたび混同行列を得ることができれば、コストと利益の情報に基づいて、その混同行列に対応した期待値を計算することができる、ということを説明しました。

具体的に言うと、ランク付けを行う分類器を使うと、インスタンスのリストを作ることができ、それらのスコアを推定し、そのスコアの降順でランク付けすることができます。さらに、一定の閾値でリストを区切って結果を選別し、期待利益を測定することができます。要するに、スコアの高低でインスタンスのリストをランク付けし、その後、それを上から眺め

[†] 訳注：混同行列については、巻末の用語辞書を参照のこと。
[‡] 訳注：真陽性と偽陽性についての説明は、巻末の用語辞書「混同行列」の部分を参照のこと。

ていき、各インスタンスごとに期待利益を確認していく、ということです。そして、上から見ていって一定の区切りまで到達したときに、リスト中で陽性と判定されたインスタンスの割合と、そのときの推定利益を確認しているのです。これらの推定利益をグラフ化すると、**利益曲線**になります。3つの利益曲線を図 8-2 に示しています。

　このグラフは、顧客 1,000 人分のテストインスタンスに基づいています。過去にマーケティングの対象としてテストしたことのある人々からランダムに抽出した小さな母集団とも言えるでしょう（結果を解釈するときは、通常、顧客の割合について考えます。これは、その母集団を、全体に対して一般化できるようにするためです）。各曲線を描くためには、何らかのモデルでオファーを受け付ける確率を推定し、その値の高い方から低い方へ顧客を並べます。この例では、利益率は小さめに設定しています。つまり、各オファーには 5 ドルのコストがかかり、受け入れられれば 9 ドルを得て、4 ドルの利益となるとしています。コスト行列は、次のようになります。

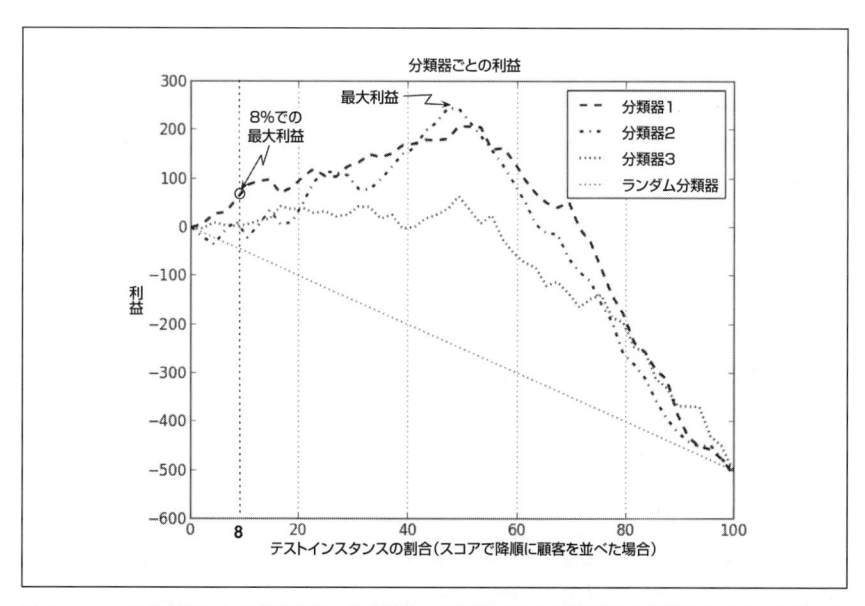

	p	n
Y	$4	−$5
N	$0	$0

図 8-2　3つの分類器による利益曲線。各曲線は、分類器ごとの累積利益の期待値を示す。右端に向かって、徐々にターゲットとしている顧客の割合が大きくなっていく。

曲線からは、利益がマイナスになる可能性があることが読み取れます。常にではありませんが、コストとテストインスタンスの比率によってはマイナスになっています。特にこれが起こるのは、利幅が薄く、かつ、オファーを受け入れる人の数が少ない場合です。曲線からは、「赤字になること」が読み取れます。リストをあまりにも下の方まで使ってしまい、その結果非常に多くの人にオファーをすることになり、それが原因でオファーのコストが非常に多くかかってしまっているためでしょう†。

4つの曲線すべてが、同じ位置で開始し、終了していることに注目してください。これは当然の結果です。なぜなら、左端では、ターゲットとした顧客がいないため、コストも利益もないからです。右端では、顧客全体がターゲットになっているので、すべての分類器において算出する利益が同じ値になります。その間の部分では、分類器が顧客をどのように順序付けるかによって、違いが生じます。ランダム分類器は、最も性能が悪くなります。なぜなら、オファーを受け入れる顧客と、受け入れない顧客を、選ぶ確率が同じになるからです。ここでテストした分類器の中で、分類器2は顧客の上位50%をターゲットとしたときに、最大利益である200ドルを得ています。もし目標が単純に利益の最大化であり、リソースに制限がないなら、分類器2を選べばよいわけです。分類器2を利用し、顧客の母集団にスコアを付け、そのリストの上半分（上位50%）をターゲットとすればよいのです。

多少状況は異なりますが、より一般的な、**予算**が制限されている場合についても考えてみましょう。ここでは、一定の利用可能な資金があるとし、何らかの利益を得る前には、その資金をどう使うか計画を立てる必要がある場合を考えます。これは、マーケティングキャンペーンなどでは一般的な状況です。前と同じように、ランク付けの高い顧客をターゲットにできると嬉しいのですが、今回は予算的な制約‡があり、それは戦略に影響を与えます。また、ここでは100,000人の顧客がいて、マーケティングキャンペーンのために、40,000ドルの予算を持っているとします。そして、モデリング結果（図8-2の利益曲線）を使用し、予算を使う最善の方法を見つけ出したいと考えています。この場合、何をすればよいでしょうか。まず最初に、提供可能なオファーの数を把握しましょう。それぞれのオファーには5ドルかかるため、最大で40,000ドル / 5ドル = 8,000人の顧客をターゲットにすることができきます。前と同じように、オファーを受け入れる可能性が最も高い顧客を識別したいのですが、それぞれのモデルは顧客に対して異なったランク付けをしています。このキャンペーン

---

† この例では、単純化のため、在庫品などの現実的な問題を無視している。それらを考慮するためにはより複雑な利益の計算が必要になるだろう。

‡ 別の一般的なシチュエーションとしては**戦力の制約**がある場合が考えられる。これは、予算の制約がある場合と同じ考え方だ。この場合には、問題を解決するために利用可能な資源（お金や人員）は、固定的に割り当てられている。そしてその制約の中で、最も「支出に見合うだけの価値」がある戦略を取りたいと考える。例えば、使えないアナリストを戦力として持っていて、しかも、ランク付けされてはいるけれど間違っていそうなデータを、彼らに分析対象として渡すようなケースもあるかもしれない。

では、どのモデルを使うべきでしょうか。8,000人の顧客は顧客基盤全体の8%であるため、利益曲線を見るときに、$x = 8\%$での値を確認します。その点で最高の利益を出しているモデルは分類器1です。母集団全体をスコア付けするために分類器1を使い、上位にランク付けされた8,000人の顧客にオファーを送ればよいことになります。

要約すると、このシナリオからは、予算の制約を追加することで、意思決定に2つの変更が起きることわかります。まず、戦略の変更（8%の顧客をターゲットとすることであり、50%ではないこと）が起きます。さらに、ランク付けを行う分類器の変更が起きます。

8.3 ROCグラフと曲線

利益曲線が適切である場面は、分類器を使用する条件が正確にわかるようなときです。具体的には、利益の計算の基礎となる2つの重要な条件があります。

1. **クラスの事前分布**：ターゲット母集団中の陽性インスタンスと陰性インスタンスの割合。また**ベースレート**（通常、陽性インスタンスの割合で表される）として知られている。式7-2では、$p(\mathsf{p})$と$p(\mathsf{n})$を区別していた。

2. **コストと利益**：期待利益は、コスト−利益行列の要素であるコストと利益のバランスに強く影響を受ける。

クラスの事前分布とコストと利益の推定が両方ともよくわかっていて、安定している場合、利益曲線はモデル性能を可視化する手法として適しているでしょう。

しかし実際には、多くの業務領域でこれらの条件は不明か、または不安定です。実業務において間違った分析の例としては、不正行為の数の地域間での変遷や、月ごとの変遷に関するものがあります［Leigh 1995］［Fawcett & Provost 1997］。この場合、不正行為の総量は、クラスの事前分布に影響します。携帯電話の乗り換え管理の例では、マーケティングキャンペーンは、さまざまな予算が与えられるでしょうし、オファーのコストもキャンペーンごとに変わるでしょう。それらは、コストの期待値に影響します。

不透明な条件を扱う場合のアプローチの1つとしては、それぞれのモデルを使って、異なる期待利益を計算する方法があります。とはいえ、これはあまり十分とは言えない場合があります。例えば、モデル、クラスの事前分布、そして意思決定コストが、複雑にからみあっている場合です。このような場合、アナリストは、大量の期待利益のグラフに直面することになります。そして、そのグラフは管理しづらく、中身を理解しづらく、また、関係者に説明もしづらいものになってしまいます。

別のアプローチとしては、不確実性を許容できるようにするために、取り得る性能の全

体を示す方法があります。そういった方法の1つとして、受信者動作特性（ROC）グラフ[Swets、1988][Swets, Dawes & Monahan 2000][Fawcett 2006]があります。ROCグラフは、分類器を2次元のグラフで表したものです。x軸に偽陽性率、y軸に真陽性率を取ります。このように、ROCグラフは、分類器が利益（真陽性）とコスト（偽陽性）の間に生み出すトレードオフを示したものです。図8-3は、5つの分類器のROCグラフを示しています。各分類器をAからEと表記しています。

離散的分類器は、ランク付けとは対照的に、分類したクラスのラベルのみを出力します。既に説明したように、これらの分類器は混同行列を生成します。混同行列は、統計量によって記述できる行列であり、その行列の要素は、真陽性、偽陽性、偽陰性、偽陰性の数や割合によって構成されます。混同行列には、4つの数値が含まれますが、本当に必要としているのは、そのうちの2つの数値です。それは、真陽性と偽陽性の組み合わせか、あるいは、真陰性と偽陰性の組み合わせです。それらの組み合わせのうち、どちらか片方が決まると、もう一方は自然に決まります。なぜなら、両方足し合わせると1になるからです。一般的には、真陽性率（tp率）と偽陽性率（fp率）の組み合わせを用います。この本でも、この一般的な組み合わせでROCグラフを作成することにします。離散的分類器は、（fp率, tp率）の組を生成し、これはROC空間の1つの座標に対応します。図8-3の分類器は、すべて離散的分類器です。このあとの説明で重要になるのですが、tp率は陽性インスタンスのみを使用して算出し、fp率は陰性インスタンスのみを使用して算出します。

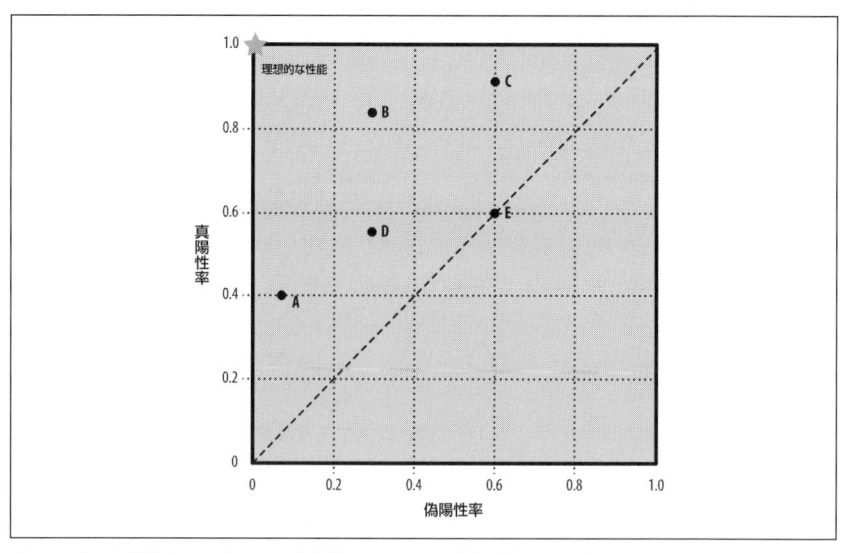

図8-3　ROC空間と5つの異なる分類器（A － E）の性能を示しています。

> tp 率と fp 率がどのような統計量であるのかを覚えるのは、普段それらの言葉を使わない人にとっては、頭が混乱するかもしれません。その場合、それらの統計量に対して、堅苦しい言い方ではなく、より直感的な言い方をした方が簡単になります。tp 率は**ヒット率**（実際には陽性であるものを、分類器が正しく陽性と分類した割合）と呼ばれることがあります。fp 率は**誤警報率**（実際には陰性であるものを、間違えて陽性と分類した割合）と呼ばれることがあります。

ROC 空間内には、いくつか重要な座標があります。左下の座標 (0, 0) は、その分類器は陽性の分類を行わないことを表しています。このような分類器は、偽陽性となってしまうことはありませんが、当然真陽性にもなりません。全く反対のやり方、つまり無条件に陽性の分類を行う分類器は、右上の座標 (1, 1) になります。座標 (0, 1) は、完璧な分類[†]を表していて、星印で記載しています。(0, 0) から (1, 1) へ引かれた対角線は、クラスを推定する方針を表しています。例えば、半々の確率でランダムに陽性と分類する分類器であれば、結果は半分が陽性で半分が陰性になります。これは、ROC 空間の座標では (0.5, 0.5) に位置します。90% の確率で陽性と分類する分類器の場合は、真陽性率が 90% になります。しかし、偽陽性率も同時に 90% になります。これは、ROC 空間では (0.9, 0.9) に位置します。このように、ランダム分類器は、陽性の分類を行う確率に基づいて対角線上の座標を前後に移動します。対角線から抜け出し、上部の三角領域に座標を取るためには、データ内の情報を活用できる分類器でなければなりません。**図 8-3** で、座標 (0.6, 0.6) に位置する **E** の性能は、ランダム分類器とほとんど変わりないと言えます。**E** は、60% の確率でクラスを陽性と推定しているでしょう。分類器の取る座標が、ROC グラフの右下の三角形に位置することは好ましくありません。これは、ランダム分類器よりも悪い性能であることを表しています。

ROC 空間上のある座標は、その他のすべての座標よりも一番左上にある場合は、他より優れた分類器であることになります（つまり、他の座標とくらべて tp 率が高く、fp 率が悪くはない状態であるか、または、fp 率が低く、tp 率は悪くはない状態になります。fp 率も tp 率も両方優れている場合もあるでしょう）。ROC グラフの左側の座標に出現する分類器は、x 軸付近になりますが、「保守的である」と考えることができます。そういった分類器は、強い証拠があるときにだけ警報を上げ（陽性と分類し）、なるべく偽陽性にならないようにします。しかし、その場合は、真陽性も下がることが多くなります。ROC グラフ領域の右上の座標に出現する分類器は、「寛大である」と考えることができます。そういった分類器は、弱い証拠であっても陽性として分類を行うため、ほぼすべて陽性である、と分類してしまうような状態です。これは、偽陽性率を高くしてしまいます。**図 8-3** では、A は B よりも保守的であり、B は C よりも保守的です。現実の多くの業務では、多くの陰性インスタンスが存

[†] 訳注：すべて真陽性であるので完璧になる。

在します（7 章の囲み記事「有害な陽性と無害な陰性」を参照してください）。したがって、ROC グラフの左端での性能は、他の位置の性能よりもとても重要です。陰性インスタンスの数が多い場合には、ほどよい誤警報「率」を持った分類器でさえも、手に負えない可能性があります。

ランク付けを行うモデルの場合は、座標の集合を生成して、ROC 空間上で曲線になります。前に説明したようにランク付けを行うモデルは、閾値を使用することで、離散的（2 値の）分類器を作ることができます。すなわち、分類器の出力が閾値よりも上であれば、分類器は、Y を生成します。閾値以下であれば N を生成します。閾値を変えると ROC 空間上の座標も変わり、**図 8-4** のようになります。

理論上は、スコアによってインスタンスを並び替え、閾値を $-\infty \sim +\infty$ へと変えながら、ROC 空間上に曲線をトレースしていくことができます（**図 8-5** 参照）。並び替えられたリストを順に確認するときに、陽性のインスタンスを通過すれば、曲線は上に動きますし（真陽性率が増加）、陰性のインスタンスを通過すれば、曲線は右に動きます（偽陽性率が増加）。つまり、「曲線」は、実際にはテストインスタンスのセットに対して、階段関数になります。しかし、十分なインスタンスがあれば、滑らかな曲線になるでしょう[†]。

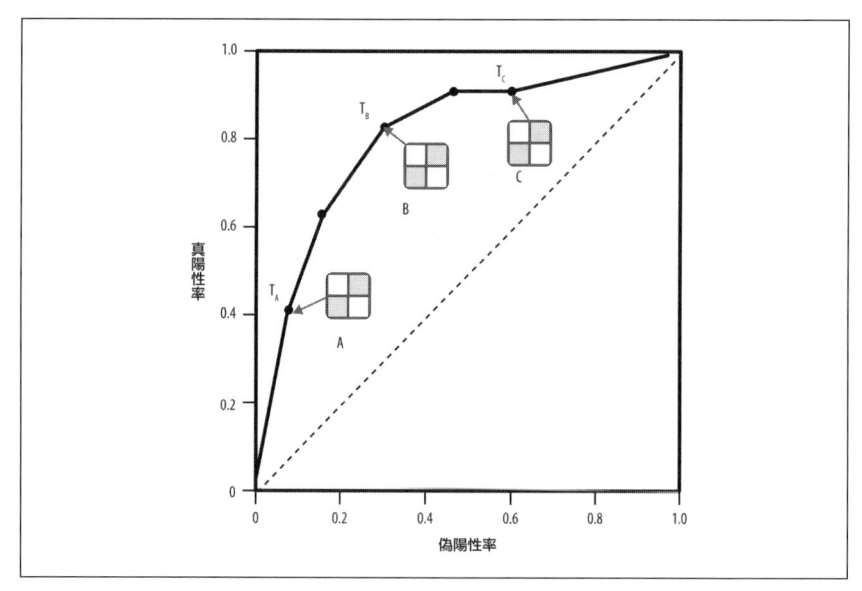

図 8-4 ROC 空間内の異なる座標は、それぞれ特定の混同行列に対応しています。

[†] 厳密には、同じスコアを持つインスタンスがある場合、全体で陽性と陰性の数を数える必要がある。そうすることで、ROC 曲線は角ばった段差ではなく緩やかな段差になる。

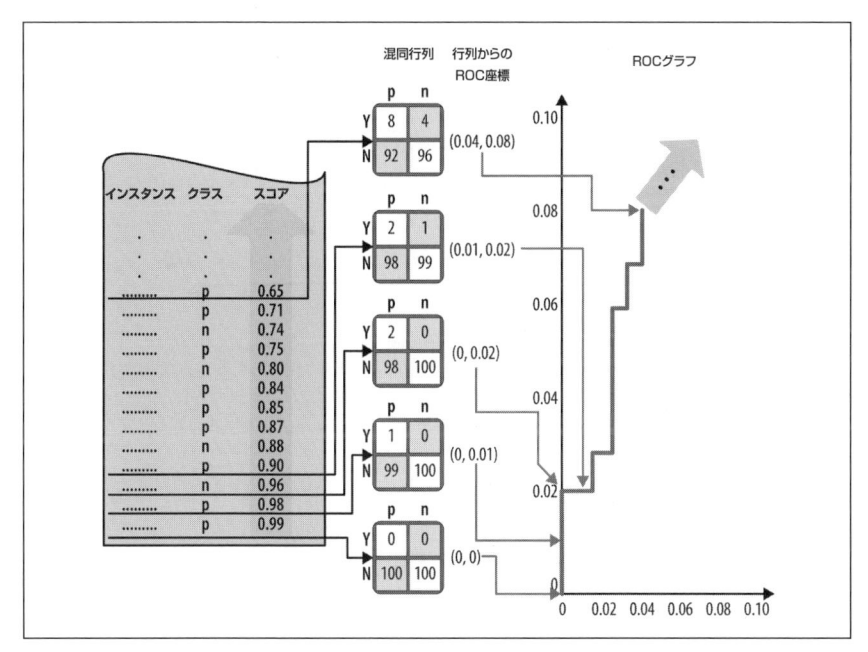

図 8-5 ROC「曲線」(実際には、階段状のグラフ)が、一連のテストインスタンスからどのように構成されるかを図示したもの。左側のリストに記載されている一連のインスタンスは、100個の陽性インスタンスと、100個の陰性インスタンスから構成されている。モデルによって、各インスタンスにはスコアが割り当てられていて、インスタンスは下から上へ向かってスコアの降順に並んでいる。曲線を構築する手順は次の通り。まず、一番下のインスタンスからスタートして、初期状態では、すべてのインスタンスが N に分類されている状態の混同行列を用意する。リストを上向きに移動するに従って、N 行のインスタンスの個数を 1 つ、Y 行へ移す。結果として、新しい混同行列が生成される。そして、各混同行列の (fp 率、tp 率) の組を、ROC 空間の座標に対応させる。

ROC グラフの利点は、分類器の性能を、その分類器が使われる条件から切り離すことができる点です。さらに具体的に言うと、ROC グラフは、クラスの分布やコストと利益から独立しています。したがって、データサイエンティストは、分類器の性能を知るために、得られた座標をそのまま ROC グラフ上に描くことができます。分類器の座標の位置や相対的な性能が条件によって変わることはありません。コストや利益、クラスの分布によって、ROC グラフ上の注目すべき領域が変わることはありますが、曲線が変わることはありません。

8.4　ROC 曲線の下の面積（AUC）

重要な要約統計量として、**ROC 曲線の下の面積**（AUC）があります。名前が示しているように、単純に、分類器が描く ROC 曲線の下の面積の割合を、全体領域の面積で割ったものです。その値は、0 から 1 の範囲を取ります。ROC 曲線は、面積だけではなく、それ以上の情報を提供するものですが、AUC は性能を 1 つの数値で評価したいときや、分類器の使用条件以外に何もわからないようなときに便利で、よく使われます。「8.6　例：乗り換えモデリングの性能分析」では、AUC 統計量の使い方について説明します。今のところ、分類器の予測性能を評価する汎用的な要約統計量である、という理解で十分です。

> 技術的な補足を 1 つしておくと、AUC は統計学でよく知られた順位検定である Mann-Whitney-Wilcoxon 検定と同等です [Wilcoxon 1945]。また、ジニ係数[†]をわずかに代数変換したもの [Adams & Hand 1999] [Stein 2005] とも同等です。どちらの手法も、ランダムに選んだ陽性インスタンスは、ランダムに選んだ陰性のインスタンスよりも上位にランク付けされる確率が同等です。

8.5　累積反応とリフト曲線

ROC 曲線は一般的なツールとして、モデルの分類性能の可視化、クラス確率推定、スコア付けに利用できます。ただし、これまで知らなかった読者の方々は、ここまでの説明を読んで感じたかもしれませんが、ROC 曲線は、結果を理解するべき多くのビジネス上の関係者にとっては、それほどよい直感的な可視化ツールではありません。ここでデータサイエンティストが実感すべき重要なことは、主要な関係者とのクリアなコミュニケーションは、第 1 の目標であるだけでなく、そのコミュニケーションは、「正しい」モデリングにとって欠かせないものである（もちろん「正しく」モデリングする力も必要ですが）、ということです。したがって、可視化の枠組みを考えておくことは何かと役に立ちます。ここで考えるのは、ROC 曲線の持つすべての素敵な特徴を兼ね備えてはいないものの、直感的に理解可能な枠組みです（逆にビジネス上の関係者が実感すべき重要なことは、犠牲にしてしまった理論的な特徴が重要になるときもある、ということです。ときには、より複雑な可視化に全力を注ぐのも必要になるかもしれません）。

ROC 曲線の代わりに使える最も一般的な可視化の手段には、「**累積反応曲線**」を使う方法があります。ROC 曲線と累積反応曲線は密接に関連していますが、累積反応曲線の方がより直感的です。累積反応曲線は y 軸にヒット率（tp 率）、つまり、正しく分類された陽性インスタンスの割合を取ります。そして、x 軸には、対象としている母集団の割合を取ります。

[†] 訳注：ジニ係数は、社会における所得分配の不平等さを測る指標。イタリアの統計学者コッラド・ジニによって考案された。

したがって理論上は、モデルでランク付けしたインスタンスのリストを、下方へと見ていくのに従って、母集団の全インスタンス中で対象としたものの割合が増えていきます。うまくいってモデルがよくできていれば、リストの上部では陰性のインスタンスよりも陽性のインスタンスの割合が多くなっているはずです。ROC曲線のときと同様に、対角線$x = y$はランダム性能を表しています。これは直感的に明らかです。つまり、ランダムに全体の20%のインスタンスを対象とするなら、同様に陽性インスタンス全体のうち20%の陽性インスタンスだけが対象となります。対角線よりも上にある分類器は、何らかの長所があるということになります。

> 累積反応曲線は、**リフト曲線**と呼ばれることがあります。なぜなら、モデル性能を表した曲線が、どれくらいランダムな対角線から持ち上げられているか（リフトされているか）を見ると、ランダムな戦略をとったときからの効果の増加が目で見てわかるからです。しかし、この本では、累積反応曲線と呼ぶことにします。「リフト曲線」という呼び方は、リフト値をプロットした特殊な曲線を指すこともあるからです。

直感的な言い方をすると、ある分類器のリフト値とは、それがランダムな推定からどれくらい良いかを表しています。つまりリフト値とは、リスト中の陽性インスタンスを、陰性インスタンスの上にどれくらい「押し上げたか」を示す度合いです。例えば、100人の顧客がいて、その半分が乗り換えそうな顧客（陽性インスタンス）で、半分がそうでない顧客（陰性インスタンス）とします。リストを上から下に見て行って半分で止めたときに（0.5を対象にした状態）、この最初の半分でいくつの陽性インスタンスを見つけると思うでしょうか。リストがランダムに並んでいる場合は、全陽性インスタンスの半分（0.5）を見つけると思うでしょう。これは、$0.5/0.5 = 1$というリフト値になります。リストが効果的なランク付け分類器によって並べられていた場合、リストの上半分には、半分以上の陽性インスタンスが含まれるはずです。このときリフト値は1より大きくなります。分類器が「完璧」だったら、すべての陽性インスタンスはリストの上位にランク付けされ、中間点ですべての陽性インスタンス（1.0）を見つけ終えます。このときのリフト値は、$1.0/0.5 = 2$となります。

図8-6では、4つ分類器の累積反応曲線を例として示します。図8-7では、同じ4つ分類器のリフト曲線を示します。

リフト曲線は、実際には、累積反応曲線上のあるx座標での値を、同じx座標での対角線（$y = x$）の値で割ったものです。累積反応曲線での対角線は、リフト曲線では$y = 1$の水平線になります。

「我々のモデルは2倍（もしくは2X）のリフト値を示します。」というような主張を耳にすることがあるかもしれません。これは、選択した閾値（言及されないことが多いですが）

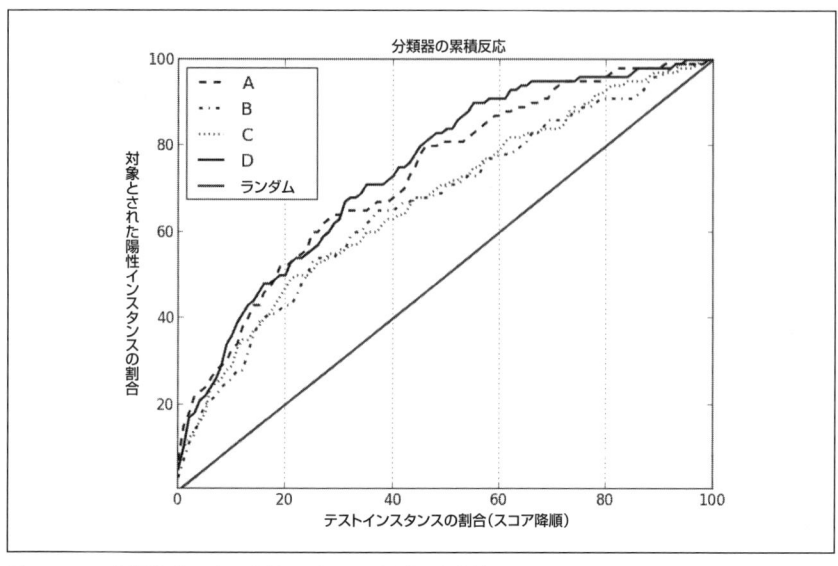

図8-6　4つ分類器（A-D）の例と、それらの累積反応曲線。

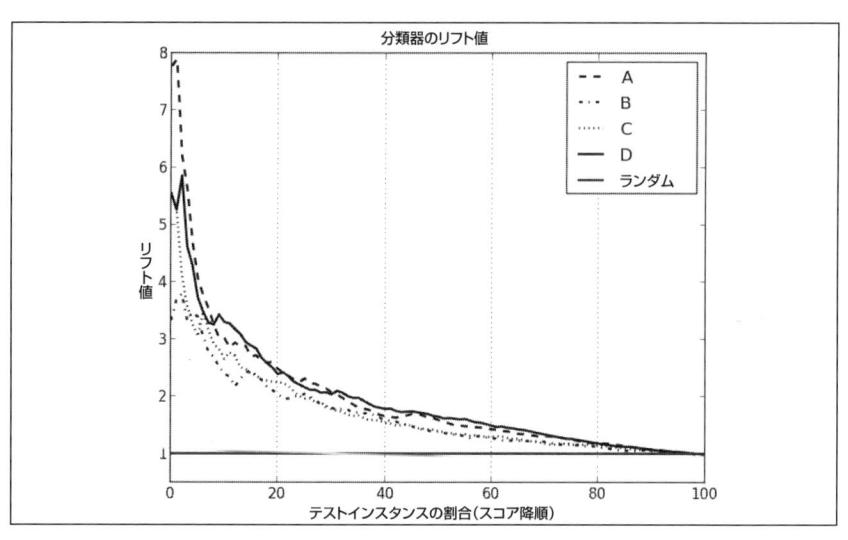

図8-7　図8-6の4つの分類器（A-D）と、それらのリフト曲線。

において、そのモデルはランダムな戦略の2倍の性能があるのがリフト曲線からわかる、ということを意味しています。累積反応曲線では、そのモデルの tp 率は、ランダム性能の対角線の tp 率に対して2倍になります（他にも何らかの基準に対するリフト値を求めることがあります）。リフト曲線は、y 軸にこのリフト値をとり、x 軸には母集団のうち対象とした部分の割合をとります（x 軸は累積反応曲線と同じです）。

リフト曲線と累積反応曲線は、注意して使用しなければならない場合があります。それは、母集団における陽性の正確な割合が不明か、もしくは、その割合がテストデータに正確に表されていない場合です。ROC 曲線とは異なり、これらの曲線には前提があり、テストデータのセットでは、対象としているクラスの事前分布が、母集団と同じであると仮定しています。これは、最初に述べた簡略のための仮定の1つです。これにより、より直感的な可視化ができるようになります。

1つの例として、オンライン広告では、広告に対する実際の反応のベースレートが非常に小さくなるというものが挙げられます。このときのベースレートは、1千万人（$1:10^7$）に1人になることも珍しくありません。モデリングを行う人は、反応する1人に対して1千万人の反応しない人を持つようなデータセットを管理したくはないでしょう。そのため、反応しない人のデータをダウンサンプリングして、よりバランスのとれたデータセットを作成してモデリングと評価を行います。ROC 曲線で分類器の性能を可視化するときには、この方法は効果がありません（既に説明したように、ROC 曲線のそれぞれの軸は、1つのクラスの割合のみに対応するためです）。しかし、リフト曲線と累積反応曲線においては、話は変わります。曲線の基本的な形状は、ダウンサンプリングした場合でも有益な情報となります。一方、軸上の値の関係は妥当なものにはなりません。

8.6　例：乗り換えモデリングの性能分析

ここまで複数の章にわたり、モデルの評価に関するさまざまな分野について説明してきました。そしてこの章では、ROC 曲線や累積反応曲線といった重要な評価方法や、それらの問題点について紹介しました。この節では、それらをまとめて、応用事例のケーススタディとして、さまざまな評価手法を使った結果を説明します。使用する例は、この本で継続して扱っている、携帯電話の乗り換えです。しかし、この節では、ここまでの章で使用していた乗り換えのデータセットとは異なる（そして、より複雑な）データを使用します。それは、KDD 杯データマイニングコンペティション 2009（http://www.sigkdd.org/kdd-cup-2009-customer-relationship-prediction）で使用されたデータです。3章の、**表 3-2** や **図 3-18** などの例では、このデータは使いませんでした。なぜなら、顧客のプライバシーを保護するために、このデータの属性名と値は広範囲にわたって匿名化されていたからです。データが匿名化されると、属性やその値の意味がほとんどなくなるので、3章でそのまま使っていたら議

論の妨げになっていたことでしょう。しかし、モデル性能分析に関しては、そのようなサニタイズされたデータあっても説明に使えます。KDD 杯の Web サイトには次のようなことが記載されています。

> KDD 杯 2009 では、フランスの通信会社オレンジが用意した、大規模なマーケティングデータベース上で分析する機会を提供します。それにより、顧客が乗り換えをする傾向や、新しい製品やサービスを購入する傾向、あるいは、売上向上のために営業担当者から提案されたサービスのアップグレードやアドオン製品の購入をする傾向、などを予測することができるでしょう。例えば、CRM システムであれば、顧客に関する知識を構築するためには、このデータからスコアを生成するのが最も実用的な使い方でしょう。
> モデルが出力するスコアは、分析したい目的変数（乗り換え、顧客の欲求、売上向上など）をすべてのインスタンスに対して評価したものです。スコアを生成するツールを使うことで、対象とした母集団において定量化可能な情報のイメージを得られます。スコアは、インスタンスを説明する入力変数を使用して算出されます。さらに、そのスコアは情報システム（IS）によって使用されます。例えば、顧客関係を顧客個人と対応付けるためです。

データセットのほとんどは、説明する価値がありません。なぜなら、全体的にサニタイズされているからです。しかし、クラスの偏りについては言及する価値があります。インスタンスは全体で 47,000 あり、そのうち 7% は乗り換えがあったデータで、陽性のインスタンスとしてラベル付けされています。残りの 93% は、陰性のデータです。これは深刻な偏りとまでは言えませんが、後ほど説明する理由で注意しておく価値はあります。

ここで強調しておきたいのは、この説明の意図は、この問題へのよい解決策を提案することや、どちらのモデルがうまくいくかを示唆することではないということです。ここでの説明の意図は、単に実際の業務をたたき台にして、これまで説明してきた評価に関する考え方を確かめる、ということです。したがって、性能を調整するための努力はほとんどしていません。ここから先の説明では、複数のモデルをトレーニングし、テストします。その際、分類木、ロジスティック回帰式、近傍モデルを対象とします。また、9 章で説明する、単純ベイズ（Naive Bayes）と呼ばれる単純なベイズ分類器も使います。この節の目的を考慮すると、モデルの詳細は重要ではありません。この節では、すべてのモデルは「ブラックボックス」であり、異なる性能特性を持ちます。また、7 章までに説明した評価手法と可視化手法を使用して、各モデルの特性を理解することにします。

それでは、まず、非常に単純な評価手法から説明を始めます。この評価手法では、完全なデータセットでトレーニングします。そして、トレーニングしたデータと同じデータを使用してテストします。また、単純な分類精度を測定します。結果は**表 8-1** のようになります。

8.6 例：乗り換えモデリングの性能分析

表8-1 4つの分類器の精度値。KDD杯2009の乗り換え問題でトレーニングとテストを行ったもの。

モデル	精度
分類木	95%
ロジスティック回帰	93%
k-近傍	100%
単純ベイズ	76%

この結果には、少し目を引く部分があります。まず、性能には幅があることがわかります。76%～100%の幅です。また、データセットのベースレートが93%であることから、どの分類器も最低限この精度を達成しなければならないはずです。こう考えると、単純ベイズの結果には違和感を感じます。かなり悪い結果ということになるからです。また、100%の精度となっているk-近傍分類器も、嘘みたいに良い値です[†]。

しかし、このテストはトレーニングセットで行われているので、5章を学んだ今となっては、この数値に対して、意味がないとは言いませんが信頼はできないと実感できるのではないでしょうか。これらの数値は、各分類器がいかにトレーニングデータセットを記憶（オーバーフィット）できているかを示しているにすぎません。したがって、この数値をこれ以上調べるのではなく、トレーニングとテストのデータを適切に分離して、評価をやり直してみましょう。データセットを半分にする方法もありますが、ここでは、「5.6 ホールドアウト評価から交差検証へ」で説明した交差検証の手順を使いましょう。この方法では、データセットを適切に分割するだけでなく、結果の変動も測定します。結果を**表8-2**に示します。

表8-2 KDD杯2009乗り換え問題における4つの分類器の精度とAUCの値。これらの値は、10分割交差検証の結果。

モデル	精度（%）	AUC
分類木	91.8 ± 0.0	0.614 ± 0.014
ロジスティック回帰	93.0 ± 0.1	0.574 ± 0.023
k-近傍	93.0 ± 0.0	0.537 ± 0.015
単純ベイズ	76.5 ± 0.6	0.632 ± 0.019

各値は、10分割交差検証の平均値です。「±」記号の後には、測定値の標準偏差が示されています。標準偏差を含んでいることは、「健全性チェック」のようなものと考えられます。大きな標準偏差は、テスト結果が、非常に不安定なものであることを示しています。その原因には、データセットが小さすぎるか、モデルがその問題に対してあまり適合していない、

[†] 楽観的に捉えるのも良いが、データマイニングにおける経験則として、現実世界の問題に完璧な性能を発揮するような結果には、疑ってかかるべきだ。

というような複数の問題が考えられます。

　表8-1と比較すると、あいかわらず違和感を覚える値の低さである単純ベイズを除き、精度の値はかなり下落しています。また、平均値に対する標準偏差はかなり小さくなっているので、分割ごとの性能の変動はあまりなかったことがわかります。これは良い結果です。

　右端にある2つ目の値は、ROC曲線の下の面積（一般にAUC[†]と略す）です。このAUC値については、「8.4　ROC曲線の下の面積（AUC）」で説明しました。そのときは、AUCは分類器の予測力を非常によく要約することができる統計量であると紹介しました。AUCは、0から1の範囲の値を取ります。値が0.5のときは、ランダム（分類器が陽性と陰性の区別を全くできない）を表します。そして、値が1のときは、完璧に区別できることを表します。精度の計測値が悪い値となる理由の1つには、データセットに偏りがあり、それが結果をミスリードしてしまうことが挙げられます。データセットの偏りとは、今回の例で言うと93%の陽性インスタンスと、7%の陰性インスタンスによる構成のことです。

　「5.3　検証・オーバーフィッティング」で、モデルがオーバーフィッテイングするのを検出する方法として、学習曲線について説明したのを思い出しましょう。図8-8は、この乗り換え管理業務での分類木モデルの学習曲線を示しています。学習曲線の根底にある考え方は、「モデルが複雑になればなるほど、データにはよりフィットするようになるが、それは、見方によっては単に特定のデータセットの特異性を記憶しているだけであり、母集団の一般的な特徴を学習しているのとは違う」、というものです。学習曲線は、モデルの性能（この例ではAUC）に対するモデルの複雑性（この例では分類木のノード数）を2つのデータセットを使用して描きます。2つとは、トレーニングデータとホールドアウトデータです。ホールドアウトで性能が下がり始めたときには、オーバーフィッテイングが発生しています。図8-8は、まさにこの一般的なパターンに従っています[‡]。分類木がオーバーフィッテイングしていることは**間違いありません**。恐らく、他のモデルもそうでしょう。ホールドアウトの性能が最大になっている「スイートスポット」は、ツリーノード数が約100個の部分です。それを超えるとホールドアウトデータの性能は低下していきます。

　表8-2におけるモデル比較に戻ってみましょう。これらの値は、ホールドアウトデータを使用してかなり慎重に評価して取得しています。そのため、疑わしい点は少ないと言えます。しかし、いくつか疑問が湧くところがあります。例えば、AUCの値については、注意すべき点が2つあります。1つは、全般的にかなり控えめであるということです。これは実世界の業務においては驚くべきことではありません。実世界では、ほとんどのデータセットは、有効に活用できる部分がほとんどありません。また、データサイエンス上の課題は、よ

[†]　訳注：Area Under the ROC Curve
[‡]　x軸は対数スケールなので、グラフの右端が圧縮されているように見えることに注意する。

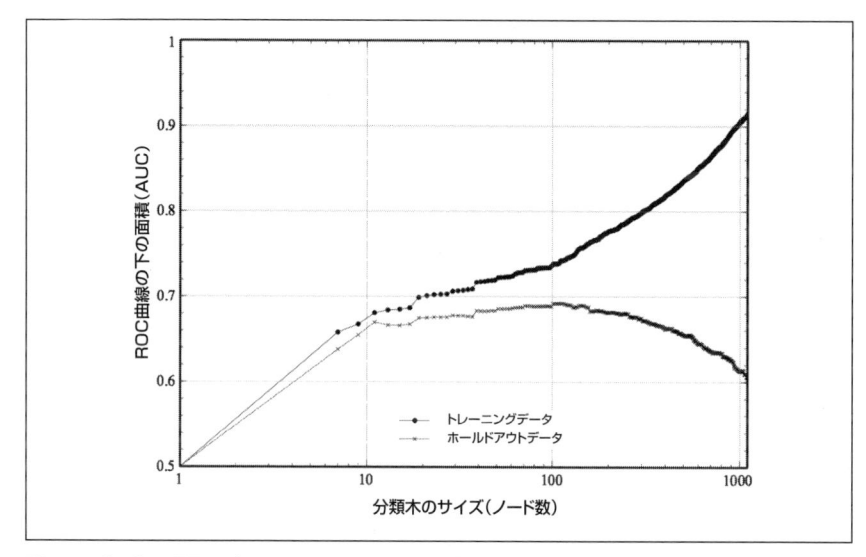

8.6 例：乗り換えモデリングの性能分析

図 8-8 乗り換え問題のデータでの分類木の学習曲線。分類器の複雑さ（サイズ）を増やしたときの ROC 曲線の下の面積（AUC）の変化。トレーニングデータ（上の曲線）の性能は増加し続けているが、ホールドアウトデータは最大値があり、その後減少している。

り簡単な課題が解決された後に定義されたりします。顧客の乗り換えは難しい課題であるので、控えめな AUC のスコアについて、あまり驚かなくてもよいでしょう。むしろ、控えめな AUC のスコアであっても、良い業績につながる可能性は十分にあります。

2 つ目は、単純ベイズが、**最も低い**精度と、**最も高い** AUC 値を示しているということです。これは何を意味しているのでしょうか。単純ベイズで、最も高い AUC 値と最も低い精度を持つ場合の混同行列のサンプルを見てみましょう。そして、k-近傍の混同行列（最も AUC が低く、最も精度が高い）と比較してみましょう。単純ベイズの混同行列は次の通りです。

	p	n
Y	127（3%）	848（18%）
N	200（4%）	3518（75%）

同じテストデータでの k-近傍の混同行列は次の通りです。

	p	n
Y	3（0%）	15（0%）
N	324（7%）	4351（93%）

k-近傍の行列は、滅多に「乗り換え」と予測しないことがわかります。Y行がほとんど空だからです。言い換えれば、約93%の精度を持つベースレート分類器と非常によく似ているということです。一方、単純ベイズ分類器は、より多くのミスをして精度が低いです。しかし、より多くの「乗り換える顧客」を識別しています。図8-9は、典型的な分割で交差検証を行ったときのROC曲線を示しています。単純ベイズ（NB）と分類木（木）に対応する曲線が、他よりもやや「弓なり」であることに注目してください。これは、予測の優位性を示しています。

既に説明したように、ROC曲線で比較する方法には、素晴らしい利点があります。しかし、見る人によっては、読み解くことが難しくなります。「弓なり」の度合いと、別の曲線との相対的な優位性を、目で見て判断することは困難です。リフト曲線と利益曲線は、この点で有効な場合があります。試してみましょう。

リフト曲線には、全く苦労せず試せる、という利点があります。このため、まずはリフト曲線から試してみます。結果を図8-10に示します。

これらの曲線は、10個のテストデータで交差検証を行った結果の平均値です。一般的に、分類器のピーク性能は非常に早い段階で現れ、その後ランダム性能と同じ上昇値=1へ向かって下降していきます。分類木と単純ベイズの両方が非常に良い性能を示しています。分類木（グラフ中のTree）は、対象となるインスタンスの割合が上位25%になるまでは、最も優れた性能を示しています。それ以降は、単純ベイズ（NB）の方が優れています。k-近傍（k-NN）とロジスティック回帰（LR）は、両方とも低い性能で、優位性のある領域を持っていま

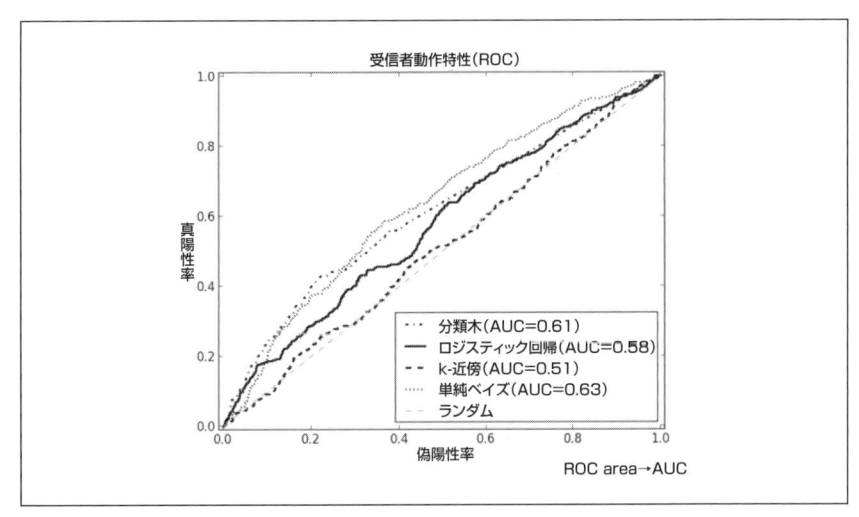

図8-9 乗り換え問題で、ある分割で交差検証を行った場合の分類器のROC曲線。

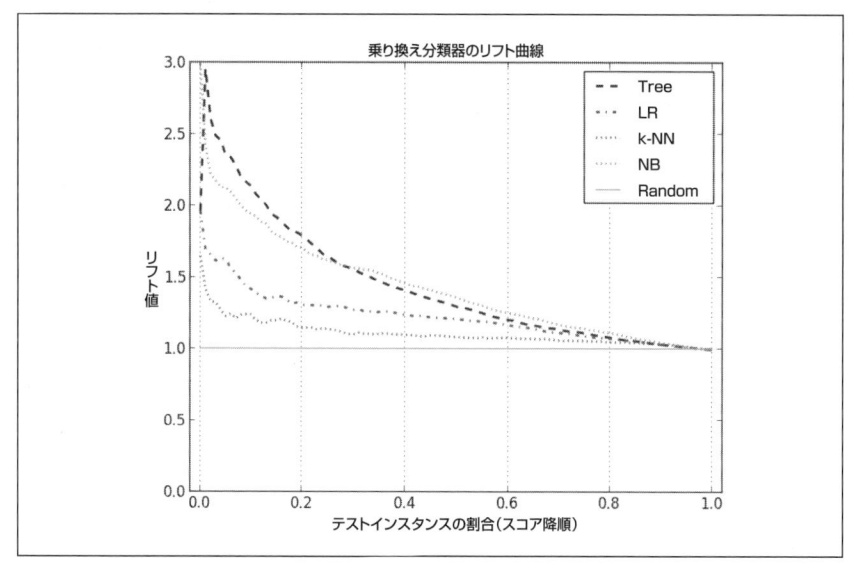

8.6 例：乗り換えモデリングの性能分析 | 249

乗り換え分類器のリフト曲線

（グラフ：横軸 テストインスタンスの割合(スコア降順)、縦軸 リフト値。凡例：Tree、LR、k-NN、NB、Random）

図8-10 乗り換え管理業務のリフト曲線。

せん。このグラフを見る限り、上位25%以内の顧客をターゲットにしたい場合は、分類木モデルを選ぶべきです。より多くの顧客をターゲットにしたい場合は、単純ベイズ（NB）を選ぶべきです。リフト曲線はクラスの割合に影響を受けやすいため、乗り換える顧客の割合が変わると、これらの曲線も変化します。

> **分類器を組み合わせる上での注意**
>
> この曲線を見ると、「上位25%では分類木、それ以降では単純ベイズが最も性能が良いのであれば、上位25%では分類木を、それ以降では単純ベイズを適用すれば良いのではないか」と思うかもしれません。これは賢い考え方ですが、最良の分類器をこのように組み合わせて使う必要はありません。その理由を手短に説明すると、2つのモデルでのインスタンスの並び順は異なっているので、各モデルから単純に分割して選びとって、その結果が最適になると期待することはできません。評価曲線は、それぞれのモデルに対してのみ有効です。したがって、各モデルの順序を混ぜ始めてしまうと、評価曲線は白紙に戻ってしまいます。
>
> しかし、分類器は原則に従った方法で組み合わせることが**できます**。そして組み合わせた分類器は、個別の分類器よりも優れた性能を示します。このような組み合わせは、アンサンブルと呼ばれ、それらは「12.5　偏り、分散、アンサンブル手法」で説明します。

リフト曲線は、各モデルの相対的な優位性を示します。しかし、どれほどの利益を期待できるのか、または、そもそも何らかの利益を上げられるのか、ということについては「示してくれません」。そういった目的のためには利益曲線を使用します。利益曲線は、コストと利益についての前提条件を組み合わせて期待値を示します。

いったん、携帯電話乗り換え問題における現実的な詳細については、無視して考えてみます（現実的な詳細に関しては、11章で説明します）。そして、このデータセットを意味あるものにするために、コストと利益についての2つの仮定を作成してみます。最初のシナリオでは、1件のオファーのコストを3ドル、総利益を30ドルと仮定します。したがって、真陽性は27ドルの純利益、偽陽性は3ドルの純損失となります。これは、9対1の利益率です。その結果の利益曲線を、図8-11に示します。分類木は、およそ30%未満までの高い閾値に対して優れており、それ以降の閾値では単純ベイズが優れています。このシナリオで達成される最大の利益は、母集団の上位にある、およそ20%を対象とすることによって得ることができます。

2つ目のシナリオでは、1件のオファーコストは前のシナリオと同じ3ドルと仮定します。したがって偽陽性コストは変わりません。しかし、より高い総利益、39ドルと仮定します。このため、真陽性は36ドルの純利益となります。これは、12対1の利益率です。利益曲線を図8-12に示します。期待通り、前のシナリオよりもはるかに高い最大利益を示していま

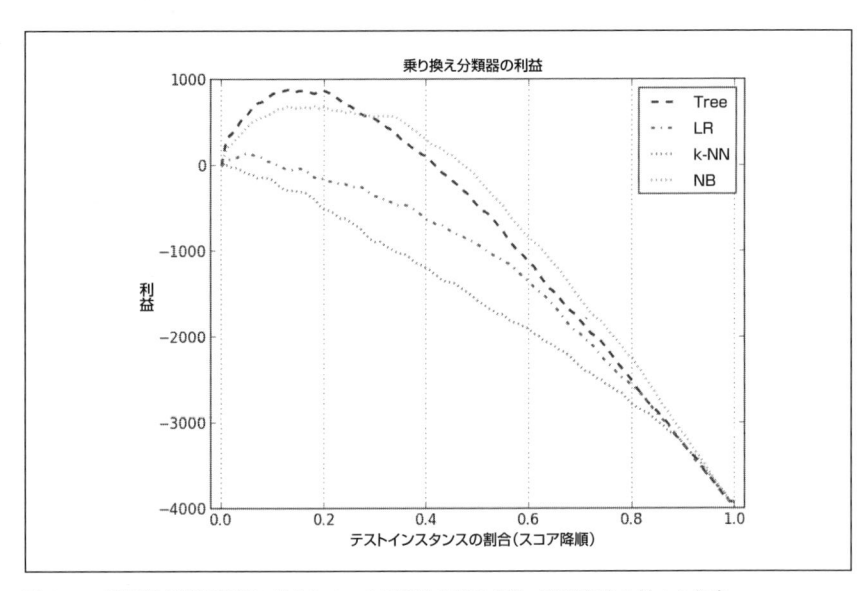

図8-11　乗り換え管理業務に対する4つの分類器の利益曲線。利益率は9対1と仮定。

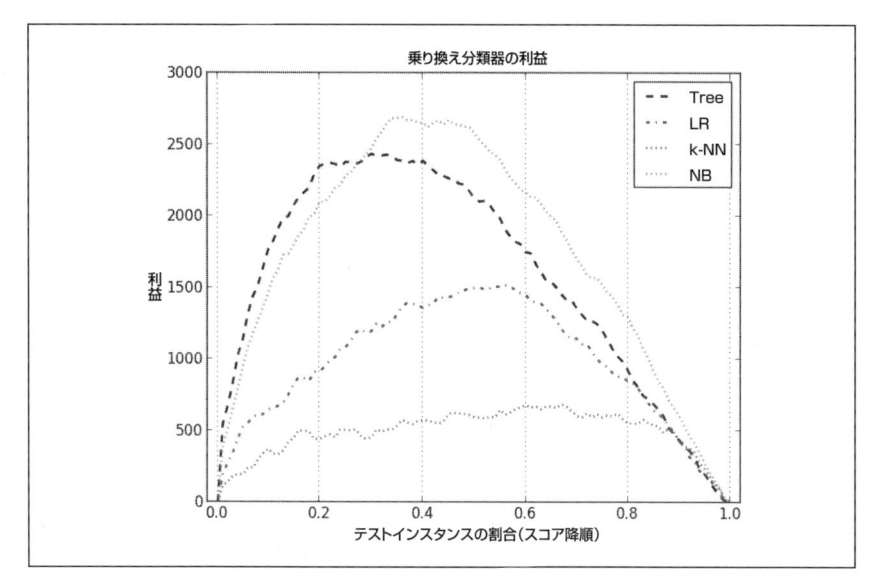

図 8-12 乗り換え管理業務での 4 つの分類器の利益曲線。これらの曲線は、図 8-11 より有利な 12 対 1 の比率を仮定しています。

す。さらに重要なのは、手法によって**異なった利益ピーク**を示しているということです。1 つ目のピークは、分類木（Tree）で発生します。対象とするインスタンスが、上位約 20% のところです。そして、2 つ目のピークはそれよりもわずかに高く、上位 35% のときに単純ベイズ（NB）で発生します。分類木と単純ベイズ（NB）の間の交差点は、両方のグラフの同じ場所で発生しています。上位 25% のところです。このグラフからは、コストと利益に対する利益曲線の感度もわかります。

この節の締めくくりとして繰り返し強調したいのは、これらのグラフは、モデル評価のさまざまな手法を説明するためだけに使用している、ということです。問題の解決方法を調整するための努力はほとんど行っていませんし、各モデルを比較した利点や、乗り換え予測への各モデルの適正についての一般的な結論も出していません。この節では、意図的にさまざまな分類器の性能を測定し、それらの違いを、グラフからどのように明らかにすることができるかを説明しました。

8.7 まとめ

データサイエンティスト仕事で重要なことは、モデルを適切に評価するために準備を行い、その情報を関係者に伝えることです。これには経験が必要になります。しかし、不測の

事態を減らし、業務に関係するすべての予測を管理するためには、欠かせない仕事です。その評価をするために重要な役割を担うのが、分析結果の可視化です。

　データからモデルを構築する際には、さまざまな方法を使ってトレーニングインスタンスを調整するのが役に立ちます。それは必須になるときもあるほどです。しかし、モデルの評価の際には、元となる現実の母集団の特徴を反映したトレーニングインスタンスを使うべきです。そうしなければ、モデルから得られる結果が、現実に起こることを反映したものにならないからです。

　意思決定のコストと利益が特定できる場合は、データサイエンティストはインスタンスごとの期待利益を各モデルで計算して、最も良い値を算出したモデルを選択することができます。基本的な**利益曲線**のグラフを使用すると、関連するモデルを一定の条件下で比較するのに役立つことがあります。こういったグラフは、データサイエンティストではない関係者にも理解しやすくなるでしょう。なぜなら、それらのグラフによって、モデルの性能という情報が、その根底にある「純利益」（つまり、コストと利益）という情報に変わるからです。

　利益曲線の欠点は、それを使用する前提条件として、運用時の利益やコストなどの条件が既知であり、正確に特定されている必要がある、という点です。多くの現実世界の問題では、運用条件は不正確であったり、時間によって変わります。したがって、データサイエンティストはこの不正確さに取り組まなければなりません。このような場合には、他のグラフが役に立つことがあります。コストと利益を正確に特定することはできないものの、クラスの構成が変わらない傾向があるときには、**累積反応曲線**や**リフト曲線**が役に立ちます。どちらの曲線も、分類器の相対的な優位性を評価するものであり、値（金銭的な値など）の優位性とは独立しています。

　最後に紹介するのはROC曲線です。これは、データサイエンティストにとって貴重な可視化ツールです。簡単に解釈できるまでには慣れが必要なものの、ROC曲線は、モデルの性能と運用条件を分離できます。そうすることで、各モデルによって生み出される基本的なトレードオフを伝えることができます。

　機械学習とデータマイニングのコミュニティでは、分類器の比較についてたくさんの成果が存在し、学習アルゴリズムの優位性についてさまざまな主張がされています。その結果、分類器の比較手法について多くの文献が書かれています。興味ある読者向けの初歩的な文献としては、次の2つをお薦めします。『*Approximate Statistical Tests for Comparing Supervised Classification Learning Algorithms*』[Thomas Dietterich 1998][†]という論文と、『*Evaluating Learning Algorithms: A Classification Perspective*』[Japkowicz&Shah 2011][‡]と

[†] 訳注：論文タイトルを邦訳するならば、「教師あり分類学習アルゴリズムのための近似的統計検定」になる。
[‡] 訳注：こちらも邦訳版が出版されているわけではないが、タイトルを邦訳（やや意訳）すると「学習アルゴリズムの評価：分類器を評価する方法」になる。

いう本です。

9章
エビデンスと確率

基本コンセプト：
- ベイズの法則でエビデンスを明示的に結合する
- 条件付き独立性仮定による確率的推論

代表的技法：
- 単純ベイズ（Naive Bayes）分類
- エビデンスのリフト値

　ここまでで、いくつかの種類の手法を見てきました。それらの手法は、データを利用して、特定のデータインスタンスの未知量（例えばそのデータインスタンスの分類など）を判定するのに役立つものでした。ここからは、そのような判定をする別の方法について見ていきましょう。あるデータインスタンスについて何かがわかったという状態は、つまり、そのデータインスタンスが、目的変数として取り得るさまざまな値のどれかに合致する（あるいは合致しない）**エビデンス**[†]が見つかった状態と考えることができます。また、データインスタンスのことがわかっているという状況では、そのインスタンスは、特徴の集合として表現することができます。もし、1つ1つの特徴として与えられるエビデンスの強さを知ることができれば、何らかの規則に基づいた方法を使って、各エビデンスの強さを確率的に結合して、目的変数の値を判定するのに利用することができるでしょう。この章では、特定のエビデンスの強さを、トレーニングデータから決定していく方法を説明していきます。

9.1　例：オンライン消費者を対象とした広告

　説明のために、ビジネスでの分類の応用例をもう1つ考えてみましょう。この応用例は消費者に対するオンラインディスプレイ広告を対象にしていて、過去にその消費者が訪れたWebページに基づいて広告を表示します。最近では、私たち消費者はたくさんのWeb上の

[†] 訳注：証拠、根拠

情報やサービスに慣れていて、それらは無料で使えると思っています。もちろん、「無料」の部分があるのは多くの場合、オンライン広告で利益が得られるか、あるいは利益を得る見込みがあるからです。これはテレビが「無料」で放送されていることに似ています。**ディスプレイ広告**について考えてみると、広告はWebページの上部、両サイド、下部に表示されていて、訪問者が読んだり、あるいは購入したりするような内容が掲載されています。

　ディスプレイ広告は、ある重要な点で、検索広告（例：Google 検索などの結果と一緒に表示される広告）とは異なります。ディスプレイ広告ではほとんどの場合、利用者は自分が探している物そのものに関連するフレーズを入力せずに、そのWebページにたどり着いている、という点です。そのため、検索広告とは別の推測の仕方に基づいて広告の狙いを定める必要があります。これまでの章を通じて、特定の種類の推定方法については説明してきました。それは、インスタンスの目的変数の値を、インスタンスの特徴から推測するものでした。したがって、これまで説明した手法を適用して、特定の消費者が広告に興味を持つかどうかを推定することもやろうと思えばできます。しかし、この章では、この問題を検討する別の方法を紹介します。この方法は利用できる範囲が広く、しかも比較的簡単に利用することができます。

　それでは、広告の対象問題をもっと正確に定義してみましょう。この問題では、何がインスタンスになるでしょうか。何が目的変数になるでしょうか。そして、何が特徴になるでしょうか。どうすればトレーニングデータを得られるでしょうか。

　ここでは、とても大きなコンテンツ・プロバイダ（「出版社」など）向けに仕事をしているとしましょう。このコンテンツ・プロバイダはさまざまな種類のコンテンツを保有していて、とても多くのオンライン消費者を相手にしており、それらの消費者に広告を見せる機会が多くあります。例えば Yahoo! は、広告をサポートするとても多くの種類のWeb「プロパティ」[†]を保有しています。それらのWeb「プロパティ」は、さまざまな「短いコンテンツ」と考えることができます。それに加えて最近（これを書いている時点では）、Yahoo! はブログサイトである Tumblr を買収することに合意しました。Tumblr は、1億のブログの上に、500億のブログ投稿を保有しています。Tumblr のブログやブログ投稿も、それを読んでいる消費者が何に興味を持っているかを知るための「短いコンテンツ」と見なせるかもしれません。同じように、Facebook は1つ1つの「いいね！」を、消費者の好みを示す1つのエビデンス、と考えるかもしれません。そしてそれは、広告の対象を絞り込むのにとても役立つかもしれません。

　簡単のため、ある広告キャンペーンを行うことを考えてみましょう。キャンペーンの対象は、先ほどのコンテンツ・プロバイダのサイトを訪問したオンライン消費者の一部にしたい

[†] 訳注：個人や企業が、自己のアピールや宣伝のために公開している Web ページやブログのこと。

とします。このキャンペーンは、上層階級向けのホテルチェーンである、ラックスホテルのために行います。消費者の方々に部屋を予約してもらうことがラックスホテルの目的です。このキャンペーンは過去に実施したことがあり、そのときはオンライン消費者をランダムに選んでいました。今回は、対象を絞ってキャンペーンを行うことで、うまくいけばアドインプレッション費用1ドル当たりの予約数を、もっと増やせないかと考えています[†]。

したがって、消費者がインスタンスになると考えることができます。目的変数は、消費者が広告を見て一週間以内にラックスホテルの部屋を予約した（予約する）かどうか、になるでしょう。ブラウザクッキーという魔法を使えば[‡]、ラックスホテルと協力してどの消費者が部屋を予約するのか観察することができます。学習フェーズでは、それぞれの消費者にこの目的変数についての2値（予約したか、しなかったか）を割り当てます。推定フェーズでは、消費者が広告を見た後に部屋を予約する確率を推定し、その上で、予算に収まる範囲で最も見込みの高い消費者の部分集合に対象を絞ります。

現時点では、まだ、重要な疑問が残っています。ここでは、何が特徴になるのでしょうか。その特徴を使って消費者を表現することで、ラックスホテルにとって良い顧客になりそうな消費者とそうでない消費者を区別することができるような特徴です。この例では、消費者は、以前読んだことがある（あるいは、いいね！をクリックしたことがある）と思われる短いコンテンツの集合によって表現できると考えましょう。このような記録は、先ほどのブラウザクッキーやその他の仕組みを通して記録されます。私たちのコンテンツ・プロバイダは、金融、スポーツ、エンターテイメント、料理ブログなど、とても多くの種類のコンテンツを保有しています。とても人気がある数千個の短いコンテンツを選ぶこともできれば、1億個を選ぶこともできます。おそらくこれらの短いコンテンツのうちのいくつかは（例えば金融ブログが）、ラックスホテルの良い見込み客が他より多く訪問していると考えられます。反対に、他の短いコンテンツの中には、ラックスホテルの見込み客はあまり訪れていないものもあるでしょう（例えばトラクター牽引選手権のファンページなど）。

しかし、この例題では、コンテンツの選び方のような前提に依存したくありませんし、1つ1つの短いコンテンツにエビデンスとなる見込みがあるかどうかを手作業で調べる人手もありません。さらに言うと、人間は、既存の知識や常識から特定のエビデンスが予約に結び付きそうかどうかを大雑把に判断するのは得意ですが、そのエビデンスの強さを正確に見積もることはご存知の通り苦手です。そこで、エビデンスが予約に結び付きそうかどうかと、その強さの両方を見積もるために、過去にランダムに対象を選んでキャンペーンを行ったと

[†] アドインプレッションは、広告がページのどこかに表示されたときに発生し、利用者がそれをクリックしたかどうかは考慮しない。

[‡] ブラウザは「クッキー」という少量の情報を訪問したサイトとやり取りしていて、サイト固有の情報を、あとからそのサイト自身が検索できるように保存している。

きのデータを利用しようと思います。次に説明するのは、とても広く応用可能なフレームワークです。このフレームワークでは、エビデンスを評価することと、結合することの両方ができます。その結果として、特定のクラスに所属する確率を見積もることができます（ここでは、ある消費者が、広告を見た後に予約をした人のクラスに所属する確率です）。

この例題の型に当てはまる問題は、他にもたくさんあることがわかります。この問題は、分類確率（クラスに所属する確率）の見積問題で、1つ1つのインスタンスはエビデンスの集合として表現されています。また、そのエビデンスの集合は、ひょっとするともっと大きなエビデンス候補の全体集合の一部かもしれない、という問題です。例えば、テキスト文書の分類は完全にこの例題の型にあてはまります（これについては、次の10章で説明します）。1つ1つの文書は単語の集合で、とても大きな語彙の集合の一部です。1つ1つの単語は、文書がその分類に当てはまるか当てはまらないかを示すエビデンスを提供する可能性があります。そして、私たちはその複数のエビデンス同士を結び付けて、分類を判断したいのです。次に紹介する技法は、多くのスパムメール検知システムで実際に使われているものです。インスタンスは電子メールメッセージで、目的変数が取り得るクラスは**スパムかスパムでないか**、そして特徴は電子メールメッセージに含まれる単語や記号です。

9.2　確率論的にエビデンスを結合する

これまでよりも数式が登場します

確率論的にエビデンスを結合する考え方を説明するために、確率の表記を導入する必要があります。確率論を学んだり思い出したりする必要はありません。この表記は割と直感的ですし、ここでは基本的な使い方しかしません。この表記を使うのは、正確に説明できるようになるからです。この先の内容にたくさん数式が登場するように見えるかもしれませんが、読んでいくと比較的簡単であることがわかるでしょう。

今、例えば消費者が広告を見た後に部屋を予約する確率のような、具体的な数値を知りたいと考えています。そのためには、もう少し具体的に考える必要があります。消費者というのは、ある特定の消費者でしょうか。それとも、ただの任意の消費者でしょうか。ただの任意の消費者から考えてみましょう。任意の消費者に広告を見せたとして、その人が部屋を予約する確率はどれくらいでしょうか。部屋を予約した人というクラスは、今日目的としている分類の結果で、このクラスを $C^{\dagger}$ と呼ぶことにします。C が起こる確率を $p(C)$ と表しましょう。$p(C) = 0.0001$ と言ったら、それはもし私たちがランダムに消費者を選んで広告を見せ

---

† 訳注：class（クラス）の C。

なければならないとしたら、10,000人に1人の予約が見込める、という意味になります[†]。

次に知りたいのは、**特定の消費者**について、訪れたことがあるWebサイトの集合のようなエビデンスE[‡]が与えられたときに、Cが起こる確率です。この確率を、$p(C | E)$と書きます。これは、「Eが与えられた場合のCの確率」と読みます。あるいは、「条件Eの下でのCの確率」と読みます。これは条件付き確率の例題で、「|」は「条件付けのバー（conditioning bar）」と呼ばれることもあります。エビデンスEの集合が変われば、$p(C | E)$も変わるだろうと考えられます。今回の例では、訪問したWebサイトの集合Eが変われば、$p(C | E)$も変わるだろうということです。

前に述べたように、ラベル付きデータ（例えば、以前ランダムに対象を選定したキャンペーンから得られたデータ）を使って、別のケースで集めたエビデンスEの集合から、それとは違うケースでの確率を導きたいと思います。しかし残念なことに、こうすることで重大な問題が生じます。それは、どのようなエビデンスEの集合を用意したとしても、おそらく十分ではないということです。つまり、どんなエビデンスEの集合についても、それと完全に内容が一致する集合を持つケースを、クラスに所属する確率を推定するのに十分なほどの数はおそらく見つけられないだろう、ということです。実際、ある特定の1つケースのエビデンスの集合に対してさえ、それと全く同じWebサイトの集合をトレーニングデータから見つけることはできないかもしれないのです。では、この例題において、もしトレーニングデータの中で何千ものWebサイトを考慮しておけば、その中から将来表れるだろう消費者と**完全**に同じ訪問パターンを持つ消費者を見つけられる可能性があるのでしょうか。それも限りなく少ないでしょう。そのため、これから行うのは、1つ1つのエビデンスを別々に考えて、それからエビデンスを結合する方法です。この方法について詳しく説明するためには、結合確率について少しだけ知っておく必要があります。

9.2.1　結合確率と独立性

AとBという2つの事象があるとしましょう。もし$p(A)$と$p(B)$がわかっていたら、AとB両方が同時に起こる確率はどれくらいと言えるでしょうか。この確率を$p(AB)$と呼びましょう。これは**結合確率**[§]（joint probability）と呼ばれます。

1つ特別なケースがあります。それは、AとBの事象が独立だと言えるような場合です。AとBが独立であるとは、片方の事象が起こる可能性がわかっても、もう片方の可能性に何も影響しないことを意味します。独立を説明する典型的な例は、どの目も同じ確率で出るサ

[†] これは、どんな広告でも必ずしも納得できる割合ではなく、ただの説明のための例である。オンライン広告における購入率は、普通、他の広告業界と比べてかなり少なくなる。ただし、設置に必要な費用も、同様にかなり少なくて済む点を忘れてはいけない。
[‡] 訳注：evidence（エビデンス）のE
[§] 訳注：同時確率とも呼ばれる。

イコロを何回も振る場合の例です。1回目に出る目がわかっていたとしても、2回目に出る目は全くわかりません。事象Aが「1回目に6が出る」で、事象Bが「2回目に6が出る」だとすると、$p(A) = 1/6$、$p(B) = 1/6$となります。そして重要なのは、もし1回目が6だったことがわかったとしても、まだ$p(B) = 1/6$のままであるということです。このケースでは、2つの事象は独立であると言えます。そして、事象が独立している場合は、$p(AB) = p(A) \cdot p(B)$となります。つまり「結合」事象ABの確率は、それぞれの事象の確率を掛け算することで計算することができます。この例では、$p(AB) = 1/36$となります。

しかし普通は、この方法で結合事象の確率を計算することはできません。もしこれがわかりにくいようなら、イカサマのサイコロを振ることを考えてみてください。今、ポケットにイカサマのサイコロを6つ持っています。1つ1つのサイコロは、全面が1から6までのどれかの数字になっています。つまり、各サイコロは、どの面が出ても同じ数字になるのです。ポケットからランダムにひとつサイコロを取り出し、そのサイコロを2回振ります。この場合も、$p(A) = p(B) = 1/6$となります（なぜなら、ポケットから6の目だけのサイコロを取出す確率が1/6だからです）。しかし、同じように$p(AB) = 1/6$になります。なぜなら、2つの事象が全く独立ではなく、完全に依存し合っているからです。もし1回目が6なら2回目も6になるでしょうし、逆もまた同様でしょう。

事象の依存性を考慮に入れた、結合確率の一般的な公式は次のようになります。

式9-1　条件付き確率を用いた結合確率

$$p(AB) = p(A) \cdot p(B \mid A)$$

この式は、「AとBが同時に起こる確率は、Aが起こる確率と、Aが起きたときにBが起こる確率の積である」、と読むことができます。

サイコロの2つの例についても、この式で説明することができます。独立なケースでは、Aがわかっても$p(B)$には影響がなかったので、$p(B \mid A) = p(B)$となります。これを先ほどの式に当てはめると、それぞれの確率を単純に掛け合わせて良いことがわかります。イカサマサイコロのケースでは、$p(B \mid A) = 1.0$となります。1回目が6だった（事象Aが発生した）のなら、必ず2回目も6になる（事象Bも発生する）からです。したがって、$p(AB) = p(A) \cdot 1.0 = p(A) = 1/6$となり、想定していたものと同じ結果が得られます。事象と事象の関係は普通、完全に独立か、完全に依存しているか、あるいはその中間のどこかにあります。イカサマサイコロのケースの場合は完全に依存しているケースなので、1つの事象の結果がわかることで、もう1つの事象が発生する可能性が変わります。すべてのケースで、先ほどの数式$p(AB) = p(A) \cdot p(B \mid A)$は、2つの確率を適切に結合します。

この内容を詳しく説明したのには、とても重要なわけがあります。この数式は、データサ

イエンスで（それどころか科学全般で）最もよく知られている数式の1つの基礎になっているのです。

9.2.2 ベイズの法則

$p(AB) = p(A)p(B \mid A)$ の A と B の順番を自由に入換えられそうなことに気付いたでしょうか。実際に、それは可能です。これも数式で書いてみると、次のようになります。

$$p(AB) = p(B) \cdot p(A \mid B)$$

これは、次の式が成り立つことを意味します。

$$p(A) \cdot p(B \mid A) = p(AB) = p(B) \cdot p(A \mid B)$$

したがって、

$$p(A) \cdot p(B \mid A) = p(B) \cdot p(A \mid B)$$

この式の両辺を $p(A)$ で割ると、次の式になります。

$$p(B \mid A) = \frac{p(A \mid B) \cdot p(B)}{p(A)}$$

さて、B が何らかの仮説で、この事象が発生する可能性を見極めることに意味があるとしましょう。そして、A は、何らかのエビデンスで、観測済みだとしましょう。仮説を H[†]、エビデンスを E と名前を変えると、次の式が得られます。

$$p(H \mid E) = \frac{p(E \mid H) \cdot p(H)}{p(E)}$$

これが、有名な**ベイズの法則**です。この法則は、18世紀にこの法則の特殊なケースについて導き出したトーマス・ベイズ師にちなんで命名されました。ベイズの法則は、エビデンス E が起きたときに仮説 H が起きる確率を計算したければ、代わりに仮説 H が発生したときにエビデンス E が発生する確率、仮説が独立に発生する確率、エビデンスが独立に発生する確率の3つを調べれば良いことを示しています。

> **注意：ベイズ的手法（Bayesian methods）**
> ベイズの法則は、条件付き独立性について慎重に検討するという大切な基本原則に基づいていて、この本では扱わないとても多くの種類の、より高度なデータサ

[†] 訳注：hypothesis(仮説) の H

イエンスの技法の基礎になっています。このような技法の例としては、ベイジアンネットワーク（Bayesian networks）、確率的トピックモデル（probabilistic topic models）、確率関係モデル（probabilistic relational models）、隠れマルコフモデル（Hidden Markov Models）、マルコフランダム場（Markov random fields）などがあります。

重要なのは、この3つの確率は、最終的に知りたい $p(H|E)$ よりも測定するのが簡単かもしれないということです。このことを検討するために、医学的な診断の（簡略化された）例を考えてみましょう。あなたが医者で、赤い発疹のある患者が診察に訪れたとします。あなたは、その患者ははしかではないかと推測します（仮説を立てます）。見極めたい確率は、仮説を立てた診断（H = はしか）が、エビデンス（E = 赤い発疹）を与えられたときに発生する確率です。$p($ はしか $|$ 赤い発疹 $)$ を直接推定しようとしたら、人が赤い発疹を発症するすべての理由を挙げて、そのうちどれくらいの割合がはしかになるのかを考えなければなりません。どんなに広く医学の道を熟知した医者であっても、これはほとんど不可能でしょう。

一方で、この確率をベイズの法則の右辺を使って推定する場合を考えてみましょう。

- $p(E \mid H)$ は、ある患者がはしかだった場合に赤い発疹が出る確率です。伝染病疾患の専門家なら、これについてはよく知っているか、比較的正確に推定することができるでしょう。

- $p(H)$ は、どんなエビデンスも前提にせずに、単純に人がはしかにかかる確率です。これは、単に人口当たりのはしかの有病率でしょう。

- $p(E)$ は、エビデンスが発生する確率です。つまり、人に赤い発疹が出る確率はどれくらいかということです。これについても、単純に人口当たりの赤い発疹の有病率になります。発疹が出た根底にある原因についての、ややこしい推論は必要ありません。単に、赤い発疹が出た人の数を数えれば良いのです。

ベイズの法則を使うと、$p(H \mid E)$ がもっと推量しやすくなります。3つの情報が必要になりますが、それらを推量するのは $p(H \mid E)$ を推量するよりも簡単なのです。

それでも、$p(E)$ が計算しづらいかもしれません。しかし多くの場合、$p(E)$ は計算する必要はありません。なぜなら、同じエビデンスに対するさまざまな仮説について、確率を比較することに意味があるケースが多いからです。これについては後で説明します。

9.3 ベイズの法則をデータサイエンスへ応用する

ベイズの法則がデータサイエンスにとって重大な意味を持っていることは、もしかするともうかなりの方がお気付きかもしれません。確かに、データサイエンスの非常に多くの部分が、「ベイズ的」手法を基礎にしていて、そのベイズ的手法が核としている理論はベイズの法則なのです。ベイズ的手法について広範に説明することは、この本の範囲を超えます。ここでは、最も基本となる考え方を紹介した上で、それをどのように一番基本的なベイズ的手法に応用するかを示します。基本ではありますが、このベイズ的手法は非常によく使われます。さて、ベイズの法則をもう一度書き直しますが、ここからは分類に戻っていきます。

式 9-2 分類のためのベイズの法則

$$p(C=c \mid \mathbf{E}) = \frac{p(\mathbf{E} \mid C=c) \cdot p(C=c)}{p(\mathbf{E})}$$

式 9-2 には、4つの数値が登場します。左辺に、推量したい数値があります。分類問題においては、これはエビデンス $\mathbf{E}$（特徴値の**ベクトル**）を考慮した**後**で、目的変数 C が意味のあるクラス c になる確率です。これを**事後**（posterior）確率と呼びます。

ベイズの法則は、事後確率を右辺に見られる3つの数値に分解します。この3つの数値を、データから計算できるようにしたいのです。

1. $p(C = c)$ は、そのクラスの「事前（prior）」確率です。つまり、エビデンスを見る前に、インスタンスをそのクラスに割り当てる確率です。ベイズ推定では普通、この確率はいくつかの方法で求めることができます。それは、1.「主観的な」事前確率で、特定の意思決定者が知識、経験、見解に基づいて考えたもの、2.「事前に」考えられるもので、他のエビデンスでベイズの法則を適用したときの情報に基づくもの、3. 条件なしの確率で、データから推測したもの、が挙げられます。このあとに紹介する具体的な手法では、3. のアプローチをとっていて、**クラスの事前確率**として c の「ベースレート」、つまり全体の中で c が占める割合を使っています。この値は、クラス c がすべてのインスタンスに占める割合として、データから簡単に計算することができます。

2. $p(\mathbf{E} \mid C = c)$ は、エビデンス $\mathbf{E}$（分類しようとしているインスタンスが持つある特徴）が、クラス $C = c$ のインスタンスの中で現れる確率です。これを「生成（generative）」についての問いだと捉える人もいるかもしれません。つまり、もし世界が（「データ生成プロセス」が）クラス c のインスタンスを生成したとしたら、どれくらいの頻度

で特徴 E が観測されるか、という問いです。もしこの可能性をデータから算出するとしたら、クラス c のインスタンスの中で、特徴ベクトル E を持つインスタンスが占める割合になるでしょう。

3. 最後に、$p(\mathbf{E})$ は、エビデンスの確率になります。つまり、どれくらい一般的に、特徴ベクトル E がすべてのインスタンスの中で見られるか、という確率です。これをもしデータから算出するとしたら、すべてのインスタンスの中で E が登場する割合になるでしょう。

もしトレーニングデータからこれらの 3 つの値を推量できたとすると、事後確率 $p(C = c \mid \mathbf{E})$ の見積もりを、推定フェーズで特定のインスタンスに対して算出することができるでしょう。仮にこれを算出することができたとすると、直接クラス確率の推定に使うことができるでしょう（おそらく 7 章で説明したようなコストと利益を結合する方法を使って）。あるいは、$p(C = c \mid \mathbf{E})$ が算出できれば、インスタンスをランク付けするためのスコアとして使えるかもしれません（例えば、広告に最も反応しそうなインスタンスの見積もりなど）。もしくは、さまざまなクラス c の中から、$p(C = c \mid \mathbf{E})$ が最大となるクラスを選べるかもしれません。

しかし残念ながら、前に少し触れた大きな問題に戻ってしまいます。この問題があるので、式 9-2 を直接データマイニングに適用できないのです。E をいつもの属性値のベクトル $<e_1, e_2, \cdots, e_k>$ で考えると、おそらく大きくて、具体的な条件の集まりになります。もし式 9-2 を直接適用しようとするなら、$p(\mathbf{E} \mid c)$ の代わりに $p(e_1 \wedge e_2 \wedge \cdots \wedge e_k \mid c)$ [†] を知らなければならないでしょう。これはあまりに具体的に限定されすぎていて、計測することがとても困難です。このような限定されたインスタンスについて、トレーニングデータの中から、テストデータの中で現れた E と完全に一致するものを見つけ出すことは、おそらく不可能でしょう。また、たとえそれが見つけ出せたとしても、信頼できる確率を見積るのに十分な数のインスタンスを見つけられるとは考えられません。

データサイエンス向けのベイズ的手法では、確率的な独立性を仮定することでこの問題を解決します。そのために最も広く使われている手法は、特に強く独立性を仮定する方法です。

9.3.1 条件付き独立と単純ベイズ

独立の考え方についてもう一度思い出してください。1 つの事象が起きたかどうかがわかっても、もう 1 つの事象が起きる確率についての情報が与えられない場合に、2 つの事象は独立であると言えるのでした。この考え方を少しだけ拡張してみましょう。

[†] 演算子 ∧ は、「かつ (and)」を意味する。

条件付き独立は同じ考え方ですが、条件付き確率を使うことだけが違います。目的を達成するため、インスタンスのクラスを、条件として注目してみます（**式9-2**では、あるクラスの下でエビデンスが発生する確率に注目しているからです）。条件付き独立は、前に説明した無条件の独立ととてもよく似ています。具体的に説明しましょう。独立を仮定しない場合、確率を結合するためには、前述の**式9-1**を使う必要がありました。この式に、条件$|C$を追加すると以下のようになります。

$$p(AB \mid C) = p(A \mid C) \cdot p(B \mid AC)$$

一方で、Cの条件の下ではAとBが条件的に独立だと仮定すると[†]、もっと簡単に確率を結合することができます。

$$p(AB \mid C) = p(A \mid C) \cdot p(B \mid C)$$

この式は、データから確率を計算する能力にとても大きな違いをもたらします。特に、**式9-2**の条件付き確率$p(\mathbf{E} \mid C = c)$について、与えられたクラスcの下ではそれぞれの属性が条件付き独立だと仮定してみましょう。言い換えると、$p(e_1 \land e_2 \land \cdots \land e_k \mid c)$の1つ1つの$e_i$が、クラス$c$に含まれる他のすべての$e_j$と独立であると仮定するのです。このように仮定すると、次の式のようになります。

$$\begin{aligned} p(\mathbf{E} \mid c) &= p(e_1 \land e_2 \land \cdots \land e_k \mid c) \\ &= p(e_1 \mid c) \cdot p(e_2 \mid c) \cdots p(e_k \mid c) \end{aligned}$$

1つ1つの項$p(e_i \mid c)$は、データから直接計算することができます。個々の特徴e_iが、クラスcのインスタンスの中で登場する回数の割合を、単純にカウントすれば良いのです。もう特徴ベクトル全体がぴったり一致するものを探す必要はありません。e_iの登場回数は比較的多くなりそうです[‡]。**式9-2**と合わせると、**式9-3**に示す**単純ベイズ式**が得られます。

式9-3　単純ベイズ式

$$p(c \mid \mathbf{E}) = \frac{p(e_1 \mid c) \cdot p(e_2 \mid c) \cdots p(e_k \mid c) \cdot p(c)}{p(\mathbf{E})}$$

これが**単純ベイズ分類器**の基本です。この分類器は新しいサンプルが与えられると、そのサンプルが1つ1つのクラスに所属する確率を推定し、最も所属する確率が高いのはどのク

[†] ちなみに、無条件に独立を仮定することと比べると、これは弱い仮定である。
[‡] 各特徴（e_i）の登場回数が多くない場合は、データが少ないときによく使うような統計的な補正を行う。ただし、通常と違うのは、E全体を考慮しているからといって、それをすべての特徴には行わない、という点である。

ラスかを知らせます。

　技術的に細かい点について、少しだけ補足させてください。もしかしたら、**式9-3**の分母に$p(\mathbf{E})$があることが気になったかもしれません。そして、これは$p(\mathbf{E} \mid C)$とほとんど同じくらい計算するのが難しかったんじゃないのか、と思われたかもしれません。しかし、$p(\mathbf{E})$はほとんどの場合、実際に計算する必要は全くありません。これは、2つある理由のうち、主に1つの理由のためです。それは、分類することを目的とするのなら、主に気にするべきことは、考え得るいくつかのクラスcのうち、どのクラスが最も$p(C \mid \mathbf{E})$が大きくなるか、という点であるからです。つまり、この場合、$\mathbf{E}$はすべてのクラスで同じなので、分母の値$p(\mathbf{E})$によらず、単にどの分子がより大きいかということを見れば良いということになります。

　もう1つの理由としては、実際の確率を推定したいような状況では、分母の$p(\mathbf{E})$を他の値から計算してしまえるからです。この計算ができるのは、多くの場合、クラスがお互いに重複がなく、漏れがない関係であるからです。これは、すべてのインスタンスは必ずどれか1つのクラスには所属し、かつ2つ以上のクラスには所属しない、という意味です。ラックスホテルの例では、消費者は部屋を予約するかしないかに分かれました。わかりやすく言うと、エビデンス$\mathbf{E}$があったら、それはc_0かc_1のどちらかに所属するということです。数学的には、次の式のようになります。

$$p(\mathbf{E}) = p(\mathbf{E} \wedge c_0) + p(\mathbf{E} \wedge c_1)$$
$$= p(\mathbf{E} \mid c_0) \cdot p(c_0) + p(\mathbf{E} \mid c_1) \cdot p(c_1)$$

独立性の仮定により、これは次のように書き換えできます。

$$p(\mathbf{E}) = p(e_1 \mid c_0) \cdot p(e_2 \mid c_0) \cdots p(e_k \mid c_0) \cdot p(c_0)$$
$$+ p(e_1 \mid c_1) \cdot p(e_2 \mid c_1) \cdots p(e_k \mid c_1) \cdot p(c_1)$$

式9-3に代入すると、データから簡単に事後確率を計算できる単純ベイズ式の変形を得ることができます。

$$p(c_0 \mid \mathbf{E}) = \frac{p(e_1 \mid c_0) \cdot p(e_2 \mid c_0) \cdots p(e_k \mid c_0) \cdot p(c_0)}{p(e_1 \mid c_0) \cdot p(e_2 \mid c_0) \cdots p(e_k \mid c_0) \cdot p(c_0) + p(e_1 \mid c_1) \cdot p(e_2 \mid c_1) \cdots p(e_k \mid c_1) \cdot p(c_1)}$$

たくさんの項がありますが、1つ1つの項は、個々のエビデンスの要素に応じたエビデンスの「重み」か、もしくはクラスの事前確率かのいずれかになります[†]。

[†] 訳注：最後の式を見ると$p(\mathbf{E})$が含まれていないのを確認できる。

9.3.2 単純ベイズのメリットとデメリット

単純ベイズはとてもシンプルな分類器で、特徴であるエビデンスをすべて考慮してはいませんが、使用するストレージ領域と計算時間の観点ではとても効率的です。学習は1つ1つのデータを見て、そのデータの所属するクラスと登場した特徴の数をただ数えて保存するだけです。既に挙げたように、$p(c)$ はすべてのサンプルの中で、クラス c のサンプルが占める割合を数えることで推定できます。$p(e_i \mid c)$ は、クラス c の中で、特徴 e_i が現れる割合を数えることで推定することができます。

シンプルで、しかも厳密な独立性仮定をしているにもかかわらず、単純ベイズ分類器は、現実世界の多くのタスクを驚くほどうまく分類します。これは、独立性仮定への違反が分類にあまり悪影響を与えないことが多いからです。これには、直感的に納得しやすい理由があります。例えば、実際には強く依存し合っている2つのエビデンスがあるとします。依存し合っているということは、どういうことになるのでしょうか。大雑把に言うと、1つのエビデンスを見たら、もう1つのエビデンスもほとんど見たようなものだということです。それらのエビデンスを独立だと扱っているとすると、まず、1つのエビデンスを見て、「そのクラスのエビデンスが1つあった」と思うでしょう。そして、もう1つのエビデンスを見て、「そのクラスのエビデンスがもう1つあった」と思うでしょう。つまり、エビデンスをある程度二重にカウントすることになる、ということです。しかし、エビデンスがおおむね正しい方向を示している限りは、二重にカウントすることは分類をあまり妨げません。実際には、二重にカウントすることで、より強く正しい方向に確率の推定を導くことになります。正しいクラスの確率が過大に推定されて、誤ったクラスの確率が過小に推定されることにはなるでしょう。しかし、最も高い確率のクラスを選ぶ分類においては、より強く正しい方向に導くことは問題にならないのです。

とはいえ、これが問題になることもあります。推定した確率そのものを使いたい場合です。単純ベイズをコストや利益を伴う実際の意思決定に対して使用する場合は、7章で議論したように注意が必要です。実践的に単純ベイズを使っている人は、単純ベイズを必ずランク付けに使っています。ランク付けであれば、別のクラスのサンプルとの相対値としてしか、確率の値は意味を持ちません。

単純ベイズのもう1つのメリットは、その成り立ち上「漸進的学習」を行うこと (incremental learner) です。漸進的学習は帰納法の1つで、1度に1つのトレーニングデータを使って、モデル自体を更新することができます。新しいトレーニングデータが使えるようになったときに、過去のすべてのトレーニングデータを再処理する必要はありません。

漸進的学習のメリットが特に発揮されるのは、トレーニングデータのラベルが、分析の過程で徐々に明らかになっていくようなときで、その新しいトレーニングデータの情報をできるだけ早くモデルへ反映したい場合です。例えば、パーソナライズされた迷惑メール分類器

を作る場合を考えてみましょう。1通の迷惑メールを受取ったら、ブラウザで「迷惑メール」ボタンをクリックすることができます。こうすると、このメールを受信ボックスから削除するのに加えて、トレーニングデータのラベルを作成します。つまり、「迷惑メール」陽性のインスタンスです。もしメールを分類するモデルが即座に更新されて、それによってすぐに他の類似のメールもスパムかどうかの分類を開始してくれるのであれば非常に便利です。単純ベイズは、多くのパーソナライズされた迷惑メール検知システムの基礎になっていて、例えば Mozilla Thunderbird の迷惑メール検知システムなどでの利用が挙げられます。

単純ベイズはほとんどすべてのデータマイニングツールに取り込まれていて、もっと洗練された別の手法と比較できるように、共通のベースラインとなる分類器として提供されています。ここまで、2値の属性を分類する単純ベイズを説明してきましたが、これまで説明してきた考え方は、分類する属性が多値の場合にも、数値の場合にも、簡単に拡張することができます。これらについては、データマイニングアルゴリズムの教科書などで取り上げられているでしょう。

9.4　エビデンスの「リフト値」のモデル

「8.5　累積反応とリフト曲線」で、分類器を評価する指標として**リフト値**の考え方を説明しました。直感的に言うと、リフト値は分類器が集める陽性のサンプルが、陰性のサンプルを上回る量です。リフト値を使うと、分類器で選定した一部の集団で陽性クラスが現れる割合が、選定していない全体の集団で現れる割合よりもどれくらい多いかを測ることができます。例えばランダムに選んだ集団でホテルが予約される割合が 0.01%、分類器で選定した集団でホテルが予約される割合が 0.02% だとすると、その分類器のリフト値は 2 である、ということになります。つまり、選定された集団には 2 倍の予約率があるのです。

単純ベイズ式に少し手を加えることで、エビデンスが変わることで得られるさまざまなリフト値をモデル化するのに転用することができます。その際、エビデンス同士を結合するとても単純な方法を一緒に使います。それは、単純ベイズで使われている条件付き独立性の弱い仮定をするのではなく、完全に特徴同士が独立であると仮定することです。この仮定は実世界をさらに強く単純化するので、これを単純単純ベイズ（naive-naive bayes）と呼びましょう。完全に特徴が独立だと仮定すると、**式 9-3** は次の単純単純ベイズ式になります。

$$p(c \mid \mathbf{E}) = \frac{p(e_1 \mid c) \cdot p(e_2 \mid c) \cdots p(e_k \mid c) \cdot p(c)}{p(e_1) \cdot p(e_2) \cdots p(e_k)}$$

この式の項を整理すると、次の式が得られます。

式 9-4　エビデンスのリフト値の積で表した確率

$$p(C=c \mid \mathbf{E}) = p(C=c) \cdot リフト_c(e_1) \cdot リフト_c(e_2) \cdots$$

この式のリフト$_c(x)$は、次のように定義します。

$$リフト_c(x) = \frac{p(x \mid c)}{p(x)}$$

単純ベイズ分類器を新しいデータサンプル $\mathbf{E} = <e_1, e_2, \cdots, e_k>$ に適用するときのことを考えてみましょう。クラスに含まれる確率は、はじめは事前確率です。1つ1つのエビデンス、言い換えると1つ1つの特徴 e_i のリフト値（1より小さい場合もあります）を順番に考慮していくと、そのデータサンプルがクラスに含まれる確率は、上がる場合もあれば下がる場合もあります。

次のように考えるとわかりやすいでしょう。はじめに、クラス c の事前確率を表す数値（仮に z と呼びます）があります。データサンプルを順番に見て、1つ1つの新しいエビデンス e_i について、z にリフト$_c(e_i)$を掛け算していきます。もしこのリフト値が1より大きければ確率 z は増加しますし、1より小さければ z は減少することになります。

ラックスホテルの例の場合、z は予約が発生する確率で、その初期値は 0.0001 です（事前確率、つまりエビデンスを見る前の確率で、ラックスホテルの Web サイトを訪れた人が部屋を予約するかどうかの確率です）。Web サイトを訪れた人がファイナンスのサイトを訪問したことがあれば、確率に係数 2 を掛けましょう。トラック牽引選手権のサイトを訪問したことがあれば、確率に係数 0.25 を掛けましょう。といった感じです。すべての $\mathbf{E}$ のエビデンス e_i についてこれを実施して、結果として得られる積（z_f と呼ぶことにします）が、$\mathbf{E}$ がクラス c に所属する最終的な確率（と考えられるもの）になります。この例では、訪問者 $\mathbf{E}$ が部屋を予約するかどうかの確率です。

この手法について考えたことで、独立性仮定によって起きていることがよりはっきりとしてきます。この手法では、1つ1つのエビデンス e_i を、他のエビデンスとは独立であるかのように扱っています。そのため、単純に z にそれぞれのエビデンスのリフト値を掛け算することができるのです。しかし、実際にはエビデンス同士はある程度依存し合っているので、最終的に得られた値 z_f は、やや歪められたものになってしまいます。z_f は、本来あるべき値よりも高い値か低い値になってしまうでしょう。そのため、エビデンスのリフト値とそれらを掛け算して結合した結果は、データを理解したり、インスタンス同士を**比較する**のにはとても役立ちますが、最終的に算出した確率の値自体はまともに受け止めすぎない方が良いでしょう。

9.5 例：Facebookの「いいね！」から求める エビデンスのリフト値

　現実のデータから求められるエビデンスのリフト値について検討してみましょう。例を少し新鮮にするために、登場したばかりの分野での応用例について考えてみることにしましょう。研究者であるミハル・コジンスキー、デイビッド・スティルウェル、トレ・グラエペルらは、最近ある論文 [Kosinski et al., 2013] を『*Proceedings of the National Academy of Sciences*』に発表し、驚くべき結果を示しました。Facebookで何を「いいね！」しているか[†]で、普通外見からはわからない、あらゆる種類の個人の特徴をある程度予測できるというのです。予測できる特徴には、次のようなものが挙げられています。

- 知能テストの点数はどの程度か。

- 心理テストの点数はどの程度か（例えば、どれくらい外交的だったり、誠実であるかなど）

- （公表している）同性愛者であるかどうか。

- 飲酒や喫煙をするかどうか。

- 宗教的、政治的な見解

- など、その他多数

　彼らの実験計画について理解するには、この論文を読んでみることをお勧めします。この本をここまで読んでいただいたのであれば、ほとんどの結果を理解できるでしょう（例えば、2値で表されるたくさんの個人の特徴をどの程度うまく予測できたかを評価するために、彼らはROC曲線の下の面積を報告しています。今では、この内容をきちんと解釈できることでしょう）。

　ここでは、どんな「いいね！」が「IQが高い」に対する強いリフト値を示すか（もう少し具体的に言うとIQテストで高いスコアを取るか）どうかに注目してみましょう。Facebook

---

[†] Facebookになじみの薄い方のために補足すると、Facebookはソーシャルネットワークサイトで、利用者は自分が興味を持ったことや行ったことについて、さまざまな種類の情報を共有することができる。1人1人の利用者は独自のページを持っていて、Facebookは利用者が他の友人とサイト上でつながることを奨励している。また、Facebookには、TV番組、映画、ミュージシャン、趣味などの特定の内容を専門的に取り扱うページもある。1つ1つのページには「いいね！」ボタンが設置されていて、利用者はそのボタンをクリックすることで、自分がそのページのファンであることを宣言することができる。この「いいね！」したページは通常、他の友人からも見ることができる。

9.5 例：Facebookの「いいね！」から求めるエビデンスのリフト値

の利用者全体からサンプルを取り、目的変数を「IQ > 130」かどうかの2値で定義すると、サンプルの約14%が陽性（「IQ > 130」である）となります。

それでは、最も高いエビデンスのリフト値を示す「いいね！」を調べてみましょう[†]。

表9-1 「いいね！」したページと対応するリフト値

いいね！	リフト値	いいね！	リフト値
ロード・オブ・ザ・リング	1.69	ウィキリークス	1.59
One Manga	1.57	ベートーベン	1.52
科学	1.49	ナショナル・パブリック・ラジオ	1.48
心理学	1.46	千と千尋の神隠し	1.45
ビッグバンセオリー	1.43	ランニング	1.41
パウロ・コエーリョ	1.41	ロジャー・フェデラー	1.40
ザ・デイリー・ショー	1.40	スタートレック（映画）	1.39
ロスト	1.39	哲学	1.38
ライ・トゥ・ミー	1.37	ジ・オニオン	1.37
ママと恋に落ちるまで	1.35	コルベア・リポート	1.35
ドクター・フー	1.34	スタートレック	1.32
ハウルの動く城	1.31	シェルドン・クーパー	1.30
トロン	1.28	ファイトクラブ	1.26
アングリーバード	1.25	インセプション	1.25
ゴッドファーザー	1.23	Weeds～ママの秘密	1.22

ここでもう一度**式9-4**と独立仮定を思い出すと、「いいね！」しているページから、その人が高い知性を持っている確率を計算することができます。もし私が何も「いいね！」していなかったとしたら、私が「IQ > 130」である（「高いIQ」と呼びましょう）推定確率は、ちょうど全体に対するベースレートである14%になります。仮に私がFacebookで1つ「いいね！」をしていて、それが「シェルドン・クーパー」だったとしましょう。その場合、**式9-4**を使うと、確率は30%増加して0.14 × 1.3 = 18%になります。もし私が3つ「いいね！」していて、それが「シェルドン・クーパー」、「スタートレック（映画）」、「ロード・オブ・ザ・リング」だったとすると、私が「高いIQ」である確率はさらに増加して0.14 × 1.3 × 1.39 × 1.69 = 43%になります。

もちろん、私が「高いIQ」である確率を引き**下げる**「いいね！」も存在します。読者のみなさんをがっかりさせないように、ここではそのリストは掲載しません。

この例は、その結果が厳密には何を意味しているのかは、データの生成プロセスに照らして慎重に考えることが重要だということを説明する良い例でもあります。この結果が本当に

[†] Wally Wangがこの結果の算出に喜んで協力してくれたことに感謝する。

意味しているのは、「ロード・オブ・ザ・リング」をいいと思っていることが、高い IQ である強い兆候だということではありません。この結果が意味しているのは、「ロード・オブ・ザ・リング」という Facebook のページの「いいね！」をクリックすることが、高い IQ である強い兆候だということです。この違いは重要です。いいと思っていることを公に宣言する行動を取ることと、本当にそれをいいと思っていることとは違います。そして、ここで示したデータは前者の例であって、後者の例ではありません。

9.5.1　エビデンスの実践：広告で対象とする消費者を絞る

　この章では数式が登場しましたが、計算方法は比較的シンプルで、プログラムに実装しやすいものになっています。とてもシンプルですから、表計算ソフトの式で実装してしまうこともできます。そこで、ここでは文章で説明する代わりに、シンプルな数式の例を入力した表計算ソフト用のシートを準備しました。この例では、単純ベイズとエビデンスのリフト値を、おもちゃのオンライン広告で対象を絞る例で説明しています。これを見れば、この章の数式を計算して使うことがどんなに簡単かがわかるでしょう。なぜなら、ただ数をカウントして、割合を計算して、掛け算や割り算をするだけだからです。

　シートのレイアウトは、すべての「エビデンス」（複数の訪問者が訪れた Web サイト）と、中間の計算結果、そして架空の広告に対する最終的な応答率で構成されています。数値を調整したり、訪問者を追加・削除したりして実験することで、推定の応答率とエビデンスのリフト値がどのように変化するかを見ることができます。

9.6　まとめ

　これまでの章でもモデル化する手法を説明してきましたが、それらの手法は要約すると、「目的変数の値を識別する（分割する）には、一番良い方法は何か」という問いを投げかけていました。分類木と線形式はどちらも目的変数の値を判別する方法をモデル化するもので、損失やエントロピーを最小化しようとしており、それには判別関数を使用していました。これらの手法は、異なる目的変数の値を直接識別しようとすることから、**識別型**（discriminative）と呼ばれます。

　この章では、新たな種類の手法を紹介しました。この手法は、先ほどの問いを「異なる目的変数の値は、どのような特徴値を**生成**するのか」という問いに根本的に変えてしまうものです。この手法は、データがどのように生成されたかをモデル化しようとしています。適用フェーズで分類したい新しいインスタンスに直面すると、この手法ではベイズの法則をモデルに適用して、「どのクラスが最もこのインスタンスを生成しそうか」という問いに答えようとします。そのため、データサイエンスではモデル化に対するこのアプローチの仕方を**生成型**（generative）と呼びます。そして、生成型の手法は、**ベイズ的**手法として知られてい

る、たくさんの有名な手法の基礎となっています。ベイズ的手法の文献は広くて深く、データサイエンスの分野ではよく目にすることでしょう。

　この章では主に、ベイズ的手法の中でも特に広く知られていてシンプルであり、しかも大変役に立つ単純ベイズ分類器に焦点を当てて説明しました。この分類器が「単純」なのは、1つ1つの特徴が目標に対して与える影響を独立なものとして扱っていて、特徴の相互作用を全く考慮に入れていないからです。シンプルであるが故に、単純ベイズ分類器はとても高速で、効率的です。また、その単純さにも関わらず、驚くほど（戸惑ってしまうくらい）効果的です。データサイエンスの分野では、そのシンプルさから単純ベイズ分類器は共通的な「ベースライン」となる手法になっており、新しい問題に対してまず適用してみる手法の1つとなっています。

　また、エビデンス同士が必ず独立であるという仮定を使ったベイズ推定で、どのように「エビデンスのリフト値」を計算できるのか、またそれにより、たくさんの考え得るエビデンスが、分類の確率を上げるのか下げるのかを検討できることについても議論しました。例として、「ファイト・クラブ」、「スタートレック」、「シェルドン・クーパー」のいずれかにFacebookで「いいね！」をしていたら、高いIQである推定確率がそれぞれ約30%増加することを示しました。そしてもし3つすべてに「いいね！」をしていたら、高いIQを持つ推定確率は2倍以上になることが見込まれるのです。

10章
テキスト表現と
テキストマイニング

基本コンセプト：
- マイニングフレンドリーなデータ表現構築の重要性
- データマイニングのためのテキスト表現

代表的技法：
- バッグ・オブ・ワード（bag-of-words）
- TFIDF
- N-gram
- ステミング
- 固有表現抽出
- トピックモデル

　ここまでの説明では、データマイニングにおいて非常に重要な、あるステージについては触れないようにしてきました。それは、どのようにデータを準備するのか、ということです。現実世界においては、データは常に特徴ベクトルの形式で提供されるわけではありません。しかしながら、ほとんどのデータマイニングの手法では、特徴ベクトルをインプットとしています。データは通常、それが発生した問題に即した形式で、最も自然に表現されます。そのため使い慣れたさまざまなデータマイニングツールを適用したい場合には、ツールを適用できるようにデータの表現形式を変更したり、その形式に合うような新しいツールを作ったりする必要があります。一流のデータサイエンティストであれば、そのどちらのやり方も用います。しかし一般的にシンプルに済ませられるのは、とりあえずデータの表現形式を既存のツールに合うように変えるやり方の方です。なぜなら、それらのツールはよく知られていて、種類も豊富だからです。

　この章では、ある特定の種類のデータにフォーカスします。それはインターネットがさまざまな場所で使われるコミュニケーション手段になるにつれて、とても身近になったデータ、そう、テキストデータです。テキストデータについて調べてみることで、データエンジニアリングにおいて実際に発生する、さまざまな複雑な問題を知ることができます。また、

テキストデータの分析は、テキスト以外の重要なデータ形式をよりよく理解するための助けにもなるでしょう。この章ではテキストデータのみを扱いますが、この章で扱う基本的な原則を一般化して、他の種類のデータに対しても同様な考え方を適用することができます。このことは、14章でも再度説明します。

実は、この本では既にテキストについて一度取り上げています。アップル社に関するニュース記事をクラスタリングする例を取り上げた、「6.4.4 例：ビジネスニュース記事をクラスタリングする」です。しかしそこではあえて、どうやって記事を準備したのか、といった点について詳細を説明することを避けていました。と言うのも、前述の節はあくまでもクラスタリングにフォーカスしていたからです。そしてその前提に立つならば、テキストの準備という話題は雑音にしかなりません。一方でこの章ではテキストデータに着目していきますので、どのような場合にテキストを扱うのか、またそれがどれほど困難なことなのか、といった話題に専念していくことにします。

原則として、テキストはデータの表現方法の一種でしかなく、テキスト処理は、表現に対するエンジニアリングの特殊ケースにすぎません。しかし実際にテキストを扱おうとすると、専用の前処理が必要になり、ときにはデータサイエンス領域の専門知識が必要となることさえあります。現在、さまざまな本やカンファレンス、そして企業がテキストマイニングをテーマとして扱うようになっています。この章では、そのテーマの一部を紹介することしかできませんが、このテーマに関連する技術の概要と、典型的なビジネスへの応用における課題の理解を提供しようと思います。

それでは最初に、なぜテキストがそこまで重要なのか、そしてなぜテキストを扱うことは難しいのかについて考察していきましょう。

10.1　なぜテキストが重要なのか

テキストは、ありとあらゆるところに存在しています。レガシーアプリケーションの場合、その多くは未だにテキストデータを生成したり、記録しています。医療記録、お客様の声、商品への問い合わせ、修理記録などは、現在のところ、そのほとんどが人間がコミュニケーションに使うためのものであり、決してコンピュータでの処理を前提とはしていません。そのため、これらはテキストとして保存されてしまっています。この膨大な量のデータを活用するためには、まずテキストとして保存されたこのデータを、コンピュータにとって意味のある形式に変換してやる必要があります。

インターネットは「新しいメディア」かもしれませんが、そのほとんどは昔からあるメディアの形式と変わっていません。インターネットはテキストであふれています。個人の

Webページ、Twitterのつぶやき、メール、Facebookの投稿、製品説明、Reddit[†]のコメント、ブログへの投稿等、挙げていけばキリがありません。いつも利用しているGoogleやBingのような検索エンジンも、その根本はさまざまなテキスト指向データサイエンスが支えているのです。インターネット上の音楽や映像などは、かなりのトラフィック量を占めているかもしれませんが、人と人が相互にコミュニケーションを行う場合は、やはりテキストを用いるのが一般的です。Web 2.0を振り返ってみると、その要点はインターネット上のサイトに関するものであり、自分以外の誰かとの相互コミュニケーションを可能にしたり、サイト上のコンテンツをユーザが自由に生み出したりすることを目的としていました。このようにしてユーザが生み出したコンテンツや相互コミュニケーションもやはり、テキストでやり取りされるのが普通です。

ビジネスでは、消費者からのフィードバックを得るために、テキストを理解する必要がある場面が多く存在します。ただし、いつでもテキストを理解する必要があるわけではありません。消費者の考え方の重要な部分が、明示的にデータとして残されている場合もあれば、消費者の行動から推測可能なものもあります。5つ星の格付けやクリックスルー率[‡]、コンバージョン率[§]などはその代表的な例です。また、特定のグループやオンライン調査によって集められ、数値化されたデータを購入することもできます。しかし、本当に「顧客の声を聞きたい」のであれば、多くの場合、やはり生の声を聞く必要があるでしょう。そのためには、製品レビュー、顧客からの意見記入欄、投書、メールなどを確認しなければなりません。

10.2 なぜテキストは難しいのか

テキストはよく「非構造的な」データと言われます。これは、データが通常持っているような構造がテキストにはない、ということです。データが通常持つ構造には、例えば、固有の属性を複数持つレコードを保存したテーブル（つまり、特徴ベクトルの集まり）や、そういったテーブル間の関連などがあります。もちろん、実際にはテキストは多くの構造を持っています。しかし、その構造とはあくまでも「言語学的な」観点から見た構造であり、人間が理解するための構造です。そのため、コンピュータから見た場合、やはりテキストは「非構造的な」データなのです。

[†] 訳注：2005年に公開された米国のソーシャルニュースサイトの1つ。ユーザがWeb上の面白いニュース記事へのリンクを投稿し、他のredditユーザの投票によって評価およびランク付けをすることで、面白いニュース記事を紹介する形式となっている。日本語のローカライズ版も公開されている。

[‡] 訳注：インターネット広告の効果を計る指標の1つで、広告がクリックされた回数を、広告が表示された回数で割ったもの。

[§] 訳注：コンバージョンとは、商品購入や資料請求のような、Webサイトの目的とする最終成果のこと。コンバージョン率とは、Webサイトへアクセスした人のうち、何割がコンバージョンに達するかを示す指標であり、トップページや商品紹介ページの、一定期間内のコンバージョン件数を、同じ期間内のアクセス数、またはユニークユーザ数で割って算出する。

単語は、長さが変わることもありますし、テキストも、含まれる単語の数が変わることがあります。また、単語の順序が問題になることもあれば、ならないこともあります。

データとして見たとき、テキストは比較的「汚ない」データであると言えるでしょう。文法が無視されていたり、スペルが誤っていることはもちろん、単語が混ざって使われていたり、思わぬ短縮が使われていたり、またランダムに句読点が打たれていることがあります。これらの問題がない完璧なテキストであっても、同義語や同形異義語が含まれている可能性があるため、テキストの意味は一意には定まりません。また、ある分野における専門用語や略語は、他の分野では意味をなさないかもしれません。医療記録の分野とコンピュータの修理の分野で、用語が共有されていることを期待してはならず、最悪の場合は、むしろ矛盾していることさえ覚悟した方が良いでしょう。

繰り返しになりますが、テキストは人と人とのコミュニケーションのためのデータ形式です。そのため、他のデータ形式よりも**コンテキスト（文脈）**がとても大事になります。例として、以下の映画レビューの抜粋について考えてみましょう。

「この映画の前半は、後半よりかはだいぶましだ。演技は下手で、最後まで始末に終えず、暴力は過度に表現され、しかも信じられない結末がある。しかし、それでも楽しんで見ることができる。」

この感想は、全体として映画に好意的なのでしょうか。それとも否定的なのでしょうか。「信じられない」という単語はポジティブな意味で使われているのでしょうか。それともネガティブな意味でしょうか。使われている単語やフレーズの意味を正しく評価するためには、全体のコンテキストを把握する必要があります。

これらの理由から、テキストは適切な前処理を施した後に、データマイニングアルゴリズムを適用する必要があります。通常、特徴ベクトルへの変換が複雑であるほど、テキストが持つ問題点も含まれやすくなります。この章ではデータマイニングでの利用を前提としたテキストの前処理について、基本的な手法だけを取り上げて説明します。ここからしばらくは、これらの手法の手順について説明していきます。

10.3　テキスト表現

テキストを扱う難しさについてはもう説明しましたので、テキストをデータの集合に変換して、データマイニングアルゴリズムを適用しやすくするための基礎的な手順を体験してみましょう。一般的に、テキストマイニングでは複数ある有効なテクニックの中で、最もシンプルなもの（コストが低いもの）を採用します。この考え方はGoogleやBingに代表されるような多くの検索エンジンの基礎となっている、重要な技術です。後ほど、基本的なクエリ

検索の例を紹介します。

まず、基本的な用語について説明します。用語のほとんどは情報検索（IR）の分野のものを使っています。**ドキュメント（文書）** とはその大小に関わらず、それがテキストであることを意味します。あるドキュメントはたった1文の場合もあれば、100ページに及ぶレポートの場合もあります。YouTubeのコメントやブログへの投稿である場合もあるでしょう。一般的に、ドキュメント内のすべてのテキストはまとめて扱われます。検索条件に一致するか、または同類とみなせる場合には、単一の項目として一連のテキストは取得されます。ドキュメントは、個々の**トークン**や**用語**（terms）から構成されています。今のところ、トークンや用語は単なる単語として考えておけばよいでしょう。この本を読み進めていくにつれて、トークンや用語が、通常単語として考えられているものと、どのような点で異なるのかについて、説明を加えていくことにします。なお、ドキュメントの集まりは**コーパス**（corpus）[†]と呼ばれています。

10.3.1 Bag-of-Words

テキスト表現に変換する目的を意識するのは重要なことです。目的の本質は、ドキュメント（ある程度自由な形式で並べられた一連の単語）の集合を、データマイニングをしやすい特徴ベクトルの形式に変えることです。ドキュメントはそれぞれが1つのインスタンスですが、それらのドキュメントがどのような特徴ベクトルになるのかを、前もって知ることはできません。

最初に紹介するアプローチは、「bag-of-words」と呼ばれています。その名前が示すように、このアプローチではすべてのドキュメントを独立した単語の集まりとしてみなします。また、文法を無視し、単語の順序を無視し、文構造や句読点についても無視します。さらに、このアプローチは、ドキュメントに含まれる単語はすべて、ドキュメントにとって重要なキーワードになり得る、とみなします。このようなテキスト表現は、簡単かつ低コストで生成することができます。また、比較的多くの問題に対して有効です。

> **注意：集合（set）とバッグ（bag）**
> **集合**（set）や**バッグ**（bag）という用語は数学において特定の意味を持ちますが、ここではどちらも数学上の正確な意味で使うわけではありません。集合では、項目のインスタンス（例えば単語）が、集合内に1つだけしか存在できません。しかし一方で、ドキュメント内での単語の出現回数について考慮に入れたい場合もあります。数学では、**バッグ**は**多重集合**（multiset）のことです。つまり、すべての項目のインスタンスが、集合内に複数回出現することが許容されます。bag-of-wordsは、まずドキュメントを単語の多重集合として扱い、そこから語順および

[†] 「身体」を意味するラテン語。複数形は**コーポラ**（corpora）。

その他の言語構造を無視していきます。しかしながら、後程説明するように、テキストマイニングに使うテキスト表現は、単語の出現回数を数えるだけでは済まず、より複雑になる場合が多くあります。

すべての単語が特徴の要素になり得るのであれば、あるドキュメントにおける、特徴の値とはどのようなものになるのでしょうか。この問いに対しては、いくつかのアプローチが存在します。最も基本的なアプローチでは、すべての単語をトークンとして扱い、各ドキュメントは、そのトークンが含まれる（この場合は1）か、含まれない（この場合は0）かで表現します。この方法では、ドキュメントをそこに出現する単語の集合へと単純化して、シンプルに扱っています。

10.3.2　用語出現頻度

次のステップでは、単語の出現を0か1で表す代わりに、その出現頻度を数えます。こうすることで、単語が使用された回数を区別することができるようになります。ドキュメント内のある用語の重要性が、その出現回数に応じて高くなっていく場合、このような考え方が有効です。これは**用語出現頻度**（term frequency）と呼ばれています。例として、**表10-1**[†]に示す3つのシンプルな文章（ドキュメント）について考えてみましょう。

表10-1　3つのシンプルなドキュメント

d1	jazz music has a swing rhythm
d2	swing is hard to explain
d3	swing rhythm is a natural rhythm

3つの文章はそれぞれ独立したドキュメントと見なせます。用語出現頻度を用いたシンプルなbag-of-wordsでは、用語の出現回数を表にした、**表10-2**を生成します。

表10-2　用語の出現回数

	a	explain	hard	has	is	jazz	music	natural	rhythm	swing	to
d1	1	0	0	1	0	1	1	0	1	1	0
d2	0	1	1	0	1	0	0	0	0	1	1
d3	1	0	0	0	1	0	0	1	2	1	0

通常、ある種の基本的な処理を単語に実行し、その後、表形式に変換します。この処理について、もう少し複雑なサンプルを使って考えてみましょう。

[†] 訳注：**表10-1**のドキュメントは、ここ以降の説明で英単語を利用するため、日本語訳せずに英語のまま載せている。

10.3 テキスト表現

Microsoft Corp and Skype Global today announced that they have entered into a definitive agreement under which Microsoft will acquire Skype, the leading Internet communications company, for $8.5 billion in cash from the investor group led by Silver Lake. The agreement has been approved by the boards of directors of both Microsoft and Skype.

（訳：マイクロソフトとスカイプは本日、インターネット電話サービスのリーディングカンパニーであるスカイプを、マイクロソフトが投資グループのシルバーレイクから85億ドルの現金で買収する正式契約を締結したことを発表しました。この合意は、マイクロソフトとスカイプの両取締役会によって承認されています。）

表10-3 は、このサンプルを用語出現頻度で表現した結果を示しています。

表10-3　正規化とステミングをした後、出現頻度順にソートした用語

用語	出現数	用語	出現数	用語	出現数	用語	出現数
skype	3	microsoft	3	agreement	2	global	1
approv	1	announc	1	acquir	1	lead	1
definit	1	lake	1	communic	1	internet	1
board	1	led	1	director	1	corp	1
compani	1	investor	1	silver	1	billion	1
cash	1	enter	1				

サンプルからこの表を作るために、以下の手順を実行しました。

- まず、大文字と小文字の正規化です。用語はすべて小文字に変換します。「Skype」や「SKYPE」といった単語を 同じ用語と見なすことが目的です。同じ用語であっても大文字小文字が異なることはよくあるので（「iPhone」、「iphone」、「IPHONE」等）、通常、大文字と小文字の正規化が必要となります。

- 続いて**ステミング**です。「announces」、「announced」、「announcing」はすべて、動詞「announce」の語形変化であり、「announc + 接尾辞」に分解することができます。よって、これらの接尾辞は削除し、すべて announc という用語として扱います。同様に、ステミングを行うことで、名詞の複数形は単数形へと変換されます。これによって、テキスト内の「directors」という単語は、用語リストでは director として扱われます。

- 最後に、**ストップワード**を除去します。ストップワードとは、英語において（というよ

りは、解析可能な言語であればどのような言語においても）出現回数の多い、とても一般的な単語のことで、自然言語処理上、処理対象外とする単語のことです。例えば「the」や「and」、「of」、「on」などは英語におけるストップワードと見なされますので、通常は処理対象外として削除されます。

サンプルドキュメント内の「$8.5」が完全に無視されていることに注目してください。この単語は必要でしょうか。ドキュメント内の数字は、一般的にテキスト処理にとっては些細であり、重要ではないと見なされます。しかし、本当に重要でないのかどうかは、個々のテキスト表現の目的に応じて決めるべきであり、必ずしも無視してよいわけではありません。ドキュメントのコンテキストに応じて、「4TB」や「1Q13」のような用語が無意味なのか、それとも重要な修飾語なのかを判断する必要があるのです。

> **注意：安易なストップワードの除去**
> ストップワードの除去をすべきでない場合もあります。本や映画のタイトルは、一般的にはストップワードと見なされるような単語が重要な意味を持つ良い例でしょう。例えば、「The Road」です。この物語は、コーマック・マッカーシーが書き下ろした、文明が滅んだ後の世界での父と息子の姿を描いた物語であり、ジョン・ケアルックの著名な小説である「On the Road」とは全く異なるものです。しかし、安易にストップワードを除去してしまうと、この2つの映画タイトルを全く同一のものと見なしてしまうかもしれません。同様に、映画「Stoker」と「The Stoker」は混同すべきではありません。前者は最近のスリラー映画[†]ですが、後者は1935年公開のコメディ映画なのですから[‡]。

表10-3 は、用語の出現回数をそのまま表示しています。一方で、出現回数をそのまま使う代わりに、ドキュメントの長さに応じて、用語の出現回数を正規化するシステムもあります。用語出現頻度を求める目的は、ある用語の、ドキュメントに対する関連の強さを表現することです。長いドキュメントの方が、短いドキュメントよりも多くの単語を含むため、必然的に用語出現頻度の値は長いドキュメントの方が大きくなります。だからと言って、長いドキュメントの方が短いドキュメントよりも、ある単語のドキュメントに対する関連が強いわけではありません。そのため、用語出現頻度の値がドキュメントの長さに依存しないよう、用語の出現回数を正規化する手法があります。例えば、ドキュメント内の総単語数で用語の出現回数を割る方法です。

[†] 訳注：パク・チャヌク監督、ウェントワース・ミラー脚本によるアメリカ合衆国・イギリスの映画。2013年3月1日公開。邦題は「イノセント・ガーデン」（日本公開は2013年5月31日）。

[‡] ここに挙げた2つの例は、どちらも実際の映画レビューサイト上での最近の検索結果として出てきたもの。この例からもわかるように、ストップワードの除去は、誰もが注意深く実施しているわけではない。

10.3.3 希少性の測定：逆文書頻度

頻度（frequency）という用語は、単一のドキュメント内で、ある用語がどれだけ広く行き渡っているのかを測定します。また、ある用語の重みを決めるためには、単一のドキュメントに限らず、解析対象のコーパスすべてで、ある用語がどれだけ一般的か、ということも測定する必要があるでしょう。そのような場合に、相反する2つの考え方があります。

1つ目の考え方は、用語は「レア」すぎてはいけないということです。例を挙げてみましょう。一般的にはあまり使われない、「prehensile」[†]という単語が、解析中のコーパスの、あるドキュメント内に出てきたとします。この用語は重要なのでしょうか。それはわかりません。この用語が重要かどうかは、何に利用するか次第です。検索に利用する場合、ユーザは正確な単語を探しているため、この用語は恐らく重要です。しかしクラスタリングに利用するのであれば、たった一度しか出てこない用語は重要ではないでしょう。そのような用語は、意味のあるクラスタの基準にはなりません。このような理由から、テキスト処理を行うシステムでは、通常は、ある用語が出現するドキュメントの数に小さな（任意の）下限を設定し、その下限を超えたものを用語として扱います。

もう1つの考え方は、用語は「一般的」すぎてもいけないと言うことです。すべてのドキュメントに出現する用語は、分類という観点では有用ではなく（そのような用語は何の区別にも使えません）、クラスタの基準にはなれません（この場合、コーパス全体が1つのクラスタになってしまいます）。よって、過度に出現回数の多い用語についても、通常は取り除きます。これを実現する方法としては、ある単語が出現するドキュメントの数（もしくは割合）に任意の上限を設けるやり方が考えられます。

用語出現頻度の値に上限下限を設定することに加えて、多くのシステムではコーパス上で用語がどのように分布しているかについても考慮します。ある用語が出現するドキュメントが少ないほど、その用語を含むドキュメントが重要である場合もあります。このような、ある用語 t に関する希少性は、**逆文書頻度**（inverse document frequency：IDF）と呼ばれる式によって一般に測定されます。具体的な数式は **式10-1** の通りです。

式10-1　ある用語の逆文書頻度（IDF）

$$\text{IDF}(t) = 1 + \log\left(\frac{\text{総ドキュメント数}}{t\text{を含むドキュメント数}}\right)$$

IDF は、用語の頻度が低くなるにつれて上昇することが予想されます。**図10-1** は IDF(t) のグラフで、用語 t が含まれるドキュメント数の関数として IDF を描いています。ここで

---

† 訳注：「(物を)つかみやすい」「洞察力のある」等を意味する形容詞。

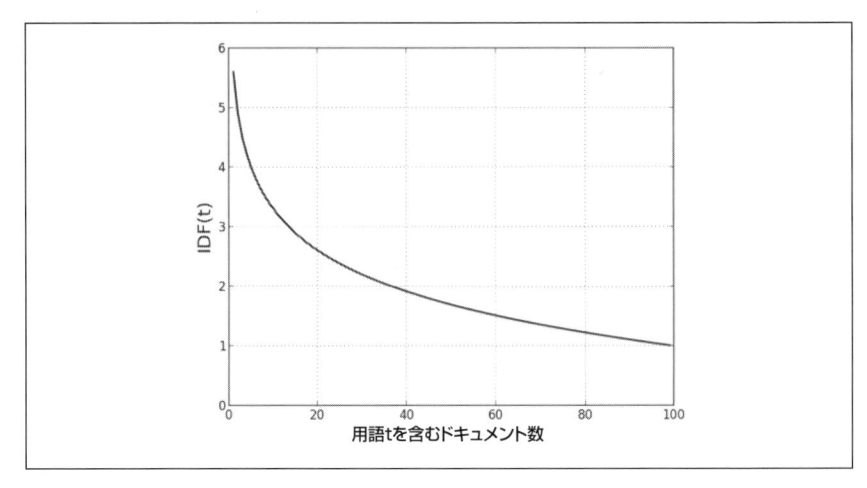

図 10-1 100 個のドキュメントからなるコーパスに出現する用語 t の IDF

は、100 個のドキュメントからなるコーパスを扱った場合の結果を表示しています。見ての通り、ある用語がレアであるほど（グラフ上、左に寄るほど）、IDF の値も高くなっています。一方で、t がドキュメント内でより一般的になっていくと、IDF の値は急速に小さくなっていき、漸近線の 1.0 に近づいています。ストップワードの多くは、とても一般的なので、IDF の値も 1.0 に近くなるでしょう。

10.3.4　手法の組み合わせ：TFIDF

テキストの表現方法として、用語出現頻度（Term Frequency：TF）と逆文書頻度（Inverse Document Frequency：IDF）を組み合わせた、TFIDF と呼ばれる表現が広く知られています。あるドキュメント d における用語 t の TFIDF の値は次の式で求めることができます。

$$\mathrm{TFIDF}(t, d) = \mathrm{TF}(t, d) \times \mathrm{IDF}(t)$$

IDF がコーパス全体に対する値となるのに対して、TFIDF は単一のドキュメントに対する値となることに注意してください。bag-of-words を用いる場合、通常はステミングとストップワードの除去を行った後に用語の数をカウントします。ドキュメント内の用語数は TF 値を生成し、コーパス内のドキュメント数は IDF 値を生成します。

こうして、ドキュメントはそれぞれ特徴ベクトルに変換され、コーパスは特徴ベクトルの集合となります。そしてここでできた集合は、分類、クラスタリング、検索といった、データマイニングアルゴリズムのインプットとして利用可能になるのです。

テキスト表現には、特徴と見なせる用語がとても多いため、その中から特徴を絞り込むことがよく行われます。特徴の絞り込みにはさまざまな手法があります。用語の数に対して上限下限の閾値を設けたり、情報利得[†]のような尺度を導入し、情報利得が低い用語が間引かれるよう、重要度に応じたランク付けを行います。

　bag-of-words は、対象とするドキュメント内の単語を、それぞれ独立したキーワード（特徴）として扱います。そして、それぞれのドキュメントに対して頻度と希少性に基づく値を割り当てていきます。TFIDF は用語を表現する値としてとても一般的ですが、必ずしも最適だというわけではありません。誰かが bag-of-words を用いてテキストのコーパスを記述したとしても、それは単にそれぞれの単語をそれぞれ独立した特徴として扱っただけであり、それ以上の意味はありません。もちろんそれらの値は 2 進数でも表現できますし、用語出現頻度でも、TFIDF でも表現することができます。また、正規化の有無によっても表現は変わってくるでしょう。データサイエンティストは直観に従って、直面しているテキスト表現の問題をどのように攻略するのがベストなのかを検討していきます。しかし典型的には、データサイエンティストは 1 つの手法に固執することはなく、複数の異なる手法を実験的に用いながら、どの手法が最適な結果をもたらすのか、探っていくのです。

10.4　例：ジャズミュージシャン

　ここまで見てきたいくつかの基本的なコンセプトを、ここからは具体的な例で説明していきましょう。題材として用いるのは、16 人の偉大なジャズミュージシャンに関する短めのコーパスと、ウィキペディアから抜粋した彼らの人物紹介です。以下に記すのは何人かの人物紹介の抜粋です。

チャーリー・パーカー

　チャールズ「チャーリー」パーカー Jr. はアメリカのジャズサックス奏者であり作曲家でした。マイルス・デイヴィスはかつて次のように語っています。「ジャズの歴史はたった 4 つの単語で言い表すことができる。ルイ・アームストロング、チャーリー・パーカーだ。」パーカーは、キャリアの初期から「ヤードバード」、「バード」の愛称で親しまれました。この愛称は、彼の作る数々の名曲からインスパイアされて付けられたと言われており、[…]

デューク・エリントン

　エドワード・ケネディ「デューク（公爵）」エリントンは、アメリカの作曲家、ピアニスト、ビッグバンドのリーダーでした。エリントンはその生涯で 1,000 を超える曲を作曲し

[†] 情報利得については、「3.2.2 例：情報利得を使った属性選択」を参照のこと。

ました。ボストン・グローブ社のボブ・ブルーメンソール記者は記事の中で、「彼が誕生以来、その時代に彼を超える作曲者はいない。それはアメリカにも、他のどの国にもだ。」と述べ、彼の偉大さを称えています。主要なジャズの歴史において、エリントンの音楽はブルース、ゴスペル、映画音楽、ポップス、クラシック等、さまざまなジャンルに広がっていきました。［…］

マイルス・デイヴィス

マイルス・デューイ・デイヴィス3世は、アメリカのミュージシャン、トランペッター、バンドリーダー、作曲家でした。20世紀で最も影響力のあったミュージシャンの1人として広く認識されており、彼のバンドとともに、ビバップ、クールジャズ、ハードバップ、モダンジャズ、フュージョン等のジャズを発展させていきました。［…］

16個のドキュメントからなるこのかなり小さなコーパスであっても、コーパス全文とそのすべての語彙をここに載せるには量が多すぎるので（ステミングとストップワードの除去後で、まだ2,000個近い特徴があります）、ここではサンプルを用いて説明していきます。サンプル表現として「Famous jazz saxophonist born in Kansas who played bebop and latin.（カンザス州で生まれ、ビバップとラテンを演奏した有名なジャズサックスプレイヤー）」を考えてみましょう。このフレーズが検索エンジンに対して入力されたと想像してみてください。その際、このフレーズはどのような表現に変換されるのでしょうか。結論を述べてしまうと、実は単なる1つのドキュメントとして扱われ、多くの場合これまで見てきたドキュメントと同様の手順で処理されていきます。

まずは基礎的なステミングが適用されます。ステミングは完全ではなく、「Kansas」や「famous」という単語から kansa や famou のような用語を生成してしまいます。しかし通常、完全なステミングを行うことは重要ではありません。ステミングの結果が、すべてのドキュメントを通じて一貫した結果を生成していれば、それで良いのです。結果を**図10-2** に示します。

次にストップワード（in や and）を除去し、ドキュメントの長さに応じて、正規化を行います。結果を**図10-3** に示します。

ここまでで求めた値は通常、用語出現頻度（TF）の特徴値として利用されます。さらにIDF値を求めて、その値を先ほど求めたTF値と乗算することで、完全なTFIDF表現を生成することもできます。既に述べてきたように、TFIDF表現を用いることで、用語出現頻度だけでは特徴的と見なされない、出現回数の少ない単語であっても、特徴的と見なせるようになります。

ジャズミュージシャンについて記載したこのコーパスでは「Jazz」と「play」はとてもよ

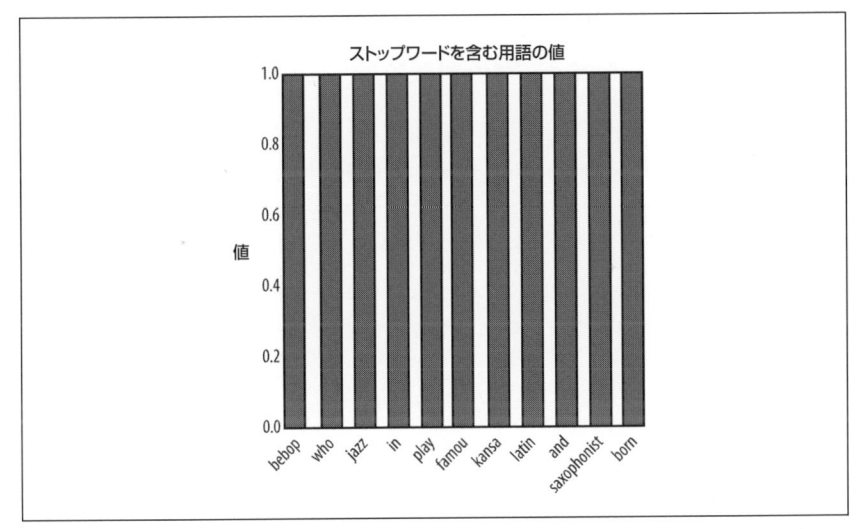

図10-2 クエリ「Famous jazz saxophonist born in Kansas who played bebop and latin.」のステミング後のテキスト表現

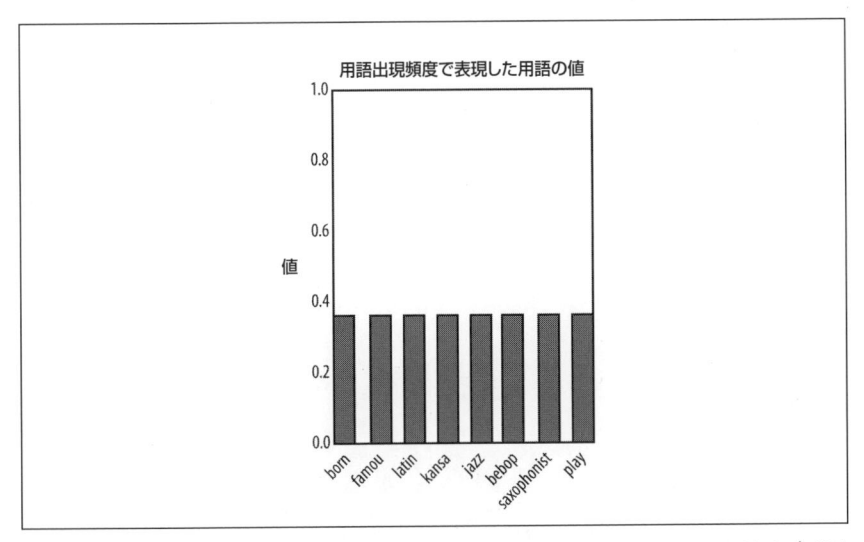

図10-3 クエリ「Famous jazz saxophonist born in Kansas who played bebop and latin.」のストップワード除去および用語出現頻度の正規化後のテキスト表現

く出てくる単語ですので、IDFを掛けることによる値の上昇はほぼありません。これらの単語はこのコーパス内ではほとんどストップワードのようなものです。

「latin」、「famous」、「kansas」は、最も高いTFIDF値を持ち、このコーパスの中で最も希少性の高い用語です。結果として、これらの用語はクエリの中で最高の重みを持つことになります。最後に、これらの用語は再度正規化され、図10-4に示す最終的なTFIDFの重みを生成します。この重みが、このサンプル「ドキュメント」（クエリ）の特徴ベクトルとなるのです。

ここまでで、この小さな「ドキュメント」がどのように表現されるのかを示しましたので、次はこの表現を何かに利用してみましょう。6章で、距離基準を用いた最近傍の検索について、説明をしたことを覚えているでしょうか。そして、似たようなウィスキーを検索する方法について示しました。この章でも同じようなことをやってみましょう。例えば、シンプルな検索エンジンを実装中で、これまで見てきた「Famous jazz saxophonist born in Kansas who played bebop and latin.」というサンプルフレーズを、ユーザが検索クエリとして入力してきたと仮定してみましょう。この検索エンジンはどのようにして検索を行うのでしょうか。まずは、クエリを図10-4に図示するようなTFIDF表現に変換します。既にそれぞれのジャズミュージシャンの人物紹介ドキュメントのTFIDF表現は計算済みですので、今ここでやるべきことは、検索クエリとそれぞれのミュージシャンの人物紹介の類似度を計

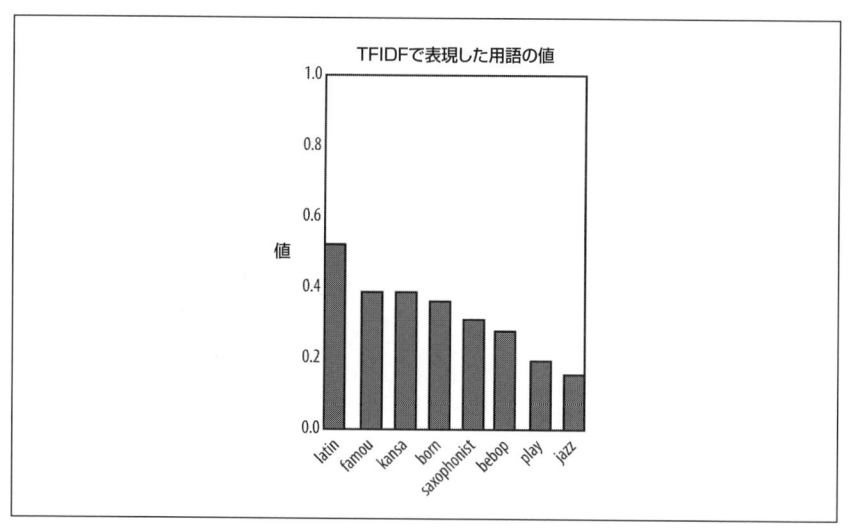

図10-4 クエリ「Famous jazz saxophonist born in Kansas who played bebop and latin.」の最終的なTFIDF表現

算し、最も類似度が高いものを選択することだけです。

このマッチングを行うために、「6.3.2 * その他の距離関数」で説明したコサイン類似度関数（式6-5）を利用します。コサイン類似度は、一般的にはテキスト分類でドキュメント間の距離を測定するために利用されます。

表10-4 各ミュージシャンのテキストとクエリ「Famous jazz saxophonist born in Kansas who played bebop and latin.」の類似度（類似度の降順）

ミュージシャン	類似度	ミュージシャン	類似度
チャーリー・パーカー	0.135	カウント・ベイシー	0.119
ディジー・ガレスピー	0.086	ジョン・コルトレーン	0.079
アート・テイタム	0.050	マイルス・デイヴィス	0.050
クラーク・テリー	0.047	サン・ラ	0.030
デイブ・ブルーベック	0.027	ニーナ・シモン	0.026
セロニアス・モンク	0.025	ファッツ・ウォーラー	0.020
チャールズ・ミンガス	0.019	デューク・エリントン	0.017
ベニー・グッドマン	0.016	ルイ・アームストロング	0.012

見ての通り、最も類似度の高いドキュメントは、チャーリー・パーカーに関するドキュメントです。事実、彼はカンザス州生まれのサックス奏者であり、ビバップスタイルのジャズを演奏していました。また、彼の人物紹介で述べられているように、チャーリー・パーカーはラテン等の他のジャンルを組み合わせた演奏を行うこともありました。

10.5 * エントロピーとIDFの関係

「3.2.1 情報価値の高い有用な属性を選び出す」で予測モデリングについて説明した際、エントロピーという尺度を導入したことを覚えているでしょうか。好奇心の強い（かつ、記憶力の優れた）読者のみなさんは、逆文書頻度とエントロピーはどこか似ていることに気付いたかもしれません。両者とも、ある属性を持つ集合がどのように混在しているのかを測る尺度です。両者には何かしらのつながりがあるのでしょうか。もしくは両者は実は同じことを言っているのでしょうか。両者は全く同一と言うわけではありませんが、関連性を持っています。そしてこの節では、その関連性について示していきます。両者の関連性に興味がない場合は、この節は読み飛ばしてしまっても問題ありません。

図10-5は、これから説明する方程式に関するグラフです。まずはじめに、あるドキュメント集合における用語 t について考えてみましょう。このドキュメント集合内に、用語 t が出現する確率はどれぐらいでしょうか。それは次の式で推定することができます。

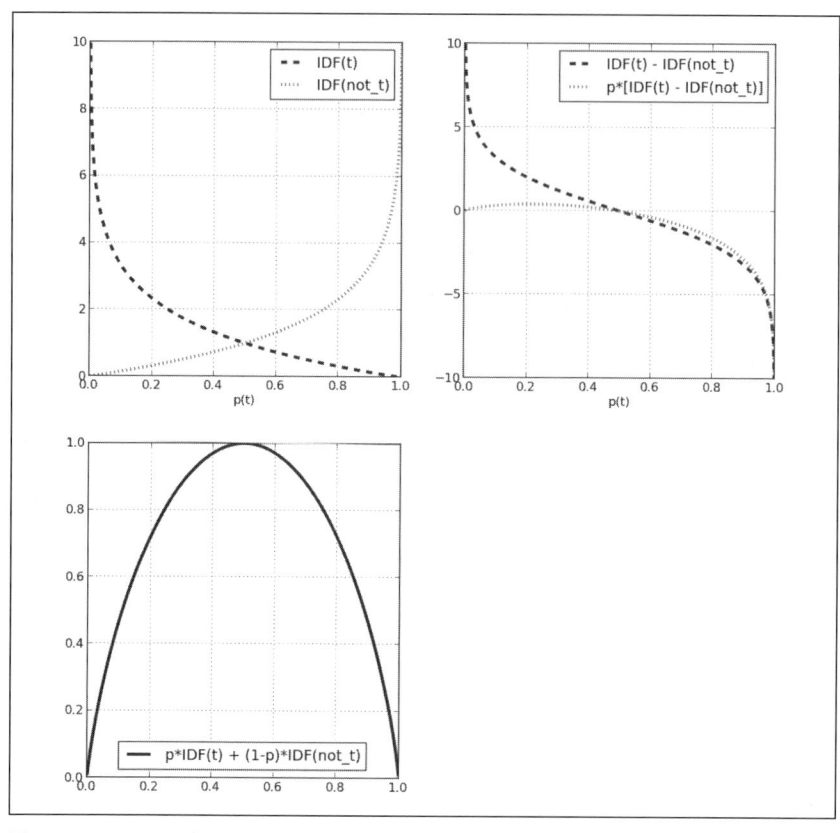

図10-5 IDF(t) および IDF(not_t) に関連するさまざまな値のプロット

$$p(t) = \frac{t を含むドキュメント数}{総ドキュメント数}$$

表記を簡潔にするために、ここから先ではこの推定値 $p(t)$ を単に p と記載します。また、用語 t の IDF に関する定義についてもおさらいしておきましょう。

$$\text{IDF}(t) = 1 + \log\left(\frac{総ドキュメント数}{t を含むドキュメント数}\right)$$

上記式の 1 は定数にすぎませんので、ここではいったん無視します。すると、IDF(t) は基本的には $\log(1/p)$ だと言うことに気付きます。代数学の知識があれば、$\log(1/p)$ は $-\log(p)$ と等しいこともわかるでしょう。

用語 t に関するドキュメント集合について再度考えてみましょう。それぞれのドキュメントは確率 p で t が出現するか、確率 $1-p$ で t が出現しないかのどちらかです。t が出現しないすべてのドキュメントに出現する、疑似的な用語 not_t を t の鏡像として定義してみましょう。この新しい用語の IDF はどのようになるでしょうか。次のように表すことができます。

$$\mathrm{IDF}(not\_T) = \log 1/(1-p) = -\log(1-p)$$

図10-5 の左上のグラフを見てください。$\mathrm{IDF}(t)$ と $\mathrm{IDF}(not\_t)$ の2つのグラフは、期待通り互いに鏡像となっています。ここで、**式3-1** で示されたエントロピーの定義を思い出してください。$p_2 = 1-p_1$ で表される2つの変数を用いたエントロピーは、次のようになります。

$$\text{エントロピー} = -p_1 \log(p_1) - p_2 \log(p_2)$$

これまで見てきたケースでは、ドキュメント内に確率 p で出現する、もしくは確率 $1-p$ で出現しない用語 t を対象としています。よって、t によって分割された集合のエントロピーは、次の定義に帰着します。

$$\text{エントロピー}(t) = -p \log(p) - (1-p) \log(1-p)$$

それでは、ここまで見てきた $\mathrm{IDF}(t)$ と $\mathrm{IDF}(not\_t)$ の定義から、エントロピーをさらに展開、単純化してみましょう(参考までに、ここで展開したさまざまな部分式は **図10-5** の右上のグラフにプロットされています)。

$$\begin{aligned}
\text{エントロピー}(t) &= -p \log(p) - (1-p) \log(1-p) \\
&= p \cdot \mathrm{IDF}(t) - (1-p)[-\mathrm{IDF}(not\_t)] \\
&= p \cdot \mathrm{IDF}(t) + (1-p)[\mathrm{IDF}(not\_t)]
\end{aligned}$$

上記式は、**期待値計算の形式**だということに注意してください。エントロピーはコーパス内での出現確率に基づいた $\mathrm{IDF}(t)$ と $\mathrm{IDF}(not\_t)$ の期待値として表現できます。**図10-5** の左下のグラフは3章の**図3-3**で示したエントロピー・カーブとまさに一致しており、エントロピーと IDF には関連性があることがわかります。

10.6 Bag-of-Words を超えて

基本的な bag-of-words によるアプローチは比較的シンプルであり、多くの点において優れたお勧めの手法です。この手法は洗練された解析能力や他の言語分析を必要としません。それにもかかわらず、さまざまな課題に対して驚くほど有効で、通常データサイエンティストが新たなテキストマイニングの問題に取りかかる際、最初に採用される手法です。

とはいえ、もちろん bag-of-words だけでは十分ではなく、より高度な技法が必要となる場

合もあります。ここでは、そのような技法のいくつかを簡単に説明していきます。

10.6.1　N-gram シーケンス

これまで述べてきたように、bag-of-words では、個々の単語をすべて独立した1つの用語として扱い、単語の順序については完全に無視していました。しかし、単語の順序が重要で、表現形式内での順序情報を保存しておきたい場合もあるでしょう。さらに複雑になるのは、隣接した単語同士の**シーケンス（連なり、順序）**を用語としてみなす場合です。例えば、あるドキュメントに「The quick brown fox jumps」という文章が含まれる場合、2つの隣接した単語同士を1つの用語とみなす、ということであり、その場合この文章は、{quick、brown、fox、jumps}という文章を構成する個々の単語に加えて、quick_brown、brown_fox、fox_jumps というトークンも含めた集合に変換されることになります。

この一般的な表現形式は、**N-gram**（N- グラム）と呼ばれています。隣接した2つの単語は、一般的に bi-gram（バイグラム）と呼ばれています。データサイエンティストがテキストの表現形式について、「最大3つまでの N-gram」という場合、それは単純に、個々の単語に加え、隣接した2つの単語と、（もう1つ隣の語を加えた）3つの単語についても、それぞれのドキュメントの特徴の要素として扱う、ということです。

N-gram は、特定のフレーズは重要だけれども、それぞれのフレーズを構成する個々の単語は重要ではない、という場合に有用です。ビジネスに関するニュース記事では、exceed_analyst_expectation という tri-gram（トリグラム）[†]が含まれていることは、記事のどこかに analyst、expectation、exceed という個々の単語が含まれていることを単純に知っているよりも意味があります。N-gram を用いることの利点は、それが容易に生成できる点にあります。N-gram の生成には、言語知識や複雑な解析アルゴリズムは不要なのです。

N-gram の主な欠点は、特徴集合のサイズが膨大になってしまうことです。個々の単語のみの場合と比較して、2つの単語の特徴集合は、はるかに大きなサイズとなり、単語数を3つに広げれば、より大きなサイズが必要となります。生成された特徴は、すぐに手に負えなくなるでしょう。N-gram を用いるデータマイニングでは、この膨大な数の特徴を扱うために、特徴の絞り込みや、計算用ストレージ空間の工夫など、ほぼ必ず特別な考慮が必要になります。

10.6.2　固有表現抽出

ドキュメントからフレーズ[‡]を抽出する際、より洗練された手法を利用したい場合があります。「Silicon Valley」（シリコンバレー）、「New York Mets」（ニューヨーク・メッツ）、

[†] 訳注：N=3 の N-gram のことであり、隣接した3つの単語のシーケンスのこと。
[‡] 訳注：複数の単語からなる短めの表現のこと。

「Department of the Interior」（米内務省）、「Game of Thrones」（ゲーム・オブ・スローンズ）[†]は固有の意味を持つ特徴的なフレーズですが、それぞれを構成する個々の単語はまた別の意味を持ち、かつ、それほど特徴的ではないかもしれません。しかし、それらがある特定の順に並んだ時、ユニークな表現となり、固有の意味を持つようになるのです。基本的なbag-of-wordsでは（あるいはN-gramであっても）このような固有の意味を認識できないため、どのような場合に単語の連なりが固有の意味を持つことになるのか、それを判断できるコンポーネント（構成要素、部品）が必要になってきます。

多くのテキスト処理ツールキットは何種類かの固有表現抽出機能を備えています。通常、これらの機能は生のテキストに対して処理を行い、**人物や組織**のような注釈付きでフレーズを抽出します。先に正規化が行われることもあり、そのような場合は「HP」、「H-P」、「Hewlett-Packard」はすべて「Hewlett-Packard Corporation」のような一般的な表現に関連付けられます。

空白や句読点で区切られたテキストをベースとするbag-of-wordsやN-gramと違い、固有表現抽出は知識集約型と言えるでしょう。固有表現抽出がうまく作用するためには、大規模なコーパスを用いた学習や、広範囲にわたる知識（固有表現）を手作業で登録していく必要があります。「oakland raiders」というフレーズが、カリフォルニアの投資グループではなく、Oakland Raidersというプロフットボールチームを意味するような、言語学的な原則というものは存在しません。このような知識は学習、もしくは手作業による登録に頼らざるをえません。表現抽出の質は変化するものであり、ある固有表現を抽出するために、産業界、政府、あるいは大衆文化のような特定の専門領域に関する知識が必要になることもあるでしょう。

10.6.3　トピックモデル

ここまでの説明では、ドキュメントに出現する単語（あるいは固有表現）から直接作られるモデルのみを扱ってきました。結果として得られるモデルは、そのモデルが何であれ、単語と直接結び付いていました。そのような、単語と直接結び付いたモデルを学ぶことは比較的効果がありますが、どのような場合であってもそれが最適というわけではありません。言語とドキュメントの複雑さによっては、ドキュメントとモデルを直接結び付けるのではなく、ドキュメントとモデルの間に追加のレイヤ（層）を設けた方が望ましい場合があります。テキストというコンテキストにおいて、そのようなレイヤは**トピックレイヤ**と呼ばれます（図10-6参照）。

トピックレイヤの主なアイデアは、コーパス内のトピックの集合をそれぞれ別々のモデル

[†] 訳注：ジョージ・R・R・マーティン著のファンタジー小説シリーズ『氷と炎の歌』を原作としたアメリカのテレビドラマ。

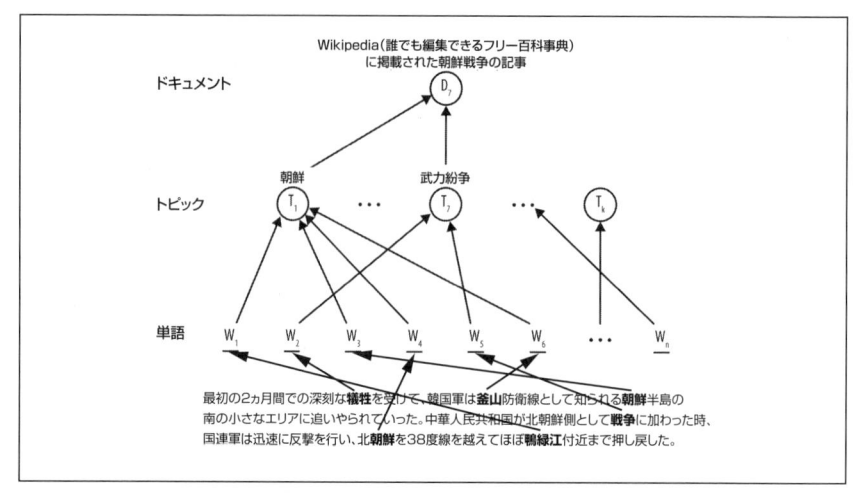

図 10-6 トピックレイヤを用いてモデリングしたドキュメント

として定義していくことから始まります。これまで同様、ドキュメントは単語の連なりから構成されていますが、最終的な分類器によって単語自体を直接分類する代わりに、単語を1つもしくは複数のトピックにマッピングするのです。トピックはまたデータから学習しており、学習には教師なしのデータマイニングが用いられることもあります。最終的な分類器は、個々の単語ではなく、単語をマッピングした中間トピックの用語[†]内で定義されます。この手法の利点を挙げてみましょう。例えば検索エンジンでは、ドキュメント内の特定の単語に正確には一致しない用語を含むクエリであっても、検索に利用できます。クエリや用語が、正確なトピックにマッピングされてさえいれば、単語自体は一致しなくても、ドキュメントは検索に関連があるとみなせるのです。

トピックモデルを作成する一般的な手法は、潜在的意味インデキシングや確率的トピックモデル、潜在的ディリクレ配分法のような行列因数分解法が挙げられます。これらの手法の数学的な説明はこの本の範疇を超えていますが、トピックレイヤを、単語をクラスタリングしたものであるとみなすことはできます。トピックモデリングでは、トピックに関連した用語や、またどのような用語の重みであっても、モデリングを行う過程で**学習**されます。クラスタと同様に、トピックはデータの統計的な規則から導き出されるため、必ずしも人間が理解しやすい形式になるとは限らず、また人間にとって馴染みのある話題であることも保証されません。とはいえ、多くの場合、トピックは人間にとっても理解しやすく、馴染みがある

[†] 訳注：この章の他の部分でも出てくる「用語」という言葉と同様に、ここの「用語」も、単一の単語に限らず、固有表現やN-gramのように複数の単語から構成されることもある。

ものになるでしょう。

> **注意：潜在的情報としてのトピック**
> トピックモデルは一種の**潜在的情報**です。**潜在的情報**については 12 章で、映画のレコメンデーションを例にしてもう少し説明をします。潜在的情報は、一種の中間物であり、入力と出力の間に差し込まれた、見えない情報のレイヤとみなすことができます。テキスト内の潜在的なトピックを見つけることと、映画視聴者の映画に対する潜在的な「想い」を見つけるためのテクニックは本質的には同じと言えます。テキストの場合では、単語は姿の見えないトピックにマッピングされ、トピックはドキュメントにマッピングされます。このようにすることで、モデル全体はより複雑になり、学習コストが高くなりますが、より良い結果を得られるようになります。加えて、後程 12 章で映画のレコメンデーションを例として説明するように、潜在的情報はそれ自体に意味があり、有用な情報となることもあります。

10.7 例：株価変動予測のためにニュース記事をマイニングする

　テキストマイニングにおけるいくつかの問題を説明するため、新たに予測的なマイニングの課題を取り上げます。この課題では、テキストで記述されたニュース記事から株価の変動を予測します。大雑把に言ってしまえば、これから行うのはニュースワイヤ[†]で配信された記事から「株式市場を予測する」ことです。この課題には、テキスト処理や問題の定式化に関する、多くの共通要素が含まれています。

10.7.1　タスク（課題）

　株式市場が開いている間、市場では毎日動きがあります。企業は合併、新製品、業績予想などの意思決定とその発表を行い、金融業界のニュースはそのことを報道します。投資家達はそれらの記事を読み、自分に関係する企業の見通しについて再度予測を行い、それに応じて株を売買します。そうすることで株価は変動していきます。例えば、買収や決算、規制変更等の発表は、株価に影響を与えます。それらの発表が直接企業の収益に影響を及ぼすか、あるいは、発表を聞いた他の投資家が株を売買するかもしれない、というように、投資家の考えに影響を与えるためです。

　もちろん、この説明は実際の金融市場をかなり簡略化してはいますが、基本的なタスクを説明するだけであれば、これで十分です。今やりたいことは、金融ニュースに基づいて株価の変化を予測することです。この課題の最終的な目的に対するアプローチは数多くあります。仮に、金融ニュースに基づいて株を**取引**したいのであれば、理想的には流れてくるニュースから株価の変動を事前に、かつ正確に予測したいと思うでしょう。しかし現実には株価の変化にはさまざまな複雑な要因が関連しており、また要因のほとんどはニュースでは報道さ

[†] 訳注：ニュースリリースの同報配信サービスのこと。ワイヤサービスとも言う。

れません。

正確な株価変動を予測する代わりに、もう少しハードルを下げて、**ニュースレコメンデーション**を目的として記事をマイニングしてみましょう。このような視点で見てみると、流れ込んでくる市場のニュースは非常にたくさんあり、もちろん有用なニュースもありますが、大半は役に立たなかったりします。その中から、注意を払うべき有用なニュース記事をレコメンドするために、予測的なテキストマイニングを行いたいと思います。では、有用な記事とはどのようなものでしょうか。ここでは「株価に大きな変化をもたらしそうなニュース」と定義します。

問題をより扱いやすくするために、さらに単純化する必要があります（実際のところ、このタスクはテキストマイニングの良い例であると同時に、問題の定式化の良い例でもあります）。以下に、いくつかの問題と単純化した仮定を示します。

1. 遠い未来に対するニュースの影響を予測することは困難である。多くの銘柄では、かなり頻繁にニュースが報じられ、マーケットは素早く反応をする。そのため、例えばニュースリリース当日から1週間の株価を予測することは非現実的である。よって、ニュースが報じられたのと**同じ日**の株価にニュースがどのような影響を与えるのかを予測することとする。

2. 株価がどうなるのかを正確に予測することは困難である。その代わり、価格変動の**傾向**（上がるのか、下がるのか、変わらないのか）を予測することにする。実際には、さらに**変更あり**のクラスと**変更なし**のクラスに単純化を行う。この単純化は、ここで適用する例においてうまく作用する。ニュースが株価に変化をもたらす、もしくはその予兆を示しているように見える場合、ニュースをレコメンドする。

3. わずかな株価の変化を予測することは困難である。よって、**比較的大きな**変化を予測することとする。これは株価への影響が小さいイベントを取り除き、意図的に小さな変動を無視するということである。

4. 株価の変化を特定のニュースと関連付けることは困難である。原理的に、どのようなニュースも、すべての株式に影響を与えるためである。このアイデアを受け入れる場合、株価変動の要因特定という大きな問題が残ることになる。何千ものニュースのうち、どれが株価変動に関連しているのか、どのようにしたらわかるのだろうか。「因果の範囲」を狭める必要がある。

5. 特定の株式について言及しているニュースは、その株価に影響を与えると仮定する。もちろん、企業は、競合他社や消費者、顧客の行動等にも影響されるが、ニュースが

そのすべてに言及することはほとんどないため、この仮定は正確ではない。しかし、最初に置く仮定としては許容できる仮定である。

ここで挙げた仮定は、まだ詳細化していく必要があります。3番目の仮定について考えてみましょう。「比較的大きな」変化とはどの程度でしょうか。ここでは変動の幅に対して（いくらか任意ですが）5%という閾値を設定します。株価が閾値を超えて上昇した場合、そのことを**急騰**と呼び、反対に閾値を超えて下落した場合、**急落**と呼びます。ではその中間の変動については何と呼ぶのでしょうか。どんな値であれ、その中間の変動は**安定**と呼ぶことができます。しかし、そうすることで、4.9%の変化と5%の変化のような、変動幅が近く、本来同じクラスに分類すべき変化が、別クラスとして定義されてしまいます。そこで、クラスをより明確に分離可能とするために「グレーゾーン」を指定します（**図10-7**参照）。株価が2.5%から−2.5%の間で変動する場合のみ**安定**と呼び、それ以外の2.5%から5%の間と、−2.5%から−5%の間の変動についてはグレーゾーンとしてラベル付けを行わないことにします。

この例では、急騰と急落を**変化あり**という1つのクラスに統合することで、2クラス分類問題を作成します。そして**変化あり**をポジティブクラス[†]とし、**安定（変化なし）**はネガティブクラスとします。

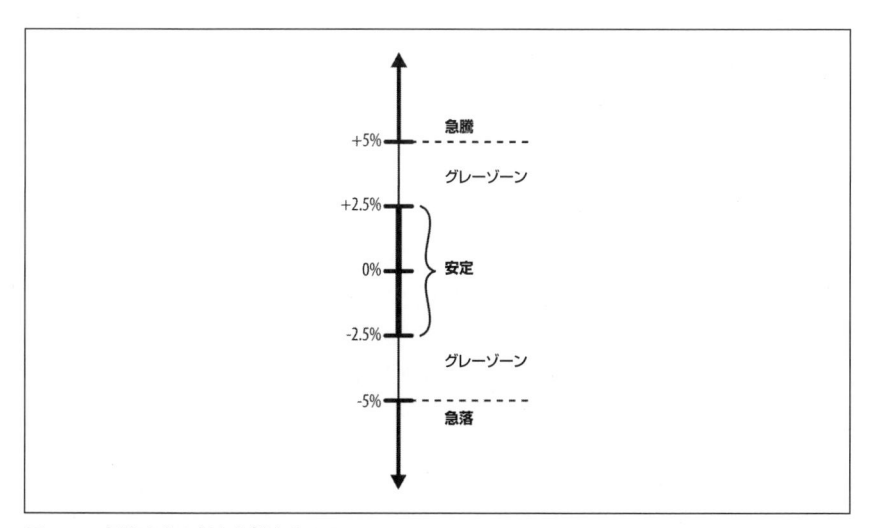

図10-7　価格変化の割合と対応するラベル

---

† 訳注：クラス分類問題において重要な方のクラスのこと。同様にネガティブクラスは、重要でない方のクラスのこと。

10.7.2 データ

　今取り上げているタスクで利用するデータは、異なる2つの時系列から構成されています。ニュース記事（テキストドキュメント）の流れと、それに応じた日々の株価の流れです。GoogleファイナンスやYahoo!ファイナンスなど、インターネット上には、財務データに関する多くのソース（情報源）があります。例えば、アップルコンピュータに関するニュース記事を見たいのであれば、対応するYahoo!ファイナンスのページ（http://finance.yahoo.com/q?s=AAPL）を見れば良いでしょう。Yahoo!はロイターやPRWeb、フォーブスなど、さまざまなソースからニュース記事を集めています。過去から現在に至るまでの株価の変遷についても、Googleファイナンス（https://www.google.com/finance）など、多くのソースから得ることができます。

　マイニング対象とするのは、ニューヨーク証券取引所とNASDAQにおける1999年の上場株式データです。このデータは先行研究［Fawcett & Provost 1999］でも利用されています。データには主要な取引所における株式の始値と終値、それに年間を通じた金融ニュースの一覧（全部でおよそ36,000の記事があります）が含まれています。それではコーパスの中からサンプルのニュース記事を見てみましょう。

> 1999-03-30 14:45:00
> マサチューセッツ州ウォルサム—（ビジネスワイヤ†）—1999年3月30日—サミット・テクノロジー社（NASDAQ：BEAM）とオートノマス・テクノロジーズ社（NASDAQ：ATCI）は、サミット社によるオートノマス社の買収に関する共同委任状説明書・趣意書が、米証券取引委員会によって有効と宣言されたことを本日発表した。共同委任状説明書・趣意書のコピーは両社の株主に郵送済みとなっている。サミット社のロバート・パルミサーノCEOは次のように述べている。「我々は、委任状が有効と宣言されたことを大変喜ばしく思っている。また、4月29日に予定している株主総会を楽しみにしている。」
> ....

　多くのテキストソースと同様に、これらの記事は機械による解析ではなく、人間の読者向けに作られているため、多種多様な情報が含まれています（詳細は囲み記事「ニュースは乱雑」を参照してください）。記事には、厳密にはニュースと関連しない背景情報だけでなく、日付と時刻、ニュースソース（ロイター）、銘柄記号とリンク（NASDAQ：BEAM）も含まれています。これらの記事は、記事中で言及されている株式によってタグ付けされます。

---

† 訳注：世界最大手のニュースワイヤ。

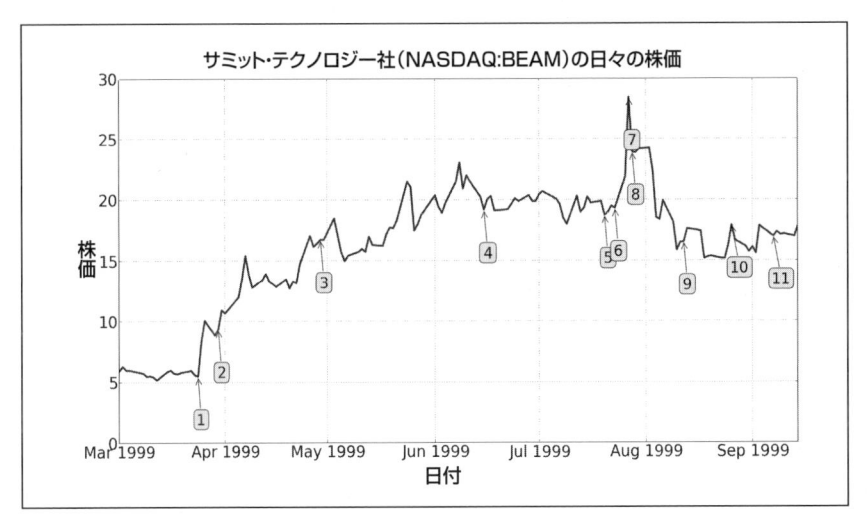

10.7 例：株価変動予測のためにニュース記事をマイニングする | 299

図10-8 ニュース記事の要約付きのサミット・テクノロジー社（NASDAQ:BEAM）の株価グラフ

1　サミット・テクノロジー社は、1998年12月31日までの四半期収益は2,240万ドル、13%の増益と発表。
2　サミット・テクノロジー社とオートノマス・テクノロジーズ社は、サミット社によるオートノマス社の買収に関する共同委任状説明書・趣意書が、米証券取引委員会（SEC）によって有効と宣言されたことを発表。
3　サミット・テクノロジー社は、買収手続きは第一四半期に新たな局面に達し、オートノマス・テクノロジーズ社の買収が完了したと発表。
4　年次株主総会のお知らせ。
5　サミット・テクノロジー社は、普通株式4,000,000株を売却するために、SECに証券発行届出書を提出したと発表。
6　米国食品医薬品局（FDA）が、レーシック（乱視の有無にかかわらず近視を補正するための手術）において、サミット・テクノロジー社製レーザーの使用を支持することを表明。
7　サミット・テクノロジー社の株価が8/1に1ドル上昇し、8/3には27ドルに達した。
8　サミット・テクノロジー社は本日、1999年6月30日までの四半期収益は14%増であることを発表。
9　サミット・テクノロジー社は、1株当たり16ドルで普通株式350万株の公募増資を行うことを発表。
10　サミット・テクノロジー社は同社の最先端技術であるエイペックス・プラス・レーザー・システムの最大6基までの購入に関する、スターリング・ヴィジョン社との合意を発表。
11　プリファード・キャピタル・マーケット社は、サミット・テクノロジー社に関して、強い「買い」の評価と、12-16ヶ月の目標株価として22.50ドルを設定するとの報道を開始。

> ### ニュースは乱雑
>
> 金融ニュースのコーパスは、いくつかの理由から、実際にはここまでに説明した例よりもはるかに乱雑です。
>
> まず第1の理由として、金融ニュースは決算発表、アナリストの評価(『我々はアップル社を繰り返し「買い」格付けとしています』)、市場の解説(『今朝のMarketMoversで紹介された「その他の銘柄」にはライコス社とステーブル社が含まれます』)、有価証券報告書、貸借対照表など、さまざまな記事から構成されていることが挙げられます。記事の中で、企業は多くの異なる理由によって言及されますし、単一のドキュメント(記事)が、実際には複数の関連性のない宣伝文から構成されているかもしれません。
>
> 次の理由としては、記事がさまざまな形式で提供されることが挙げられます。表形式のデータもあれば、複数段落からなる「その日のトップニュース」形式の場合もあります。記事の持つ意味の大部分はコンテキストに依存しますが、この本で取り上げるテキスト処理ではコンテキストを考慮した意味までは扱いません。
>
> 最後に挙げる理由として、株式のタグ付けが完璧ではない、というものがあります。記事の中で実際には言及されていない株式のニュースフィードにもタグが付けられるなど、タグは過度に付けられがちです。極端な例を挙げると、アメリカのブロガーであるペレス・ヒルトンは「頭がおかしい(crazy)」や「最低な気分(disgusting)」ということを表現するのに、「cray cray」という表現を使用していますが、その結果、彼のブログポストのいくつかは、全く関係のないクレイ・コンピュータ社(Cray Computer Corporation)の記事としてタグ付けされてしまいます。
>
> 要するに、ドキュメントと株式の関連は曖昧であり、精読の結果としてタグ付けされているわけではありません。より深い解析(あるいは少なくとも記事のセグメンテーション)によって、多少はノイズを排除できますが、bag-of-words(あるいは固有表現抽出)ではすべてのノイズを取り除くことは期待できません。

図10-8は解析対象とすべきデータを示しています。これらのデータは基本的に関連する2つの時系列データです。上部にあるのは、レーザー視力矯正で使用するエキシマ・レーザーシステムのメーカーであるサミット・テクノロジー社の株価のグラフです。グラフのいくつかの点には記事がリリースされた日の記事番号で注釈が付いています。グラフの下にあるのは、それぞれの記事の要約です。

10.7.3 データ前処理

既に述べてきたように、ここでは2つのデータの流れを扱っています。それぞれの銘柄は午前9時30分EST(アメリカ東部標準時間)と午後4時EST時点で、始値と終値をそれぞれ持っています。始値と終値から、株価変動の割合を容易に計算できます。ここで、小さな注意事項が1つあります。今、株価に大きな変化を与える記事を予測しようとしています

が、株価に変化を与えるイベントの多くは取引時間外に発生するため、取引開始直後の株価変動は不安定になります。よって、開始ベル（午前9時30分 EST）時点での価格を始値とするのではなく、午前10時時点での価格を始値とし、その価格とその日の午後4時時点での価格との違いを追跡します。そこで求めた価格の差分を終値で割った値が、日々の変化率となります。

記事の取り扱いには、より深い注意が必要です。記事は、関連する株式でタグが付けられていますが、タグ付けは完全に正確というわけではありません（囲み記事「ニュースは乱雑」に、なぜ正確なタグ付けを行うことが難しいのかについて、詳細に述べています）。ほぼすべての記事はタイムスタンプを持っているため（タイムスタンプがない記事は廃棄されます）、正確な日と取引期間によって整列することができます。株式と、それに影響を与えそうな記事との関連は、より密接である方が望ましいため、1つの記事で2つ以上の株式について言及しているものは廃棄します。これによって、単なる要約記事やニュースアグリゲーション†の多くを取り除きます。

それぞれの記事を TFIDF 表現にするために、「10.3.1 Bag-of-Words」で説明した基本的な手順が適用されています。具体的には、それぞれの単語は大文字小文字を揃える正規化が行われ、ステミングが行われ、そしてストップワードが除去されています。最後に、すべての個々の用語と、隣接した2つの用語が各記事を表現するために使われるよう、N=2 の N-gram（bi-gram）を作成しました。

ここまでの準備がなされていることを条件に、それぞれの記事は図 10-7 に描かれるような株価変動への関連に基づいたラベル（**変化あり**あるいは**変化なし**）によってタグ付けされます。この結果として、約 16,000 の使用可能なタグ付きの記事が生成されます。参考までに、記事の内訳は 75% が変化なし、13% が急騰、12% が急落でした。急騰と急落は**変化あり**のラベルに統合されたので、記事のうち 25% が、関連する株式に大きな価格変化をもたらし、75% は影響を与えなかったということになります。

10.7.4　結果

ここまでの結果を掘り下げていく前に、ちょっとした余談を挟みましょう。

これまでの章（特に7章）では、解決すべきビジネス上の問題について、注意深く考えることの重要性を強調してきました。なぜならば、それは、解決策を評価するために必要であるからです。しかし、ここで挙げた株式の例では、そのような注意深い検討を行っていません。もし、この課題の目的が株の売買を発生させることであれば、取引全体に関する戦略をここで提供していたかもしれません。その戦略によって、閾値や時間制限、取引のコストを

---

† 訳注：複数のニュースを集約してポータル的に表示してくれるサービスのこと。Yahoo! ニュースやGoogle ニュース等は典型的なニュースアグリゲーター。

提示し、それらの情報から完全な費用対効果分析を可能となるようにしていたでしょう[†]。しかし、ここでの目的はニュースレコメンデーション(「どの記事が株価に大きな変化を持たらすのか」という問いに答えること)であり、それについてはかなり詳細に説明をしてきました。そのため、ここでは正確な費用と意思決定のメリットについては提示しません。したがって、この例では7章で説明した期待値計算や、8章で説明した利益曲線を適用することは、実際問題として適切ではないのです。

期待値や利益を計算する代わりに、モデルの予測能力を確認して、この課題をうまく解決できそうか、感触を得てみましょう。図10-9はロジスティック回帰、単純ベイズ、分類木の3つのサンプル分類器のROC曲線を示しています。これらの曲線は、**変化あり**をポジティブクラスとし、**変化なし**をネガティブクラスとした10分割交差検証[‡]により平均化されています。図を見てみると、いくつか明白なことがあります。まず、対角線上に引かれた線(ランダム)から離れたところに、重要な弓状の曲線があり、ROC曲線の面積(AUCs)は、すべて0.5を大きく上回っています。よって、このニュース記事には予測能力があると言えるでしょう。次に、ロジスティック回帰と単純ベイズは似たような結果となっていますが、一方で、分類木はかなり悪い結果となっています。最後に、この曲線内には、異常に値が上

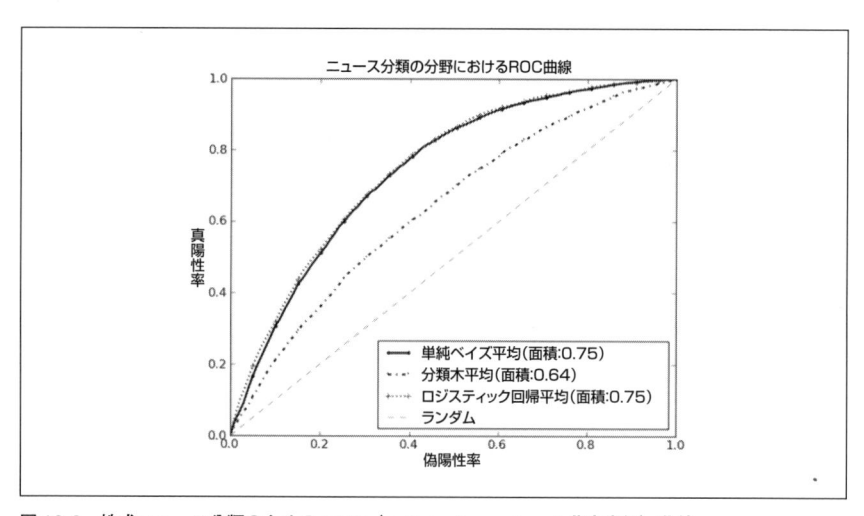

図10-9 株式ニュース分類のためのROC(radius of curvature:曲率半径)曲線

[†] 一部の研究者は、既にこのようなことを行っている。具体的には、株取引をシミュレートし、投資収益率を計算することで、それらのシステムを評価している。例としてAZFinText(Arizona Financial Text System アリゾナ金融テキストシステム)に関するシューメイカーとチェンの論文[Schumaker, R., & Chen, H. 2010]を見てほしい。

[‡] 訳注: $k=10$ の交差検証。交差検証については、巻末の用語辞書を参照のこと。

10.7 例：株価変動予測のためにニュース記事をマイニングする | 303

がっていたり、変な形になっていたりするのが明らかにわかる範囲はありません。膨らみや凹みは、問題の特性やデータ表現の欠陥を明らかにすることがありますが、ここではそのようなことはありません。

図 10-10 は、10 分割交差検証によって再度平均化された、これら 3 つの分類器ごとのリフト[†]曲線を示しています。対象としている母集団の記事のうち、4 つに 1 つ（25%）はポジティブであることを思い出してください（すなわち、25% の記事が大きな株価の変化を引き起こします）。それぞれの曲線は、ニュース記事にスコアを付け、順位付けを行うモデルを使うことで得ることのできる精度[‡]に対するリフト値を示しています。例えば、ロジスティック回帰と単純ベイズのリフト値がともに 2.0 付近となっている $x = 0.2$ の位置を考えてみてください。これは、仮にすべてのニュース記事にスコアを付け、そのトップ 20%（$x = 0.2$）だけを扱った場合、母集団全体よりも、その集団からポジティブな記事が見つかる精度（2 つのリフト値）が 2 倍になることを意味しています。したがって、モデルによってランク付けされたトップ 20% の記事のうち、**半分**の記事は重要ということになります[§]。

この例を終える前に、ここで出てきた重要な用語をいくつか見てみましょう。この例の目

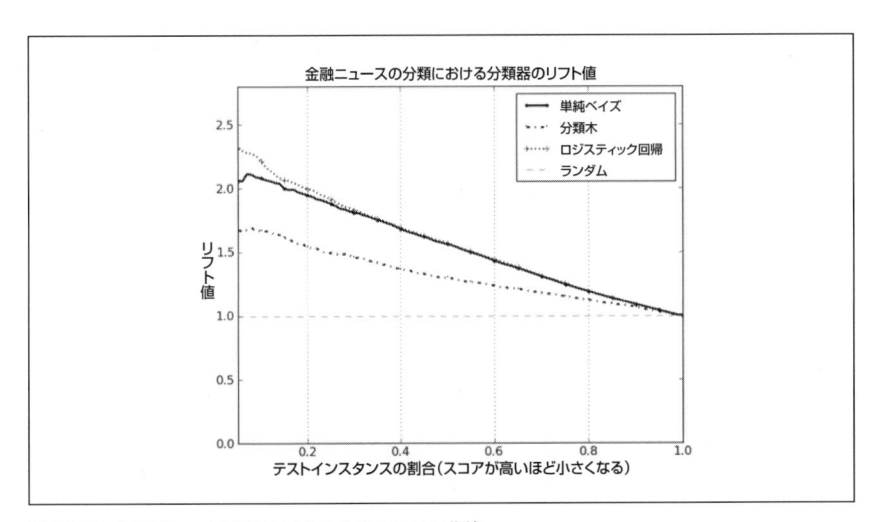

図 10-10 株式ニュース予測タスクのためのリフト曲線

[†] 訳注：リフトについては「はじめに」を参照のこと。
[‡] 精度に関しては、7 章を参照のこと。精度とは、実際にポジティブな例である分類の閾値を超えたケースの割合であり、そのリフト値は偶然それが起こるよりも何倍も多くなる。
[§] 訳注：母集団全体で見た場合、25% の記事がポジティブなので、精度が倍となるトップ 20% の記事では、25% の倍の 50% の記事がポジティブとなる。

的は、データからわかりやすいルールを作成することではありませんでしたが、同じコーパスを用いたマックスカシーらの先行研究［Macskassy et al. 2001］では、ルールの作成こそがまさに目的でした。以下に示すのは彼らの研究で得られた、情報利得[†]の高い用語のリストです。太字の用語は、それぞれ単語、あるいは括弧内の接尾辞を伴うステミング後の用語[‡]です。

> 警告：**alert**(s,ed)、建築：**architecture**、オークション：**auction**(s,ed,ing,eers)、平均：**average**(s,d)、賞：**award**(s,ed)、接着：**bond**(s)、仲介：**brokerage**、登る：**climb**(ed,s,ing)、閉じる：**close**(d,s)、コメント：**comment**(ator,ed,ing,s)、商業：**commerce**(s)、企業：**corporate**、亀裂：**crack**(s,ed,ing)、累積：**cumulative**、取り決め：**deal**(s)、取引：**dealing**(s)、歪める：**deflect**(ed,ing)、遅延：**delays**、出発する：**depart**(s,ed)、部門：**department**(s)、デザイン：**design**(ers,ing)、経済：**economy**、e-コンテンツ：**econtent**、e-デザイン：**edesign**、e-オペレート：**eoperate**、e-ソース：**esource**、出来事：**event**(s)、交換：**exchange**(s)、拡張：**extens**(ion,ive)、施設：**facilit**(y,ies)、利得：**gain**(ed,s,ing)、より高い：**higher**、ヒット：**hit**(s)、不安定：**imbalance**(s)、索引：**index**、論点：**issue**(s,d)、遅れる：**late**(ly)、法律：**law**(s,ful)、導く：**lead**(s,ing)、法律上の：**legal**(ity,ly)、失う：**lose**、多数派：**majority**、統合：**merg**(ing,ed,es)、動く：**move**(s,d)、オンライン：**online**、優れたパフォーマンス：**outperform**(s,ance,ed)、パートナー：**partner**(s)、支払い：**payments**、割合：**percent**、薬剤：**pharmaceutical**(s)、価格：**price**(d)、主要な：**primary**、回復する：**recover**(ed,s)、（方向を）変える：**redirect**(ed,ion)、利害関係者：**stakeholder**(s)、株式：**stock**(s)、違反する：**violat**(ing,ion,ors)

リストに出てくる単語の多くは、その単語を含む記事が企業やその株価にとって良い、あるいは悪いニュースに関する、重要な発表であることを示唆しています。また、e-コンテンツ、e-デザイン、e-オペレート等の用語は、このコーパスが対象としている1990年代後半に、「e-」という接頭辞を流行させた「インターネットバブル」があったことを示唆しています。

この例は、この本で提示した例の中では最も複雑な例の1つですが、それでもまだ金融ニュース記事をマイニングするアプローチとしてはかなりシンプルだと言えます。このアプローチを拡張し精緻化する方法はたくさんあります。bag-of-words 表現はこの課題で利用するには原始的すぎるかもしれません。固有表現抽出は、関連する企業名や人名を抽出するためのより良い方法です。さらに良いのは、イベントの解析にレバレッジを効かせていくことです。なぜなら、ニュース記事は通常、企業に関する静的な事実よりも、動的なイベントを報じるためです。イベントの主題は何で、その目的は何なのか、個々の単語からは明確になりません。また、英語における「not」、「despite」、「expect」のような重要な修飾語は、

[†] 情報利得については3章を参照のこと。
[‡] 訳注：リストは「訳語：原文の単語（活用形）」の書式で記載する。

それらが修飾するフレーズに隣接していないかもしれません。そのため、bag-of-wordsでは適切な表現形式には変換できません。株価の変化を計算するために、ここで取り上げた例では、1時間ごとあるいは瞬間（時計の秒針レベル）の価格変化ではなく、最終的に日々の株価の始値と終値だけを見てきました。しかし、実際には市場はニュースに素早く反応します。そのため、取得した情報に基づいて取引をしようと考えるならば、株価とニュース記事の両方に関するきめ細かく、かつ信頼できるタイムスタンプが必要となるでしょう。

金融ニュースからの株価予測に関する先行研究

過去15年程度の間、市場の活動に金融ニュース記事を関連付ける問題について、多くの人々が取り組んできました。著者達はこのタスクについて、初期の研究をいくつか行っています［Fawcett & Provost 1999］。先行研究のほとんどは、データマイニングの論文以外として公開されているため、データマイニングコミュニティーは、これらの課題と研究について大部分を知らないままかもしれません。以下に、それぞれのトピックに興味を持つ人向けに、いくつかの論文を記載しておきます。

今となってはやや古い内容ですが、ミッターメイヤーとノルメイヤーによる調査［Mittermayer, M., & Knolmayer, G. 2006］は、入り口としては良いでしょう。これは、調査時点までのアプローチの概要をいくつか提供してくれます。

ほとんどの研究者は、この問題をニュースから株式市場を予測する問題だと考えています。この章では、将来への影響度合いに基づきニュース記事を推奨するという、逆の視点から問題を考えてきました。このタスクはマックスカシーらによる論文［Macskassy et al. 2001］によって**情報トリアージ（情報の優先順位付け）**と名付けられました。

初期の研究では、主要メディアにおける金融ニュースの効果のみを見ていました。その後の研究では、Twitterの更新やブログへの投稿、検索エンジンの動向のような、インターネット上にあるソースから得られる意見や感情を考慮に入れるようになってきています。マオらによる論文［Mao et al. 2011］は、これら追加の情報源の効果に関する優れた分析と比較を提示しています。

最後に、テキストマイニング自体の論文ではありませんが、コーエン、ディーザー、マロイによる「株価の立法化」という論文［Cohen, L., Diether, K., & Malloy, C. 2012］について紹介しておきます。論文の著者は、立法化によって影響を受ける政治家、法律、および企業との関係を研究しました。明らかに、これら3つのグループは相互に関係しており、お互いに影響を与え合います。しかし驚くべきことに、ウォール・ストリートはこの関係を悪用していませんでした。公的に利用可能なデータから、著者は自らが有利に取引できる「売買確定株価への、単純だが未知の影響」があることを発見しました。これはつまり、まだ発見されていない未知の関係が残っているということを示唆しています。

10.8　まとめ

　私達が抱える問題は、データが常に、整理された特徴ベクトルの形式で提供されるわけではない、ということです。つまり、そのままではデータは多くのデータマイニング手法のインプットとして利用できないということです。そのため、現実世界の問題は多くの場合、まずデータをマイニング可能な形式へと変換することを要求します。一般的に、まずは既存のツールが適用可能となるよう、データを加工する方がシンプルに行えます。テキスト、画像、サウンド、映像、空間情報等に含まれるデータは特殊な前処理が必要ですし、またときにはデータサイエンスチームが持つ、特殊な知識まで必要となることもあります。

　この章では、前処理が必要なデータ形式のうち、特に広範囲にわたって普及している、テキストについて説明してきました。テキストを特徴ベクトルに変換する一般的な方法は、それぞれのドキュメントを個々の単語に分解（「bag-of-words」表現に変換）し、TFIDFを用いてそれぞれの用語に値を割り当てていくことです。このアプローチは比較的シンプルであり、低コストかつ汎用性があり、また少なくとも最初は対象分野の知識をほとんど必要としません。この手法は、そのシンプルさにも関わらず、さまざまな課題に対して驚くほど有効に作用します。実際、テキストとは全く異なる対象についても、14章で再度このアイデアを検討してみることにします。

11章
意思決定のための分析思考Ⅱ：
分析思考から分析工学へ

> **基本コンセプト：**
> - データサイエンスによるビジネス上の問題解決は分析工学から始まる
> - 利用可能なデータ、ツール、技法に基づいて、分析ソリューションを設計する
>
> **代表的手法：**
> - データサイエンスソリューション設計用フレームワークとしての期待値

　データサイエンスについて突き詰めていくと、それは、原則に従った技法に基づいて、データから情報あるいは知識を抽出することです。しかしこの本を通じて説明してきたように、現実世界では、データサイエンスの技法を完璧に適用できるような形式で、ビジネス上の重要な問題が発生することは滅多にありません。また、データサイエンスの技法を直接適用できるデータ形式が現実世界で提供されることも、ほとんどありません。皮肉なことに、この事実については、入社間もないデータサイエンティストよりも、ビジネスユーザの方が同意することが多いです。彼らにとっては、それは当たり前のことなのです。こういったことが起こるのは、大学などでの統計や機械学習、データマイニングの教育課程において、学生に提供される教育用の問題が、講義で使用している分析ツールで解きやすいようにあらかじめ準備されたものであるからです。そういった教育を受けた学生がデータサイエンティストになっているということです。

　学生が学んだ世界とは違い、現実世界はとても乱雑です。ビジネス上の問題は、そのほとんどが分類問題や回帰問題、クラスタリングの問題ではありません。それらは文字通り、ビジネス上の問題なのです。ビジネスの理解とデータの理解に注力する、データマイニングプロセスの最初の段階でのミニサイクルを思い出してみてください。この段階では、ビジネス上の問題に対する解決策を**設計**あるいは**実行（エンジニアリング）**しなければなりません。エンジニアリングの範囲が広がっていくにつれて、データサイエンスチームは問題解決のためのツールだけではなく、ビジネスの要求自体についても検討していきます。

この章では2つのケーススタディを用いて、そのような**分析工学**について説明していきます。この2つのケーススタディでは、これまで説明してきた特定の技法だけでなく、この本の全体を通して説明されている、基本的な原則が適用されていく様子を見ることができるでしょう。2つのケーススタディに共通している1つのテーマは、それぞれのビジネス上の問題を、より下位の問題（既に有効性が実証されているデータサイエンスの技法を用いて解決可能な問題）へと分解する際、それを期待値フレームワーク（期待値フレームワークの詳細については7章を参照してください）がどのように支援してくれるのか、ということです。期待値フレームワークは、下位の問題の解決結果を再度取りまとめ、元の問題に対する解決策へと組み立て直す手引きを行います。

11.1 寄付金の最大化を目標とする

データサイエンスの原則と技法を適用するための古典的なビジネス上の問題として、ターゲットマーケティングが挙げられます。ターゲットマーケティングは、以下の2つの理由から、ここで取り上げる事例として最適です。まず、非常に多くの企業が、昔ながらのデータベースマーケティングや、顧客ごとに固有なクーポンの提供、オンライン広告等において、ターゲットマーケティングの問題と同様の問題を抱えている、ということです。次に、この問題の根本的な構造は、この本でも既に取り上げた乗り換え管理の問題のように、他の多くの問題においても同様に発生する、ということです。

ここで取り上げるケーススタディでは、実際に存在するターゲットマーケティングの例として、寄付を募り、その寄付金の最大化を目標とする例について検討してみましょう。募金団体（募金団体には大学も含まれます[†]）は、団体の手元の予算を管理するだけでなく、寄贈者による将来の寄付についても見据えていく必要があります。どのようなキャンペーンであっても、募金団体は寄付してくれる人ならば誰でも良いというわけではなく、できるだけ、寄贈者の一部に存在する「良い」層から寄付を集めたいと考えます。低コストで不定期なキャンペーンであれば、その一部の層は非常に大きな範囲になるかもしれませんし、あるいは対象を絞ってコストをかけたキャンペーンであれば、その範囲は狭いかもしれません。

11.1.1 期待値フレームワーク：ビジネス上の問題を分解し、それぞれの解決策を再構成する

問題に対する分析ソリューションを「エンジニアリング」したいと考えた場合、基本コンセプトに従うことで、エンジニアリングに必要な、構造化された思考を手に入れることができるでしょう。データ分析思考を組み立てていくには、まずデータマイニングプロセス（データマイニングプロセスの詳細は2章を参照してください）を用いて、全体的な分析に構造を

[†] 訳注：私立大学の場合、学費とは別に寄付金を募り、施設整備等に充てていることがある。

持たせることから始めます。つまり、ビジネスとデータを理解することから始める、ということです。より具体的に言えば、この本で説明してきた基本的な原則の1つである、「解決すべき本当のビジネス上の問題は何なのか。」という問い（この問いの詳細は7章を参照してください）に注力するということです。

それでは、詳細を見ていきましょう。データマイニングする人の中には、つい、「私たちは、各見込み客（この事例では潜在的な寄贈者）が、寄付のオファー（申出）に応じてくれる**確率**をモデル化したいのだ。」と考えてしまう人がいるかもしれません。しかし、注意深くビジネス上の問題を考慮すると、この事例でわかるのは、寄贈者ごとに反応は変わるということです。例えば、100ドルを寄付する人もいれば、1ドルを寄付する人もいるかもしれません。そのため、この事例では反応の有無だけでなく、反応があった場合にどのような反応をするのか、ということについても考慮する必要があります。

ところで、この例の目的は寄付金の合計額を最大化することでしょうか（金額は、この例のような特定のキャンペーン単体での金額の場合と、寄贈者の一生涯を通じた合計金額の場合が考えられますが、ここでは単純化のため、前者であると仮定します）。仮に、膨大な数の人々を対象とし、それぞれの人にちょうど1ドルを寄付してもらうのにかかるコストが、1人当たり約1ドルだとしたらどうなるでしょうか。もちろん、それではほとんどお金は手元に残りませんので、寄付金の合計額を最大化する、という考え方を見直す必要があるでしょう。

ここでも解決したいビジネス上の問題に注目してみることが、解決への近道かもしれません。なぜなら、対象のビジネスに精通した人にとっては、問題に対する解はむしろ明白であることも多いためです。ここで最大化したいのは、寄付金の**利益**です。つまり、コストを考慮したネット†を最大化したいということです。しかし、ここまでの説明で、反応の確率を推定する手法については説明してきましたが（このような手法は、結果が2クラス以上となる、クラス確率推定のわかりやすい適用例です）、利益を推定する手法については、触れてきてはいません。

繰り返しになりますが、この章の基本コンセプトに従うことで、思考を構造化し、データ分析ソリューションをエンジニアリングできるようになります。また、この章のコンセプトとは別の、7章で紹介した基本コンセプトを適用し、期待値フレームワークを使ってデータ分析を構造化することもできます。7章で紹介したコンセプトは、問題の定式化に対して適用できるのです。つまり、問題を解決するアプローチを構造化するために、フレームワークとして期待値を利用できる、ということです。顧客xを対象とした場合の期待利益（あるい

---

† 訳注：いわゆる「グロスとネット」のネットのこと。この例では、寄付金の総額からキャンペーン等にかかるコストを差し引いた額のこと。

はコスト）を求める式は、次のように表すことができました。

$$\text{対象顧客}\mathbf{x}\text{の期待利益} = p(R \mid \mathbf{x}) \cdot v_R + [1 - p(R \mid \mathbf{x})] \cdot v_{NR}$$

式中の $p(R \mid \mathbf{x})$ は顧客 $\mathbf{x}$ が反応する確率です。また、v_R は反応があった場合に得られる値であり、v_{NR} は反応がなかった場合に得られる値です。すべての顧客は、反応する、あるいは反応しないのどちらかに分類できるので、反応がない確率は単に $(1 - p(R \mid \mathbf{x}))$ で表すことができます。7章で説明したように、この確率は、この本で説明してきた技法を使って過去のデータをマイニングすることで、モデル化することができます。

ところで、期待値フレームワークが気付かせてくれることがあります。それは、ここで取り上げたビジネス上の問題は、ここまでこの本で考えてきた問題とは若干異なる問題である、ということです。この例では、値は顧客によって変わるものであり、どのような顧客であれ、その顧客がいくら寄付してくれるのかは、その顧客が勧誘の対象になるまではわからないのです。このことを明確にするために、次のように式を修正しましょう。

$$\text{対象顧客}\mathbf{x}\text{の期待利益} = p(R \mid \mathbf{x}) \cdot v_R(\mathbf{x}) + [1 - p(R \mid \mathbf{x})] \cdot v_{NR}(\mathbf{x})$$

式中の $v_R(\mathbf{x})$ は、顧客 $\mathbf{x}$ が反応した場合に得られる値であり、$v_{NR}(\mathbf{x})$ は顧客 $\mathbf{x}$ が反応しなかった場合に得られる値です。反応した場合に得られる値（$v_R(\mathbf{x})$）とは、顧客が寄付した金額から、寄付の勧誘にかかったコストを差し引いた値です。また、反応がなかった場合の値（$v_{NR}(\mathbf{x})$）は、この例ではゼロから勧誘にかかったコストを差し引いた値になります。結果をより完全なものにするためには、顧客を対象として選択した場合だけではなく、対象としなかった場合の利益についても、推定しておきたいところです。そうして、その2つを比較し、ある顧客を勧誘の対象とすべきなのか、それともしないべきなのかを判断していきます。ここで、対象としなかった場合の期待利益については、単純にゼロにします。この例では、勧誘をしないで顧客が自発的に寄付をしてくれることは期待していません。必ずこのような期待値になるわけでありませんが、ここではそのように仮定して進めます。

ところで、期待値フレームワークはなぜ、ビジネス上の問題解決を支援できるのでしょうか。それは、$v_R(\mathbf{x})$ と $v_{NR}(\mathbf{x})$ は、データから同様に推定できるからです。回帰モデリングを用いることで、これらの値を推定できます。勧誘対象として選択した顧客の過去のデータを見ることで、回帰モデリングが利用できるようになり、それによって顧客が次に一体いくら寄付してくれるのかについて、推定できるようになるのです。さらに、期待値フレームワークは、より正確な方向性を示してくれます。つまり、$v_R(\mathbf{x})$ は、「顧客 $\mathbf{x}$ が反応した場合に」得られる予測値であり、これは、反応があった顧客のみでトレーニングを行ったモデルによって推定できる、ということです。このやり方は、特定の顧客が反応するかどうかを推定するよりも、有用な予測であるように思えます。なぜなら、この例では、大多数の顧客は反

応がないからです。そして、このような場合には、回帰モデリングを行うときに区別するべきケースがあります。顧客が無反応なために期待値がほぼゼロになるケースと、顧客の特性（寄付は行うが、金額は小さいという特性）のために期待値が小さくなるケースです。

あらためてこの例を見てみると、期待値フレームワークは、なぜビジネス上の問題を分解するのに有用なのか、ということを説明してくれていることがわかります。7章で説明したように、期待値とは、ある値とその値が発生する確率との積の総和です。そして、データサイエンスは、ある値とその値が発生する確率の両方を推定する手法を提供してくれます。実は、この例では常にゼロを取ると仮定している $v_{NR}(\mathbf{x})$ のような値については、推定する必要はないかもしれません。しかも、そのような値を正確に推定することは、骨が折れる作業かもしれません。しかしここで重要なのは、期待値フレームワークが、複雑なように見えるビジネス上の問題を分解してくれるため、解決策を理解しやすくなるという点です。また、フレームワークは、分解した問題の解決策を統合する方法も、まさに提示してくれています。今取り上げている例では（そうなるように選ばれた例ではあるのですが）、答えは直観的に満足の行く結果に収まります。つまり、寄付金の期待値が郵送にかかるコストを上回る人々へのみ手紙を出すべきである、ということです。数学的に言えば、単に期待利益がゼロを上回るような人々を対象として探し、コストと利益の不等式を単純化している、ということです。顧客 $\mathbf{x}$ が反応した場合の寄付金の推定値を $d_R(\mathbf{x})$ とし、郵送コストを c とすると、対象顧客 $\mathbf{x}$ の期待利益は次の式で表すことができるようになります。

$$対象顧客\mathbf{x}の期待利益 = p(R\mid\mathbf{x})\cdot v_R(\mathbf{x}) + [1-p(R\mid\mathbf{x})]\cdot v_{NR}(\mathbf{x})$$

この利益が常にゼロを上回るようにしたいので、この式を次のように展開します。

$$p(R\mid\mathbf{x})\cdot(d_R(\mathbf{x})-c) + [1-p(R\mid\mathbf{x})]\cdot(-c) > 0$$
$$p(R\mid\mathbf{x})\cdot d_R(\mathbf{x}) - p(R\mid\mathbf{x})\cdot c - c + p(R\mid\mathbf{x})]\cdot c > 0$$
$$p(R\mid\mathbf{x})\cdot d_R(\mathbf{x}) > c$$

つまり、期待される寄付金（左辺）が勧誘にかかるコスト（右辺）よりも大きくなければならない、ということになります。

11.1.2　選択バイアスについての余談

この例では、データサイエンスに関する重要な問題が提起されています。その問題について詳細に取り扱うのはこの本の範疇を超えていますが、とても重要なことなので、ここで簡単に説明しておきましょう。寄付金の予測をモデリングするために、データには恐らくバイアスがかかっている（偏りが存在している）ことに注意してください。これはつまり、対象としているデータが、全寄贈者の中から無作為に抽出された人々ではないということを意味

します。なぜそのように言えるのでしょうか。それは、データは過去の寄付、つまりは過去に**寄付を行ったことのある人々**から集めているためです。これは、過去のクレジット利用顧客との経験に基づいて信用度をモデリングするアイデアに似ています。このような顧客は、恐らく過去に信用に値するとみなしていた人々だからです。しかし、より良い見通しを得るためには、モデルの適用範囲を母集団全体まで拡大したいと思うかもしれません。過去に何らかの理由で選ばれた一部の人々が、母集団をモデリングするのに適したサンプルであると、なぜ言えるのでしょうか。これは、**選択バイアス**の例であり、データはモデルを適用したい母集団から無作為には抽出されていません。代わりに、過去に寄付をしていたり、他の手法で対象になっていたり、過去のある時点において信用されていたりといった、何らかの方法でバイアスがかけられています。

ここで、データサイエンティストに対する1つの重要な質問として、次のような内容が思い浮かびます。それは、「データを選択する際にバイアスをかけて、目的変数の値に影響を与えてしまうのは、あなたが期待していることか。」というものです。信用度のモデリングでは、その質問への答えは完全に**期待している**となります。過去の顧客は、その時点で彼らが信用に値すると予測されたからこそ、選択されたのです。寄付金の例は信用度の例ほど簡単ではありませんが、多額の寄付を行う人は、それほど頻繁には寄付を行わない、と考えることは妥当でしょう。例えば、寄付を求められた際には、毎回10ドルを寄付する人もいるでしょうし、100ドルを寄付し、その後しばらくの間は寄付する必要がないと感じて、多くのキャンペーンを無視するような人もいるでしょう。結果として、過去の何らかのキャンペーンで寄付を行った人の集合は、より**少ない**金額を寄付する人々の集合へと偏ってしまうでしょう。

幸いなことに、データサイエンスには、モデルを作る人が選択バイアスに対処するのに役立つ技法があります。それらの技法はこの本の範疇を超えていますが、興味がある読者は、この寄付金勧誘のケーススタディにおける選択バイアスの対処法について説明している論文 [Zadrozny, B., & Elkan, C. 2001] [Zadrozny, B. 2004] を読むことから始めてみると良いでしょう。

11.2 より洗練したやり方で乗り換え問題を再考する

これまでの章でも出てきた乗り換え問題について、ここで再度検討してみましょう。そして、ここまでに学んだことを適用して、乗り換え問題をデータ分析的に扱ってみましょう。前にこの問題を取り上げた時は、検討に必要なすべての技法を適用するような、包括的な検討は行いませんでした。もちろん、それはこの本の構成がそのようになっているからで、あの時点ではまだ乗り換え問題に必要なすべての技法を説明していたわけではありませんでした。また、あの時点では程々の説明にとどめておくことに意味がありました。しかしここで

は、この問題をより詳細に検討し、寄付金のケースで適用したのとまったく同じ、基本的なデータサイエンスのコンセプトを適用してみましょう。

11.2.1 期待値フレームワーク：より複雑なビジネス上の問題を構造化する

まず、ここで解決すべきビジネス上の問題とは、正確には何でしょうか。乗り換え問題の基本的な問題設定を確認しておきましょう。この例では、携帯電話事業の乗り換えという深刻な問題を抱えています。マーケティング部門は乗り換えを防ぐための特別なオファーを用意しました。したがって私たちのタスクは、全顧客の中から、オファーを提示すべき、適切な集合を決めることです。

初めは、契約期間終了直後に最も乗り換えを行いそうなのはどのような顧客なのか、ということをデータから見つけようと考えていました。ここでも引き続き、契約期間が切れそうな顧客には着目することにします。なぜなら、契約期間が切れそうなときが最も乗り換えが発生するからです。しかし、オファーを提示すべき顧客は、最も乗り換えそうな顧客で本当に合っているのでしょうか。

その問いに答えるには、一度基本コンセプトに立ち戻り、解決すべきビジネス上の問題は正確には何なのか、ということについて考える必要があります。なぜ乗り換えが問題になるのでしょうか。それは、乗り換えが金銭的な損失をもたらすからです。つまり、本当のビジネス上の問題とは、金銭的な損失が発生すること、ということになります。もし仮に、顧客が実際には利益を生むというより、むしろコストになるということであれば、乗り換えが発生することを気にする必要はありません。ここで行いたいのは、乗り換えの発生によって生じる損失に制限をかけることであって、ただ単に多くの顧客を引き留めればよいわけではありません。そのため、寄付金の問題と同様に、顧客の**値**を考慮に入れる必要があるのです。寄付金の問題でもそうであったように、期待値フレームワークは、顧客の**値**を考慮した分析を組み立てることを支援してくれます。乗り換えの問題では、個々の顧客の値を推定することは、寄付金の問題よりもずっと簡単です。なぜならば、彼らは既に私たちの顧客であり、私たちは顧客の過去の課金記録を保持しているためです。それにより、彼らが乗り換えを行わずに留まってくれた前提で、過去の支払額から将来的な支払額をとても精緻に予測できるのです。しかし、これではまだ問題を完全に解決できたわけではありません。期待値を用いて分析を行っていくことで、その理由がわかります。

それでは、期待値フレームワークを適用して、データマイニングプロセスにおけるビジネスやデータの理解について、実際に深く掘り下げていきましょう。ところで、このケースを、寄付金のケースとまったく同じように扱うことに何か問題はあるでしょうか。寄付金のケースと同様に、特別なオファーの対象として選択した顧客の期待利益は、次のように表す

ことができます。

$$対象顧客\mathbf{x}の期待利益 = p(S\mid\mathbf{x})\cdot v_S(\mathbf{x}) + [1-p(S\mid\mathbf{x})]\cdot v_{NS}(\mathbf{x})$$

式中の $p(S\mid\mathbf{x})$ はオファーを受けた顧客が、乗り換えを行わずに留まる（式中の「S」は「Stay」（留まる）を表しています）確率です。また、$v_S(\mathbf{x})$ は、顧客 $\mathbf{x}$ が留まった場合に得られる値であり、$v_{NS}(\mathbf{x})$ は顧客がやめた、あるいは乗り換えた場合に得られる値です。

　この式は、全顧客の中から特別なオファーを行うべき顧客を選ぶ目的に利用できるでしょうか。他の条件はすべて同じだとすると、この式において最も高い値を持つ顧客を対象にするということは、最も乗り換える確率が高い顧客を対象とするのではなく、むしろ単純に留まる確率が最も高い顧客を対象としているように思えます。これが本当かどうかを明らかにするために、やや単純化しすぎた仮定ではありますが、顧客が留まらなかった場合の値はゼロになると仮定してみましょう。そうすると、期待値は次のように表すことができます。

$$対象顧客\mathbf{x}の期待利益 = p(S\mid\mathbf{x})\cdot v_S(\mathbf{x})$$

　この式は、乗り換える確率が最も高い人々を対象にしたいという、元々の直感と一致しません。この式の何が悪いのでしょうか。期待値フレームワークはその疑問に対する解を正確に教えてくれます。もう少し注意深く検討していきましょう。単に寄付金の問題と同じことを適用するのではなく、この問題自体について注意深く検討する必要があるのです。今オファーの対象としたいのは、乗り換えずに留まった場合に、最も高い期待利益を生み出す顧客ではありません。対象としたいのは、乗り換えが行われた場合に、最も損失が大きくなるような顧客なのです。これは複雑ですが、期待値フレームワークは体系的に思考することを支援してくれます。また、この先、期待値フレームワークは興味深い解決策の糸口を投げかけてくれることでしょう。寄付金の例において、「結果をより完全なものにするためには、顧客 $\mathbf{x}$ を対象として選択した場合だけではなく、対象としなかった場合の利益についても、推定しておきたいところです。そうして、その2つを比較し、ある顧客 $\mathbf{x}$ を勧誘の対象とすべきなのか、それともしないべきなのかを判断していきます。」と述べていたことを思い出してください。寄付金の例では、顧客は勧誘なしで自発的には寄付をすることはない、と仮定したため、これについては無視できましたが、ビジネスを理解する段階では、個々のビジネス上の問題の詳細について、とことん考え抜く必要があるのです。

　乗り換え問題の場合の「対象としない顧客」について考えてみましょう。対象としなかった場合、値はゼロになるのでしょうか。必ずしもそうではないでしょう。対象としなかった顧客が、理由が何であれ留まることになれば、実際にはインセンティブの付与に必要なコストを消費しなかった分、より高い利益を獲得することになります。

11.2.2 インセンティブの影響を評価する

ここまでの議論を、さらに深く掘り下げていきましょう。インセンティブを与える対象として選択した顧客と、対象としなかった顧客の両方の利益を計算し、また、インセンティブ付与にかかるコストを明らかにしていきます。顧客 **x** が留まった場合の利益を $u_S(\mathbf{x})$ とし、顧客 **x** が乗り換えた場合の利益を $u_{NS}(\mathbf{x})$ とします。なお、両方ともインセンティブ付与にかかるコストは含んでいないものとします。さらに、単純化のため、顧客が留まるか乗り換えるかに関わらず、インセンティブの付与にはコスト c がかかると仮定します。

> 乗り換えに関して言えば、この仮定は完全には現実に即しているわけではありません。インセンティブは通常、別の携帯電話への乗り換えのように、顧客が留まる場合にだけ発生する多大なコスト要素であるからです。この細かい複雑さも考慮するように分析を拡張することは簡単ですし、結局は同様の結論を導き出すことになるでしょう。気になる読者は、是非試してみてください。

それでは、対象とした場合と、しなかった場合の期待利益を別々に計算しましょう。そうすることで、顧客をオファーの対象とするかどうかによって、留まるのか乗り換えるのか、という確率が変わってくること(すなわち、インセンティブの効果が実際にあること)を明らかにする必要があります。ここで、顧客が留まる確率に対して、オファーの対象とした顧客を T、対象としなかった顧客を $notT$ とすると、対象とした場合の期待利益は次のようになります。

$$E B_T(\mathbf{x}) = p(S \mid \mathbf{x}, T) \cdot (u_s(\mathbf{x}) - c) + [1 - p(S \mid \mathbf{x}, T)] \cdot (u_{NS}(\mathbf{x}) - c)$$

対象としなかった場合の期待利益は次のようになります。

$$E B_{notT}(\mathbf{x}) = p(S \mid \mathbf{x}, notT) \cdot u_s(\mathbf{x}) + [1 - p(S \mid \mathbf{x}, notT)] \cdot u_{NS}(\mathbf{x})$$

さらに、このビジネス上の問題の定式化を完成するためには、「オファーを出すことによって」得られる期待利益が、最も多くなるような顧客を対象としたいところです。つまり、$EB_T(\mathbf{x}) - EB_{notT}(\mathbf{x})$ が最大となるような顧客です。これは、ここまで紹介した問題の定式化よりもかなり複雑です。しかし、期待値フレームワークが思考を構造化してくれますので、複雑な問題であっても体系的に考え、目標に対して正確に焦点を当てた分析を行うことができきます。

期待値フレームワークは、この問題の構造が、これまで考えてきた問題の構造と何が異なるのか、ということについても明らかにしてくれます。特に、EB_T と EB_{notT} の差分を取ることによって、インセンティブが実際に与える**影響**は何なのか、ということを考えるだけでなく、EB_T と EB_{notT} の両方を見ることによって、インセンティブを「与えなかった」場合に何

が起こるのか、ということについても、考慮する必要が出てきます[†]。
　ちょっと脇道にそれますが、ここで簡単に数学的な説明を補足しておきましょう。この「対象とした場合の値」（$VT = EB_T(\mathbf{x}) - EB_{notT}(\mathbf{x})$）が最大になる条件を考えてみてください。顧客が留まらなかった場合は何の値も得られないと仮定することで、VTの式を拡張すると同時に、単純化してみましょう。

式11-1　VTの分解

$$VT = p(S|\mathbf{x}, T) \cdot u_s(\mathbf{x}) - p(S|\mathbf{x}, notT)] \cdot u_s(\mathbf{x}) - c$$
$$= [p(S|\mathbf{x}, T) - p(S|\mathbf{x}, notT)] \cdot u_s(\mathbf{x}) - c$$
$$= \Delta(p) \cdot u_s(\mathbf{x}) - c$$

　式中の$\Delta(p)$は、顧客が留まる場合の確率の差分を表しており、顧客を対象とするかしないかに依存して決まります。それでは再度、直感的な結果を見てみましょう。今対象としたいのは、留まる確率が最も大きく変化するような顧客であり、留まった場合に、損失が緩和されるような顧客です。言い換えれば、対象としたことにより、期待値が最も大きく変化する顧客を対象としたい、ということです（cは、このシナリオでは全員に共通する値です。ここで、この式にその値を含めているのは、VTは金銭的な損失を期待したものではない、ということを単に明確にするためです）。

　目的を見失わないこと、これが、ビジネスを理解するフェーズでやらなければいけないすべてでした。それでは、データマイニングプロセスの残りのフェーズへ取りかかることにしましょう。

11.2.3　期待値の分解からデータサイエンスソリューションへ

　ここまでの説明、特に、**式11-1**で重点的に説明した分解は、データの理解、データの定式化、モデリング、評価、といったことを行う手引きをしてくれます。具体的には、分解を行うことで、どのようなモデルを構築すべきなのか、ということが正確にわかります。それは、$p(S|\mathbf{x},T)$（対象とした場合に顧客が留まる確率）と$p(S|\mathbf{x},notT)$（対象としなかった場合でも顧客が留まる確率）を推定するためのモデルを構築すべきだ、ということです。この本でここまで説明してきたデータマイニングソリューションとは異なり、ここでは2つの独

[†] この考え方は、原因分析における重要な開始地点にもなる。この考え方とはつまり、その条件がなければ同一の状況となるような2つの期待値の違いを評価する、いわゆる反事実的な状況を作ってみる、ということである。これらの状況は、治療を施すことの因果的な影響を知りたいという、医学の推論と類似しており、よく「治療済みの」事例と「未治療の」事例と呼ばれる。任意に抽出された実験から始まり、回帰分析に基づく原因分析や、より現代的な因果モデリング手法等、原因分析のための多くのフレームワークでは、その核となる部分ではすべてこの期待値の差というものを利用している。データによる原因分析については12章でさらに説明を加える。

立した確率推定モデルを構築します。いったんこれらのモデルが構築されてしまえば、対象の期待値を計算するためにモデルを利用することができます。

重要なのは、期待値の分解はデータの理解に焦点を合わせている、ということです。では、どのようなデータがあれば、これらのモデルを構築できるでしょうか。対象とした場合のモデルも対象としなかった場合のモデルも、契約の有効期限に達した顧客のサンプルが必要になるでしょう。実際に、顧客が「留まった」のか「乗り換えた」のかという結論を明確に判断できるような、契約終了期間を十分に過ぎた顧客のサンプルが必要です。最初のモデルを構築するためには、オファーの対象となった顧客のサンプルが必要であり、2番目のモデルを構築するためには、オファーの対象と「ならなかった」顧客のサンプルが必要です。うまくいけば、これはモデルが適用された顧客基盤を代表するサンプルになるでしょう（既に説明した選択バイアスに関する説明についても参照してください）。データの理解を発展させていき、それぞれについて、順により深く検討していきましょう。

オファーの対象とならなかった顧客のサンプルは、どうすれば取得できるでしょうか。まず、私たちが再認識する必要があるのは、乗り換え予測のために顧客の過去のデータを利用しないようなビジネス環境であっても、その本質は何も変わらないということです。例えば、AT&Tの顧客だけにiPhoneを導入すること[†]というのは、他の電話会社にとっては大きな出来事だったことでしょう。このような出来事がなかったと仮定すると、必要なデータを集めることは比較的簡単です。というのも、電話会社は、課金、不正検出、およびその他の目的のために何ヶ月もの間、膨大な顧客データを保持し続けるからです。この、iPhoneをAT&Tの顧客だけに提供するということを新しいオファーであると捉えれば、iPhoneが理由でAT&Tに乗り換えた顧客は、この新しいオファーの対象にはなっているはずですが、もし自社のオファーだけを検討の対象としていたら、誰もオファーの対象になっていなかった、ということになります。こう考えると、オファーの対象とならなかった人のサンプルを取得するためには、乗り換えの可能性に影響を与えるようなオファーが他社のものも含めて提示されなかったか、ということを再度確認したくなってくるはずです。

このような場合、$p(S \mid \mathbf{x}, T)$ をモデリングする状況は、かなり異なってきます。しかし、そのような状況からも私たちは学べることがあります。それは、どのようにして期待値フレームワークが、初期に顕在化している問題を扱い、そして、その後直面する試練へと焦点を当てていくのか、ということです。ここで言う試練とは何でしょうか。それは、新しいオファーのことです。そのオファーはまだ誰も見たことがありません。つまり、$p(S \mid \mathbf{x}, T)$ を推定するためのモデルを構築するのに必要なデータを保持していないのです。

[†] 訳注：米国内では、発売当初、AT&TがiPhoneの独占キャリアとして販売を行っていた。現在ではその独占関係は終了している。

そのような準備が十分に整っていない状況であっても、緊急度によっては、ビジネスを前に進めていかざるを得ないこともあります。今、私たちは乗り換えによる顧客流出を減少させたいのです。マーケティング部門は、自分たちが用意したオファーに自信を持っており、また、確かに私たちは、今後のビジネスの進め方について、何らかの示唆を行える可能性のあるデータは保持しています。現実のビジネス上の問題を解決するためにデータサイエンスを適用する際、このようなことは決して珍しい状況ではありません。期待値の分解は、複雑な式を導出して、問題の理解を助けてくれます。しかし、だからと言って、前向きにすべての複雑さに対処したい、あるいは対処可能だというわけではありません。どちらかというと私たちにはリソース（データ、人、計算能力）が不足していると言えます。乗り換えの例で言えば、必要なデータを保持していません。

別の状況であったなら、完全な定式化を行うことで複雑さが増したからと言って、実質的な有効性が増すわけではないだろう、と考えるかもしれません。例えば、次のように結論付けることもあるでしょう。「確かに、式11-1のように定式化を行うことは、何をすべきなのか、ということを理解する助けにはなりますが、結局はよりシンプルな、あるいは、より低コストな式と同じことをするだけではないか、とも思うのです。」。例えば、オファーを受けた顧客が、全員確実に留まると仮定した場合（$p(S \mid \mathbf{x}, T) = 1$と仮定した場合）、どうなるでしょうか。この仮定は明らかに単純化しすぎですが、それによって、行動に移せるようになるかもしれません。また、ビジネスにおいては、理想的な情報が得られない場合であっても、行動に移す準備をする必要があります。そして、式11-1を通じて、この仮定を適用した結果が、単に$1 - p(S \mid \mathbf{x}, notT) \cdot u_S(\mathbf{x})$を最大化するような顧客、つまり、もし乗り換えが行われた場合に、最大の損失となるような顧客を対象とするのだということも検証できます。よって、もし今オファーの効果を見極めるようなデータがないのであれば、このような仮定を置くことはとても意味があることです。

モデリング対象に関する十分なデータが手に入らない場合には、代替案を検討しましょう。データをラベル付けする際に、「プロキシ」（代理）を使用して、本来の対象データに付けるラベルを代替させることができます。例えばマーケティング部門が実施したことのあるオファーには、過去のオファーと類似してはいるものの、まったく同一というわけではないものもあるでしょう。この類似する過去のオファーが、似たような状況で顧客に対して提示されていたとすれば（そして、これに関連して、先ほど説明した選択バイアスを思い出して

ほしいのですが)、プロキシラベルを利用してモデルを構築するのは有用かもしれません[†]。

期待値の分解は、さらに別の選択肢を浮かび上がらせます。$p(S \mid x, T)$ をモデル化するには、何が必要でしょうか。まず、データを「取得する」必要があります。具体的には、対象となった顧客のデータを取得する必要があります。これは、つまり、過去に顧客を対象にオファーを提示していなければデータが存在しない、ということを意味します。しかし、当然、顧客にオファーを提示するにはコストがかかります。応答してくる見込みが低い、少数の顧客だけを対象としてしまい、お金を浪費してしまっていたらどうでしょうか。この状況は、データは資産として扱われるべきである、という、まさにデータサイエンスの第一の根本的な原則に通じるものがあります。既に持っている資産を活用することだけを考えるのではなく、重要なリターンを生成できるデータ資産に投資することを検討する必要があるのです。シグネット銀行が「1.7　戦略的資産としてのデータとデータサイエンス」で直面した状況を振り返ってみましょう。シグネット銀行は、用意したさまざまな種類の新しいオファーに対して、顧客がどのように反応するのか、ということに関するデータを保持していませんでした。そこで、彼らはデータに投資したのです。オファーを幅広く展開することにより、一時的には損失を出しましたが、そうして獲得したデータ資産は、キャピタル・ワン社[‡]の事業で大成功を収めた要因であると考えられています。今私たちが置かれている状況は、そこまで壮大なものではないかもしれませんが、顧客に提示できるオファーを1つ持っています。そして、そのオファーを出したとしても、シグネット銀行が顧客の債務不履行により被ったような、損失を出すことはなさそうです。それでも、データ投資に関する教訓はシグネット銀行の場合と同じです。もし、このオファーに対して人々がどのような反応をするのか、というデータに対して投資する意欲があれば、将来の顧客の中から、よりよい対象を抽出してオファーを出すことができるかもしれません。

ビジネスを深く理解することの重要性は、繰り返し強調するだけの価値があります。今回のケースで言えば、オファーの性質上、オファーに応じてもらえない場合であっても、私たちはそれほど大きな損失を出さないでしょう。そのため、先ほど

[†] 一部の適用例では、プロキシラベルは、実際のラベルのもととなったイベントとは全く異なるイベントをもとにしているかもしれない。例えば、モデルを構築して、広告の対象になった顧客で、その後製品を購入した人を予測するような場合は、実際にコンバージョン (訳注：コンバージョンとは、マーケティングで使われる用語で、広告などの成果を表す指標に使われる。この例の場合、広告の対象となった人で購入した人の割合をコンバージョン率と言う) したデータはとても少ないだろう。このような場合、購入のモデリングプロキシ (訳注：実際に自分が顧客として、購入するまでの一連のプロセスをシュミレートしてみること) のために、キャンペーンブランドのWebサイトを訪問するのは、とても有効である [Dalessandro, Hook, Perlich & Provost 2012]。

[‡] 訳注：かつてシグネット銀行の傘下であった、米国のクレジットカード会社。カードの与信枠と金利の設定に関して、さまざまな実験を行っていたことで知られている。

説明した、よりシンプルな定式化でも十分満足できるかもしれません。

ここで忘れないでほしいのは、このデータへの投資を慎重に管理するためにも、この本を通じて発展させてきたコンセプトを適用することができる、ということです。8章では、学習曲線によるモデル性能の可視化というコンセプトを説明しました。学習曲線を確認することで、データ量（今回のケースでは、ここまでのデータへの投資額）とそれに伴う汎化性能の改善がどのような関係になっているかを理解しやすくなります。汎化性能の考え方を拡張して、一定の基準値を超えた性能の改善を行えるようにするのは、難しくありません（7章の基本コンセプトを思い出してみてください。そして、比較の対象とする基準を何にするべきか、慎重に検討してください）。その基準は、既に説明した、よりシンプルな乗り換えモデルでも良いかもしれません。これらのことを踏まえると、データへの投資は徐々に行い、データの増加が性能の改善につながっているのを確かめながら、また、学習曲線が今後のさらなる改善を示しているのを確かめながら、進めていくのがよいでしょう。もし、そのような分析によって、データへの投資に価値がないことがわかったら、投資を中止すればいいのです。

重要なのは、投資を中止したとしても、その投資が無駄だったわけではないということです。なぜならば、投資を行ったのは情報（今回のケースでは、データの増加が、最終的な目的である、費用対効果の高い乗り換え削減にとって有益なのかどうか、という情報）に対してであり、それによって、今後同じような投資を続けるべきかどうかを判断できたからです。

さらに、期待値を使用して問題の枠組みを考えることで、定式化を拡張することができ、それによって、「正しいオファーとは何か」というような問いに対してアプローチする、構造化された方法を用意することができます。定式化は、複数のオファーを含むように拡張することもできますし、どの顧客にとっても最高の価値を提供するのは何かを判断できるように、拡張することもできるでしょう。あるいは、例えば、割引額を可変にするなどして、オファーをパラメータ化することもできますし、それによって、何割引きにすれば最高の期待値が得られるのか、ということを知るためにそのパラメータを最適化することもできるでしょう。これは、おそらくデータへの追加投資が必要になるでしょう。そして、その投資の過程では、継続的に検証を行い、顧客が留まる確率や離脱する確率が、オファーの程度によってどのように変わるかを判断してくことになります。これについても、同様なことを、シグネット銀行はキャピタル・ワン社の事業を成功させる過程で行っています。

11.3 まとめ

この章では、寄付金や乗り換えの例を通じて、期待値フレームワークによって、どれほど実際のビジネス上の問題を明らかにしやすくなるのか、といったことを確認しました。ま

た、その際に、データマイニングがビジネス上の問題の解決策において、どのような役割を果たすのか、といったことについても確認しました。

　ビジネス上の問題は、徐々に詳細を掘り下げて、問題の複雑さを取り除き続けることで、ビジネス（および、解決策に求められるもの）の理解を深めていくことができる、ということがわかりました。もしかしたら、読者の方々は、「分析はこれですべて終わりなのだろうか。このまま永遠に分析を続けていくことはできないのだろうか。」というような疑問が浮かんだかもしれません。建前としては、それに対する答えは「永遠に分析を続けることができます」となります。しかし、モデリングを行う際は、問題を扱いやすくするために、常に単純な前提を置きます。分析工学においては、次のような結論を導くのは、よくあることでしょう。

- このイベントのデータは取得できない。
- コストが高すぎるため、この事象を正確にモデル化できない。
- このイベントは滅多に発生しなそうなので、無視するつもりである。あるいは、
- この定式化で当分の間は満足できそうだし、このまま進めた方が良いでだろう。

　分析工学において重要なことは、あらゆる不測の事態に対処して複雑なソリューションを開発することではありません。むしろ、ポイントとなるのは、問題に対して分析的に考えを展開していき、それによって、データマイニングの役割が明確になり、ビジネス上の制約やコストと利益が考慮されるようになり、さらに、単純な仮定をおくときにも注意深く考えてその理由が明確になっていくことです。こういったことによって、プロジェクトが成功するチャンスが増え、同時に、不測の事態によるリスクが減ることになるでしょう。

12章
その他のデータサイエンスの問題と技法

基本コンセプト：
- 多くのデータサイエンス技法の基礎となる基本コンセプト
- データサイエンスの構成要素に精通することの重要性

代表的技法：
- アソシエーション（関連性）と共起
- 行動のプロファイリング
- リンク予測
- データ削減
- 潜在情報のマイニング
- 映画のレコメンド
- 偏りと分散による誤差の分解
- アンサンブルモデル（モデルの集合）
- データによる原因分析

　11章では、ビジネスのデータ分析問題に取り組むチームについて検討するとき、そのチームが直面するのは**工学的な**問題である、と考えるとわかりやすい、というを説明をしました。ここでいう工学とは、機械工学やソフトウェア工学のことではなく分析工学でした。ビジネス上の課題というものは、目的が自ずと決まっていて、同時に、解決策に対する制約も決まってきます。そして、業務で発生したデータやその業務分野の知識によって、検討対象のテーマが生み出されます。データサイエンスはこうして生み出されたビジネス上の問題に対して、問題を小さな問題に分解するフレームワークや、問題を解決するためのツールや技法を提供しています。この本でも、ここまでに、考え方のフレームワークで役に立つものをいくつか説明してきましたし、問題を解決するときに共通する点についても多少説明しました。しかしデータサイエンスの領域は広く、学位の全過程をそれに捧げる必要があるほどなので、このような本1冊では網羅できません。ただ幸いなことに、いままで説明してきた基本的な原則がほとんどのデータサイエンスの分野で基礎になっています。

他の工学での問題解決手法では、新しい問題をより効率よく解決するために、それを既知の問題の集合に分解し、すでに確立したツールを使うことがよくあります。まったく新しい解決策を一から構築しようとはしません。分析工学でも同じです。データサイエンスにも特定の共通した問題を解決するためのツールが多くあります。この本では基本的な原則を、多くに共通な技法やツールと一緒に紹介してきました。相関関係や有効な変数を見つける方法、類似の表現を見つける方法、分類方法、クラスに属する確率の推定方法、回帰、クラスタリングといった技法やツールです。

これらは多くのデータサイエンスの問題に共通して使えるツールです。しかし2章で説明したように、他にも良いツールがあります。幸いなことに、いままでに説明してきた問題の基礎となる基本的なコンセプトは、同じように他の方法の基礎にもなります。いままで、基本的な問題や技法を紹介してきましたが、まだ紹介していないものをいくつか簡単に紹介していきます。

12.1　共起とアソシエーション:一緒に発生する項目の見つけ方

エンティティの含まれるトランザクションをもとに、エンティティ間にある関連性を見つけようとすることを**共起**(Co-occurrence)のグルーピングやアソシエーション(関連性)**の検出**と言います[†]。しかし、どういう理由で共起を見つけたいのでしょうか。共起を使用した応用例はたくさんありますが、ここでは、顧客に直接関係する応用例を考えてみましょう。この例では、あるオンラインショップを経営していると想定します。そこでは買い物かごのデータに基づいて、「この新しいeウォッチを買った人はeブレスレットBluetoothスピーカーも購入しています」と顧客に伝えることがあります。もし、ここで見つけた購入商品間のアソシエーションが顧客の好みに合っていれば、顧客が同時購入することによって収益が増えるかもしれません。これは、単に収益を増やせただけではなく、顧客体験もより良いものにしています(この例では、スピーカーを使うことでステレオで音楽を聴くことができ、eウォッチのモノラル音楽よりも良くなっています)。データを活用することで、顧客のロイヤリティ[‡]を高めることができたと言えるでしょう。

次に、世界中にある配送センターからオンラインの顧客に製品を配送する運用での事例を考えてみましょう。この例では、すべての配送センターがすべての製品を在庫として持っているわけではありません。実際に地方の小さな配送センターでは頻繁に売れる製品だけを在庫として持っています。配送費を減らすために地方の配送センターを建てましたが、実際に

[†] 訳注:例えば、1度の取引で購入したもの全体がトランザクションで、その際に購入した1つの品目がエンティティ。

[‡] 訳注:顧客忠誠心のこと。ロイヤリティを高めることによって、顧客がサービスのファンになり、固定客となる。

は結局多くの注文でメインの配送センターから運んだり、配送を複数回行ったりする必要が発生してしまっています。これは人気のある商品を注文するときに、あまり人気のない商品も一緒に注文することがあるのが原因です。このビジネス上の課題には、データのアソシエーションを調べることで対処できます。特定の人気のない商品に、人気のある商品とよく一緒に購入されるという「共起」があるなら、それも一緒に地方の配送センターに在庫として持っておくことで、配送コストを相当削減できます。

共起のグルーピングとは、一種の検索です。データを検索して、統計的に「意味のありそうな」組み合わせを見つけます。問題の定義の仕方はさまざまですが、「A が発生すると B が発生する可能性が高い」というルールで考えてみましょう。ここでは A が e ウォッチの売上で B が e ブレスレットの売上とします[†]。統計における「意味のある」ものとはほとんどの場合、これまでに紹介してきた基本コンセプトに従います。

まずは、複雑性のコントロールについて考える必要があります。大量の共起が発生しても、それは、単に偶然発生しているだけで、一般的なパターンから発生しているわけではないかもしれません。複雑性をコントロールする簡単な方法は制約を付けることです。例えば、データが満たすべき最小限の共起の発生割合をルールとすることです。ここでは全トランザクションのうち、少なくとも1%では共起が発生していなければならない、というルールにしましょう。これをアソシエーションの**支持度**（support）と呼びます。

また、アソシエーションが発生する「傾向」という考えもあります。顧客が e ウォッチを購入するときには、e ブレスレットも購入する傾向がある、というような考え方です。ここでも、見つけたアソシエーションに対して、満たすべき最低限の割合が欲しくなるかもしれません。この考え方は、これまでに説明してきたのと同じやり方で定量化できます。前に説明した通り A が発生する時に B が発生する可能性を $p(B \mid A)$ と表し、アソシエーションマイニングでは、ルールの**確信度**（confidence）または**強度**（strength）と呼びます。ここでは統計の信頼度（confidence）[‡]と混同しないように「強度」と呼ぶことにしましょう。「閾値を超える強度が必要です」というように使います。例えば閾値が5%とは A を買った人が B も買う可能性が5%以上あることです。

12.1.1　意外性の測定：リフトとレバレッジ

最後に、アソシエーションを使ってある種の「意外性」を測定してみたいと思います。意外性については、データマイニングの分野で多くの研究がなされ、さまざまな意見が存在します。しかし、残念ながら、それらのほとんどは、発見した知見を、既存の背景知識や、直

[†] A や B は複数の項目であることもあるだろう。しかし、現時点では A も B も単項目と仮定しておく。後述する Facebook の「いいね！」の例で多項目の場合を一般化する。

[‡] 訳注：信頼区間（confidence interval）などの信頼のこと。

感、共通認識へ置き換えた程度で、意外性はあまりありません。逆に言うと、アソシエーションが意外性を持つのは、それが、既存の知識や信じていたことに対して矛盾している時です。研究者たちは、この体系化するのが難しい知識の扱い方を調査していますが、現時点では、それを自動的に扱う方法は一般的ではありません。自動的に扱う代わりに、データサイエンティストやビジネスユーザは、抽出したアソシエーションの長い一覧を熟読して、意外性のないものを取り除くという作業を行っています。

しかしながら、まだ貧弱ではありますが、それでも意外性についての直感的な考え方は存在し、それは、データだけから計算することができるものとなっています。これまで他の文脈で説明に使用した**リフト**です。つまり、偶然から予測される値と比べて、どれほど高い頻度でこのアソシエーションが発生して（共起して）いるか、という考え方です。スーパーマーケットの買い物かごデータのアソシエーションから、パンと牛乳がよく一緒に買われていることがわかっても、「そんなの当たり前だ」と思うでしょう。牛乳もパンも多くの人が買うものです。したがって、それらの購入の共起がよく起こるのは偶然であり、関連性があるわけではないと思うでしょう。もし共起に意外性があるとすれば、それは、そのアソシエーションの頻度が、偶然から予測されるよりもずっと高い場合でしょう。リフトは確率の基本的な考え方に従って、次のように簡単に計算できます。

式12-1　リフト

$$\text{リフト}(A, B) = \frac{p(A, B)}{p(A)p(B)}$$

この式を言葉で説明すると、AとBの共起におけるリフトとは、2つの事象がそれぞれ関連せずに（独立して）同時に発生する確率を分母とし、実際に2つ同時に発生して観測された確率を分子として比を取ったものです。いままで見てきた他のリフトの使い方と同じで、リフトが1より大きい場合は、Aの発生がBの発生も「高めている」ことが要因となります。

リフトは、抽出したアソシエーションが偶然よりもどれほど高頻度で発生しているか、ということを測定可能な1つの方法にすぎません。もう1つの方法は、比率よりも量の違いに着目するもので、このとき使用する指標を**レバレッジ**と呼びます。

式12-2　レバレッジ

$$\text{レバレッジ}(A, B) = p(B, A) - p(A)p(B)$$

ここで少し時間をかけて、これらの方法の理解を深めることにしましょう。これらの方法のうち1つは、偶然には滅多に起こらないアソシエーションを調べるのに適していて、もう1つは偶然に起こることも多いアソシエーションを調べるのに適しているということを説明

します。

12.1.2　例：ビールと宝くじ

「eウォッチとeブレスレット」の例ですでに紹介したように、アソシエーション分析は、マーケット・バスケット（買い物かご）分析でよく使用され、購入した品目の共起を分析します。具体的な例を通して説明しましょう。

この例では、食料雑貨やお酒、宝くじなどを買うことができる小さなコンビニエンスストアを運営しているとします。そして、1年分の全取引を分析してみます。分析の結果、この店の顧客はよくビールと宝くじを一緒に買っていることがわかりました。しかし、このお店では、元々ビールも宝くじも、それぞれよく売れているのがわかっています。全取引の30%にはビールが含まれ、20%にはビールと宝くじの両方が含まれていたとしましょう。この共起は何か意味のあるものでしょうか。それとも単に、それぞれの購入がよくあることだからでしょうか。それを知るためには、アソシエーションの統計値が役に立ちます。

はじめに、この想定を表すアソシエーションのルールを表現すると、「ビールを買う顧客は宝くじも買う傾向がある」となります。もしくはより簡潔に、「ビール⇒宝くじ」となります。次に、このアソシエーションのリフトを計算してみます。必要な値をすでに1つ知っていて $p(ビール)=0.3$ です。宝くじもとても人気があるとして $p(宝くじ) = 0.4$ とします。この2つの商品が完全に関係ない（独立している）なら、両方を同時に購入する確率は2つの積となり $p(ビール)*p(宝くじ) = 0.12$ となります。

2つの商品を一緒に購入する実際の確率（データ上での発生頻度）も知っていて、$p(宝くじ, ビール)$ とします。この確率はレジのレシートデータを結合して、そこからビールと宝くじを含む全取引を探し出すことでわかりました。前に述べた通り、20%の取引に両方とも含まれており、$p(宝くじ, ビール) = 0.2$ をここでの確率とします。したがって、リフトを計算すると 0.2/0.12 となり、約 1.67 です。これは宝くじとビールを一緒に購入する確率は、偶然よりも約 5/3 倍大きいことを意味します。これによって関連性があると結論付けるかもしれません。しかし、共起の多くは、そもそもとても人気のある品目同士であることが原因です。

ではレバレッジはどうでしょうか。レバレッジは $p(宝くじ, ビール) - p(ビール) \times p(宝くじ)$ であり、0.2 - 0.12 なので 0.08 となります。この共起を起こしている原因が何であれ、同時に購入する確率は 8% 増加したことになります。これは、単にそれぞれの品目の人気から予想される確率値を超えています。

他にも2つの重要な統計値があるので、これも計算することにします。それは、支持度と強度です。アソシエーションにおける**支持度**は、2つの商品を一緒に購入するデータの単純な出現率 $p(宝くじ, ビール)$ であり、20% になります。強度は、条件付き確率 $p(宝くじ |$

ビール) であり、67% となります。

12.1.3　Facebookのいいね！におけるアソシエーション

　アソシエーションを見つけることはマーケット・バスケットのデータでよく使用され、**マーケット・バスケット分析**とさえ呼ばれていますが、この技法はもっと一般的に使えます。9章のFacebookの「いいね！」の例を使って説明してみましょう。Facebookの大きな集合で「いいね！」のデータを持っていることを思い出してください［Kosinski, Stillwell, & Graepel 2013］。買い物かごのデータの場合と同様に、各ユーザが自分の好みの情報を集めた、いいね！の「かご」を持っていると考えることができます。ここで、特定のいいね！が偶然に発生するよりも高い頻度で共起する傾向があると言えるか、考えてみましょう。ここでは、この面白い例を単純にアソシエーションの発見過程を説明するために使用するつもりですが、その過程は実際には、ビジネスへの重要な応用例にもなるでしょう。例えば、特定の市場の顧客を理解したいマーケターの方々にとっては、人々がいいね！をするパターンには興味があるでしょう。データ分析の観点で見ている方々にとっては、この章でいままでに説明した考え方をここでも適用して、共起が発生していて、しかも、偶然から予測されるよりも高頻度になっているのは何かを知りたいと考えているでしょう。

　データマイニングをする前に、アソシエーションを発見するために便利な考え方をもう1つ紹介しましょう。この例では、買い物かごのデータと同様な考え方をしているので、何を商品として扱うかを検討しておくことにします。そこで、アソシエーションの発見に関係しそうなものは、何でも「かご」に入れてみることにしましょう。例えば、ユーザの位置情報をかごに入れると、いいね！と位置情報のアソシエーションを確認することができます。実際の買い物かごのデータを扱うときには、これらの情報は**仮想商品**と呼ばれ、店でかごに入れた本物の商品と区別をします。Facebookのデータを扱う場合には、社交性や感じの良さといった顧客の心理データや、IQテストのスコアなどを仮想商品として使えるかもしれません。アソシエーションデータを検索できるようにして、心理的特徴といいね！の関連性を見つけられるようにするのは、面白そうです。

> **注意：教師ありと教師なし**
>
> 教師あり（supervised）と教師なし（unsupervised）のデータマイニングの区別はいつも意識しておきましょう。ブランドに対する感じの良さや、いいね！と何が最も相関関係にあるのかを明確に理解したいときは、対応する目的変数によって、教師あり問題として定式化する必要があります。これは、9章でエビデンスのリフト値を説明したときに行ったことであり、この本を通して、教師ありセグメンテーションを説明しているときに行っていることです。対して、明確な目的なしにデータを調査しようとするときには、アソシエーションを発見する方がふさわしいかもしれません。6章で説明した教師ありと教師なしのマイニングの違いを見ておきま

12.1 共起とアソシエーション：一緒に発生する項目の見つけ方 | 329

しょう。そこでは、教師なしマイニングはクラスタリングを意味していました。しかし、教師なしの基本コンセプトはアソシエーションマイニングにも当てはまります。

それでは、Facebook のいいね！から得られるアソシエーションを見てみましょう[†]。これらのアソシエーションは Magnum Opus という人気のアソシエーションマイニングシステムを利用して発見しました[‡]。Magnum Opus は最も高いリフトやレバレッジを持つアソシエーションを探すことができます。一方、含まれる事例が少なすぎて意味があると言えないアソシエーションをフィルタリングすることもできます。次の一覧は Facebook のいいね！におけるアソシエーションのうち、最も高いリフトを持つアソシエーションを示しています。なお、このアソシエーションにはデータの集合としたユーザの少なくとも 1% が含まれるという制約があります。これらのアソシエーションの意味がわかるでしょうか。そしてユーザの好みの関連性がイメージできるでしょうか。リフトがすべて 20 以上であることに注意して下さい。すべてのアソシエーションは偶然から予想されるより、少なくとも「20 倍以上発生する傾向にある」ことを意味しています。

ファミリー・ガイ & ザ・デイリー・ショー -> コルベア・リポート
Support=0.010; Strength=0.793; Lift=31.32; Leverage=0.0099

千と千尋の神隠し -> ハウルの動く城
Support=0.011; Strength=0.556; Lit=30.57; Leverage=0.0108

セレーナ・ゴメス -> デミ・ロヴァート
Support=0.010; Strength=0.419; Lift=27.59; Leverage=0.0100

I really hate slow computers & Random laughter when remembering something ->
    Finding Money In Your Pocket[§]
Support=0.010; Strength=0.726; Lift=25.80; Leverage=0.0099

スキットルズ & ケミカルライト -> Being Hyper!
Support=0.011; Strength=0.529; Lift=25.53; Leverage=0.0106

リンキン・パーク & ディスターブド & システム・オブ・ア・ダウン & コーン -> スリップノット
Support=0.011; Strength=0.862; Lift=25.50; Leverage=0.0107

[†] Wally Wang の協力に感謝する。
[‡] Magnum Opus については http://www.giwebb.com/ を参照のこと。
[§] 訳注：Facebook のコミュニティ。

リル・ウエイン & リアーナ -> ドレイク
Support=0.011; Strength=0.619; Lift=25.33; Leverage=0.0104

スキットルズ & マウンテンデュー -> ゲータレード
Support=0.010; Strength=0.519; Lift=25.23; Leverage=0.0100

スポンジボブ・スクエアパンツ -> コンバース -> パトリック・スター
Support=0.010; Strength=0.654; Lift=24.94; Leverage=0.0097

リアーナ & テイラー・スウィフト -> マイリー・サイラス
Support=0.010; Strength=0.490; Lift=24.90; Leverage=0.0100

ディスターブド & スリー・デイズ・グレイス -> ブレイキング・ベンジャミン
Support=0.012; Strength=0.701; Lift=24.64; Leverage=0.0117

エミネム & リル・ウエイン -> ドレイク
Support=0.014; Strength=0.594; Lift=24.30; Leverage=0.0131

アダム・サンドラー & システム・オブ・ア・ダウン & コーン -> スリップノット
Support=0.010; Strength=0.819; Lift=24.23; Leverage=0.0097

ピンク・フロイド & スリップノット & システム・オブ・ア・ダウン -> コーン
Support=0.010; Strength=0.810; Lift=24.05; Leverage=0.0097

音楽 & アニメ -> 漫画
Support=0.011; Strength=0.675; Lift=23.99; Leverage=0.0110

ミディアム IQ & 酸っぱいグミワーム -> クッキー生地が好き
Support=0.012; Strength=0.568; Lift=23.86; Leverage=0.0118

リアーナ & ドレイク -> リル・ウエイン
Support=0.011; Strength=0.849; Lift=23.55; Leverage=0.0104

クッキー生地が好き -> 酸っぱいグミワーム
Support=0.014; Strength=0.569; Lift=23.28; Leverage=0.0130

Laughing until it hurts and you can't breathe! & I really hate slow computers -> Finding Money In Your Pocket[†]
Support=0.010; Strength=0.651; Lift=23.12; Leverage=0.0098

エヴァネッセンス & スリー・デイズ・グレイス -> ブレイキング・ベンジャミン
Support=0.012; Strength=0.656; Lift=23.06; Leverage=0.0117

[†] 訳注:Facebookのコミュニティ。

12.1 共起とアソシエーション：一緒に発生する項目の見つけ方 | 331

ディズニー & ディズニーランド -> ウォルト・ディズニー・ワールド
Support=0.011; Strength=0.615; Lift=22.95; Leverage=0.0103

i finally stop laughing... look back over at you and start all over again ->
    That awkward moment when you glance at someone staring at you.[†]
Support=0.011; Strength=0.451; Lift=22.92; Leverage=0.0104

セレーナ・ゴメス -> マイリー・サイラス
Support=0.011; Strength=0.443; Lift=22.54; Leverage=0.0105

リセース & スターバースト -> ケロッグ ポップタルト
Support=0.011; Strength=0.493; Lift=22.52; Leverage=0.0102

スキットルズ & スポンジボブ・スクエアパンツ -> パトリック・スター
Support=0.012; Strength=0.590; Lift=22.49; Leverage=0.0112

ディズニー & ドリー & トイ・ストーリー -> ファインディング・ニモ
Support=0.011; Strength=0.777; Lift=22.47; Leverage=0.0104

ケイティ・ペリー & テイラー・スウィフト -> マイリー・サイラス
Support=0.011; Strength=0.441; Lift=22.43; Leverage=0.0101

エイコン & ブラック・アイド・ピーズ -> アッシャー
Support=0.010; Strength=0.731; Lift=22.42; Leverage=0.0097

エミネム & ドレイク -> リル・ウエイン
Support=0.014; Strength=0.807; Lift=22.39; Leverage=0.0131

ほとんどのアソシエーションマイニングの例では、今回のFacebookのいいね！のように、その例を見る人がよく知っている分野を利用します。そのような例を選択しているのは、教師なしマイニングでは、その分野の知識に、評価が大きく依存してしまうからです（6章の説明を思い出してください）。教師なし学習では、明確な目標を持った問題を扱っているわけではないので、客観的な評価ができないということです。とはいえ、アソシエーションマイニングの実用的で意味のある使い方には、あまりよくわかっていないデータを探索するために使う、という方法があります。例えば、新しい仕事についた時を考えてみてください。企業の顧客取引データを探索し、強い共起を調べることで、すぐに顧客層の好みの関連性について概要がわかるはずです。このことを頭に入れて、Facebookのいいね！における共起の話に戻ってみましょう。先ほどの例がポップカルチャーの分野以外だと考えてみてはどうでしょうか。Facebookにはこのようなアソシエーションが大量にあり、顧客の好みの

[†] 訳注：facebookのコミュニティ。

12.2 プロファイリング：典型的な行動の見つけ方

プロファイリングでは、個人やグループ、母集団の典型的な行動を特徴付けようとします。プロファイリングをするときの論点は、例えば、「この顧客層の典型的なクレジットカードの使い方はどのようなものか」、といった内容になります。これに対する答えには、例えば、利用額の単純な平均を使うこともできるでしょう。しかし、そのような簡単な記述では、行動をうまく表現できず、ビジネス上の課題には使えないでしょう。例えば、クレジットカードの不正利用を検出する際には、プロファイリングをして標準的な行動を特徴付けておき、その上で標準的な行動から大きく逸脱したインスタンスを探します。特に探すのは、以前のデータで不正利用として示唆されたものと同じパターンの行動です［Fawcett & Provost 1997］［Bolton & Hand 2002］。不正利用検出のためにクレジットカードの使い方をプロファイリングするには複雑な行動の記述が必要になります。例えば、平日と週末の平均利用額、海外での利用状況、取引先や商品カテゴリをまたいだ利用状況、怪しい取引先での利用などです。ここでの行動は、母集団全体や小さなグループレベル、場合によっては、各個人レベルで一般的な記述ができるものです。例えば、クレジットカードの各利用者の海外での利用状況をプロファイリングしておけば、よく海外旅行をする人に対して、間違って不正利用の警告を大量に送らないようにすることもできるでしょう。

プロファイリングは以前に説明したコンセプトを組み合わせたものです。プロファイリングは、基本的にクラスタリングを包含していると言えます。というのは、異なる行動を取る母集団を別のグループに分けるからです。プロファイリングの方法は複雑に見えることが多いですが、要するに4章で紹介した基本コンセプトを単に具体化したものにすぎません。それは、パラメータによる数値関数の定義や、目標や目的の定義、そして、その目的に最適なパラメータの発見といった基本コンセプトです。

それでは、ビジネスの運用管理における、簡単な例を考えてみましょう。ビジネスの運用管理では、コールセンターがどれくらい顧客に良い対応ができているのかを理解するためにデータを使いたいと考えます[†]。顧客対応が良いことの1つの側面は、顧客を長い間保留にして待たせないことです。それでは、コールセンターへ電話をかけてきた顧客の典型的な待ち時間をどのようにプロファイルできるでしょうか。例えば、待ち時間の平均値と標準偏差を計算することもあるでしょう。

これは、まさに基本的な統計の知識を身に付けた管理者が行うことのように思えます。さらに、モデル・フィッティングのシンプルな例であるとも言えます。その理由を説明しま

[†] 興味のある読者は［Brown et al. 2005］を読むことを勧める。この応用例の技術的な扱い方と詳細が書かれている。

12.2 プロファイリング：典型的な行動の見つけ方 | 333

しょう。まず、顧客の待ち時間は正規分布またはガウス分布に従うと仮定します。こう言うと数学の苦手な人は、何が起こるのかと怯えるかもしれませんが、待ち時間の分布が扱いやすい特徴を持ったベルカーブ（釣鐘型の曲線）の分布に従うことを意味するだけです。重要なことは、この分布も待ち時間の「プロファイル」であるということです。（今回の例では）平均値と標準偏差という、たった2つの重要なパラメータを持つプロファイルとなります。平均値と標準偏差を計算するときには、正規分布であるという仮定のもとに、待ち時間を表現するための「最適な」プロファイルやモデルを探します。この場合の「最適」とはロジスティック回帰で説明した考え方と同じです。例えば、支出から平均値を求めると、ここでモデルとして想定しているガウス分布の平均値も決まります。それは、データから得られた最も尤もらしいモデル（「最尤（maximum likelihood）」モデル）を定めたことになります。

　この例は、データサイエンスの観点を持つのは、シンプルなシナリオにおいてさえも役立つということを示しています。統計の授業の細かい記憶がはっきりしない人にとっても、平均値や標準偏差を計算している時に自分が何をしているのかが明確になったのではないでしょうか。それ以外には、4章で紹介し、7章で詳細に説明した基本的な原則を覚えておく必要もあります。それは、データサイエンスの結果から何を求めているのかを慎重に考慮する必要があるという原則です。今回の場合、顧客の「標準」待ち時間のプロファイルを求めています。もしデータをグラフ化したときに、ガウス分布に従っているように見えないならば（ガウス分布は左右対称のベルカーブで、「すそ」のところで急激に0に近づきます）、単純に平均値と標準偏差を報告するのは考え直すことをお勧めします。例えば代わりに、歪度[†]にあまり影響を受けない中央値を報告した方がよいかもしれません。もしくは、統計指向のデータサイエンティストと何が適切かを話し合った後に、別の分布に当てはめる方がよいかもしれません。

　今度は、データサイエンスに精通した管理者の手順を説明するため、銀行のコールセンターに電話をかけた人の待ち時間の分布を数ヶ月分にわたって見てみましょう。図12-1はその分布を表しています。重要な内容として、分布を可視化することで、どのようにデータサイエンス的観点から注意すべき点を拾っていけるのかを見ていきます。この分布は左右対称のベルカーブでは**ありません**。そのため、平均値と標準偏差を報告するやり方で、簡単に待ち時間をプロファイルしてしまうことに疑問を持つべきです。例えば、100という平均値は、顧客が一般的にどれだけ待つのかをプロファイルするという目的を満たすように思えません。プロファイルする値としては大きすぎるように見えます。技術的に言うと、長い「すそ」の分布は平均値を上方へ歪めるので、最も多くのデータが本当に存在する場所を正確に表現していません。そのため、顧客の一般的な待ち時間を正確に表現することにならないの

[†] 訳注：分布のピーク値が左か右に偏り、すそがピーク値とは逆方向に伸びている歪みの程度を示す指数。

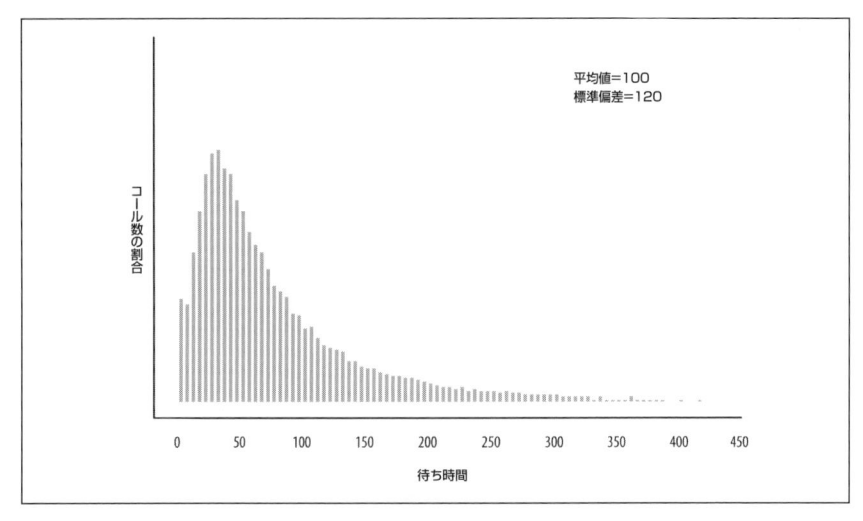

[グラフ: 平均値=100、標準偏差=120、横軸「待ち時間」、縦軸「コール数の割合」]

図 12-1 銀行のコールセンターに電話をかけたときの待ち時間の分布

です。

　データサイエンスに精通した管理者が行うことをより深く理解するために、もう少しだけ先へ進みましょう。ここでは細かい説明を省きますが、今回のような歪んだデータを扱う際に共通する技法には、待ち時間の対数（log）を取る方法があります。**図 12-2** は**図 12-1** と同じ分布を表現しています。異なるのは待ち時間の対数を使って表現していることです。簡単な変換をすれば、待ち時間は典型的なベルカーブによく似た分布に見えることがわかります。

　実際に**図 12-2** もガウス分布（ベルカーブ）を示し、前に説明した釣鐘型の分布に合致しました。よく合致しているので、正当な理由を持って平均値と標準偏差を報告し、それらを対数で表した待ち時間をプロファイルするときの要約統計量として扱えます[†]。

　今の簡単な例は、もっと複雑な状況にも拡張できます。話を進めて、利用額とWebサイトの滞在時間の観点で顧客の振る舞いをプロファイルしてみましょう。これらの値は、相関していると考えていますが、**図 12-3** で描かれた点のように完全な相関とは言えません。ここでも、一般的なやり方は、4章の基本的な考えに従うことです。つまり、パラメータで表現された数値関数と目的を選び[‡]、その目的を最大化するパラメータを探します。例として、

[†] 統計学の知識のあるデータサイエンティストであれば、すぐに**図 12-1**で示された元データの分布の形に気付くかもしれない。これは対数正規分布と呼ばれているものであり、単に問題の値の対数が正規分布になることを意味する。

[‡] 訳注：目的関数を定義するということ。

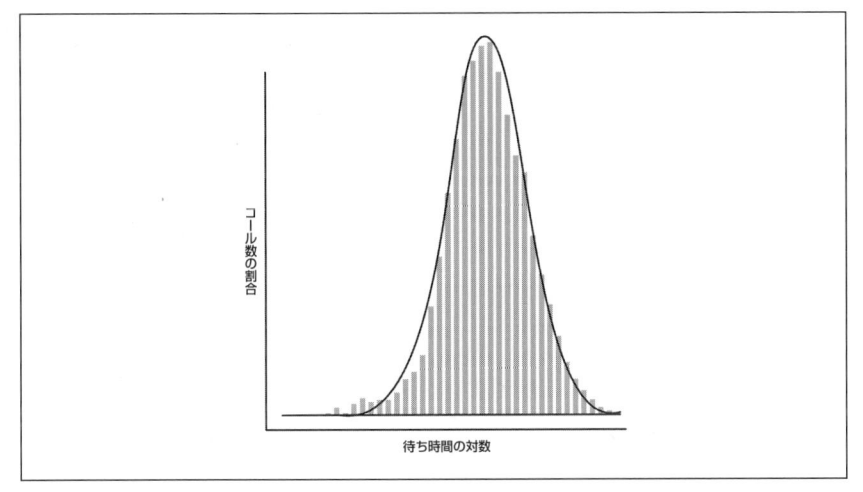

図 12-2 銀行のコールセンターに電話をかけた人の待ち時間の分布（対数でデータを再定義したもの）

2次元ガウス分布を選択してみましょう。2次元ガウス分布はベルカーブではなく、実際は釣鐘型の**楕円**です。その楕円型の塊は中心の密度が濃く、端に向かって密度が薄くなります。これは**図 12-3** のように等高線で表されます。

より洗練されたプロファイリングをするために、考え方をさらに拡張します。行動の異なる顧客のグループがいくつも存在すると考えたら、どうなるでしょうか。行動を単純にガウス分布に当てはめても望んだ結果にならないかもしれません。しかし、k 個の顧客のグループが存在し、それぞれの行動が正規分布になると仮定することで問題を簡単にできる可能性があります。これは、複数のガウス分布にモデルを当てはめるということであり、**混合ガウ**

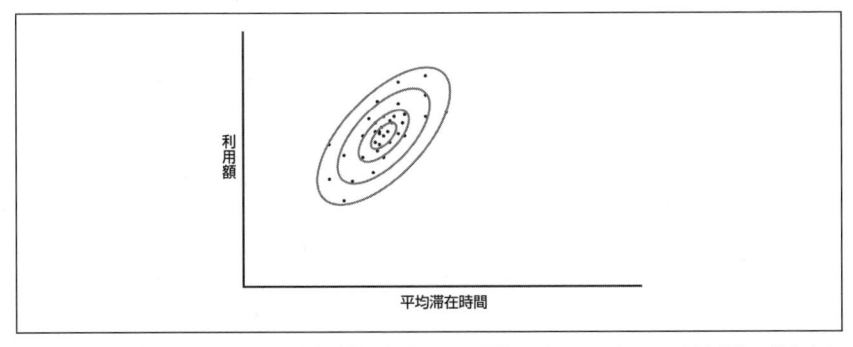

図 12-3 利用額と Web サイトの滞在時間を観点にした顧客のプロファイル。2次元ガウス分布として表し、データを当てはめている。

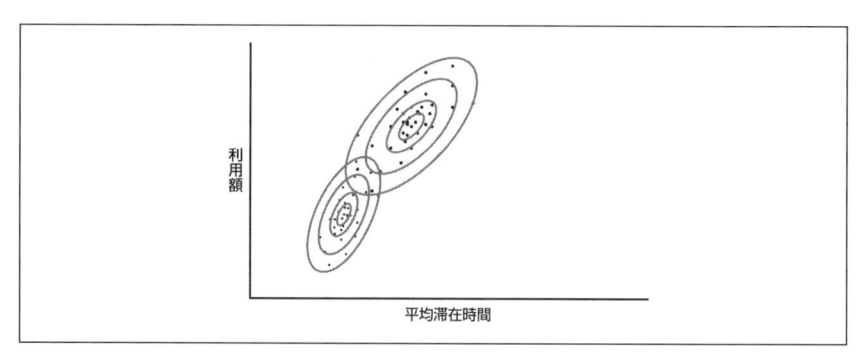

図 12-4 利用額と Web サイトの滞在時間を観点にした顧客のプロファイル。混合ガウス分布モデル（GMM）を使用し、2 つの 2 次元ガウス分布でデータを当てはめている。GMM によって、これら 2 つの 2 次元の分布を使用した顧客の「ソフトな」クラスタリングが可能になる。

ス分布モデル（GMM）と呼ばれます。ここでもまた基本コンセプトに従って最尤パラメータを探すことで、（この特定の目的関数に関して）データに最適な k ガウス分布を識別できます。$k = 2$ の時の例が図 12-4 です。この図は、データを当てはめる手順を進めるのに従って、2 次元ガウス分布でモデル化された 2 つの顧客グループが、どのように識別されていくのかを示しています。

これまでの説明で、より洗練されたプロファイルができるようになりました。このプロファイルは素直に基本原則に従っていることが理解できたと思います。ここで興味深い補足を 1 つ挙げておくと、GMM によってクラスタリングが作り出されましたが、6 章で紹介したクラスタリングとは違うやり方でした。このことは私たちが学んでいる基本原則は、特定の手法やアルゴリズムを構成するものではなく、データサイエンスの基礎を構成しているものである、ということを示しています。つまり、クラスタリングは、分類や回帰と同様に、さまざまな用途で使用できるということです。

> **注意：「ソフト」なクラスタリング**
>
> ところで、GMM ではクラスタ同士が重なり合っていることに気付いたかもしれません。GMM は「ソフト」なクラスタリング、もしくは確率的なクラスタリングと呼ばれるものを作り出します。各点は厳密に 1 つのクラスタに所属するのではなく、一定の程度で各クラスタに所属したり、あるいは、確率的にクラスタに所属したりします。この特殊なクラスタリングでは、ある点は、他のクラスタよりも、ある特定のクラスタに所属する傾向が高い、というような考え方ができます。しかしその場合でも、わずかではありますが、その点が両方のクラスタに所属する可能性は残ります。

12.3 リンク予測とソーシャルレコメンド

　ときには、データ項目の属性（目的変数）を予測するのではなく、データ項目の間にある**リンク（つながり）**を予測する方がよい場合があります。よくある例は、2人の個人の間にリンクが存在するのかを予測することです。このリンク予測はソーシャルネットワーキングシステムでよく行われます。例えば、「あなたとカレンに共通の友人が10人いるので、もしかしたら、あなたはカレンの友人になりたいのではないでしょうか。」というような予測です。また、リンク予測ではリンクの強度も推定します。例えば、顧客に映画を推奨するため、顧客とその顧客がすでに視聴して評価した映画のリンクを図として考えます。図の中では、顧客と映画の間に今は存在し**ない**けれども、きっと存在していて、しかも強度のあるリンクを探します。ここで見つけたリンクは、映画を推奨するための基礎的な情報になります。

　リンク予測には多くの手法があり、この本の1つの章をすべて使っても説明しきれません。ただし、データサイエンスの基本コンセプトを使うことで、そういったさまざまな手法を理解することはできます。ここでは、ソーシャルネットワークの場合で考えてみましょう。既知の情報をもとに、2個人の間にあるリンクの存在とその強度を予測する場合、どのように問題を定義すればよいでしょうか。いくつかの案がありますが、まずは似ている個人の間にはリンクがあると仮定しましょう。そしてその後には、ご想像の通り、類似性を測る方法を定義して、この応用例における重要な特徴を考慮する必要があります。

　友人になりそうな2個人（事例によっては、すでに友人である2個人）の類似性を測定する方法を定義することはできるでしょうか。もちろんできます。前の例では、共通の友人の数を類似性と考えることができます。当然、類似性を測定する方法は、もっと洗練させることができます。例えば、コミュニケーション量や、地理的な近さ、または、その他の要因によって友人を重み付けし、それらの強度を考慮に入れて、類似性の関数を導くことができます。この友人の強度は、類似性の側面の1つとして使うことができますが、一方で（6章で多変量の類似性を学んだ後なので）、共通の興味や共通の社会層にいることなども側面には含まれます。要するに、人をデータとして表現するさまざまな手法を考えることで、「データの類似性の見つけ方」を人にも適用することができるということです。

　これは、リンク予測問題への取り組み方の1つです。次に別の取り組み方も考えてみて、どのように他の問題へ基本的な原則を適用するのか説明を続けます。ここでは、リンクの存在と強度を**予測**したいので、予測モデル問題として扱ってみます。そうすることで、予測モデル問題を考えるためのフレームワークに当てはめることができます。いつものように、ビジネスとデータを理解することから始めましょう。何をインスタンスとして考えればよいでしょうか。もしかしたら、最初に「ちょっと待てよ、ここで見ているのは**2つ**のインスタンスの間の**関係性**ではないか」と考えたかもしれません。しかし、私たちが学んできた考え方のフレームワークは良くできているので、元々の意見を曲げずに、予測のためのインスタン

スを決めましょう。予測したいのは厳密に言うと何でしょうか。予測したいのは2人の間に関係が存在することです（強度も予測したいのですが、ここでは存在だけ考えましょう）。したがって、この例でのインスタンスは、人の組だったのです。

　人の組をインスタンスとして定義した後は、難なく進めることができます。次に、目的変数は何でしょうか。関係が存在するかどうか、または推奨すれば関係が作られそうかどうかです。この問題は教師あり問題でしょうか。その通りです。この問題では、リンクがすでにどこに存在しているかどうかという情報を、トレーニングデータとして取得できます。もっと慎重に進めたいのであれば、時間をかけてラベル付きデータを取得して、このレコメンデーション問題のために使うこともできます（リンクの正確な意味をここで定義するには、もう少し時間をかける必要があるので、省略します）。さらに、特徴は何でしょうか。**人の組**の特徴になります。2個人にどれだけ共通の友人がいるか、興味の類似性は何か、などの特徴です。ここまでの検討で、この問題を予測モデルの形式に当てはめることができました。そこで、ここからは、どの種類のモデルに当てはめて、どのように評価をするのか考えてみましょう。これはいままで紹介した予測モデル問題と、同じ考え方の手順になります。

12.4　データ削減、潜在的情報、映画のレコメンデーション

　ビジネスの課題では、大規模なデータセットを取得した後に、重要な情報の多くを残したまま、そのデータセットをより小さなデータセットへ置き換えたいことがあります。小さなデータセットにすれば扱いやすく、処理が簡単になるかもしれません。さらに、中に含まれている情報を、もっと明確にできることもあります。例えば、顧客の映画視聴履歴に関する大規模なデータセットは、より小さなデータセットへ削減することができ、それでもなお、顧客の映画の好みなどの潜在的な情報（例えば、視聴者が選ぶ映画のジャンル）を視聴データの中から明らかにすることができるかもしれません。このようなデータ削減は通常、ある程度の情報を犠牲にします。しかし重要なのは、情報が失われることと、扱いやすく、本質をつかみやすくなることはトレードオフであるということです。そして多くの場合では、トレードする価値があります。

　リンク予測のときと同様に、データ削減はよくある問題で、特別な技法ではありません。多くの技法がありますが、これまで学んできた基本的な原則で理解することができます。一般的な技法を例として説明しましょう。

　映画のレコメンデーションについて話を続けましょう。データサイエンスの分野で有名なコンテストに、Netflix™という映画レンタル会社のコンテストがあります。Netflix は顧客が映画をどのように評価するかを最も的確に予測した個人やチームに、100万ドルを提供するコンテストを実施しました。具体的には、Netflix は予測性能の目標をホールドアウトデー

12.4 データ削減、潜在的情報、映画のリコメンデーション | 339

タ[†]に基づいて設定しておき、最初にこの目標に達したチームに賞を与えるというものです[‡]。Netflix は顧客による映画評価の履歴を利用可能にしました。勝利チーム[§]はとても複雑な技法を作り出しましたが、成功の主な要因は、彼らの考えた解決策の2つの側面によるものです。1つ目は「12.5 偏り、分散、アンサンブル手法」で説明するアンサンブルモデルの利用で、2つ目はデータ削減です。勝利チームが使った、主なデータ削減の技法は、基本コンセプトで簡単に説明することができます。

ここで解決するべき問題は、実質的にはリンク予測問題です。具体的にはユーザと映画の間のリンクの強度を予測します。強度はユーザがどれだけその映画を好きかによって表されます。先ほど説明したように、これは予測モデル問題に当てはめることができます。それでは、ユーザと映画の関係を説明するための特徴は何になるでしょうか。

レコメンデーションを行う際に、最も一般的な手法の1つが、Netflix のコンテストに勝利したチームのメンバーによる素晴らしい論文の中で、詳細に記述されています [Koren, Bell, & Volinsky 2009]。その手法は、好みの根底にある「潜在的」次元(latent dimensions)をもとにモデルを構築しています。データサイエンスにおける「潜在的」という用語は、「関連があるが、はっきりと観測されていないデータ」のことです。10章では潜在的モデルの別形式であるトピックモデルについて説明しました。トピックモデルにおける潜在的情報はドキュメント中のトピックの集合でした。この例での、映画の好みにおける潜在的次元には、映画が持つ特徴を使うことができます。例えば、ノンフィクション vs フィクション、コメディ vs ドラマ、子供向け vs 大人向け、といった特徴付けです。データの中で明確に表現されていないとしても、これらは特定のユーザが映画を好きになるかどうか判断するために重要です。また、潜在的次元には明確に定義できないことを含める場合もあります。例えば登場人物の成長や奇妙さ、あるいは、映画の中では決して語られないような属性などです。これらの潜在的次元はデータから導き出されるものなので、明確に定義できないのです。

ここでも、この高度なデータサイエンスの手法は基本コンセプトの組み合わせとして理解することができます。潜在的次元を使ったレコメンデーションの考え方は、潜在的次元を使った特徴ベクトルとしてそれぞれの映画を表し、ユーザの好みも特徴ベクトルとして表すことと同じです。そうすることで、ユーザにレコメンドする映画を簡単に見つけることができます。それにはまず、ユーザとすべての映画の類似度を計算します。映画とユーザ(の好

[†] 訳注:モデルの性能を評価するために、トレーニングデータから分離しておいたデータのこと。詳細は5章を参照。

[‡] この Netflix Challenge には専門的なルールがある。ルールはウィキペディアのページ (https://en.wikipedia.org/wiki/Netflix_prize) で見ることができる。

[§] 勝利チームの Bellkor's Pragmatic Chaos は7人構成。コンテストの経緯やチームの進化は複雑でとても面白い。このウィキペディアの Netflix 賞のページ (http://en.wikipedia.org/wiki/Netflix_Prize) で見ることができる。

み）を同じ潜在的次元で表現してしまえば、最もユーザの好みにあった映画というものは、ユーザと最も類似度が高い映画ということになります。

図12-5はNetflixの映画データから実際に得られた2次元の潜在的空間を表しています[†]。また、同時に、この新しい空間で映画の集合も表しています。データから得られたこのような潜在的次元の解釈は、データサイエンティストやビジネスユーザが考察を行うべきです。最も一般的な方法は、次元がどのように映画を分割しているのかを観察して、その上で、業務分野の知識を使うことです。

図12-5では、水平軸で表現される潜在的次元は、ドラマ指向の映画を右に、アクション指向の映画を左に分割するように見えます。端の方を見ると、右端の方に「サウンド・オブ・ミュージック」、「月の輝く夜に」、「恋人たちの予感」のような心温まる映画があります。左

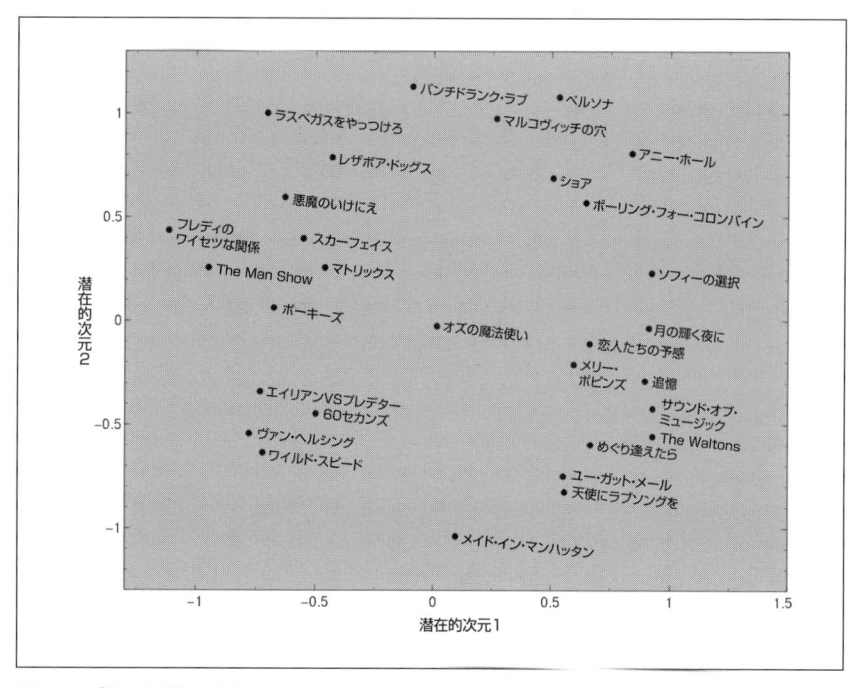

図12-5 「好み空間」に配置された映画の集合。Netflix Challengeのデータから得られた、特に強い2つの潜在的次元で定義されている。詳細な説明は本文を参照のこと。顧客のデータも、その人が見た映画や評価した映画に基づいて、この空間のどこかに配置することができる。類似性をもとにしたレコメンデーションを行うのであれば、最も近くに配置されている映画を候補として顧客に推薦することになる。

[†] 勝利チームのメンバーの1人であるChris Volinskyの協力に感謝する。

端の方には心温まる映画とは逆の映画（例えば、根性の映画と呼べるようなもの）があり、男性や思春期の男子の典型的な好み（「The Man Show」、「ポーキーズ」）や殺人（「悪魔のいけにえ」、「レザボア・ドッグス」）、スピード感があるもの（「ワイルド・スピード」）、怪物退治（「ヴァン・ヘルシング」）に力を入れた映画が含まれています。垂直軸で表現される潜在的次元は、知性に訴えるか、感情に訴えるかで映画を分割するように見えます。「マルコヴィッチの穴」、「ラスベガスをやっつけろ」、「アニー・ホール」のような映画が一方の端で、「メイド・イン・マンハッタン」、「ワイルド・スピード」、「ユー・ガット・メール」がもう一方の端です。人によっては、この次元の解釈には同意できないかもしれません。完全に主観的な解釈です。ただ1つだけはっきりしていることとして、「オズの魔法使い」はどんな好みも異常なバランスで保っていることが、潜在的次元によって表現されています。

　この潜在的空間を使ってレコメンデーションを行うためには、レンタルや評価をした映画の情報をもとにして、顧客もこの空間のどこかに配置しなければなりません。それができれば、顧客の位置に最も近い映画がレコメンデーションを行う良い候補になるはずです。なお、レコメンデーションをする際には、いつものように、ビジネスを理解しておくことを頭の片隅に置いておきましょう。例えば、映画ごとに異なる利幅があることを考慮に入れれば、この情報を、ユーザの最も近くにある複数の映画の情報と組み合わせて使いたくなるのではないでしょうか。

　では、どのようにデータの中から適切な潜在的次元を「見つければ」よいでしょうか。4章で紹介した基本コンセプトを使うことにします。そして、ユーザと映画の類似性の計算を、まだ未知の潜在的次元である数値 d を使った数式として表します。この場合、それぞれの次元は映画の重み（係数）の集合と、顧客の重みの集合で表されます。重みが大きい場合は、その次元が映画や顧客に強く関連していることを意味します。そして、次元が何を意味するのかは、映画と顧客の重みの結果をみて、かなり暗黙的な決め方をします。例えば、ある次元の重みが大きい映画と小さい映画を比較して見て、「この次元で高い値を持つ映画は、すべて『奇妙な』映画だ」と判断するとします。この場合、この次元を映画の「奇妙さ」の量と考えることができます。ただし、これは自らが押し付けた次元の解釈であるということを、心に留めておくことが重要です。次元とは、顧客が映画をどう評価したのかというデータに基づいて、映画をクラスタリングする方法の1つにすぎません。

　数値関数をデータにフィットさせるためには、数値関数に最適なパラメータのセットを見つける必要がある、というのを思い出してください。初期の状態では、d 次元は純粋に数学的な抽象概念です。したがって、データにフィットするパラメータを選択した後にだけ、潜在的次元の意味を解釈することができます（ただし、その努力が実を結ばないこともありますが）。こうして得られた関数のパラメータは、顧客と映画をこの次元に従って重み付ける（これまでは知らなかった）情報になります。もう少し直感的に言うなら、データマイニン

グによって、1. どれだけ映画が奇妙で 2. 視聴者が奇妙な映画をどれだけ好きか、を同時に決定している、ということです。

ここでもまた、目的関数を定義して、どのモデルがよくフィットしているかを決める必要があります。そのため、いままでに集計された映画視聴率のデータ一式をもとにして、トレーニングのための目的関数を定義します。そして、この次元に従って顧客と映画を特徴付ける重みのセットを見つけ出します。映画のレコメンデーション問題においては、さまざまな目的関数が利用できます。例えば、重みを選ぶときに、トレーニングデータに見られた映画の評価を最もよく予測できるようにする選び方があります（4章で説明したモデルの調整の話を思い出しましょう）。あるいは、次元を選ぶときに、集計された多様な視聴率を最も的確に説明できるものを採用するやり方もあります。これはよく「Matrix Factorization」と呼ばれます。興味のある方は、まずは Netflix Challenge の論文［Koren, Bell, & Volinsky 2009］を見ると良いでしょう。

結果として、ある程度減らした次元の上で、映画を表現する方法を手にしたことになります。その次元は、例えば、どれだけ奇妙か、「感動もの」か、「男性向け」か、といったもので、トレーニングによって見つけた最適な d の潜在的次元であれば何でも良いのです。また、これらの次元の上で、それぞれのユーザの好みを表現する方法も同時に手に入れています。図 12-5 と関連の説明に戻ってみましょう。この図には、データに最もフィットした 2 つの潜在的次元が描かれています。これは、$d = 2$ としてデータにフィットさせた結果得られた次元です。

12.5 偏り、分散、アンサンブル手法

Netflix のコンテストで、勝利チームはその他の一般的なデータサイエンス手法も利用していました。勝利チームは、さまざまなレコメンデーションモデルを構築して、それらを組み合わせた 1 つの上位モデルを作りました。データマイニングの用語では、このようなやり方は**アンサンブルモデル**（モデルの集合）として知られています。アンサンブルは、さまざまな状況で汎化性能を改善することが報告されています。アンサンブルは、レコメンデーションのためだけのものではなく、分類や、回帰、クラス確率の推定などに広く使われます。

ところで、なぜ単一のモデルよりもモデルの集合のほうが優れていることが多いのでしょうか。それぞれのモデルを、目標とする予測問題の「専門家」として考えると、アンサンブルモデルは専門家の集合と考えることができます。1 人の専門家にだけ尋ねるのではなく、専門家集団を見つけて意見を聞き、その集団の意見を何とか組み合わせるようなやり方です。例えば、専門家達にどう分類するかそれぞれ投票してもらったり、専門家達がそれぞれ予測した数値の平均を取ることができます。これは 6 章で紹介した手法を一般化したもので、類似性の計算を「最近傍（nearest neighbor）」の予測モデルとして扱う方法です。k 近

傍の予測を行うためには、類似例のグループ（つまり、シンプルな専門家）を見つけ、何らかの関数を使って、個々の例から得られる予測を組み合わせます。したがって、k-近傍モデル（k-NN）は簡単なアンサンブル手法と言えます。一般的に、アンサンブル手法ではより複雑な予測モデルを、「専門家」として使います。例えば、分類木のグループを作り、その予測の平均（もしくは、重み付けされた平均）を報告する、などを行うこともあります。

では、性能を改善するためにアンサンブルモデルを検討するのはどのようなときでしょうか。確かに、それぞれの専門家がまったく「同じこと」を知っているだけならば、すべての専門家が同じ予測をしてしまい、アンサンブルモデルは意味がないでしょう。一方で、それぞれの専門家が、その問題においてわずかでも異なる側面の知識を持っているならば、互いに補いあって予測をして、個々の専門家よりも多くの情報を提供できるかもしれません。技術的に言い換えると、各専門家には、異なる種類の誤差を出してほしいということです。その誤差は、できる限り関連性のない誤差であり、理想的には完全に独立であるのが望ましいです。予測の平均を取るときには、誤差は相殺されることになるでしょう。つまり、それぞれの予測の補完が実現されたことになり、そういう意味で、アンサンブルモデルは個々の専門家1人だけを使うよりも優れているのです。

> アンサンブル手法には長い歴史があり、データサイエンスにおいて、研究の活発な領域です。多くの論文も書かれています。興味のある読者は[Dietterich 2000]によるレビュー論文から始めましょう。

アンサンブルモデルがなぜ機能するのかを理解する1つの方法は、モデルが生み出す誤差が3つの要素によって特徴付けることができる、という点を知ることです。

1. 内在するランダム性
2. 偏り
3. 分散

まず最初に、内在するランダム性とは、予測が「決定論的」なものにならない場合を指しています。簡単に言うと、特徴のセットが同じだとしても、いつも目的変数が同じ値になるわけではないということです。例えば、ある特徴のセットで表現される顧客が、ある製品をいつも購入するかどうかは決まりません。予測とは、手元にある情報を条件としたもので、そもそも確率的なものになるはずです。したがって、予測に見られる一定の割合の「誤差」は、その問題が本来持つ確率的な性質によるものです。特定のデータ生成過程が本当に確率

的かどうかを、その原因が単にすべての必要な情報を持っていないからなのではないか、という立場と対比させて議論することは可能です。しかしこの議論は実験することができず、かなり理論的なものになってしまいます†。なぜなら、そのデータ生成過程は、手元にあるデータが限られていることが原因でそもそも確率的になってしまうかもしれないからです。そこで、可能な限りランダム性を減らした状態を仮定しながら、話を進めましょう。このような問題では、到達できる理論的最大の精度というものがあります。この精度はベイズ確率（Bayes rate）と呼ばれますが、一般的にはあまり知られていません。この章の残りでは、「完全な」精度としてのベイズ確率について考えてみましょう。

　内在するランダム性以上に、2つの理由でモデルは誤差を出します。まず、モデリング手法には「偏り」があります。この意味は学習曲線に関連して理解するのが最適です（「5.8 学習曲線」の説明を思い出してください）。具体的に言うと、モデリング手法はどれだけ多くのトレーニングデータを与えても偏りがあるということです。学習曲線は完全な精度（ベイズ確率）にはたどり着けません。例えば、広告キャンペーンの反応を予測するために、（線形の）ロジスティック回帰を学ぶことを考えます。もし本当の反応が線形モデルで表されるよりも複雑ならば、モデルは完全な精度には決してたどり着けません。

　もう1つ誤差の原因となるのは、無限の量のトレーニングデータを持っていないという事実です。持っているのは有限の量の調べたいサンプルだけです。モデリング手法では通常、データがわずかに異なるだけでも、異なるモデルができます。これら異なるモデルは異なる精度を持つことになるでしょう。異なるトレーニングデータ（同じサイズだとします）の間で、どれだけ精度が変化する傾向にあるのかを、モデリング手法の分散と言います。この分散が大きいモデリング手法は、他の条件が他のモデルと同じなら、より大きな誤差を含むモデルを作り出す傾向にあります。

　そうすると、偏りも分散もないか、せめて小さいモデリング手法を手に入れたいと思うでしょう。残念なことに（直感的にわかりますが）、2つの間には典型的なトレードオフ関係があります。分散の小さいモデルは偏りが大きい傾向にあり、その逆も同様です。とても簡単な例を挙げてみましょう。すべての顧客の特徴を無視し、（平均）購入率だけで広告キャンペーンの反応を推測するとします。これはとても分散の小さいモデルになります。なぜなら同じサイズの異なるデータセットからは、同じ平均を得る傾向にあるからです。しかし、購買の傾向に顧客特有の違いがある場合、完全な精度を得ることはできません。一方、1000の詳細な変数をもとに顧客のモデルを決めたとします。前のモデルより高い精度を得ることができるかもしれません。しかし、わずかに異なるトレーニングデータを使うだけで、得られ

---

† こういう議論が、ときには実を結ぶことがある。例えば、すべての必要な情報を持っているかどうか考えることによって、予測可能性を増やす新しい属性を発見できるかもしれません。

るモデルに大きな分散があることが予想されます。このように必ずしも 1000 の変数モデルのほうが良いわけではありません。偏りと分散、どちらの誤差が支配的になるか、正確にはわからないのです。

5 章で学んだように、1000 の変数を持つモデルはオーバーフィットするのが当然で、この場合、利用する変数のサブセットを選ぶような、ある種の複雑性のコントロールをするべきだ、と考えるかもしれません。まったくその通りです。一般的に複雑になると偏りが小さくなり、分散が大きくなります。通常、複雑性のコントロールとは、偏りと分散の（普通は知られていない）トレードオフを管理し、それぞれからの誤差の組み合わせが最も小さくなる「最適な場所」を見つけようとすることです。そこで、1000 の変数問題においては、変数選択をするのもよいでしょう。もし本当に購買率に顧客特有の違いがあり、十分なトレーニングデータがあるならば、変数選択をすることによって、変数がすべて捨て去られることはきっとないでしょう。もし、そんなことが起これば、母集団の平均値だけがただ残された状態になってしまいます。おそらく、変数選択をすると、一定の変数を持ったモデルを得ることができ、そのモデルを使用して、利用可能なトレーニングデータから得られる最大限の予測をすることができるでしょう。

> 厳密に言うと、この章で説明してきた精度とは、モデルの精度の期待値です。このただし書きは、説明すると技術的に過剰なものになるので省きました。偏りと分散やその間にあるトレードオフを理解することに興味のある読者は、技術的ですが読みやすい Friedman（1997）の論文から始めてみると良いかもしれません。

ここまで、なぜアンサンブル手法がうまくいくのかを見てきました。分散の大きいモデリング手法があるなら、複数の予測を平均することで、予測の分散を減らします。実際にアンサンブル手法は、オーバーフィッティングだと思われるような分散の大きい手法ほど、予測能力を改善する傾向にあります［Perlich, Provost & Simonoff 2003］。アンサンブル手法はツリー帰納法でよく使われます。分類と回帰木は分散が大きい傾向にあるからです。この分野でランダムフォレスト（random forests）、バギング（bagging）、ブースティング（boosting）と言った言葉を聞いたことがあるかもしれません。これらはすべて木構造モデルで人気のあるアンサンブル手法です（後者の 2 つはより一般的に使えます）。詳しく知りたい場合はウィキペディアなどで調べてみてください。

12.6 データ主導による原因説明と
バイラルマーケティングの例

この本の2章と11章で軽く触れた重要なトピックとしてデータ主導による「原因説明」があります。予測モデルはビジネスの問題に極めて役立ちますが、いままで説明してきた各種の予測モデルは原因に対する知識よりも相関関係に基づくモデルでした。しかし、現象を深く調査して、何が何に影響するのかを調べたいことがよくあります。これをやりたいのは、単にビジネスをよく理解したいためかもしれませんし、データを使用して意思決定を改善し、望ましい結果を引き起こすためにどうするかを決めたいのかもしれません。

詳細な例を考えてみましょう。最近、「バイラル」マーケティングが非常に注目されるようになりました。バイラルマーケティングの一般的な説明は、顧客同士が製品を購入する際に影響し合うのをこのマーケティングによって手助けすることです。例えば、マーケターは特定の顧客に「種まき」（例えば製品を無料であげるなど）をし、その顧客らが「インフルエンサー」となることによって相当な利益を得ることができます。インフルエンサーは自分の知人が製品を購入する可能性を増加させます。バイラルマーケティングにおける聖杯として人々が目標としているのは、伝染病のように広がるキャンペーンを作り出すことです。しかし、「バイラル（ウィルス）」という言葉の裏にある重要な前提は、実際に顧客が互いに影響し合うということです。それでは、どれくらい影響しあうのでしょうか。データサイエンティストは、そういった影響を測定することになります。それには、ある顧客が製品を手に入れたかどうかをデータから観測し、その顧客のソーシャルネットワーク上で近い人々が同じ製品を購入する可能性が実際に増えたかどうか、を確認します。

残念なことに、繊細さにかけるデータ分析をしてしまうと、とんでもない誤解を招くことになってしまいます。社会学から導かれる重要な理由があって［McPherson, Smith-Lovin & Cook 2001］、ソーシャルネットワーク上では似ている人同士がクラスタ化する傾向があります。どうしてこれが重要なのでしょうか。このことはソーシャルネットワーク上で近い人々は同じ製品の好みを持つ傾向があることを意味しています。したがって、顧客の間に「原因となる影響がなかったとしても」、ある製品を好きな人に近い人々は、同様に同じ製品を好きであると**予測**できてしまいます。実際、**米国科学アカデミーの会報（PNAS）**［Aral, Muchnik, & Sundararajan 2009］に載った研究によると、原因分析を慎重に適用した結果、バイラルマーケティング分析において、従来の手法で影響を推定すると、少なくとも700%以上に過大に影響が推定されることが判明しました。

データから慎重に原因説明をする方法にはさまざまなものがあり、どれもデータサイエンスにおける共通した考え方で理解することができます。ここから、この本の最後にかけて、この考え方を説明する上でポイントとなるのは、こういった洗練された手法であっても、それを理解するときには、いままで示してきた基本原則をしっかりと把握することが必要とい

うことです。原因となるデータ分析を慎重に行うには、いくつかの基本原則について理解が必要です。それは、データ取得への投資、類似性の測定、期待値の計算、相関と有益な変数の発見、式をデータへフィットさせる、などです。

11章では、通信の乗り換え問題を振り返ったときに、この洗練された原因分析の手法を少しだけ紹介しました。そして、そのときに、特別なオファーをするのが最も影響を与えそうな顧客は、キャンペーンの目標にするべきではないのではないか、と考えました。このことは、他のコンセプトと同様に、期待値フレームワークが担う重要な役割を説明していました。原因を理解するためには他の技法もあります。例えば、類似度のマッチング（6章）を使って、「反事実」をシミュレーションする方法です。ここでの反事実とは、ある「扱い」（例えば留まる奨励金）を受ける、受けないの両方を経験する人の存在を仮定することです。さらに他の原因分析手法には、数値関数にデータをフィットさせて、関数の係数を解釈する方法もあります†。

ポイントは、基本原則をまず理解しなければ、原因を調べるデータサイエンスは理解できないということです。原因に関するデータの分析は、そういった基本原則の理解が基盤にあるという例の1つにすぎず、今後あなたが出会う他のより洗練された技法にも同じことが言えます。

12.7 まとめ

データサイエンスでは、多くの特有な技法が使われています。この分野を着実に理解するためには、特有の技術からいったん離れて、技術を使おうとしている問題がどのようなものか考えることが重要です。この本では、最も一般的な問題（相関関係と有益な属性の発見、類似データ要素の発見、分類、確率推定、回帰、クラスタリング）に焦点を当て、問題とその解決手法を理解するためには、データサイエンスのコンセプトがしっかりした基礎になることを示してきました。この章では、これまでに紹介していないデータサイエンスの重要な問題と技法を紹介し、これまでと同様に基本コンセプトに基づいて理解できることを示しました。

特に、以下について説明しました。

- 商品購入を例にした、項目間に存在する興味深い共起や関連付けの発見
- クレジットカードの利用や顧客の待ち時間を例にした、典型的な行動のプロファイ

---

† この方法で原因を解釈ができる条件を説明することは、この本の範囲を超えている。しかし誰かが回帰式を、原因解釈の式と一緒に提示してきた場合は、式の係数が正確に何を意味しているのかと、なぜそれらによって原因が解釈できるのかを、納得できるまで質問してみてほしい。そのような分析に対して、意思決定者はとても理解してくれるだろう。あなたは、結果のどのような点をも理解していると主張すること。

リング

- 人々の潜在的なソーシャル結合を例にした、データ間のリンク予測
- 潜在的な映画の好みを例にした、データを削減してより管理しやすくする手法や隠れた情報を明らかにする手法
- 映画レコメンデーションの改善を例にした、さまざまな専門知識を持つ専門家集団をモデル結合によって作る手法
- 社会的に結び付きのある人々が同じ製品を買うという事実は、実際は、互いに影響し合って起こる（これは必然的に仮想のキャンペーンとなる）のか、あるいは、単に社会的に結び付きのある人々は、似たような好みを持っているから起こる（これは社会学で知られている内容）のか、それらのどちらがどの程度正しいのか、といった話を例にした、データによる原因分析の手法

いずれにしても、基本原則を着実に理解することは、ここに挙げた手法の実例や、それらの手法を組み合わせた実例などの、より複雑な技法を理解するのに役立つでしょう。

13章
データサイエンスと
ビジネス戦略

基本コンセプト：
- データ主導によるビジネスの成功の基盤としての原則
- データサイエンスを通じた競争優位性の獲得と維持
- データサイエンス能力を養成することの重要性

　この章では、ビジネスとデータサイエンスの相互関係について取り上げ、データサイエンスでの解決が適している課題を見つけ出す際に必要となる俯瞰的視点について議論します。最初にデータサイエンスの基本コンセプトを理解すると、企業戦略に関する諸問題について筋道立てて考えられるようになることを取り上げます。また、データサイエンスのこうしたコンセプトを理解すると、ビジネス戦略上の決断を安定した評価基準で下せるようになり、例えばコンサルタントや社内のデータサイエンスチームからのプロジェクト提案を正しく評価できるようになることを示します。

　今日、ビジネスのますます多くの局面でデータサイエンスを応用したソリューションが活用されています。1章で取り上げたように、さまざまなビジネス活動が密接に結合するようになった今日、ビジネスで取り扱われるデータはかつてないほど増加しました。しかしただデータを持っているだけで、データに基づいて正しい決断を下せるわけではありません。どうすれば豊富なデータを最大限に活用していると確信できるのでしょうか。答えはもちろん1つではありませんが、次の2点は重要な条件と言えます。1. 企業の経営陣はデータ分析に基づいて考えられなければならないこと。2. 経営陣はデータサイエンスを育む企業文化を創出し、データサイエンティストが活躍し続けられるようにしなければならないこと。

13.1　再考：データ分析的な思考とは

　条件1. は経営陣がデータサイエンティストでなければならないという意味ではありません。しかし経営陣はデータサイエンスの基本原理をよく理解している必要があります。さも

なければデータサイエンスを活用するチャンスを考えたり認識することもできず、データサイエンスチームに経営資源を適切に割り当てることも難しいでしょう。ましてデータサイエンスにおいて必要なデータの確保やデータサイエンスの有効性の確認のために資金を投じることなどできません。さらに重要なこととして、経営陣はビジネス的に有用な結果が出せるようにデータサイエンスチームを慎重に誘導しなければなりません。これは経営陣がデータサイエンスの基本原理を正しく理解していないと至難の業となります。経営者やマネージャーたちは効果的な質問をすることで、データサイエンティストが技術的細部に拘泥していることを指摘できなくてはなりません。データサイエンティストにもそれぞれの得意分野があり、データサイエンスはビジネスのさまざまな範囲に使うことが可能であるため、多様性のあるチームが不可欠です。経営者が必ずしもデータサイエンスのスペシャリストでないのと同様に、データサイエンティストもまた必ずしもビジネスに精通しているとは限りません。その一方でデータサイエンスチームが活躍するためには経営者とデータサイエンティストの協力が不可欠です。経営者はデータサイエンスについて、そしてデータサイエンティストはビジネスについて十分な知識を持っている必要があります。ビジネスの基本事項について何ら知識のないデータサイエンスチームを管理しようとしても無駄な徒労に終わります。同様に、データサイエンスの基本原理を理解できない経営陣の元でデータサイエンティストがどれだけ頑張ったとしても、非常な困難を伴うだけでなく、膨大な労力の無駄遣いに終わることになります。

　実際、データサイエンティストがデータサイエンスを理解しない経営陣の下で苦労するということはよくある話です。このような場合の経営者は（ときとして漠然と）予測モデルが使えそうだとは思っているものの、適切なトレーニングデータの確保や正しい評価プロセスの実行のために資金を投じようとはしません。結果としてそうした企業は、その企業の製品やサービスが生き残っていくために必要な程度の予測モデルであれば作成できるかもしれませんが、データサイエンスに十分に投資している競合他社にはまったくかなわないでしょう。

　データサイエンスに関する基本事項をしっかり習得すると、企業戦略が広範囲かつ多面的に改善されます。学術的にしっかり検証されているどうかわかりませんが、多くの経験則が物語るところによると、経営陣やマネージャー、投資家がデータサイエンスプロジェクトに密接に関わるほど、次々とデータサイエンスを活用するチャンスが見つかります。GoogleとAmazonがその最も成功した例と言えます（データサイエンスの膨大な成果がWeb検索やAmazonの商品レコメンデーションなどを支えています）。これらの企業は副産物として、いわゆるビッグデータやデータサイエンス関連サービスを他の企業に提供しています。おそらくデータサイエンスを売り物にするベンチャー企業のほとんどはAmazonのクラウドストレージや処理サービスを何らかの形で利用しています。Googleの「Prediction API」はますます洗練された便利なものになっています（どのくらい利用されているかはわかりませんが）。

これら2社は極端な例ですが、データリッチな企業ならどこでも基礎的な事例があることでしょう。データサイエンスの有用性が一度確認されると、ビジネスの至るところで応用が利くことがわかります。ルイ・パスツールの名言に「幸運の女神は準備された心にのみ訪れる」がありますが、革新的な発見は問題意識で「煮詰まった」ところにひらめくものです。データサイエンスの（理論と実践の両方に関する）応用事例を学ぶと、応用のチャンスが見つかり、そしてこれまで気がつかなかった問題にもデータサイエンスが利用できそうなことがわかってきます。

実例を紹介しましょう。80年代後半から90年代前半にかけて、最大手の電話会社がこの本で述べた予測モデリングを用いて電話回線の修理費用の削減という課題に取り組み、これが音声認識システムの構築にまでつながりました。その企業はデータサイエンスがビジネス上の問題の解決に使えそうだと認識を深め、「多額の資金をどうやって配分したらネットワークを一番良い状態に持っていけるか」「急成長する携帯電話事業において不正行為をどうやって防止するか」といった問題にデータサイエンスを応用しました。日夜研究が続けられ、不正行為防止のために結成されたデータサイエンスプロジェクトチームは、電話の発着信記録をソーシャルネットワーク情報（誰が誰に通話したかで構成される）として利用した予測モデルを作成し、これにより不正行為の発見率が格段に向上しました。2000年代初めになると、この電話会社はソーシャルネットワーク情報を利用したマーケティング手法の開発に成功し、マーケティング戦略を改良していきました。その結果、この手法はこれまでの（人口分布や地理的条件、あるいは過去の購買情報などを利用した）どのターゲットマーケティングより高い成果を出したのです。このソーシャルネットワーク情報は電話会社の乗り換え予測モデルの構築にも使用され、同様に優れた効果を上げました。このアイデアがオンライン広告業界にも応用され、インターネット上にあるソーシャルネットワーク情報のデータを利用した広告へと発展しました（Facebookなどはオンライン広告におけるその代表企業です）。

こうした進歩はビジネス上の課題に明るい経験豊富なデータサイエンティストと、データサイエンスを理解した経営者や起業家による成果です。彼らは学術分野や経営論においてデータサイエンスが語られるようになるよりも前に、データサイエンスが広げる新しいビジネスチャンスを見つけていたのです。

13.2 データサイエンスで競合優位になる

蓄積したデータとデータサイエンス、あるいはその両方を活用して競争力を付けようと考える企業が増えています。腰を据えて戦略的に取り組む必用があるこの重要なテーマについて、もう少し紙面を割きたいと思います。

データやデータサイエンスを活用して競争力を強化するには、どのような条件を満たす必要があるでしょうか。まず当然のことながら、それ自体が企業活動に役立つものでなければ

なりません。一見自明のように思えますが、実際のところ役立つかどうかは企業の事業形態次第なのです。データサイエンスとは直接関係しませんが、1990年代、デルコンピュータが当時の業界リーダーだったコンパックをあっという間に打ち負かしたのは有名な話です。その理由は、デルのWebシステムを使えば顧客がそれぞれの好みに応じてコンピュータをカスタマイズできたからでした。コンパックがWebシステムでデルに勝てなかったのは、2社の事業形態が異なっていたからです。デルは当時からカタログを配布して顧客から直接注文を受けていたため、Webシステムの導入は容易であり、Webから注文できることが効果を上げました。一方コンパックは小売店を通しての販売が中心だったため、Webシステムはそれほどの効果を上げませんでした。コンパックがデルのWeb戦略を取り入れようとしたときには、小売業者から大きな非難を受けました。つまるところ、Webシステムという新手法が効果を上げるか否かは、それまでの事業方針次第だったのです。

この事例が示す通り、我々は自分たちの企業戦略に対してデータやデータサイエンスがどのような効果を発揮するか、業務を精査して慎重に考えてみる必要があります。競合他社にもたらす影響についても考えてみてください。そうすることで潜在的なチャンスと、直面するかもしれない危機に気が付くかもしれません。デルとコンパックの例は、データサイエンスをめぐるAmazonとBorders†の競争と似ています。ごく初期のころから、Amazonは顧客の書籍購入データを使ってオンラインショップを訪れた顧客それぞれに特化したお勧め商品を表示していました。ボーダーズも同様の書籍購入データを手にしていましたが、実店舗による販売形態をとっていたためデータサイエンスで導き出されるお勧め商品を即座に提示することができませんでした。

すなわち、データサイエンスによって優位に立つにはそれらを生かす企業戦略が必要ということです。実はこの時点ですでに2つ目の競争優位についての条件に入っているのですが、データ資源やデータサイエンス技術は、競合他社が容易に手にしたり活用できるものであってはなりません。あなたの企業には、独自のデータ資源があるでしょうか。なければデータ資源は他社より企業戦略にマッチしているでしょうか。それとも他社よりも優れたデータサイエンス技術を持っており、データ資源を活用して優位に立てるでしょうか。

裏を返せば、それらがなければ不利だということです。先ほどの質問については、競合他社の方が有利かもしれません。競合に対して優位に立とうと努力を重ねたとしても、データ分析に長けた競争相手に結果をさらわれることにもなりかねません。

---

† 訳注：米国の書籍・音楽販売会社

13.3 データサイエンスの優位性を維持する

　次の疑問はこうです。競争優位を確立したとして、維持できるでしょうか。競争相手が容易に我々と同様のデータ資産を得ることができ、データサイエンス手法を構築できるなら、その優位性は長続きしません。より大きな経営資源を持つ相手の場合はこの点が特に重要です。相手が我々と同様の戦略を身に付けた場合には、その大きな経営資源で我々を追い抜いていくでしょう。

　データサイエンスで競争しようと思ったら、競争相手より常に一歩先を行くべきです。すなわち、常にデータの収集に投資し、分析技術と応用術を磨き続けるのです。この戦略により刺激的で急成長可能なビジネスを実現可能ですが、残念ながら実行できる企業はそれほど多くはありません。例えばそのためには、ずば抜けて優秀なサイエンティストから成る最高水準のチームが必要になります。競争に挑むための強力なチームについては、後でまた述べたいと思います。

　競合他社よりも常に一歩先を行くためのもう1つの方法は、競争相手が真似できないか、真似することが困難なデータ資源やデータサイエンスの能力を身に付けることです。このためにはいくつかの方法が考えられます。

13.3.1　蓄積された優位性の威力

　歴史上滅多にない出来事を企業活動に活かすことができれば、競争相手を突き放すことができるでしょう。競争相手が後から追いつこうとしても、コストが高すぎて至難の業になります。この場合もAmazonが突出した事例となります。インターネットバブルに湧いた1990年代、Amazonは書籍を原価割れで販売しました。これは投資家がその戦略を支援したから可能だったのです。結果としてAmazonはオンライン上の購買データや商品レビューなどに関する膨大なデータを手に入れ、その後これらのデータは優れた商品レコメンデーションやレーティングへと結実しました。しかし今や、かつての投資ブームは過ぎ去りました。Amazonの成功を真似して書籍を何年も原価割れで販売し続けるなど、もはや投資家に熱心に支援されるはずもありません（もっともAmazonは現在、書籍販売のはるか先を行っていますが）。

　Amazonの例から、もう1つのことが言えます。先駆者によるデータの活用によって、競合他社が同じだけのデータ資源を手にすることがいっそう困難になるのです。Amazonの顧客はAmazonで買い物をするとき購買データを活用した推薦商品や商品レビュー・評価が表示されることをとても評価しています。こうなると他社が顧客を乗り換えさせるのはとても困難になります。なぜなら、Amazonを上回る魅力――より魅力的な価格やAmazonにできない商品サービスなど――を提供しないと、乗り換えてもらうことはできないからです。Amazonのようにデータの収集力が強化されることによってデータの価値がさらに高まる状

況になると、競合他社はこの好循環に太刀打ちできません。なぜならば顧客を引き入れるサービスのためにはデータが必要ですが、顧客がいなければ必要なデータは集まらないからです。

起業家と投資家は戦略を転換して考える必要があります。今しか起こっていない歴史的状況とは何でしょうか。どうすれば将来入手や構築が難しくなりそうなデータ資産を手に入れられるでしょうか。あるいは、将来は結成が難しい(あるいは不可能な)データサイエンスチームはできないものでしょうか。

13.3.2　独自の知的財産

斬新なデータマイニング手法やその活用術といったデータサイエンスに関する独自の知的財産があれば、戦いを有利に進められるかもしれません。特許化できる場合もありますし、企業秘密にできる場合もあるでしょう。前者の場合は競合他社は(法律上は)単純に真似ることができなくなり、ライセンス料金を支払うか、特許を回避する方法を新しく開発する必要がありますが、いずれも高くつくでしょう。企業秘密にした場合は、競合他社は我々が秘密の方法を使っていることに気付かないかもしれません。データサイエンスの世界では、実際の応用方法はたいてい秘密です。ただ結果だけが示されるのです。

13.3.3　独自の付随的な無形資産

競合他社は、どうやったら我々のデータサイエンスの手法を実際のビジネスにおいて実践できるかわからないかもしれません。うまくいったデータサイエンスの事例(よく当たる予測モデルなど)であっても、その理由を説明できないということがあります。予測モデルの精度は対象事象の分析方法、評価指標の決定、異なる予測モデルの組み合わせなどに大きく左右されるものです。競争相手にはたいていその秘訣がわかりません。アルゴリズムが公知の場合でさえ、研究開発段階でうまくいった応用ソリューションに実装上の調整を積み重ねなければ、現場で役に立たないでしょう。

これとは別に、データサイエンスの成果を活用しやすい企業文化などの無形資産によって成功が左右する場合があります。例えば新しい試みが許され、データに基づく主張がしっかり尊重される環境があれば、データサイエンスが優れた成果を上げることは容易に想像できます。あるいはシステム技術者がデータサイエンスを進んで学んでいれば、最高のソリューションを台無しにしてしまうこともなくなります。つまりこういうことです——データモデルはデータサイエンティストが設計するだけでは実現できず、技術者が実装しなければならないのです。

13.3.4　優秀なデータサイエンティストたち

我々のデータサイエンティストは競合他社のデータサイエンティストより優秀であるかも

しれません。一口にデータサイエンティストと言っても、その能力には大きな差があります。修練を積んだデータサイエンティストたちでさえも認めるところなのですが、データサイエンティストたちの中には、天性の創造性と解析的直観力、ビジネスセンス、粘り強さのすべてを備え、飛び抜けた成果を上げる人たちがいます。そうした才能によって彼らは、他人と比べて比較にならないほど素晴らしいソリューションを作り上げることができるのです。

　毎年開かれるデータマイニング大会であるKDD杯を見ていると、この種の人たちの恐るべき能力がわかります。世界のトップデータサイエンティストが集う「ACM SIGKDD」の年次大会「the ACM SIGKDD International Conference on Knowledge Discovery and Data Mining」ではデータマイニングコンテストが開かれます。この種の競争が大好きなデータサイエンティストのために多数のコンテストが開かれており、12章で取り上げたNetflix賞は最も有名なものの1つです。Kaggleのようにクラウドソーシングビジネスとなったものもあります。KDD杯はデータマイニングコンテストの草分け的存在で、1997年から毎年開かれています。それがなぜ重要かと言えば、世界最高のデータサイエンティストたちがこれらの大会に出場しているからです。その年に出される課題にもよりますが、数百人から数千人の参加者がその腕を競い合います。信じられないかもしれませんが、これらのコンクールに連戦連勝の強者が実際にいるのですから、優れた才能は少数の人間にのみ与えられるのでしょう。

　ときには何年も連続して何種類もの課題で優勝チームのメンバーに入った人たちもいます（大会ではいくつもの課題で優勝が争われる場合があります）[†]。重要なことは最高レベルのデータサイエンティストの間でさえかなりの能力差があること、そしてKDD杯の結果からこのことが客観的に示されていることです。したがってこのような最高レベルのデータサイエンティストを雇いたければ、相応の報酬と環境、そして大きな成果の見込める仕事などを提供する必要があるでしょう。

　優秀なデータサイエンティストに対する需要はとても高く、そのことがさらにデータサイエンティストの能力のばらつきを助長しています。誰でも自分のことを「データサイエンティスト」と名乗ることができるにもかかわらず、採用候補者のデータサイエンティストとしての能力を正しく評価できる企業はそれほど存在しません。採用候補者を正しく評価するためには、最高レベルのデータサイエンティストが少なくとも1人必要なのです。そして、いったん優秀なデータサイエンスチームができ上がれば、優秀なデータサイエンティストをなかなか雇えない競合他社をしばらく引き離すことができます。最高レベルのデータサイエンティストは同じく最高レベルの同僚と仕事をしたがるものですから、すでにチームを確立

[†] KDD杯優勝者が必ず世界最高のデータマイニングの専門家であるというわけではない。最高レベルのデータサイエンティストの中にはこのような大会に出場しない人もたくさんいるし、1回だけ出場してあとは他のことに集中する人もいる。

した企業はますます有利になります。

　データサイエンスはまた、熟練を要する技能であるということも理解する必要があります。データ分析の専門性を養うには時間がかかります。単に名著を読んだだけで、あるいはビデオレクチャーを視聴しただけで達人になれる人などいません。経験を積む必要があるのです。上達のための最も効果的な道筋は熟練工にも似ており、新人データサイエンティストは達人の見習いとして仕事を始めます。実際にはデータサイエンスで有名な大学教授のマスターコースや博士研究者向けプログラムを受講したり、業界最高のデータサイエンティストの下で働くやり方があります。こうして修行を重ねて「人並み」のデータサイエンティストになったら、チーム内でより裁量を発揮して、あるいはチームリーダーとして活躍できるでしょう。優秀なデータサイエンティストの多くはこうしてキャリアを重ねています。

　独力で優秀なデータサイエンティストになれる人はほんのわずかです。そうした人は、卓越した理論と技能、そしてデータサイエンスが威力を発揮する（たいていはほんの一瞬の）チャンスをかぎ分けられる才能を兼ね備えた人だけです。達人級のデータサイエンティストの中には徒弟のようにデータサイエンティストたちを従える人もいます。データサイエンティストのこのようなキャリアパスがわかれば、求人活動のターゲットも自ずと見えてくるでしょう。すなわち、トップレベルの達人の下で働いていたデータサイエンティストたちを狙うのです。逆に、達人級のデータサイエンティストを1人雇えるならば、優秀なデータサイエンティストたちがその徒弟として集まってくるかもしれません。

　これらすべてに加え、最高レベルのデータサイエンティストには他の研究者たちとの密接なネットワークが必要です。ここでいうネットワークとは、オンライン上の「技術者紹介ネットワーク」とは違います。優秀なデータサイエンティストであるためには他分野の研究者たちと深く交流することが必要なのです。理由は簡単で、どんな達人でもデータサイエンスの広大で多様な専門分野すべてに通じることなど不可能だからです。最高レベルのデータサイエンティストは、自分の専門分野の達人であるとともに、その他の分野についても明るいものですが、だからと言ってどんな問題も簡単に解決してくれる便利な打ち出の小づちであるわけではありません（「器用貧乏」になってしまいます）。彼らは問題を解決するための知識や技術をどこかから引っ張ってくるのですが、このために研究者同士の交流がとても有効なのです。データサイエンティストたちはお互いに議論し合って正しい答えを導き出します。その交流が活発であるほど、答えも正確になるでしょう。すなわち最高のデータサイエンティストは最高の交流ネットワークを持っているものなのです。

13.3.5　データサイエンスのマネジメント力

　ビジネスの現場でデータサイエンスをうまく活用するには、データサイエンスチームのみならず、その「マネジメント力」がより重要になります。優秀なマネージャーを見つけるこ

13.3 データサイエンスの優位性を維持する | 357

とは特に難しい課題です。データサイエンスの基本事項に明るいことはもちろんのこと、できれば有能なデータサイエンティストであるべきです。優秀なマネージャーとは次のような資質を兼ね備えた逸材でなければ勤まらなのです。

- ビジネス上のデータサイエンスのニーズを正確に理解し、また積極的に探究すること。さらにそれらのニーズを予見し、データサイエンスを応用した製品やサービスについて他の部署の人々との情報交換ができること。

- データサイエンスの専門家と経営者のいずれからも尊敬され、また彼らと良好なコミュニケーションが行えること。特に（この本ではできるだけ使わないようにしていますが）専門用語とビジネス用語を自由に翻訳できること。

- 複数のいくつものモデルや手法をビジネス上の制約やコストに当てはめるといった技術的に複雑な問題を調整できること。特にビジネスにおける、データシステムや使用しているソフトウェアの技術的な構造を理解し、データサイエンスチームの開発成果が実務上役に立つようにできること。

- データサイエンスプロジェクトの成果について見当をつけられること。これまで取り上げたようにデータサイエンスは他のどんな業務より研究開発の色合いが濃く、このためプロジェクトの開始直後はもちろんのこと、かなり進行した段階でもその成否を見極めることが難しいこともあります。早期にアイデアの有効性を確認することが重要であることはすでに述べた通りですが、その場合でもプロジェクトを本格的に開始した後の成否は別問題であることが多く、次のデータマイニングに対する投資にとっては参考になるにすぎません（2章参照）。研究開発の分野では、プロジェクトの成否を占う唯一の（そしてかなり確かな）指標は「担当者が過去に成功したかどうか」しかありません。私たちが見る限り、データサイエンスの場合でも状況は同じです。プロジェクトが実行に値するものなのかどうか、かぎ分けられる人たちがいます。その理由について詳しい調査がなされたかどうかわかりませんが、経験的に間違いありません。データマイニングコンテストで繰り返し優れた結果を出す人がいるのと同じで、データサイエンス活用のチャンスを新しく見出して何度も大成功につなげてきた人たちがいます（一度も大成功できない大部分のマネージャーには本当に信じがたいことなのですが）。

- これまで述べてきたすべてを、企業の文化や習慣に即して実施できること。

結論として、優秀なデータサイエンティストやそのマネージャーを雇うことができれば、

競合他社が追いつくことはいっそう困難になるでしょう。なぜなら優秀なデータサイエンティストを擁していることで会社が好感され、もっとデータサイエンティストを惹き付けるようになるからです。そうでなければ、たいして魅力のない企業とみなされます。どうすれば最高レベルのデータサイエンティストを引き付けられるのか、もう少し見ていきましょう。

13.4　データサイエンティストとそのチームを惹き付け育てる

　この章の冒頭では企業のデータ資源を最大限に利用するための2つの方法について取り上げました。すなわち1. データ分析を重視する経営者 2. データサイエンティストたちが活躍できる企業文化、の2つです。これまで述べてきた通り、データサイエンティストの能力と適性には人によって大きな開きがあります。また、データサイエンティスト個人が優秀であることと、データサイエンスチームが偉大な成果を上げることは別の問題です。それではどうすれば最高レベルのデータサイエンティストたちを擁することができるのでしょうか。偉大なチームを作るには何が必要でしょうか。

　この問題に正確に答えることは至難の業です。この本の執筆時点では最高レベルのデータサイエンティストは極めて少数であるため、多数の企業が奪い合う状況となっています。彼らを雇っているのはIBM、マイクロソフト、Googleといった世界的有名企業ですが、それらの企業には金銭的報酬や役得に加えて、軽視できないある魅力があります。それは、他の優秀なデータサイエンティストと一緒に仕事ができることです。毎日の仕事が充実したものであるため、という理由だけではありません。さまざまな専門性を持つデータサイエンティストたちが力を合わせたほうが結果もいっそう良くなるので、問題解決のためには最高レベルのデータサイエンティスト達が一緒に働くことが「必要」なのだと考えられています。

　ただし、優秀なデータサイエンティストを雇うことは困難ではありますが、まったく不可能というわけではありません。大企業の従業員にとどまらず、より大きな裁量で仕事をしたいと考えるデータサイエンティストが大勢います。彼らはデータサイエンスの活用において、もっと広範囲なプロセスに責任を持ち、経験を積みたいと考えているのです。チーフサイエンティストを目指すサイエンティストは、より小規模で専門に特化した企業のプロジェクトの方が夢をかなえるチャンスがあると考えています。起業を目指すサイエンティストは、創業間もない企業のデータサイエンティストになれば何物にも代えがたい経験が積めると考えています。成長著しいベンチャー起業に参加したいと考えるサイエンティストもいるでしょう。年率20%から50%も成長する企業で働いた方が、年率5%から10%の成長の企業（あるいは成長の止まった企業）で働くより、だんぜん面白いですから。

　いずれにしてもデータサイエンティストを雇うためにはデータサイエンスを育む環境を用意する必要があります。まだデータサイエンティストの数が不足しているようなら、想像力を働かせて考えてみましょう。自社のデータサイエンティストに自国のデータサイエンスコ

ミュニティや、グローバルな学術的コミュニティに参加することを奨励しましょう。

> **研究成果の発表について**
> 科学研究の成果は社会全体の共有財産という考え方があります。それゆえ最高レベルのデータサイエンティストは通常、研究成果を学術論文の形で公表したいと考えています。このために研究成果が競合他社に知られることを好まない企業経営者との間に衝突が起こることがあります。学術論文の公開は、最高水準の研究者を雇っておきたければ認めざるをえないこともあります。学術論文の発表は企業活動のアピールにもなり対外評価が向上するというメリットもありますから、その良し悪しは慎重に判断する必要があります。研究成果を積極的に特許にしている企業もあり、真に画期的で重要なアイデアは特許化のあと学術論文になるのが普通です。

学術分野の研究者たちと交流することで自社のデータサイエンティストを効果的にアピールすることも考えられます。方法はさまざまです。アカデミックな研究者たちは研究成果を実際に使う機会を求めていますから、彼らの研究を助成することも有効でしょう。この本の著者である私たちもまた、企業で働いていた頃は学術研究に資金助成を行いました。こうすることでより大きなチームでお互い協力して問題解決に取り組むことができたのです。私たちの経験では、データ、資金、そして興味深いビジネス上の課題の3つが揃ったときが最高です。プロジェクトの成果が最高水準の大学で博士論文の一部にでもなれば、そのコストを上回る効果があったと言えるでしょう。博士課程の学生に対する投資であれば年間5万ドル程度で済みますが、トップレベルのデータサイエンティストをフルタイムで雇えば5万ドルをはるかに超える大金を払う必要があるのですから。ポイントはデータサイエンスを十分に理解した上で、企業が取り組む課題に適した研究テーマを持っている研究者を見つけることです。

もう1つの方法としては、最高レベルのデータサイエンティストにアドバイザーになってもらう方法が考えられます。良好な関係を築いて企業が取り組む課題についてさまざまな助言を受けることができれば、この水準のデータサイエンティストを直接雇用するほどの資金のない企業でもデータサイエンス応用ソリューションの品質が向上し、高い費用対効果を上げることができるかもしれません。提携企業あるいはグループ企業のデータサイエンティストや、コンサルティングを行ってくれる大学研究者に依頼してみると良いかもしれません。

これとは別に、考え方を変えてデータサイエンスを外注する方法もあります。ビジネス要件の分析に特化した巨大企業（IBM など）から、データサイエンスを専門にするコンサルティング企業（Elder Research など）、ごく少数の顧客を相手にデータサイエンス関連業務の立ち上げを手助けする業者（Data Scientists, LLC など）などさまざまです[†]。KDnugetts

---

[†] 本書の著者たちは Data Scientists, LLC と提携している。

サイトにはデータサイエンスサービス企業の他にさまざまな情報が掲載されています。契約に際しては、要件によく合致した業者を選ぶように注意しましょう（当たり前のようですが、見逃されている場合があります）。

熟練のマネージャーはこれまでに紹介した方法すべてを巧妙に使い分けます。このようなマネージャーがいれば、チーフデータサイエンティストや経営陣はきっと競合他社より強力で多様なデータサイエンスチームを作り上げることができるでしょう。

13.5　データサイエンス事例の評価

立派なデータサイエンスチームを作り上げることができたとして、企業経営者はどうすればデータサイエンスを応用して成果を上げることができるのでしょうか。データサイエンスの基本原則に対する理解を確実なものにしましょう。十分に力をつけた社員たちは、革新的な応用事例を生み出すことができるでしょう。

データサイエンスの基本原理を理解したら、次にすべきことはデータサイエンスをビジネスに応用した事例の研究です。データマイニングの事例を研究し、使えそうなものを選び出しましょう。データマイニング自体も確かに大切ですが、より重要なのはビジネス上の課題とデータサイエンスがどのようにつながっているかという点を詳しく調べることです。さまざまな事例を研究していけば、データの中に「眠っている」情報や知見を活用するチャンスも自然と見えてきて効果が上がるはずです——ほんの少しの変更でそのまま応用できそうな事例が少なくありませんから。

この本で紹介した例はわかりやすいものが選ばれており、また解説の都合で簡略化されているので注意してください。現実世界のビジネス要件は複雑で制約だらけなので、それらに合わせていく必要があります。本書の例がそのまま適用できる場合もたくさんあるでしょうが、いつもうまくいくとは限りません。あの映画「アポロ13」の有名なワンシーンのような事態になるかもしれないのです。この映画は宇宙飛行士たちが指令船の故障と爆発事故により地球から25万マイルの地点で立ち往生し、CO_2濃度の急上昇により地球に無事生還できるか危なくなるという内容ですが、つまるところデータサイエンスを応用しようとするエンジニアたちもこの宇宙飛行士たちと同じような状況に置かれます。例えるなら、四角い部品を丸い穴に何とかはめ込まなければならないのです。まさに映画の指令船内のような様相となる現場で、エンジニアのリーダーが考えられるすべてを勘案して「ようし、こうするしかない。」と決断する重要な場面があることでしょう。データサイエンスの現場はしばしば「アポロ13風に」展開し、教科書通りに展開することはまれです。

Perlichらが2013年に行った研究［Perlich et al. 2013］が良い例です。この研究によると、オンライン広告のターゲットとなる顧客を選定する場合、理想的なトレーニングデータを十分に収集しようとすると、とてつもなくコストが高くつくので現実的ではないいう結果

が出ています。一方で母集団や目的変数が異なるけれどもより安価に利用できるデータもあります。このような代替データで作成したモデルをうまくつなぎ合わせて使うことができれば、効果的な解決方法となるでしょう。理想的な（そして高くつく）データを収集する場合と比べて投資をずいぶんと節約することもできます。

13.6　さまざまな人の意見に耳を傾ける

　社内の多くの人がデータサイエンスの原理を理解するようになれば、さまざまな立場の人がデータサイエンス活用のアイデアを持ち寄ってくるでしょう。それは新しいビジネスを検討している経営陣や収支に責任のあるディレクター、日々の業務に目を光らせているマネージャー、そして業務に精通した従業員かもしれません。データサイエンティストは社内のどのようなアイデアにも耳を傾ける必要があります。そうしたアイデアは、データサイエンスによってビジネスをどれだけ改善できるかによって評価されます。データサイエンティストのデータ分析技術が思いがけないやり方で（そのような分析技術を持たない）他の社員の役に立つことがあります。データサイエンスについての知識が乏しく、すぐに得ることができるデータについてさえアイデアを持たないマネージャーであったとしても、その恩恵を受けることがあるのです。

13.7　データサイエンスプロジェクトの提案についての評価

　データサイエンスを活用してビジネス上の意思決定をより効果的に行うアイデアは、ありとあらゆるところから生まれます。マネージャー、投資家、従業員の誰もが活用のチャンスを正確に見極めてアイデアを発信することができるなら、そしてそれらのアイデアを正しく評価して採否を決められたなら、どんなに素晴らしいでしょうか。データサイエンスの知識を身に付けてしっかり提案・評価できるようになる必要があります。

　2章で取り上げたデータマイニングプロセスに沿って考えれば、データサイエンスの活用を提案したり評価したりするときに気を付けるべきポイントがわかります。

- 取り組もうとしているビジネス上の課題が漠然としていないか。データサイエンスによって解決可能な課題かどうか。
- データサイエンスの活用結果を評価する基準がはっきりしているか。
- 大きな投資をする前に、その有効性を証明できるか。
- 必要なデータ資産が揃っているか。例えば教師あり学習モデル（supervised modeling）の場合、正しくラベル付けされたトレーニングデータを用意できるか。

データが不足しているなら、データ入手のための投資の準備ができているか。

付録Aではデータサイエンスプロジェクトの提案の評価に使える基本的チェック事項を掲載しています。これらはデータマイニングプロセスに沿って構成してあります。わかりやすい事例で試してみましょう（なお、付録Bでは電話の乗り換え問題に関する別の事例を取り上げています）。

13.7.1　データマイニングによるビジネス改善提案の事例

あなたの会社ではWhiz-bangウィジェットを開発しており、現在90万人のユーザに使われています。このほどWhiz-bang 2.0が完成しました。1.0と比べて大幅に管理コストを削減できる点が特徴です。理想を言えばすべてのユーザにバージョン2.0に移行してもらいたいところですが、ユーザインターフェイスが変更されており、既存ユーザは新しい使用方法を修得する必要があります。このためバージョン2.0に不満を持って移行しないユーザが出る恐れがあります。この場合、あなたの会社に対して不信感を持つばかりでなく、最悪の結果として競合他社の人気ウィジェットBoppoに乗り換えられてしまう危険があります。そこでマーケティング部門は、顧客1人当たり250ドルのコストをかけるインセンティブを提供して移行を促進する新キャンペーンを企画しました。もちろんこのキャンペーンを提供した顧客全員が必ず移行してくれるという保証はありません。

外部のコンサルティング会社Bid Red ConsultingがWhiz-bang(R) 2.0のキャンペーン対象となるユーザを慎重に選定する分析サービスを提案してきたので、データサイエンスに詳しいと評判のあなたにこの提案が有効なものなのかどうか意見を求められました。さて、Big Redは効果的な方法を提案しているでしょうか？

Whiz-bangユーザ移行キャンペーンのご提案 — Big Red Consulting, Inc.

本サービスでは、最新のデータマイニング技術を応用した予測モデルを開発します。前回のミーティングで検討させていただきました通り、今回の移行キャンペーンに当たっては500万ドルのご予算で2万ユーザを対象にさせていただきますが、ご予算に応じて調整することも可能です。キャンペーン対象ユーザは次の方法で選定いたします。

今回のキャンペーンでのインセンティブによってユーザが新バージョンに移行するか予測するモデルを作成します。作成に当たっては御社の顧客に関するデータを使用します。使用するデータに含まれる顧客属性としては、カスタマーサービスの使用回数と使用したサービスの種類、現行製品の使用の程度、ユーザの所在地、技術レベル、雇用形態、他社の製品やサービスの利用状況といった御社製品に対する依存度を示す指標などを想定しています。予測モデルの目的変数はキャンペーンでインセンティブを得たユーザが新バージョンに移行す

るかしないかとし、線形回帰法によって目的変数を予測します。データモデルの検証には、モデルの作成に使用したデータを使います。これにより、無作為抽出したユーザをターゲットにした場合より有意に高い確率でユーザが移行すると期待されます。

　データモデルの使用方法：製品ユーザ1人1人について、回帰モデルによる目的変数の推定を行います。値が0.5より大きい場合にはユーザは新バージョンに移行すると結論し、0.5以下の場合はユーザは移行しないと結論します。移行すると結論付けられたユーザの中から2万ユーザを無作為抽出し、キャンペーン対象ユーザとしてご推薦します。

13.7.2　Big Red 社の提案の問題点

　データサイエンスに関する基本原理や基本コンセプトを理解していれば、提案事項に含まれている問題点を見つけ出すことができます。この本はそのままレビューガイドとして立派に使用できると思いますが、まず付録Aに沿って主なチェックポイントを確認してみましょう。Big Red 社の提案で特に問題となるのは次の点です。

ビジネスについての理解

- 目的変数の定義が不明瞭。例えば、新バージョンへの移行をいつまでに実施すれば、今回のキャンペーンによって移行したとみなされるのか定められていません（3章参照）。
- データマイニングの方法をもっとビジネス要件に密着させるべき。例えば、キャンペーンをしなくても移行してくれるユーザがいるのではないでしょうか（ひょっとすると全員移行してくれるかもしれません）。そんなユーザにインセンティブを提供しても、無駄なのではないでしょうか（2章、11章参照）。

データに対する理解とデータの収集

- ラベル付きトレーニングデータが存在しません。今回のようなインセンティブが提供されるのは初めてです。モデルを検証するためには指標となるデータの収集にも予算を割り当てる必要があります。例えば無作為抽出したユーザにインセンティブを提供するして、そのデータを収集する方法が考えられます。もっと効果的な方法も考えられるかもしれません（2章、3章、11章参照）。
- インセンティブを提供しなくても移行してくれるユーザがいるのではないかと心配ならば、トレーニングデータ収集の際に、インセンティブを提供しなかった場合について対照実験をすべきです。ラベル付きデータを収集する際に対象外としたユーザと対照させればよいので、それほど難しいことではありません。これらのユーザに対してインセンティブを提供しなかった場合に移行してくれるかどうかを予測するモデルを作成し、インセンティブを提供した場合のモデルと組み合わせて期待値フレームワー

クを作成することも考えられます（11章参照）。

モデリング方法
- 線形回帰法は離散値である目的変数をモデリングする方法としては不適切です。ツリー帰納法（tree induction）やロジスティック回帰法（logistic regression）、k-NN法などの分類法を用いるべきです。さまざまな方法を試して結果を比較すれば、さらに良い方法が見つかるかもしれません（2章、3章、4章、5章、6章、7章、8章参照）。

評価方法
- トレーニングデータでモデルを評価することは誤りです。これまでに取り上げた交差検証法（cross-validation）や段階的アプローチ（staged approach）などの評価方法を用いるべきでしょう（5章参照）。
- 今回対象としている製品や業務の知識をもとに、この予測モデルを評価する機会はあるのでしょうか？データ収集の過程でおかしな点があった場合、どうなるのでしょうか？（7章、11章、14章参照）

使い方
- 回帰スコアが0.5を超えたユーザを無作為に選出する方法は、もう少し良く考えるべきです。まず第一に、回帰スコアが0.5であることが、新バージョンへの移行確率50%に相当するか疑問です。第二に、0.5という数値に根拠が全くありません。第3に、今回の目的は移行してくれそうな（つまり、より期待値が大きい）ユーザを選び出すことですから、2万人と言わず、最も移行してくれそうな人から順に予算の許す限り多くのユーザにインセンティブを提供するべきでしょう（2章、3章、7章、8章、11章）。

もちろんこれはBig Red社の提案に含まれる問題点の一部にすぎません。他のデータサイエンスプロジェクトの提案を評価するためには、また別の角度から検討してみることも必要でしょう。

13.8　データサイエンスに関する習熟度

企業がデータサイエンスを事業に取り入れようと真剣に考えるなら、まず会社がどのくらいデータサイエンスに「習熟して」いるのか、客観的かつ冷静に考えてみる必要があります。自己診断の方法はこの本で語るべき範囲からは外れますが、重要な点をいくつか紹介します。

企業のデータサイエンス活用能力といってもさまざまな評価指標がありますが、非常に重要な評価指標の1つが「習熟度」です。つまりデータサイエンスのプロジェクトをサポートする体制がどのくらい組織的に組み込まれているかという点です[†]。

　企業がデータサイエンスにほとんど習熟していない場合、データサイエンスはいつも場当たり的に使われます。データサイエンスを使った業務分析の担当となった社員は、専門的トレーニングを一切受けておらず、また担当マネージャーはデータサイエンスの基本原理やデータ分析思考についてほとんど理解していません。多くの企業がこのような状態です。

> **「未熟な」企業について**
> 「未熟な」企業がデータサイエンスの活用に一切成功できないわけではありません。習熟した企業から見るとその成功は単なるまぐれであり、たまたまデータ分析について才能を持った社員が英雄的な働きをしたからにすぎません。データ量が小さい場合はうまくできることもありますが、ほとんどの場合、膨大なデータを相手にするとすぐにぼろが出ます。ただし、とても稀ではありますが、未熟な企業が大規模なデータを相手に、洗練されたデータサイエンスを実践することもあるのです。

　データサイエンスの習熟度が中程度の企業には、よく訓練されたデータサイエンティストが勤務しており、データサイエンティスト以外のマネージャーや経営者、投資家たちもデータサイエンスの基本原理を理解しています。データサイエンティストは日々のビジネスを実行する人たちと協力し、ビジネス上の課題をデータサイエンスを使ってどうやって解決するのか、具体的な議論を重ねます。そしてデータサイエンスの応用方法の考案や実践においても互いに協力します。

　データサイエンスに最も習熟した企業は、優れた応用事例を生み出すだけでなく、そうした応用事例を生み出す「方法論」についても常に改良を続けています。ビジネス上の課題に対してより効果的な応用方法を見つけ出すだけではなく、そのための方法論をデータサイエンスチームが築き上げること、それが経営陣の終わりなき目標となります。データサイエンティストたちはまた、ビジネスに対して現実的な考え方を持っており、トレードオフを考えることもできます。彼らは理論的に優れているけれども次の年まで待たなければ実行できないプロジェクトにこだわったりせずに、現時点で実行可能な必要十分なプロジェクトを選択するでしょう。データサイエンスプロセスを改善するための投資計画を提案するとき、データサイエンティストたちは使用すべきデータサイエンスの手法を責任を持って明確に説明してくれるはずです。提案される計画がすべて採用されるわけではないでしょうが、計画は実

[†] 企業の能力と習熟度について興味を持たれた読者はWikipediaに掲載されているソフトウェア開発に関する「能力習熟モデル」(http://en.wikipedia.org/wiki/Capability_Maturity_Model) を参照するとよいだろう。本稿もこのトピックから着想を得ている。

際のビジネスで実行した場合に付加価値を生み出すか否かで評価されます。

> **注意：データサイエンスは業務でも工学でもない**
>
> 本章で議論しているデータサイエンスに関する習熟度をソフトウェア工学における「能力成熟モデル（Capability Maturity Model）」と混同しないように注意してください。ソフトウェア工学や、あるいは製造工業や一般業務でうまくいった手法をデータサイエンスに当てはめようとしてもうまくいかないでしょう。この点を間違えると最高のデータサイエンティストが辞職してしまい、経営陣が知った頃には後の祭り、ということにもなりかねません。データサイエンスに関する「習熟」の要点とは、データサイエンスの「手法」を理解すること、良い実践方法を学ぶこと、そして優れた成果を上げ続けられるように支援することです。データサイエンスは研究開発の一種であり、エンジニアリングや製造工業とは異なることを忘れないで下さい。実例から言えることとして、経営陣はデータサイエンスプロジェクトをしっかり評価するためのリソースをできるだけ早期に、そして頻繁に確保する必要があります。データの収集に資金を投じる必要があるなら、投じなければなりません。エンジニアリングチームにデータサイエンスチームの支援を指示する場面も多くなるでしょう。データサイエンスチームもまた、このような支援に報いるため、現実のビジネス上の課題にできるだけマッチした分析結果を経営陣に提供できるよう努めなければなりません。

例として、もう一度電話会社の乗り換え問題を題材に、異なる習熟度の各企業がどのような対応を取るか考えてみましょう。

- 未熟な企業の場合、（望むべくは）データ解析に明るい社員が直感に基づいて加入者の乗り換えに関するデータサイエンスソリューションを作ります。うまくいくかどうかはわかりません。会社の経営陣はその実装方法を他の方法と比較評価することができないでしょうし、ましてや最適な方法なのかどうか判断できるはずもありません。

- 中程度に習熟した企業ならば、データサイエンスのさまざまな手法を比較検討する方法をしっかり身に付けているでしょう。検証はできるだけ現実のビジネスに近づけた実験環境で（例えば最新の実データを用いて）行われます。さまざまな手法が実際にどんな結果になると予想されるか比較され、コストと成果の観点から慎重に評価されます。

- 最も習熟した企業は、中程度に習熟した企業と同等の手法を使って、最も解約の可能性が高い顧客を選定する手法を開発します。解約による最大の期待損失額まで見積もることもあります。この水準の企業はさらに、インセンティブの効果を判断するための手法を開発し、そのためのデータを収集します。そしてインセンティブによって

最大の期待利益（ただしインセンティブを与えない場合よりも大きい）をもたらす顧客を探し出します。さらに、そうした企業はその手法を、オファーの種類や与えるパラメータ（値引き額の大きさなど）を検証するためのフレームワークと統合するかもしれません。

　データサイエンスの習熟度を客観的観点から自己診断することは容易なことではありません。しかしデータサイエンスからより多くを得ようと思うなら、そしてまた自社のデータサイエンス能力を高めようと思うなら、まず自社の習熟度を認識することが大切です。

14章
おわりに

> もしあなたがそれを簡単に説明できないなら、あなたはそれを十分に理解していないのだ。
> ——アルバート・アインシュタイン

　データサイエンスを実践することとは、分析を行うためのエンジニアリングと探索的な調査を連携して行うこと、というのが最も適した表現でしょう。ビジネスには解決するべき課題が存在します。ビジネス上の課題を、この本で紹介してきた基本的なデータマイニングのタスクにそのまま置き換えられることはまずありません。たいていの場合は、この本で紹介してきたツールを用いてビジネス上の課題を分解し、解決ができそうなサブタスクへと落とし込むことになります。これらのタスクの中には、**どの程度うまく解決できるか**がわからないタスクもあります。そのため、データマイニングを行いその結果を評価する必要があるのです。もし、データマイニングが当初予定した成果を残せなかった場合は、全く異なる観点から分析する必要があるかもしれません。データマイニングプロセスでは、元々のビジネス上の課題解決に有効な知識を発見することもあれば、ときには期待もしていなかった何かを発見し、当初の目標とは異なる大きな成功につながることもあるかもしれません。

　ビジネス上の課題を解決するためにデータサイエンス手法の利用を検討する場合は、分析的なエンジニアリングと探索的な調査の両方を考慮に入れる必要があります。データサイエンスが分析的なエンジニアリングの側面を持つ点を考慮から落としてしまった場合、データマイニングの成果が当初のビジネス上の課題を解決するには不十分な成果となる可能性が高いです。また、データマイニングプロセスが探索と発見の側面を持っていることを考慮しなかった場合、プロジェクトを成功させるための適正なマネジメント・インセンティブ授与・投資が行えない可能性が高くなります。

14.1　データサイエンスの基本コンセプト

　分析的なエンジニアリング、および、探索と発見の両方が、より体系立てて整理されれば、データサイエンスの基本コンセプトの理解と活用が進み、それらは両方ともさらに成功しやすくなるでしょう。この本では、最も重要な基本コンセプトの数々を紹介してきました。各章の見出しとなったコンセプトもありますし、それ以外のコンセプトも説明の流れの

中で紹介してきました（中には基本コンセプトと銘打たれていないものもあります）。これらの基本コンセプトは、データサイエンスがどのようにビジネスの意思決定を改善できるかを計画するところから始まり、データサイエンスの手法を適用して、その結果を展開し、意思決定を改善するところにまで及びます。これらの基本コンセプトは、さまざまなビジネス分析を支えているものです。

この基本コンセプトは大まかに3つのグループに分けることができます。

1. データサイエンスを、どのように組織や市場勢力図に適合させるかについて言及している全体的なコンセプト。このコンセプトにはデータサイエンスチームを募集・組成・養成する方法、データサイエンスを利用して競合に対するアドバンテージを獲得・維持する考え方、そしてデータサイエンスプロジェクトを成功させるための戦略的な原則、などが含まれます。

2. データ分析の観点から思考する方法に関する全体的なコンセプト。このコンセプトは適切なデータ収集を行うことや適切な分析手法を検討することに役立ちます。このコンセプトには「データマイニングプロセス」や、基本原則や「高度なデータサイエンスタスク」の数々が含まれていて、次のようなものがあります。

    - データは戦略的資産として考えるべきである。そのため、その資産から最大限の成果を引き出すために、どう投資するのかについて熟考する必要がある。

    - 期待値フレームワークはビジネス上の課題の構造化に役立つ。課題の構造化によって、コストや利益、制約などビジネス環境に起因する要素の構造関係が見えるだけでなく、データマイニング上の課題の構成も見えるようになる。

    - 汎化とオーバーフィッティング。データを入念に眺めると、何らかのパターンを発見することはできる。しかし、発見したいのはまだ見ぬ新しいデータに対して適用可能な汎用的なパターンである。

    - 探索的データマイニングとは違い、データサイエンスをより構造化された課題に応用する場合には、異なるレベルの努力をし、データマイニングプロセスの異なるステージに対処する必要がある。

3. 実際にデータから知識を抽出することに関する全体的なコンセプト。これらは数多くのデータサイエンス技法の基礎となっています。このコンセプトには次のようなコンセプトが含まれます。

- 適切な属性を特定して、興味対象の持つ未知の性質を説明する情報を得ること。
- 数値関数モデルをデータにフィットさせるために、目的変数と目的変数に基づいたパラメータの集合を選択すること。
- 汎化とオーバーフィッティングの最適なトレードオフを発見するためには、複雑性をコントロールするのが不可欠であること。
- データ属性により表現された対象間の類似性を算出すること。

　基本コンセプトの観点からデータサイエンスについて考えてみると、多くのデータサイエンスの戦略・タスク・アルゴリズム・プロセスの根底には同じコンセプトが存在することがわかりました。この本を通じて説明してきたように、基本原則はデータサイエンスの理論と実践だけではなく、手法や技法を幅広く理解することにも役立ちます。なぜなら、それらの手法や技法は、基本原則を1つかそれ以上組み合わせて、特定の状況で具体化したものであることが多いからです。

　一方、抽象的な視点で振り返ると、この本では、期待値フレームワークを使用してビジネス上の課題を構造化することによって、その課題を解決可能なデータサイエンスのタスクに分解できる、ということを確認しました。これは、他のさまざまなビジネス上の課題にも応用することができます。

　データから知識を抽出するためには、2つの対象の類似性をデータで記述する、という基本コンセプトが直接使えることを確認しました。例えば、最も収益性が高い顧客と類似した顧客を捜すような場合です。分類や回帰においては、このコンセプトを最近傍法という形式で使用することがあります。また、教師なし手法でデータのグルーピングを行うクラスタリングや、検索条件に最も関連が強いドキュメントを探し出す処理などの基礎にもなるのがこのコンセプトです。そして、この基本コンセプトは、マーケティングにおけるレコメンデーションでも、さまざまな手法で基礎になっています。例えば、顧客と映画を同じ「好み空間」に配置し、その後、特定の顧客に最も類似した映画を見つける場合などです。

　測定に関する話題としては、**リフト**という考え方を説明しました。これは、特定のパターンが偶然から期待されるよりも、どれくらい多く発生しているかを判断するための指標でした。このリフトの考え方は、複数の異なるパターンを評価する際に、データサイエンスのあちこちで出現します。例えば、ターゲット広告のアルゴリズムを評価す際に、ターゲット母集団のリフト値を計算する方法があります。また、リフト値を計算して、特定の結果を支持したり反対するための証拠の重み付けを評価することもあります。リフト値を計算して、何度も発生する共起現象が、単なる母集団の頻度による自然な帰結と比べて意味があるかどう

かを判断することもあります。

　基本コンセプトを理解することは、ビジネス上の関係者とデータサイエンティストのコミュニケーションを円滑に進めることにもつながります。基本コンセプトを理解することで、用語を共有できるだけではなく、お互いの立場をよりよく理解できるからです。厳密な議論を行うという重要な点を犠牲にする代わりに、質問を掘り下げて行うことができるようになり、そうしなければ明らかになることはなかった致命的な点を浮かび上がらせることができるのです。

　例えば、あなたの所属するベンチャー投資企業が、あるデータサイエンス企業への投資を考えているとします。この投資対象の企業は、個人向けオンラインニュースサービス提供しています。そこであなたは、どれほど正確にニュースを個人向けにカスタマイズしているかを尋ねることにしました。投資対象の企業のメンバーはサポートベクターマシンを利用してカスタマイズを行っていると答えます。その際に、あえてこの本でサポートベクターマシンについては学ばなかったふりをしてみましょう。今やあなたはデータサイエンスの知識を十分に学んでいるので、簡単に「なるほど、OKです。」と言ってしまうべきではありません。そして、「正確には、どういうことでしょうか」、と堂々と尋ねるべきです。投資対象の企業のメンバーが自分たちが説明したことを本当に理解しているのであれば、この本で説明したような基本原理に基づいた何らかの説明をしてくれるはずです（4章で行ったような説明です）。また、「使用しているトレーニングデータは、厳密にはどのようなものでしょうか」、と尋ねることもできます。この質問は、投資対象の企業のデータサイエンティストチームに強い影響を与えるだけではなく、実際に重要な質問です。なぜなら、この質問によって、そのチームが信用するに価する仕事をしているか、あるいは、何かを隠すために「データサイエンス」という言葉をカモフラージュとして使っているかがわかるからです。そうすれば、そのデータから作られた予測モデルがどのような種類のモデルであったとしても、解決しようとしているビジネス上の課題を本当に解くことができそうか、考えることもできるでしょう。投資対象の企業が、そのようなタスクに信用して使えるトレーニングラベルを保有しているかどうかを確認するための質問の準備もしておくべきです。今や、他にも準備できることはいろいろあるでしょう。

14.1.1　基本コンセプトを新しい課題に適用する：モバイルデバイスデータのマイニング

　この本で繰り返し強調してきたように、データサイエンスを基本コンセプトや基本原理、一般的な手法の集まりと捉えれば、データサイエンスの活動を幅広く理解するのも、データサイエンスをビジネス上の課題に適用するのも、うまくいくようになります。ここで、最新の事例について検討してみましょう。

14.1 データサイエンスの基本コンセプト | 373

　最近（この本の執筆時ですが）では、消費者のオンライン活動の手段が従来のコンピュータからさまざまなモバイルデバイスに移るという変化が顕著に現れています。多くの企業は、デスクトップコンピュータを利用する消費者にリーチする方法を未だに検討しています。しかし、そういった企業も今では、WiFi接続がどこでも使えるようになるのにつれて、モバイルデバイス（スマートフォン、タブレット、携帯型のラップトップコンピュータ）を利用する消費者にリーチする方法の検討を慌てて始めています。この課題の複雑性について、そのほとんどに触れるつもりはありませんが、この本の立場から言えば、データ分析思考をする人であれば、モバイルデバイスがこれまでにあまり活用されてこなかった全く新しい種類のデータを提供するということに着目するでしょう。特に、モバイルデバイスは、その位置情報に結び付いている点に着目すべきです。

　例えば、モバイル広告のエコシステムの中では、私のモバイルデバイスは私が行ったプライバシー設定に従い、デバイスの正確なGPS位置情報を広告関連企業（私を広告や取引や勧誘の対象にしようと考える人たち）に送ることになるかもしれません。図14-1はある程度のサンプルデータを使って描画した位置情報の散布図です。近い将来、広告関連企業は、モバイル広告エコシステムから得られた情報を使ってこのような散布図を描画し、確認していると考えられます。仮に私のモバイルデバイスがGPS情報を発信していない場合でも、その時点で利用しているネットワークのIPアドレスがデバイスから送信されます。そして、

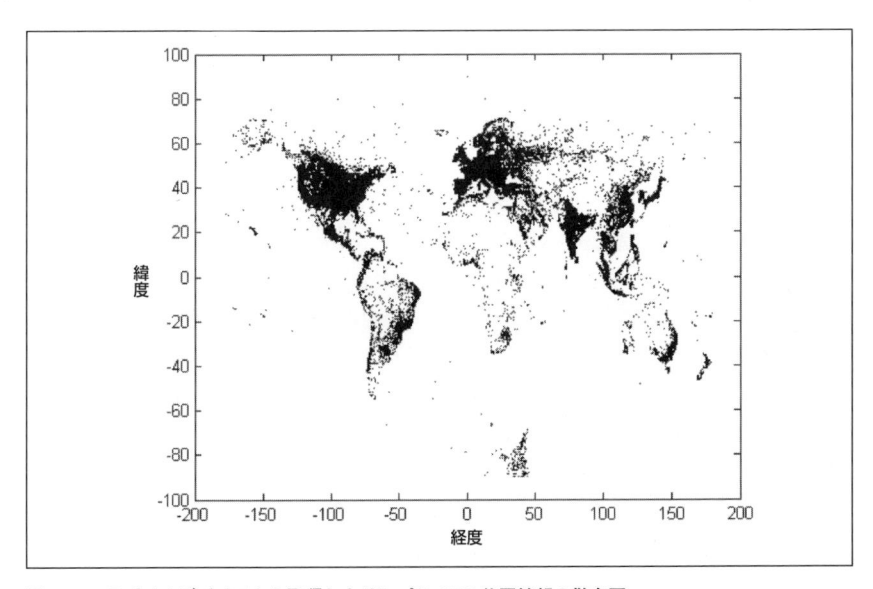

図14-1　モバイルデバイスから取得したサンプルGPS位置情報の散布図

そのIPアドレスはたいていの場合、位置情報が含まれています。

> 先ほどと異なる観点から見た場合に興味深いポイントがあります。この散布図がモバイルデバイスから送信される緯度経度だけを使った散布図であるということです。「この散布図には、地図は使われていない」のです。この散布図は世界全体の人口密度を表していると言えます。またこの図を見て、「南極に存在するモバイルデバイスは何をしているのだろうか」、という疑問を持つ人もいるかもしれません。

　このようなモバイルデバイスの位置情報データを、どのように利用すればよいでしょうか。ここで基本コンセプトを利用してみましょう。探索的データ分析（図14-1のような可視化から始めたように）以上のことを行おうとするためには、具体的なビジネス課題の枠組みで考える必要があります。企業が解決するべき課題は複数あると思いますが、実際は1つか2つに着目します。起業家や投資家は、企業や消費者が今現在抱えていると思われる課題を幅広く調査しています。それらの課題の中からモバイルデバイスデータに関連する課題を1つ取り上げてみます。

　広告主は、いままでにない新しい問題に直面しています。さまざまな異なるデバイスが登場し、特定の消費者の行動は、そのうちいくつかに分裂して発生します。読者のみなさんも、「サイトAを見る時はスマートフォンを使うことが多いが、サイトBを利用する際はデスクトップPCを使うことが多いし、アプリCはタブレットPCでしか使わない」、などの使い分けをされていることと思います。デスクトップの世界であれば、一度良質な見込み客を識別してしまえば、ターゲット広告の送信などの見込み客に応じた行動を取ることができました（おそらく、識別は顧客のブラウザのクッキーやデバイスのIDなどにより行っていたと考えられます）。一方、モバイルエコシステムでは、消費者の活動はモバイルデバイスごとに分裂します。あるデバイスで良い見込み客を発見したとしても、その見込み客が所持している他のデバイスも広告のターゲットとするにはどうすればよいでしょうか。

　1つの方法は、モバイルデバイスから送信される位置情報データを用いて、見込み客が所持するデバイスと異なる人物が所持するデバイスをふるい分けることです。図14-1からわかるのは、もし、特定の場所を訪問したモバイルデバイスの位置情報によってデータポイントを特徴付けることができれば、この図に描かれている大部分の関係ないデータポイントを取り除くことができる、ということです。また、おそらく、私のスマートフォンが送る位置情報の振る舞いと、私のラップトップの位置情報の振る舞いは、使用しているWiFiの位置情報を考慮に入れると、かなり似たようなものになるはずです[†]。こう考えると、データの類

[†] 私がプライバシーの侵害について注意を払っていた場合、このような位置情報は匿名化して送信される可能性がある。これについては後ほど説明する。

14.1 データサイエンスの基本コンセプト | 375

似性について学んだこと（6章）を試してみたくなります。

　データ理解のフェーズを進める際には、デバイスの情報とその位置情報をどこまで正確に表現するかを決めておく必要があります。テキストマイニングの定式化の事例がありましたが（10章）、詳細なアルゴリズムや適用方法の議論からはいったん離れ、基本事項について検討してみると、この問題とよく適合しそうに見えます。もちろん、モバイルデバイスからの情報にはテキスト処理を行うようなデータはないかもしれません。しかし、考え方自体は適用できるはずです。ドキュメントに対するマイニングを行う場合は、文の順序など、ドキュメントに含まれる文章の構造を無視するケースが多々あります。ほとんどの課題では、ドキュメントは多くの語彙から集めてきた単語の集合として、単純に扱います。同じ考え方をここでも適用してみます。まず明らかなのは、1度の訪問にはかなりの位置情報の構造が存在するということです。例えば、訪問した順序などです。しかしデータマイニングでは、シンプルさを優先する戦略が最適な選択肢であることが多いです。そこで、まずは位置情報を送信するデバイスを、「バッグ・オブ・ロケーション（bag of locations）」、として考えてみましょう。10章で「バッグ・オブ・ワード（bag-of-words）」として表現したやり方と同じ考え方です。

　あるデバイスの位置情報をもとにして、同じユーザが所有する別のデバイスを発見したいのであれば、テキストに対するTFIDFの考え方を位置情報にも適用できそうです。異なるデバイスを使い分ける同一ユーザを発見するという点に着目する場合、公共性の高いWiFi位置情報（例えば、ワシントンスクエアパークの角のスターバックスの位置情報）は、それほど有用な情報源とはならないでしょう。そのような公共性が高い位置情報からは、低いIDFスコアしか得られないでしょう（ここで「D」はDeviceの「D」であり、「Document」のDのことではありません）。対照的に、大多数の人にとってその人が住んでいるアパートのWiFiネットワークに所属するデバイスの数は限られるため、アパートのWiFiネットワークに対する位置情報は、非常に特徴的な情報になると考えられます。位置情報に関するTFIDFを考えることで、類似性を算出する上での位置情報の重要度が高くなります。公共性の高いWiFi情報と自宅アパートのような局地性の高いWiFi情報の中間に位置する情報源として、オフィスのWiFiネットワークの情報が挙げられます。このような情報からは中程度のIDFスコアが得られるでしょう。

　デバイスの特徴をバッグ・オブ・ロケーションに対するTFIDFとして表現すれば、10章でジャズミュージシャンを検索した際に、TFIDFから類似性を計算したのと同じ方法を用いることができます。これにより、良い見込み客が所有するデバイスと最も類似するデバイスを発見することができます。例えば、私のラップトップが良い見込み客の所有するデバイスとして識別されたと想定してみましょう。私のラップトップは、私のアパートのWiFiネットワークと仕事関係のWiFiネットワークに所属するデバイスとして識別されるでしょう。

私のラップトップ以外には、私のスマートフォンやタブレット、そして妻のデバイスや同僚のデバイスだけが識別されると考えられます。しかし、私のデバイスと他人のデバイスの位置情報に関するTFスコアを比較してみると、他人のデバイスは複数のアクセスポイント（アパート、オフィスなど）で低いスコアになるでしょう。そのため最初に見込み客として判定された私のラップトップと最も強い類似性を示すのは、私のスマートフォンとタブレットになる可能性が高いです。広告業者が私のラップトップを、特定広告ターゲットにふさわしい良い見込み客と判定した場合、上記の流れに沿って私のスマートフォンとタブレットも同じ広告を打つのに適した良質な見込み客として識別すると考えられます。

この事例で示したような方法が、異なるモバイルデバイスを使い分けるユーザを識別するという問題に対する、最も確実な解決策というわけではありません[†]。ここで示したかったことは、この本で学んだコンセプトのツールが新しい問題に対してどのように役立つか、ということです。このように新しい問題への考え方を基本コンセプトに置き換えることができれば、データサイエンティストは新しい問題を掘り下げて、実体の把握や問題を解決するアイデアの具体化や拡張などを行うことができるはずです。その際にはこれまで議論してきた多くのコンセプトが活躍することになるでしょう（例えば、解決策の実現方法の代替案として基本コンセプトを評価して使うことになるでしょう）。

14.1.2　ビジネス上の課題への解決策の考え方を変える

この事例からはもう1つの重要な基本コンセプトの実例を挙げることができます（この本のここまでの多くの紙面を割いてもまだ語り尽くせていないコンセプトです）。データマイニングプロセスにおけるビジネスやデータの理解のフェーズにおいては、「何が課題になっているのか」という考え方が、実際に扱える手元のデータ次第で変わってしまうのはよくあることです。それは微妙な変化であることもありますが、その変化がいつ起こるのかを気付く（気付こうとする）のが重要です。それはなぜでしょうか。その理由は、プロジェクトの関係者全員が、データサイエンスにおける課題の定式化の手法に詳しいわけではないからです。例えば、課題の定義を変えたのを忘れてしまった場合、忘れてしまうのはその変更が小さいときに特に起こるのですが、そのうち抵抗に遭うかもしれません。そして、その抵抗は純粋に誤解によるものかもしれません。さらに不運な場合には、それは、定義を変えた本人が頑固だからと捉えられ、プロジェクトの成功まで脅かすと感じられてしまう困難な状況になります。

モバイルデバイスをターゲッティングする事例をもう一度見返してみましょう。賢明な読者の方はあることに気付き、次のように言うかもしれません。「ちょっと待ってください。

[†] しかしながら、このソリューションは現実的な解決策の本質的な部分であり、最先端のモバイル広告企業によって開発された方法だ。

課題は、異なるデバイスを使い分ける同一ユーザの特定を行う、と言うことだったはずです。この事例でしてきたことは、位置情報の観点から「よく似たユーザ」を発見することです。この類似ユーザの集合が、高確率で同一ユーザを含んでいるという点には同意します。そして、それは私が思いつく他の方法よりも確率が良いでしょう。しかしそれは異なるデバイスを使い分ける同一ユーザの発見と同義ではないと思います。」この読者の見解は適切です。つまり、課題の解決を行う過程で、課題の定式化がわずかに変化したのです。この事例では、同一ユーザの識別を、同一ユーザである確率を提示することで代えています。そのため、非常に良く似た位置情報の特徴を持つデバイスがいくつか見つかった場合、それは同一ユーザによる複数のデバイスの使い分けである可能性が高いですが、それが保証されているわけではありません。このことはしっかりと留意する必要がありますし、関係者にも明言しておく必要があります。

課題の対象がターゲット広告や勧誘であれば、この変更は、すべての関係者にとって受け入れられるものでしょう。損益（cost/benefit）フレームワークでデータマイニングによる解決策を評価したこと（7章）を思い出してみてください。多くの勧誘にとっては、偽陰性を目標にして分析にすると、真陽性を当てることを目標にするときの利益よりもコストが低くなるのが明らかでした。また、多くの勧誘では、勧誘の対象とされた人は、もし、誤って興味が類似している人が対象になっていたとしても、その「誤り」を喜ぶでしょう。言い換えると、私の妻や親しい友人、そして同僚は私と同じような趣向・興味を持っているので、私と間違えてターゲット設定したとしても良いターゲットになるということです[†]。

14.2　データができないこと：人間を内部に含んだ（Humans in the Loop）モデルを再考する

この本は、データ主導型の意思決定を推進することで、データサイエンスからビジネス上の価値をどのように、なぜ、そして、どのようなときに得ることができるかについて着目して説明してきました。しかし、一方で重要なことは、データサイエンスとデータ主導型意思決定ができることの限界を把握しておくことです。

コンピュータも人間もそれぞれに得意な分野があり、そしてそれらはほとんどの場合、同じではありません。例えば、人間は、特定のタスクにより収集されたデータを俯瞰し、関連

[†] クランドールは、『*Proceeding soothe National Academy of Sciences*』[Crandall, D. 2010] の中で、個人間の地理的な共起イベントは友人としてのつながりを強く示唆すると主張している。また、「2人の人物がおおよそ同じ時刻におおよそ同じ場所にいるという事実からは、2人が社会的なつながりを有していることに対する高い条件付き確率を示している。」としている。このことから、位置情報の類似性を利用した際の「誤った予測」でさえも、ソーシャルネットワークターゲッティングにおける優位性を、ある程度持っていることになる。これはマーケティングにおいて顕著に効力を発揮する [Hill, S., Provost, F., & Volinsky, C. 2006]。

する2、3の特徴的なポイントを識別することに長けています。これに対してコンピュータは、大量のデータ（例えば、多数の関連しそうな変数を含むものなど）をふるいにかけることや、目的変数を予測するための説明変数の妥当性を評価することに長けています。

> 「ニューヨークタイムズ」のコラムニストのデビット・ブルックスによって、『What Data Can't Do』[Brooks, D. 2013]†というエッセイが書かれています。もし、データサイエンスを魔法のように考えていて、その魔法を使ってあなたが抱えている課題を解決しようとしているのであれば、この本を読んでみるとよいでしょう。

　データサイエンスを利用することとは、人間の知識とコンピュータを使った手法をうまく統合して、人間もコンピュータも単体では成し遂げられないようなことを達成することです（そのため、そうではないものを提案してくるツールベンダーには注意しましょう）。2章で紹介したデータマイニングプロセスは、そういった人間とコンピュータの連携に直接役立つでしょう。そのプロセスによって定義される構造からはっきりと見えてくるのは、データサイエンスの技法を適切なタスクに対して利用するためには、早期からの人の関与が必要であることです。また、データマイニングプロセスを試してみると、人間の関与が重要な役割を果たすのは、タスクの選択と定義の場面だけではないことがわかります。2章で説明したように、マイニング対象としてふさわしいデータを選択することは、人間の創造性・知識・教養などの付加価値を注入できるポイントの1つです。人間が関与することで高まる付加価値については、その重要さにもかかわらず、データマイニングの議論においてとても頻繁に見過ごされてしまっています。

　人間の関与はプロセスにおける評価のフェーズでも重要な役割を果たします。適切なデータとデータサイエンス技法を組み合わせると、客観的な基準を最適化するモデルを発見するときに優れた力を発揮します。そして、人間だけが、特定の問題を最適化するために何が最も優れた客観的な基準であるのかを決めることができます。ここには人間の主観的な判断が含まれてしまうことも多いです。なぜなら、最適化のための真の基準があったとしても、それを測定できないことが多く、結果として人が最良と思われる代替基準や利用可能な基準を決定することになるからです（この主観的判断を含んだ決定がモデルを展開する際に、リスクになり得ることを心に留めておきましょう）。したがって、結果として得られたモデルやパターンが実際に課題を解決するかどうかは、私たちの注意深さや、ときには創造性にもかかっているのです。

　また、データサイエンスを適用しようとしているデータそのものが、人間の判断を含んだプロセスの生成物であることを忘れてはなりません。データとは客観的な真実を表現するも

---

† 訳注：この節の原書のタイトル（What Data Can't Do）と同じ「データができないこと」。

のである、という思い込みは避けるべきです†。データはデータ収集システムを設計した人物の信念や目的、偏り、そして実用面での制約を含んでいるのです。

次の簡単な事例について考えてみましょう。何年も前に、筆者らはデータサイエンティストとしてアメリカで有数の大手電話会社で働いていました。その会社の携帯電話事業では不正利用が深刻な問題となっていたため、携帯電話利用データ、社会的な通話パターン、往訪位置情報などの大量データにデータサイエンスの手法を適用しました〔Fawcett, T., & Provost, F. 1996, 1997〕。そして、データサイエンスを適用した結果として、一見したところうまく機能しそうな不正検出モデルが出来上がりました。このモデルでは、発信元基地局が0番である通話は不正のリスクが高いということを示していました。この結果はホールドアウトデータを使った慎重な評価を行って検証されたものでした。幸運なことにこの事例においては、データサイエンスで実践すべき良い慣習に従い、評価のフェーズでモデルを業務知識に基づいて検証することができました。この評価の際に、作成したモデルの特定の部分が理解できずに悩んでいました。それは、高い不正通話の確率を指し示す電話基地局の中で‡、先ほどの0番基地局の確率が異常なくらい突出しているこということでした。加えて、他の不正通話確率が高い発信元基地局は妥当な結果が出ていました。例えば、その基地局は高い犯罪発生率地域に存在する、というような納得できるような理由があったのです。しかし、発信元基地局0番にはそのような納得できる理由は見つかりませんでした。それどころか、発信元基地局0番は電話帳のリストには存在しなかったのです。私たちはこの問題の解答を得るべく、屈指のデータグル§と称される人物にアドバイスをもらいに行きました。実際には、発信元基地局0番などという基地局は存在しませんでした。しかし、データには発信元基地局0番からの不正通話がはっきりと含まれていました。

端的に言うと、データに対する理解が間違っていたのです。ある顧客アカウントに対する不正通話の問題が解決までいく場合、その対応（不正通話を差し引いた請求書を印刷して送付し、顧客が受け取って内容を確認し、そして対応するなど）にはかなりの時間がかかっていました。しかし、この対応の間にも、不正利用は続けられています。すでに不正利用が発覚しているので、それ以降に行われた不正通話が顧客の次回請求に含まれないようにしなければなりません。そのため支払いシステムからそれらの情報を取り除く必要がありました。ところが、これらのデータは実際には捨てられたわけではなく、（幸運にも、データマイニングの取り組みのために）別のデータベースに保存されました。しかし不運だったのは、不

---

† 哲学的に感じた人はW・V・O・クワインの古典エッセイ『*Two Dogmas of Empiricism*』（1951、邦題「経験主義の2つのドグマ」〔Quine, W.V.O. 1951〕を読んでみてほしい。この本で彼は、経験主義と解析主義の二元論という一般的概念に対する鋭い批判を提示している。

‡ 厳密には、これらのモデルは各基地局からの大量の通話の振る舞いに対して、有意な**変化**が現れる場合に有効なモデルだった。興味がある読者は、上記の論文に詳しく書いてあるので参考にしてほしい。

§ 訳注：グルというのは、導師、その方面に非常に優れた人物のこと。

正通話データを保存するデータベースの設計者が、特定の属性を不要なものだと判断していたことです。その中の1つが発信元基地局のデータだったのです。そのため、すべての不正通話データを対象としたデータサイエンスの取り組みを行う際に、トレーニングデータとテストデータを構築しようとすると、これら一部の情報が欠落した通話データを含んだものになってしまいました。さらに、それとはまた別の設計仕様（意識的なのかどうかは不明ですが）により、発信元基地局の情報を含まない場合には、該当フィールドがゼロで埋められることになっていました。そのため結果として、多くの不正通話が発信元基地局0番からの通話になってしまったのです。

　これが2章で説明した「リーク（leak）」です。もしかしたら、簡単に気付けたのではないか、と思った人もいるかもしれません。しかし、そうではなかった理由がいくつかあります。**数千万人**の顧客の何ヶ月分もの通話がどれほど多くなるかを考えてみてください。また、それら通話ごとに大量のデータ属性が含まれていたのです。このデータを人手で検査する術はありませんでした。さらに、通話は顧客ごとにグループ分けされていました。そのため、発信元基地局0番からの通話が固まって整理されているわけではなく、各顧客の通話データにまばらに存在する形になってしまっていました。最後に最も重要なポイントについて説明しておきます。それは、データ準備のフェーズにおいて、データが目的変数の質を向上させるために修正されていた、ということです。実は不正利用ではないのに、不正利用として判断された通話もあったと考えられます。このような判断ミスの多くは、不正利用期間以前の、すなわち顧客が正規に利用していた期間の通話について確認することで、正しく識別できたと考えられます。この判断ミスの結果として、発信元基地局0番からの通話は、不正利用の確率が高いけれども、完全に不正であるというわけではない状態になっていました（これは危険信号になり得ることです）。

　この事例のポイントは、「データとは何か」ということを決めるのはそれを取り扱う人たちの解釈である、ということです。この解釈はデータマイニングのプロセスを経て変化することが多いため、データマイニングを行う際には、このような解釈の柔軟性をうまく受け入れなければなりません。ここでは、この不正検出の事例を通じて、データに対する解釈の変化を説明してきました。その他にも、データ収集プロセスでデータの偏りを明らかにするのにつれて、データのサンプリング方法についての理解が変化することもあります。例えば、マーケティングキャンペーンの企画や実施をするために、消費者の振る舞いをモデル化することになったとします。この場合、サンプリングデータの元となった消費者の母集団を正確に理解することが不可欠です。繰り返しになりますが、これは理論的には明らかなことです。しかし、いざ実践しようとする際には、データを収集しているシステムと対象のビジネスに関する深い分析が必要となるのです。

　最終的には、「データサイエンスとそれを活用する人間との連携によって付加価値を加え

ることができそうな課題」を見分けることが求められます。その際、意思決定をするのに本当に十分なデータが手元にあるか、自問することになるでしょう。非常に高度な戦略的意思決定は固有な状況で遂行されることが多いです。データ分析からは、理論的なシミュレーションと同じように、知見や洞察を得られるかもしれません。しかし、高度な意思決定を行うためには、意思決定者自身の経験や知識や直感に頼らざるを得ない場面もあります。企業買収に関わる決断を行うような事例がそれに該当するでしょう。データ分析により企業買収要否の決定を支援することはできますが、結局のところ買収を行う際の状況は、世界に2つとない固有な状況であり、経験を積んだ戦略決定者の判断が不可欠なのです。

　この固有な状況という考え方は持っておくべきです。極端な例となりますが、スティーブ・ジョブズの有名な発言について考えてみましょう。「多くの人の意見から製品をデザインすることは本当に難しい。人は実際のものを見るまでは、自分が欲しいものを理解することはできないことが多い。これは顧客の話に耳を傾けるつもりがないという意味ではない。しかしながら、顧客がその未だかつてないものを望んでいる場合、何が欲しいかを聞き取ることは本当に難しい。」将来のことを考えると、次第にできることが増えていくはずなので、注意深い検証が自動化されることも期待してしまいます。それが実現されれば、もはや、人々に好きなものや便利だと思うものを聞く必要はなくなり、そういった人々が好きなものや便利だと思うものを「観測」すればいいのです。そのような希望を実現するためには、次の基本原則に従うことが必要です。すなわち、データを投資対象の戦略的資産として考えることです。1章で登場したキャピタル・ワン社の事例は、多くの製品の創造の例であり、また、データやデータサイエンスに対する投資の例でした。データやデータサイエンスに対して投資することで、人々が欲しいものを判断したり、各製品にどのような人々が顧客として適しているのか（つまり利益を得られそうか）を判断したりするという話でした。

14.3　プライバシー、倫理、そして個人データのマイニングについて

　データのマイニング、特に個人情報に対するデータマイニングは、無視すべきでない重要な倫理的問題を提起します。最近になり、重要な議論がマスコミや政府機関によってなされ、プライバシーとデータ（特にオンラインデータ）について取り上げられてはいますが、問題の範囲はそれよりずっと広いです。消費者を相手にした巨大企業の大半は、私たちに関するあらゆる情報を収集したり購入したりしています。これらのデータは、この本を通じて説明してきたような、多くのビジネス上の意思決定に直接利用されています。しかし、果たして、私たちは企業に対する信頼を企業から与えられるべきでしょうか。もしそうであるならば、信用枠はどうあるべきでしょうか。私たちは勧誘の対象として勧誘の対象として設定されるべきでしょうか。どのようなコンテンツならWebサイト上に表示されてもよいでしょ

うか。どのような製品がレコメンドされるべきでしょうか。私たちは本当に競合に鞍替えしそうなのでしょうか。私たちのアカウントに不正はあるのでしょうか。

プライバシーの取り扱いとビジネスの意思決定を改善することのせめぎ合いは非常に激しいです。なぜなら、個人情報を意思決定に利用する量の多さと、対象のビジネスの意思決定で得られる効果の増加との間には、直接的なつながりが存在するからです。例えば、トロント大学と MIT の研究者による研究成果によると、ヨーロッパにおいて厳しいプライバシー保護が実施された後、オンライン広告の効果が大幅に低下したことが明らかになっています。特に、購入意思に関してはこの傾向は顕著で、オンライン広告を提示された人とそうでない人を比較すると 65% もの購入意思の低下が見られました。このような変化はヨーロッパ以外では見られませんでした［Goldfarb, A. & Tucker, C. 2011］†。これはオンライン広告に限った現象ではありません。細部に至るまでのソーシャルネットワークのデータ（誰と誰がコミュニケーションを行った、などのデータ）を従来から存在する個人データに加えることで、不正検知［Fawcett, T., & Provost, F. 1997］やターゲットマーケティングの効果が大幅に増加する［Hill, S. 2006］とされています。一般的に、個人に関するより詳細なデータの収集量が増えることで、ビジネスの意思決定において重要なポイントである、個人を対象とした予測の精度が向上します。このような、限定されたプライバシーとビジネスでの成果向上の直接的な関係は、プライバシーの視点からもビジネスの視点から強い感情を引き起こします（ときには同じ人物からこの2つの感情が起こることもあります）。

プライバシーの問題は極めて複雑（例えば、どのような匿名化をもって十分とすることができるか、など）かつ多様性を有しており、これを解決することはこの本の範囲をはるかに超えています。プライバシーに十分配慮した、プライバシーフレンドリーなデータサイエンスの活用方法を設計する際に、おそらく最も大きな障害となるのが、プライバシーとは何かを定義することの難しさです。ダニエル・ソルベはプライバシーの世界的権威です。彼は、『*A Taxonomy of Privacy*』（タイトル意訳 プライバシーの分類）［Solove D. 2006］という記事で次のように語っています。

プライバシーとは混沌としている概念である。誰もそれが意味するところをはっきりと説明することはできないだろう。ある解説者が観測してきたように、プライバシーは「その意味するところの不明瞭さ」に苦しんでいる。

ソルベの記事はプライバシーの分類に 80 ページも費やしています。ヘレン・ニッセンバウムもまたプライバシーの世界的権威です。最近では特に、プライバシーと巨大データベース（およびそのデータマイニング）の関係に集中して研究を行っています。彼女のこの分

---

† マイヤーとナラヤナンの Web サイト（http://donottrack.us/bib/#sec_economics）には、この件に関する批評と行動をターゲットにしたオンライン広告の価値を主張する他の研究について記載されている。

野の著書の『*Privacy in Context*』（タイトル意訳 コンテキストの中のプライバシー）は 300 ページにもわたる、非常に価値のある内容です。この本ではプライバシーの件について次のように強調するに止めておきます。プライバシーの関心事とは簡単に理解できるものでもなければ、早急に手配して簡単に取り扱えるような問題でもなく、さらにはデータサイエンスの章や節としてうまく説明できるものではありません。もしあなたがデータサイエンティストか、またはビジネスステークホルダーとしてデータサイエンスプロジェクトに参加しているのであれば、あなたはプライバシー関連のことに注意を払い、入念な検討に相当な時間を費やす必要性に迫られることでしょう。

データサイエンスとプライバシーについての検討に役立つように、オンラインの付録を準備しておきました（このサイト http://data-science-for-biz.com/ を見てみてください）。この付録ではいくつかの概念と問題について説明しているとともに、広く考えるための追加の題材も取り上げています。

14.4 さらなるデータサイエンスの情報について

この本はかなり厚くなってしまいましたが、最重要な基本コンセプトを取り上げることに力を尽くすことで、データサイエンティストとその関係者がデータサイエンスを理解し、よりよいコミュニケーションを行えるようにしてきました。もちろん、この本はすべてのデータサイエンスのコンセプトをカバーしたわけではありませんし、この本に含めたコンセプトだけで十分適切であったのか疑問を持つデータサイエンティストもいるでしょう。しかし、極めて重要なコンセプトが存在し、巨大なデータサイエンスを支えているという点には、あらゆる人が同意してくれるでしょう。

世の中にはさまざまな種類の高度なトピックと、それらに密接に関連するトピックが存在しますが、それらはこの本で紹介した各種基本原則の上に成り立っています。この本ではそれらのトピックを列挙することはしません。もし興味があれば、卓越した研究が揃っているデータマイニング研究カンファレンスのプログラムを精読するとよいでしょう。具体的には、ACM SIGKDD International Conference on Data Mining and Knowledge Discovery [†] や IEEE International Conference on Data Mining [‡] などです。この両方の学会は最高の工業的実績を持っており、データサイエンスをビジネスや政府の問題に応用することに焦点を当てています。

[†] 訳注：ACM は Association for Computing Machinery の略で、アメリカ合衆国の国際学会です。ACM には SIG（Special Interest Group）という分科会があり、KDD はデータからの知識発見（Knowlede Discovery in Data）の略。

[‡] 訳注：国際データマイニング学会。アメリカ合衆国の IEEE（アイトリプルイー、The Institute of Electrical and Electronics Engineers）が主催する。

ここで、そういった調査を行う場合によく起こる例を最後にもう1つ取り上げてみます。最初に説明したデータサイエンスの原則を思い出してください。それは、データ（そしてデータサイエンスにより実現可能なこと）は資産として見なすべきであり、投資対象になるべきである、という原則でした。この本では、データに対して投資を行うという考え方の複雑さについて説明してきました。データサイエンスプロジェクトにおいて、これまで説明した内容を活用し、コストと利益を厳密に考慮するフレームワークを適用すれば、データ投資に関する新しい考え方へと繋がるでしょう。

14.5　最後の例：クラウド（Crowd）ソーシングからクラウド（Cloud）ソーシングへ

インターネットによってもたらされたビジネスと消費者のつながりは、労働力に関する経済を変化させてきました。AmazonのMechanical TurkやoDeskなどのWebベースのシステムは、一種のクラウドソーシング（crowd-sourcing）を促進しています。それは、クラウドソーシング（cloud-sourcing）とも呼べるようなもので、インターネットを経由して巨大な契約労働者たちを結び付けています。クラウドソーシングの中でも特にデータサイエンスと関連が強いのが「マイクロアウトソーシング（micro-outsourcing）」です。マイクロアウトソーシングとは、明確に定められた小さいタスクを大量にアウトソーシングすることです。マイクロアウトソーシングとデータサイエンスの関連が強い理由は、マイクロアウトソーシングがデータへの投資に対する経済性や実用性を変化させるものであるからです[†]。

1つの事例として、教師ありモデリングを行う際に必要なことについて思い出してみてください。教師ありモデリングでは、目的変数を正確に定義することと、トレーニングデータとして使うために、実際に値を持った目的変数（「ラベル」）が必要でした。しかし、目的変数を正確に定義することはできても、ラベル付けされたデータが1件も手に入らないことがあります。このような状況でも場合によっては、Mechanical Turkのようなマイクロアウトソーシングシステムを利用してデータにラベル付けを行うことができるでしょう。

例えば、広告業者は自社の広告を、好ましくないWebページ（不快なヘイトスピーチを含むページなど）には表示したくないはずです。しかしながら、広告表示対象となる数百万のページの中から、どうすれば好ましくないページを把握することができるのでしょうか。すべてを監視する従業員を雇うことはコストがかかりすぎるので、現実的ではありません。これに対する対応策の候補としてすぐに思い浮かぶのは、テキスト分類（10章）です。具体的には、ページのテキストを取得した上で、10章で行ったように特徴ベクトルとして表現

[†] 興味のある方々はGoogle Scholarに行き、「data mining mechanical turk」と検索したり、あるいはもっと広く「human computation」と検索して、このトピックに関する論文を見つけてみてほしい。そして引用リンク（「Cited by」）からさらなる情報を手に入れるとよいだろう。

し、ヘイトスピーチ分類器を構築します。しかし残念なことに、トレーニングデータとして利用することができそうな、ヘイトスピーチの代表的なサンプルは手元にありません。とはいえ、この問題を解決することが重要であるならば[†]、ヘイトスピーチを含んだページを識別するモデルを構築できるかどうかを見極めるために、ラベル付けされたデータを収集することへの投資を検討するべきでしょう。

このラベル付きトレーニングデータを収集するという例において、クラウドソーシング（cloud-sourcing）はデータへの投資を行う際の経済性を変化させます。今ではデータへ投資をする際に安価な労働力を雇いたければ、インターネットを経由してさまざまな方法を使うことができます。例えば、Amazon Mechanical Turk 上に存在する労働者の方々に依頼して、ページを好ましいかどうかラベル付けしてもらうことで、目的変数のラベルを収集することができます。これは学生のアルバイトを雇うよりもずっと安いでしょう。

成功報酬に関する補足ですが、例えばトレーニングを行ったインターンであれば、1時間に 250 の Web サイトをチェックし、それに対して時給 15 ドルを支払うことになります。一方、Amazon Mechanical Turk にタスクを登録する場合は、ラベル付けの効率は 1 時間当たり 2,500 サイトになり、必要なコストの総額はインターンに依頼した場合と同じままです [Ipeirotis, P. 2010]。

クラウドソーシング（cloud-sourcing）を使う上で問題となるのは、支払った金額なりの結果を受け取ることになることと、それゆえにコストが低ければ品質の悪い結果を受け取る場合があることです。クラウドソーシングを活用しながら成果のクオリティを維持するというテーマに関する研究は、過去 5 年間において急増しました。ページのラベル付けを行う例は、クラウドソーシングによりデータサイエンスの活動を強化する 1 つの例にすぎません。この例においても他の選択肢はあります。例えば、提示したページに対してラベル付けするタスクをクラウドソーシングするのではなく、ヘイトスピーチのサンプルとなるページ自体を検索してもらうタスクをクラウドソーシングすることです [Attenberg, J. & Provost, F. 2010]。あるいは、ゲーム風のシステムを用意して、現行モデルが誤った結果を出す状況を見つけてもらい、「機械を超える」のに役立てる場合もあります [Attenberg, J. 2011]。

14.6　最後に

筆者らはデータサイエンスを実際のビジネス上の課題に適用することに 20 年以上取り組んできました。そして読者のみなさんは、そのノウハウをこの本で身に付けたことでしょう。そのノウハウは筆者らにとってさえも魅力的で、手元に揃ったこの一連の明示的な基本コンセプトは、今後非常に有用になると考えています。もし、検討が行き詰まったときは、

[†] 実際、好ましくないページに広告が表示される問題は、200 万ドル相当の問題としてレポートされている [Winterberry Group 2010]。

この基本コンセプトに立ち返れば、進むべき道筋が見えてくるでしょう。「よし、ここはビジネスとデータの理解に戻ろう。そして、解決しようとしている課題が何であるのかを正確に把握しよう。」という考え方は、さまざまな課題を解決するでしょう。その考えの結果、期待値フレームワークの意味を見直すこともあれば、データの収集方法についてより注意深く考えたりすることもあるでしょう。あるいは、コストと利益がうまく定義されているかを確認したり、データにさらに投資することを検討したり、問題を解決するための目的変数が適切に定義されているかを確認したりするでしょう。さまざまなデータサイエンスのタスクを知ることで、データサイエンティストは、すべてのビジネス上の課題を自分がよく使うハンマーで釘を打つように扱ってしまうのを避けることができるでしょう。そして、比較のための「ベースライン」をどうするか考える際には、ビジネス上の課題にとって何が重要であるのかを注意深く考えれば、関係者との交流が自ずと生まれるでしょう（目の前の課題にまったく関係ないのに、平均二乗誤差のような統計量を持ち出して報告したときの、関係者の冷ややかな反応と是非比べてみてください）。こういった分析的思考の促進は、データサイエンティストだけではなく、関係する人すべてに効果があります。

もしこの本を読んでいるあなたが、データサイエンティストというよりは、ビジネス上の関係者である場合は、いわゆるデータサイエンティストと呼ばれる人たちに専門用語で煙に巻かれないようにしましょう。この本のコンセプトに加えてあなた固有のビジネス知識、そしてデータシステムに関する知識により、80%かそれ以上のデータサイエンスを理解することが可能になるでしょう。これはあなたのビジネスを生産的にするのに十分なレベルであると考えられます。この本を読み終えた後でなお、データサイエンティストが話すことが理解できないのならば注意が必要です。データサイエンスには数多くの複雑なコンセプトが存在します。しかしその人が良いデータサイエンティストであれば、問題の基礎となっていることを説明できるべきですし、それに対する解決策もこの本で記載しているレベルと用語で説明できるべきです。

一方、もしあなたがデータサイエンティストであるならば、この状況を挑戦と捉えましょう。自分の仕事がビジネスにどうして役に立つのか真剣に考えて、そして、それを説明できるようになりましょう。

付録 A
提案レビューのガイド

　データ分析の知識を得ることによって、データマイニングプロジェクトがどれほど効果があるのか評価できるようになります。この本の内容は、提案されたデータマイニングプロジェクトを評価し、その提案が潜在的に持っている欠陥を明らかにするために必要な背景知識を提供するでしょう。こういったスキルは、自分が提案をするときの自己評価としても役立ちますし、社内のデータサイエンスチームや外部のコンサルタントから受けた提案を評価するときにも応用できるでしょう。

　ここから先は、一連の質問を掲載しています。これらの質問は、データマイニングプロジェクトを検討する上で心に留めておくべきものです。この一連の質問は、2章で詳細を説明したデータマイニングのプロセスに従ったもので、この本全体で考え方のフレームワークとして使用しています。この本を読み終えた後は、きっと、新しいビジネス上の課題に対してこれらの考え方を適用していくことができるでしょう。この後に続く質問のリストは、網羅的ではありません（そもそも、この本は網羅的な内容を記載する方針ではありません）。しかし、このリストには、確認すべき最も重要なものを厳選して記載しています。

　この本を通して着目してきた点は、データから規則やパターン、モデルを発掘するデータサイエンスのプロジェクトについてでした。この提案レビューのガイドは、この着目してきた点を反映したものです。世の中には、もしかしたら、あまり明確な規則を定義できていないデータサイエンスプロジェクトもあるかもしれません。例えば、データの可視化を行うプロジェクトは、最初はモデリングの目的をはっきりとは決めていないものが多いです。とはいえ、データマイニングのプロセスは、そういったプロジェクトに対してデータ分析の考え方を構築する手助けとなります。そういったプロジェクトは、教師ありのデータマイニングをしているというよりも、教師なしのデータマイニングをしているとでも言えるような状態なのです。

A.1　ビジネスとデータの理解

- 解決するべきビジネス上の問題は正確には何なのか。

- 評価対象のデータサイエンスソリューションは、そのビジネス上の問題を解決するために適切に策定されているか（**注意**：ときには、別の問題に近似することが懸命な場合がある）。

- どの企業がその事例の対象となるのか。
  その課題は、教師あり（supervised）の問題なのか、それとも教師なし（unsupervised）の問題なのか。

  - 教師ありの場合

    - 目的変数は定義されているのか。
    - 目的変数が定義されている場合、それは正しく定義されているか。
    - 目的変数が取り得る値について検討する。

- 属性は正しく定義されているか。

  - 属性が取り得る値について検討する。

- 教師あり問題の場合：目的変数をそれに設定することによって、説明されているビジネス上の課題が改善するのか。それとも、下位の問題が解決するだけなのか。もし、後者の場合、残りのビジネス上の課題については言及されているか。

- 予測値に基づいてその課題を体系立てて構成することで、解決すべき別の課題がわかりやすくなるか。

- 教師なしの場合、「探索的データ分析」の道筋（つまり、**その分析がどこに向かっているか**）が明確に決められているか。

A.2　データの準備

- 属性のためのデータを得て、特徴ベクトル（feature vector）を作成し、1つの表として構成するのは現実的か。

- 現実的でない場合、代替となるデータ形式は明確に定義されているか。

- 教師ありのモデルである場合、目的変数は適切に定義されているか。学習用とテスト

用の目的変数の値を取得し、それを表として構成する方法は明確であるか。

- 目的変数の値を、どのようにして正確に学習させるつもりか。そのために必要なコストが含まれないか。含まれる場合、それが提案に考慮されているか。

- 学習のためのデータは、そのモデルが適用される目的の母集団と似たような母集団から抽出されているか。それらの母集団に食い違いがある場合、データの選択に関するバイアスが明確に記載されているか。それらの食い違いを補正するためのプランがあるか。

A.3 モデリング

- 選択したモデルは、選択した目的変数に対して適切であるか。

    - 分類、クラス確率の推定、ランク付け、回帰、クラスタリング、などの別のモデルを考慮すべきではないか。

- 提案しているモデルやモデリング技術は、その業務の要件に適合しているか。

    - 汎用性があるか、理解しやすいか、学習のスピード十分か、結果を実用化するスピードは十分か、データ量、データの種類は十分か、欠損値を考慮しているか。

- いくつかのモデルを試して評価のために比較するべきではないか。

- クラスタリングのために、類似性の判断基準は定義されているか。その判断基準はビジネスの課題にとって意味があるか。

A.4 評価と展開

- 業務知識に基づいた妥当性確認のプランはあるか。

    - 業務のエキスパートや関係者は、モデルの展開の前にそれを入念に確認する意思があるか。ある場合、モデルは彼らにとって理解可能なものになっているか。

- 評価の準備と判断基準は、その業務に対して適切なものであるか。根本的な内容を再確認しておく。

    - そのビジネスに必要なコストと利益は考慮に入れられているか。

    - 分類を行う場合、どのようにして分類のための閾値を定義しているか。

    - 予測された確率は、直接使えるか。
    - ランク付けを行う方が適していないか（例えば、予算が限られている場合）。
    - 回帰モデルを使う場合、予測された数値の質をどのように評価するのか。そのビジネス課題に対して、なぜ、それが正しい方法であるのか。
- 評価するときに、学習に使用していないデータを使っているか。
    - 交差検証（cross-validation）を使う手法もある。
- 何を基準値して、結果を比較しているのか。
    - 解決すべき課題に対して、その基準値は意味があるか。
    - また、その基準値を決める方法を客観的に評価するプランはあるのか。
- クラスタリングを使う場合、クラスタリングの結果をどのように理解するか、見通しがあるか。
- 計画されているモデルの展開時において、そのビジネスの課題が実際に対処されるのか。
- プロジェクト費用を関係者に正当化する必要がある場合、そのプロジェクトが最終的に展開されたときに、ビジネスへのインパクトをどのようにして測るのか。

付録 B
その他の提案例

　付録 A では、データサイエンスプロジェクトの提案を評価する場合に役立つガイドラインと確認点を示しました。また、13 章では、顧客の「乗り換え」キャンペーンに関する提案のサンプル（「13.7.1　データマイニングによるビジネス改善提案の事例」）と、その弱点に対する批評（「13.7.2　Big Red 社の提案の問題点」）を紹介しました。

　この本では、例として通信サービスの乗り換え問題を使用してきました。ここでは、別の提案のサンプルとその批評を紹介します。この例も乗り換え問題を扱います。

B.1　シナリオと提案

　あなたは、グリーン・ジャイアント・コンサルティング（Green Giant Consulting、GCC）で素晴らしい職に就くことができました。分析チームのマネジメント担当です。この分析チームは、現在、データサイエンスのスキルを育成中です。GCC は、データサイエンスのプロジェクトを TelCo（国の 2 番目に大きな無線通信サービスのプロバイダ）に提案して、彼らの顧客の乗り換え問題への対処をサポートしようとしています。あなたのチームの分析によって、次のような提案が作成され、あなたは、TelCo への提案プレゼンの前にレビューをしています。あなたは、この計画に対して何か欠点を見つけられるでしょうか。そして、それをどのように改善するべきか指摘することはできるでしょうか。

> **ターゲット顧客を駆り立てる乗り換え割引——GCC による提案**
>
> 　私たちは、TelCo 様に顧客の乗り換えをコントロールする手段の検証を提案いたします。この手段には、乗り換え予測分析を用います。この提案実現後、TelCo 様は既存データを使用して、顧客がいつ離脱するのかを予測することができ、それによって、ターゲット顧客に対して特別なインセンティブを提供して TelCo 様のユーザとして残っていただくことができるようになります。私たちは、次のようなモデリング方式を提案いたします。このモデリングは、TelCo 様が既に所有されているデータによっ

て実行可能なものです。

本提案では、顧客が契約期限の90日以内に離脱する（あるいは離脱しない）確率をモデル化します。90日以内に設定したのは、契約期間が切れて長く経った後に、サービスを継続する顧客を持ち続けるのとは、別問題であるという理解に基づいています。90日の区間で乗り換えを予測するのは、出発点としてふさわしいと考えています。そして、そこで得た教訓は、その他の乗り換え予測にも同様に適用できるでしょう。このモデルは、御社を離脱した顧客の履歴データのデータベースを使用して構築します。乗り換え確率は、契約期間の45日以内のデータに基づいて予測します。これは、TelCo様が顧客にインセンティブを提供するための十分な準備時間を確保するためです。本提案では、乗り換え確率を決定木のアンサンブル（ランダムフォレスト）を用いて構築します。この方法は、さまざまな予測問題において高い精度を持つやり方として知られています。

私たちは、90日以内に乗り換える顧客の70%を特定できるようになると見積もっています。この見積もりを検証するために、データベースに対してモデルを実行し、実際にこのモデルがこの精度に達することができるのを確認します。私たちは、TelCo様の関係者の方々とのやり取りを通じて、顧客維持部門の最高責任者がすべての顧客維持の施策の実行権限を持っていることを理解しました。そして、最高責任者が仰ったところによると、最高責任者が意思決定のときに重視されているのは、その顧客の特定のための施策が意味あるかどうか自分で調査した結果と、顧客維持部門の選りすぐりの専門家によるその施策への意見である、とのことです。したがって、私たちは、最高責任者と専門家に対して、このモデルの評価を依頼させていただき、このモデルが効果的かつ適切に運用されていくことを確認していただきます。また、私たちは、毎週このモデルを実行し、45日以内（と、その1週間前後）に契約期限がある顧客の乗り換え確率を推定することを提案いたします。顧客を、これらの確率に従ってランク付けし、上位Nのグループが現行の契約にインセンティブを受け取るようにします。このNは、インセンティブに必要なコストと毎週の顧客維持のための予算から計算します。

B.1.1　GGCの提案における欠点

ここからの説明では、これまで学んできた基本的な原則やその他のデータサイエンスに関係するコンセプトを使って、この提案の欠点を特定していきます。付録Aでは、このような提案をレビューするための出発点として、確認すべき質問をまとめたガイドを提供しました。しかし実際には、この本全体も、提案レビュー時のガイドとして見ることができます。GGCの提案における特にひどい欠点には次のようなものがあります。

1. 現時点で、この提案は「すでに離脱してしまった顧客」に基づくモデルしか言及していない。モデルを学習させるため（および、検証するため）には、「離脱しなかった顧客」のデータも同様に考慮したい。これは、モデルが識別可能な情報を検出させるためである（2章、3章、4章、7章）。

2. なぜ、乗り換え確率によって顧客をランク付けするのか。なぜ、損失の予測値（期待値から計算可能）によって顧客をランク付けしないのか（7章、11章）。

3. より良くするためには、インセンティブによって良い影響を受ける顧客をモデル化するべきではないのか（11章、12章）。

4. 上記3の案を進める場合、学習させるために必要なデータがないことが問題になる。トレーニングデータを得るための費用が必要になる（3章、11章）。

この提案は、単に今後のビジネス目標のための最初の1ステップであるのかもしれません。しかし、このことはもっと明確に説明する必要があります。つまり、ここで求める確率がうまく推定できるのかを確認する必要があります。もしうまく推定できるのであれば先に進む意味がありますが、そうでないのであれば、このプロジェクトに投資するべきか再検討する必要があるかもしれません。

5. この提案は、モデルの**汎用性**（generalization）の検証（つまり、学習に用いていないデータで評価すること）について何も言及していない。学習に使用したトレーニングデータで検証を行おうとしているように聞こえる（「データベースに対してモデルを実行し…」のあたり）（5章）。

6. この提案は、どの属性を使う予定なのか定義していない（それどころか、言及さえもしていない）。単に省略しているだけであるのか、それとも、この提案チームがそれを検討しさえもしなかったのか、どういう計画であるのかが不明（2章、3章）。

7. 提案チームは、このモデルが離脱する顧客の70%を特定することができるというのを、どうやって推定するのか。これまでに実施した事前検証について言及されているわけでもなく、また、サンプルデータに基づいた学習曲線が提供されているわけでのなく、さらには、この主張をサポートする証拠が示されているわけでもない。単なる予想のように見える（2章、5章、7章）。

8. さらには、誤差率に関する議論や、偽陽性（第一種過誤）や偽陰性（第二種過誤）についての言及がなく、「離脱する顧客の70%を特定」が実際は何を意味するのかが不明

瞭。偽陽性について言わないのであれば、「全員が離脱します」と予測してしまうことで離脱する顧客の100%を特定することになってしまう。したがって、正しいものを正しいと予測する確率（真陽性）について述べているのであれば、偽陽性率についても合わせて言及しなければ意味をなさない（7章、8章）。

9. なぜ、特定の1つのモデルを選択したのか。近年のツールを使用すれば、簡単に複数のモデルを同じデータで比較することができる（4章、7章、8章）。

10. 顧客維持部門の最高責任者は、施策について承認を行う必要があり、また、その施策が意味があるかどうか自分で検証すること（業務知識による検証）を示唆している。それにもかかわらず、決定木のアンサンブルというのは、ブラックボックスなモデルである。この提案は、この施策が判定をどのように実施しているのかを、最高責任者がどのようにして理解するのかについて言及していない。最高責任者の要件を考慮するのであれば、正確性を犠牲にしてでも、より理解可能なモデルを選択する方が良かったのではないか。ただし、既に最高責任者が意思決定をした後なのであれば、理解が困難なモデルを使用して、高い正確性を追求するのは可能かもしれない（3章、7章、12章）。

付録 C
用語辞書

この用語辞書は Ron Kohavi 氏と Foster Provost 氏が 1998 年に編集したものを拡張したものです。Springer Science and Business Media の許可のもとに使用しています。

i.i.d. サンプル

独立していて（independent）、固有な（identically）、分散した（distributed）インスタンス。

KDD

本来は、データベースからの知識発見（Knowledge Discovery from Database）の省略の意味でした。しかし、現在では、より広範な意味で使われ、データからの知識の発見を意味します。データマイニングと同じ意味で使われることもよくあります。

OLAP（MOLAP、ROLAP）

Online Analytical Processing の略で、オンラインで素早く分析を行うこと。通常、MOLAP（多次元 OLAP）と同じ意味です。OLAP エンジンは、いくつかの事前に定義された次元に基づいて、データの探索を手助けします。OLAP は、一般的に中間データ構造を使用して、あらかじめ多次元のデータを計算した結果を保存しておき、それによって、計算速度を高めています。ROLAP（関係 OLAP）は、関係データベースを使って OLAP を実現することです。

アソシエーションマイニング

組み合わせで関わり合うようなルールを見つける技術のこと。この組み合わせは、「X と Y → A と B」（アソシエーション）のような形式を持ち、一定の基準を満たしています。

アプリオリ（a priori）

アプリオリとは、哲学の分野の言葉で、「先天的」という意味です。データサイエンスにおいて、アプリオリというものは、背景知識に基づいて対象の問題に何らかの解決策を導入するやり方で、データを検証した後に対策方法を構築するようなやり方とは対照的です。例えば、「アプリオリな理由があって、これらの関係が線形だと考えているわけではない」のような言い方をします。データを検証した後ならば、2 つの変数が線形な関係を持つ（したがって線形回帰

がかなり当てはまる) ことを判断できたのかもしれませんが、事前に知識があってそれらに強い相関があると信じていたわけではなかった、というような状況で使用します。**アプリオリ**の反対は、**アポステリオリ**です。

インスタンス (サンプル、ケース、レコード)

モデルによって学習され、また、モデルによって (予測などに) 使われる世界に1つしかないデータ。ほとんどのデータサイエンスでは、インスタンスは特徴ベクトルによって記述されます。一部の領域では、より複雑な表現が使用されます (例えば、インスタンス間の関連や、インスタンスの一部同士における関連が含まれるものなど)。

カバレッジ

分類器が予測をするデータセットの割合。分類器がすべてのインスタンスに対して分類を行わない場合、その分類器がどのケースに対しては信頼できる性能を発揮するのかを知っておくのは重要になります。

感度

真陽性率 (混同行列を参照)。

機械学習

データサイエンスにおいて、最も一般的に使用されている機械学習の意味は、何らかのデータへ、導出アルゴリズムを適用することです。機械学習は、モデリングを行う際には、データマイニングと同じ意味でよく使われます。機械学習は学術的な研究分野であり、それらの研究では、導出アルゴリズムや、その他の学習と呼べるようなアルゴリズムを扱っています。

帰納法 (induction)

帰納法は、データから汎用的なモデルを作成するためのプロセスです (例えば、分類木や平均化など)。帰納法は、演繹法 (deduction) と対比されることがあります。演繹法では、一般的なルールやモデルと、1つ以上の事実から開始し、それらを使用してその他の特殊な事実を構築していきます。帰納法では方向が逆になります。帰納法では、多くの事実を集めた後、一般的なルールやモデルを構築します。この本では、帰納法によるモデル構築というと、**学習**や**モ デルのマイニング**と同意です。また、この本でルールやモデルというと、たいていの場合、統計的なものを指します。

教師あり学習 (Supervised learning)

独立した属性と指定した従属属性 (ラベル) との関係を学習するために使用する技術のこと。ほとんどの導出アルゴリズムは、教師あり学習のカテゴリに当てはまります。

教師なし学習 (Unsupervised learning)

事前に目的属性を指定することなく、インスタンスを分類する技術のこと。クラスタリングアルゴリズムは、通常、教師なし学習です。

クラス (ラベル)

小さく排他的なラベルの集合のことで、分類問題において目的変数の取り得る値として使われます。ラベル付きデータとは、1つのクラスをラベルとしてインスタンスに割り当てたもので

す。例えば、ドル紙幣の分類問題では、**正規紙幣**や**偽札**というラベルを取り得るでしょう。株の評価業務では、**大幅な増益**、**大幅な減益**、**現状維持**などになるでしょう。

欠損値

ある属性の値が、未知の値であるか、もしくは存在しないこと。欠損値が発生する理由はいくつかあります。例えば、測定されていなかった、機器の不具合があった、その属性は妥当ではなかった、その属性の値は得ることができないものであった、などの理由があります。

交差検証（Cross-validation）

モデルの精度（または誤差）を評価する手法。この手法では、元となるデータを k 個の排他的な部分集合（フォールド）に正確に分割します。そして、モデルに対して k 回のトレーニングと検証を行います。各回のトレーニングは、全体から1つのフォールドを取り除いたデータで行われ、その取り除いたフォールドで検証を行います。精度の評価値は、k 個のフォールドに対する平均値が使われる場合や、あるいは、すべてのフォールドを合わせた検証用のデータに対する精度が使われる場合があります。

効用

コスト（効用／損失／利得）を参照。

誤差率

精度（誤差率）を参照。

コスト（効用／損失／利得）

実際のラベルが y であるときにこれを $\hat{y}$ と予測するために必要な代償（および利得）を定量化したもの。精度を使ってモデルを評価するときには、誤差に対して一様なコストが発生し、また、正しく分類する利得も一様である、と仮定していることになります。

混同行列（confusion matrix）

予測値と実際の分類を表示する行列。混同行列のサイズは、$l \times l$ になります。ここでの l は、異なる値を持つラベルの数です。さまざまな分類器の評価基準が、混同行列の内容に基づいて定義されています。精度、正しいものを正しく分類する確率（真陽性）、正しいものを間違っているとして分類する確率（第一種過誤率、偽陽性）、間違っているものを間違っているとして分類する確率（真陰性）、間違っているものを正しいものとして分類する確率（第二種過誤率、偽陰性）、的確さ、再現率、感度、特殊性、陽性的中率や陰性的中率などの基準が使われます。

サンプル

インスタンス（サンプル、ケース、レコード）を参照。

次元

全体として1つの性質を記述している、1つかそれ以上の属性。例えば、アメリカ合衆国における地理を記述する次元は、国、州、市の3つの属性を持ちます。時間を記述する次元は、年、月、日、時、分の5つの属性を持ちます。

スキーマ

データセットの属性と性質を記述したもの。

精度（誤差率）

あるデータセットに対するモデルの予測が正しい（誤っている）確率のこと（カバレッジも参照）。精度は、通常、独立した（学習に用いていない）データセットを使用して見積もります。この独立したデータセットは、学習の過程のいかなるときにも用いていないものです。より複雑な精度の見積もり方法には、交差検証やブートストラップが一般的に使われます。これらは、特に、小数のインスタンスしかないデータセットを扱うときに使われます。

属性（フィールド、変数、特徴）

あるインスタンスを記述する量のこと。属性は、属性の種類ごとに定義域があり、その定義域によって、その属性が取り得る値が規定されます。次のような種類の定義域が一般的です。

- カテゴリカル（記号）：限個の離散値を持ちます。**名義**型の場合は、値の間に順番がありません。これには、例えば、姓や色などが含まれます。**順序**型の場合は、値の間に順番が存在します。例えば、低、中、高などの値の場合です。

- 連続値（数量）：一般的に、実数の部分集合となります。そして、この場合、取り得る値は差を測定することができます。整数は実際には連続値と扱われます。

この本では区別していませんが、「特徴（feature）」は属性（attribute）とその値を特徴付けるものである、として区別されることがあります。例えば、色は属性ですが、「色は青いです」というインスタンスの特徴となります。ほとんどのデータ変換操作は、属性の集合に対して、特徴までは変更を加えません（例えば、属性値を再度グループ分けしたり、複数の値を持つ属性を2値の属性に変換するときなどです）。この本では、他の著者や諸先輩方を見習い、「特徴」に関しては、**属性**と同意語として扱います。

損失

コスト（効用／損失／利得）を参照。

タプル

特徴ベクトル（レコード、タプル）を参照。

知識発見

有効で、いままでになく、きっと使いやすく、理解可能なデータのパターンを特定する重要なプロセス。この定義は、「*Advances in Knowledge Discovery and Data Mining*」[Fayyad, Piatetsky-Shapiro & Smyth 1996] に記載されていたものです。

データクリーニング／クレンジング

データの質を改善するための過程で、形式や内容の修正を伴います。例えば、不正な値を除去したり修正したりします。この手順は、通常、モデリングの前に行います。しかし、その後のデータマイニングの過程で、さらなるクリーニングが望ましいことがわかる場合があり、データの質を改善する方法が示唆されることもあります。

データセット

スキーマの定義とそのスキーマに適合するインスタンスの集合。一般的に、インスタンスの順序は考慮されません。ほとんどのデータマイニ

ングでは、1つの固定形式のテーブルか、または、特徴ベクトルの集合を使います。

データマイニング
データマイニングという言葉は、いろいろな意味が詰まった表現です。データマイニングのすべての過程を指す場合もありますし、データへ特定のモデリング技術を適用してモデルを構築したり、何らかのパターンや規則性を発見したりすることを指す場合もあります。

特異度
真陰性率（混同行列を参照）。

特徴（Feature）
属性（フィールド、変数、特徴）を参照。

特徴ベクトル（レコード、タプル）
インスタンスを記述する特徴の一覧。

フィールド
属性を参照。

分類器（Classifier）
ラベル付けされていないインスタンスを、クラスにマッピングすること。分類器は、形式（例えば、分類木）に加えて、解釈の手続き（未知の値をどのように扱うか、など）を持ちます。ほとんどの分類器は、確率の推定値（もしくは尤度）も提供します。この推定値を閾値にして、目的関数や効用関数を適用した結果、どのクラスに含めるかを決めることができます。

モデル
ある構造とそれに対応する解釈のこと。それらによって、データの集合やその一部を簡潔に説明し、説明や予測をすることができます。さまざまな導出アルゴリズムによってモデルが生成されます。それらのモデルは、分類器として使われたり、回帰に使われたり、消費パターンとして使われたり、その後のデータマイニングへの入力として使われたりします。

モデルの展開
学習済みのモデルを現実世界の問題の解決のために使用すること。データマイニングの過程を評価する際には、展開を「使用」と明確に区別して使います。データマイニングにおける展開は、通常、答えがわかっているデータに基づいてシミュレーションを行う、という意味になります。

レコード
特徴ベクトル（レコード、タプル）を参照。

参考文献

Aamodt, A., & Plaza, E. (1994). Case-based reasoning: Foundational issues, methodological variations, and system approaches. *Artificial Intelligence Communications*, 7(1), 39-59. Available: http://www.iiia.csic.es/People/enric/AICom.html.

Adams, N. M., & Hand, D. J. (1999). Comparing classifiers when the misallocations costs are uncertain. *Pattern Recognition*, 32, 1139-1147.

Aha, D. W. (Ed.). (1997). *Lazy learning*. Kluwer Academic Publishers, Norwell, MA, USA.

Aha, D. W., Kibler, D., & Albert, M. K. (1991). Instance-based learning algorithms. *Machine Learning*, 6, 37-66.

Aggarwal, C., & Yu, P. (2008). *Privacy-preserving Data Mining: Models and Algorithms*. Springer, USA.

Aral, S., Muchnik, L., & Sundararajan, A. (2009). Distinguishing influence-based contagion from homophily-driven diffusion in dynamic networks. *Proceedings of the National Academy of Sciences*, 106(51), 21544-21549.

Arthur, D., & Vassilvitskii, S. (2007). K-means++: the advantages of careful seeding. In *Proceedings of the Eighteenth Annual ACM-SIAM Symposium on Discrete Algorithms*, pp. 1027-1035.

Attenberg, J., Ipeirotis, P., & Provost, F. (2011). Beat the machine: Challenging workers to find the unknown unknowns. In *Workshops at the Twenty-Fifth AAAI Conference on Artificial Intelligence*.

Attenberg, J., & Provost, F. (2010). Why label when you can search?: alternatives to active learning for applying human resources to build classification models under extreme class imbalance. In *Proceedings of the 16th ACM SIGKDD international conference on Knowledge discovery and data mining*, pp. 423-432. ACM.

Bolton, R., & Hand, D. (2002). Statistical Fraud Detection: A Review. *Statistical Science*, 17(3), 235-255.

Breiman, L., Friedman, J., Olshen, R., & Stone, C. (1984). *Classification and regression trees*. Wadsworth International Group, Belmont, CA.

Brooks, D. (2013). What Data Can't Do. *New York Times*, Feb. 18.

Brown, L., Gans, N., Mandelbaum, A., Sakov, A., Shen, H., Zeltyn, S., & Zhao, L. (2005). Statistical analysis of a telephone call center: A queueing-science perspective. *Journal of the American Statistical Association, 100*(469), 36-50.

Brynjolfsson, E., & Smith, M. (2000). Frictionless commerce- a comparison of internet and conventional retailers. *Management Science, 46*, 563-585.

Brynjolfsson, E., Hitt, L. M., & Kim, H. H. (2011). Strength in numbers: How does data-driven decision making affect firm performance?. Tech. rep., Available at SSRN: http://ssrn.com/abstract=1819486, http://dx.doi.org/10.2139/ssrn.1819486.

Business Insider (2012). The digital 100: The world's most valuable private tech companies. http://www.businessinsider.com/2012-digital-100.

Ciccarelli, F. D., Doerks, T., Von Mering, C., Creevey, C. J., Snel, B., & Bork, P. (2006). Toward automatic reconstruction of a highly resolved tree of life. *Science, 311* (5765), 1283-1287.

Clearwater, S., & Stern, E. (1991). A rule-learning program in high energy physics event classification. *Comp Physics Comm, 67*, 159-182.

Clemons, E., & Thatcher, M. (1998). Capital One: Exploiting and Information-based Strategy. In *Proceedings of the 31st Hawaii International Conference on System Sciences*.

Cohen, L., Diether, K., & Malloy, C. (2012). Legislating Stock Prices. Harvard Business School Working Paper, No. 13-010.

Cover, T., & Hart, P. (1967). Nearest neighbor pattern classification. *Information Theory, IEEE Transactions on, 13*(1), 21-27.

Crandall, D., Backstrom, L., Cosley, D., Suri, S., Huttenlocher, D., & Kleinberg, J. (2010). Inferring social ties from geographic coincidences. *Proceedings of the National Academy of Sciences, 107*(52), 22436-22441.

CRISP-DM Project (2000). Cross industry standard process for data mining. [Online; accessed 9-March-2011].

Deza, E., & Deza, M. (2006). *Dictionary of distances*. Elsevier Science.

Dietterich, T. G. (1998). Approximate statistical tests for comparing supervised classification learning algorithms. *Neural Computation, 10*, 1895-1923.

Dietterich, T. G. (2000). Ensemble methods in machine learning. *Multiple classifier systems*, 1-15.

Duhigg, C. (2012). How Companies Learn Your Secrets. *New York Times*, Feb. 19.

Elmagarmid, A., Ipeirotis, P., & Verykios, V. (2007). Duplicate record detection: A survey. *Knowledge and Data Engineering, IEEE Transactions on, 19*(1), 1-16.

Evans, R., & Fisher, D. (2002). Using decision tree induction to minimize process delays in the printing industry. In Klosgen, W., & Zytkow, J. (Eds.), *Handbook of Data Mining and Knowledge Discovery*, pp. 874-881. Oxford University Press.

Ezawa, K., Singh, M., & Norton, S. (1996). Learning goal oriented bayesian networks for telecommunications risk management. In Saitta, L. (Ed.), *Proceedings of the Thirteenth International Conference on Machine Learning*, pp. 139-147 San Francisco, CA. Morgan Kaufmann.

Fawcett, T. (2006). An introduction to ROC analysis. *Pattern Recognition Letters, 27*(8), 861-874.

Fawcett, T., & Provost, F. (1996). Combining data mining and machine learning for effective user profiling. In Simoudis, Han, & Fayyad (Eds.), *Proceedings on the Second International Conference on Knowledge Discovery and Data Mining*, pp. 8-13 Menlo Park, CA. AAAI Press.

Fawcett, T., & Provost, F. (1997). Adaptive fraud detection. *Data Mining and Knowledge Discovery, 1*(3), 291-316.

Fayyad, U., Piatetsky-shapiro, G., & Smyth, P. (1996). From data mining to knowledge discovery in databases. *AI Magazine, 17*, 37-54.

Frank, A., & Asuncion, A. (2010). UCI machine learning repository.

Friedman, J. (1997). On bias, variance, 0/1-loss, and the curse-of-dimensionality. *Data mining and knowledge discovery, 1*(1), 55-77.

Gandy, O. H. (2009). *Coming to terms with chance: Engaging rational discrimination and cumulative disadvantage.* Ashgate Publishing Company.

Goldfarb, A. & Tucker, C. (2011). Online advertising, behavioral targeting, and privacy. *Communications of the ACM 54*(5), 25-27.

Haimowitz, I., & Schwartz, H. (1997). Clustering and prediction for credit line optimization. In Fawcett, Haimowitz, Provost, & Stolfo (Eds.), *AI Approaches to Fraud Detection and Risk Management*, pp. 29-33. AAAI Press. Available as Technical Report WS-97-07.

Hand, D. J. (2008). *Statistics: A Very Short Introduction*. Oxford University Press. (邦題『統計学』上田修功訳、丸善出版、2014)

Hastie, T., Tibshirani, R., & Friedman, J. (2009). *The Elements of Statistical Learning: Data Mining, Inference, and Prediction* (Second Edition edition). Springer.

Hays, C. L. (2004). What they know about you. *The New York Times*.

Hernandez, M. A., & Stolfo, S. J. (1995). The merge/purge problem for large databases. *SIGMOD Rec., 24*, 127-138.

Hill, S., Provost, F., & Volinsky, C. (2006). Network-based marketing: Identifying likely adopters via consumer networks. *Statistical Science, 21* (2), 256-276.

Holte, R. C. (1993). Very simple classification rules perform well on most commonly used datasets. *Machine Learning, 11*, 63-91.

Ipeirotis, P., Provost, F., & Wang, J. (2010). Quality management on amazon mechanical turk. In *Proceedings of the 2010 ACM SIGKDD Workshop on*

Human Computation, pp. 64-67. ACM.

Jackson, M. (1989). *Michael Jackson's Malt Whisky Companion: a Connoisseur's Guide to the Malt Whiskies of Scotland*. Dorling Kindersley, London.

Japkowicz, N., & Stephen, S. (2002). The class imbalance problem: A systematic study. *Intelligent Data Analysis, 6* (5), 429-450.

Japkowicz, N., & Shah, M. (2011). *Evaluating Learning Algorithms: A Classification Perspective*. Cambridge University Press.

Jensen, D. D., & Cohen, P. R. (2000). Multiple comparisons in induction algorithms. *Machine Learning, 38*(3), 309-338.

Kass, G. V. (1980). An exploratory technique for investigating large quantities of categorical data. *Applied Statistics, 29*(2), 119-127.

Kohavi, R., Deng, A., Frasca, B., Longbotham, R., Walker, T., & Xu, Y. (2012). Trustworthy online controlled experiments: five puzzling outcomes explained. In *Proceedings of the 18th ACM SIGKDD international conference on Knowledge discovery and data mining*, pp. 786-794. ACM.

Kohavi, R., & Longbotham, R. (2007). Online experiments: Lessons learned. *Computer, 40* (9), 103-105.

Kolodner, J. (1993). *Case-Based Reasoning*. Morgan Kaufmann, San Mateo.

Koren, Y., Bell, R., & Volinsky, C. (2009). Matrix factorization techniques for recommender systems. *Computer, 42* (8), 30-37.

Kosinski, M., Stillwell, D., & Graepel, T. (2013). Private traits and attributes are predictable from digital records of human behavior. *Proceedings of the National Academy of Sciences*, doi: *10.1073/pnas.1218772110*.

Lapointe, F.-J., & Legendre, P. (1994). A classification of pure malt Scotch whiskies. *Applied Statistics, 43* (1), 237-257.

Leigh, D. (1995). Neural networks for credit scoring. In Goonatilake, S., & Treleaven, P. (Eds.), *Intelligent Systems for Finance and Business*, pp. 61-69. John Wiley and Sons Ltd., West Sussex, England.

Letunic, & Bork (2006). Interactive tree of life (itol): an online tool for phylogenetic tree display and annotation. *Bioinformatics, 23* (1).

Lin, J.-H., & Vitter, J. S. (1994). A theory for memory-based learning. *Machine Learning, 17*, 143-167.

Lloyd, S. P. (1982). Least square quantization in pcm. *IEEE Transactions on Information Theory, 28* (2), 129-137.

MacKay, D. (2003). *Information Theory, Inference and Learning Algorithms*, Chapter 20. An Example Inference Task: Clustering. Cambridge University Press.

MacQueen, J. B. (1967). Some methods for classification and analysis of multivariate observations. In *Proceedings of 5th Berkeley Symposium on Mathematical Statistics and Probability*, pp. 281-297. University of California

Press.

Malin, B. & Sweeney, L. (2004). How (not) to protect genomic data privacy in a distributed network: using trail re-identification to evaluate and design anonymity protection systems. *Journal of Biomedical Informatics*, 37(3), 179-192.

Martens, D., & Provost, F. (2011). Pseudo-social network targeting from consumer transaction data. Working paper CeDER-11-05, New York University - Stern School of Business.

McDowell, G. (2008). *Cracking the Coding Interview: 150 Programming Questions and Solutions*. CareerCup LLC.

McNamee, M. (2001). Credit Card Revolutionary. *Stanford Business* 69 (3).

McPherson, M., Smith-Lovin, L., & Cook, J. M. (2001). Birds of a feather: Homophily in social networks. *Annual Review of Sociology, 27*:415-444

Mitchell, T. (2010). Generative and discriminative classifiers: Naive Bayes and logistic regression. In *Machine Learning*, McGraw Hill.

Mittermayer, M., & Knolmayer, G. (2006). Text mining systems for market response to news: a survey. Working Paper No.184, Institute of Information Systems, University of Bern.

Muoio, A. (1997). They have a better idea ... do you?. *Fast Company, 10*.

Nissenbaum, H. (2010). *Privacy in context*. Stanford University Press.

Papadopoulos, A. N., & Manolopoulos, Y. (2005). *Nearest Neighbor Search: A Database Perspective*. Springer.

Pennisi, E. (2003). A tree of life. Available online only: http://www.sciencemag.org/site/feature/data/tol/.

Perlich, C., Provost, F., & Simonoff, J. (2003). Tree Induction vs. Logistic Regression: A Learning-Curve Analysis. *Journal of Machine Learning Research, 4*, 211-255.

Perlich, C., Dalessandro, B., Stitelman, O., Raeder, T., & Provost, F. Machine learning for targeted display advertising: Transfer learning in action. *Machine Learning* (in press).

Poundstone, W. (2012). *Are You Smart Enough to Work at Google?: Trick Questions, Zen-like Riddles, Insanely Difficult Puzzles, and Other Devious Interviewing Techniques You Need to Know to Get a Job Anywhere in the New Economy*. Little, Brown and Company. (邦題『Googleがほしがるスマート脳のつくり方：ニューエコノミーを生き抜くために知っておきたい入社試験の回答のコツ』ウィリアム・パウンドストーン著、桃井緑美子訳、青土社、2012)

Provost, F., & Fawcett, T. (1997). Analysis and visualization of classifier performance: Comparison under imprecise class and cost distributions. In *Proceedings of the Third International Conference on Knowledge Discovery and Data Mining (KDD-97)*, pp. 43-48 Menlo Park, CA. AAAI Press.

Provost, F., & Fawcett, T. (2001). Robust classification for imprecise environments. *Machine learning, 42*(3), 203-231.

Provost, F., Fawcett, T., & Kohavi, R. (1998). The case against accuracy estimation for comparing induction algorithms. In Shavlik, J. (Ed.), *Proceedings of ICML-98*, pp. 445-453 San Francisco, CA. Morgan Kaufmann. Available: http://home.comcast.net/~tom.fawcett/papers/ICML98-final.ps.gz.

Pyle, D. (1999). *Data preparation for data mining*. Morgan Kaufmann.

Quine, W.V.O. (1951), "Two Dogmas of Empiricism," *The Philosophical Review 60*: 20-43. Reprinted in his 1953 *From a Logical Point of View*. Harvard University Press.

Quinlan, J. R. (1993). *C4.5: Programs for machine learning*. Morgan Kaufmann.

Quinlan, J. (1986). Induction of decision trees. *Machine learning, 1* (1), 81-106.

Raeder, T., Dalessandro, B., Stitelman, O., Perlich, C., & Provost, F. (2012). Design principles of massive, robust prediction systems. In *Proceedings of the 18th ACM SIGKDD International Conference on Knowledge Discovery and Data Mining*.

Rosset, S., & Zhu, J. (2007). Piecewise linear regularized solution paths. *The Annals of Statistics, 35*(3), 1012-1030.

Schumaker, R., & Chen, H. (2010). A Discrete Stock Price Prediction Engine Based on Financial News Keywords. *IEEE Computer, 43*(1), 51-56.

Sengupta, S. (2012). Facebook's prospects may rest on trove of data.

Shakhnarovich, G., Darrell, T., & Indyk, P. (Eds.). (2005). *Nearest-Neighbor Methods in Learning and Vision*. Neural Information Processing Series. The MIT Press, Cambridge, Massachusetts, USA.

Shannon, C. E. (1948). A mathematical theory of communication. *Bell System Technical Journal, 27*, 379-423.

Shearer, C. (2000). The CRISP-DM model: The new blueprint for data mining. *Journal of Data Warehousing, 5*(4), 13-22. http://www.crisp-dm.org/News/86605.pdf.

Shmueli, G. (2010). To explain or to predict?. *Statistical Science, 25*(3), 289-310.

Silver, N. (2012). *The Signal and the Noise*. The Penguin Press HC. (邦題『シグナル&ノイズ：天才データアナリストの「予測学」』ネイト・シルバー著、川添節子訳、日経BP社、2013)

Solove, D. (2006). A taxonomy of privacy. *University of Pennsylvania Law Review, 154*(3), 477-564.

Stein, R. M. (2005). The relationship between default prediction and lending profits: Integrating ROC analysis and loan pricing. *Journal of Banking and Finance, 29*, 1213-1236.

Sugden, A. M., Jasny, B. R., Culotta, E., & Pennisi, E. (2003). Charting the evolutionary history of life. *Science, 300*(5626).

Swets, J. (1988). Measuring the accuracy of diagnostic systems. *Science, 240*, 1285-1293.

Swets, J. A. (1996). *Signal Detection Theory and ROC Analysis in Psychology and Diagnostics:*

Collected Papers. Lawrence Erlbaum Associates, Mahwah, NJ.

Swets, J. A., Dawes, R. M., & Monahan, J. (2000). Better decisions through science. *Scientific American*, *283*, 82-87.

Tambe, P. (2012). How the IT workforce affects returns to IT innovation: Evidence from big data analytics. Working Paper, NYU Stern.

WEKA (2001). Weka machine learning software. Available from http://www.cs.waikato.ac.nz/~ml/index.html.

Wikipedia (2012). Determining the number of clusters in a data set. *Wikipedia, the free encyclopedia*. [Online; accessed 14-February-2013].

Wilcoxon, F. (1945). Individual comparisons by ranking methods. *Biometrics Bulletin*, *1* (6), 80-83. Available: http://sci2s.ugr.es/keel/pdf/algorithm/articulo/wilcoxon1945.pdf.

Winterberry Group (2010). Beyond the grey areas: Transparency, brand safety and the future of online advertising. White Paper, Winterberry Group LLC. http://www.winterberrygroup.com/ourinsights/wp

Wishart, D. (2006). *Whisky Classified*. Pavilion.

Witten, I., & Frank, E. (2000). *Data mining: Practical machine learning tools and techniques with Java implementations*. Morgan Kaufmann, San Francisco. Software available from http://www.cs.waikato.ac.nz/¥~ml/weka/.

Zadrozny, B. (2004). Learning and evaluating classifiers under sample selection bias. In *Proceedings of the twenty-first international conference on Machine learning*, p. 114. ACM.

Zadrozny, B., & Elkan, C. (2001). Learning and making decisions when costs and probabilities are both unknown. In *Proceedings of the seventh ACM SIGKDD international conference on Knowledge discovery and data mining*, pp. 204-213. ACM.

索引

数字

0‐1損失（zero-one loss） 102
2値の分類器（binary classifier） 238
2次元ガウス分布（2-D Gaussian distribution） ... 335

A

ACM SIGKDD 355, 383
Amazon 1, 8, 10, 13, 153
　　競争相手 353
　　クラウドストレージ 350
　　データサイエンスサービス 350
and 演算子 264
AT&T 317

B

bag of words アプローチ 279
Bayes, Thomas（ベイズ、トーマス） 261
bi-grams（バイグラム） 292
Bing 277, 278

C

CRISP サイクル 40
　　アプローチ 40
　　戦略 40

CRISP-DM（Cross Industry Standard Process for Data Mining） 17, 30-40
　　ソフトウェア開発サイクル 40-41
　　データの収集 33-34
　　データの理解 32-34
　　ビジネスの理解 31
　　評価 35-37
　　モデリング 35

F

Facebook 13, 277, 351
　　「いいね！」の例 270-273
　　オンライン消費者を対象とした広告 256

G

GMM（ガウス分布モデル） 336
Google 277, 278, 358
　　Prediction API 350
　　Scholar 384
　　検索広告 256
Google ファイナンス 298
GUI（graphical user interface） 43

I

IBM 151, 193, 358, 359
IDF（Inverse Document Frequency、逆文書頻度）
.... 283
    TFIDF 284
    エントロピー 289-305
    単語の出現頻度 284
IQ 271-272
IR（情報検索） 279
iris データの例
    線形関数のオーバーフィッティング 128-131
    データから線形判別器を見つけ出す 96-116
iTunes 25, 193

K

KDD（Knowledge Discovery and Data Mining）
.... 47
    データマイニングコンペティション 2009
.... 243-251
    分析技術 46-47
KDD 杯（KDD Cup） 355
k- 近傍（k-NN） 245
    モデル 343
k- 平均法（k-means algorithm） 183

L

L1- ノルム（L1 norm） 171
log-odds 106
log-odds 線形関数 107

M

Magnum Opus システム 329
Mann-Whitney-Wilcoxon 検定 240
Mechanical Turk 384

N

NASDAQ 298
Netflix 8, 153, 339
Netflix チャレンジ 338-342, 350
N-gram（N- グラム） 292

O

oDesk 384
OLAP（オンライン分析処理） 44

P

Prediction API（Google） 350

R

Reddit 277
ROC 曲線の下の面積
    （area under ROC curves、AUC） 240, 246, 247

S

Shannon, Claude（シャノン、クロード） 60
SQL 43

T

TFIDF 値（TFIDF value）
    位置情報への適用 375
    テキスト表現 284
TFIDF スコア 189
tri-gram（トリグラム） 292
Tumblr 256
Twitter 277

U

UCI データセットリポジトリ 96-101

W
Web 2.0 277
Web サービス 256

Y
Yahoo! 256
Yahoo! ファイナンス 298

あ行
アソシエーションの検出（association discovery）
324-332
 Facebook の「いいね！」............328-332
 Magnum Opus システム 329
 意外性 325-327
 ビールと宝くじの例 327-328
 マーケット・バスケット分析 328-332
値の推定（value estimation）................... 24
アドインプレッション（ad impression）.............. 257
誤った汎化（incorrect generalization）................ 132
アルゴリズム（algorithm）
 k- 平均法 184
 クラスタリング 183
 データマイニング 22
 モデリング 143
アンサンブル手法（ensemble method）........342-345
安定（stable）... 296
「いいね！」（Likes）................................ 256
意外性（surprisingness）....................325-327
意思決定（decision-making）...................... 8
異質な属性（heterogeneous attribute）............... 169
一般化（generalization）......................... 211
意味上の類似（semantic similarity）.............. 192
入れ子の交差検証（nested cross-validation）...... 143
因果関係（causation）............................. 192
因果の範囲（causal radius）..................... 296

因果モデリング（casual modeling）........ 26
インスタンス（instance）......................... 54
 オンライン消費者を対象とした広告 256
 塊 128
 スコア付け 201
インスタンスベース学習（instance-based learning）
 163
陰性（negative）...................................... 204
インターネット（Internet）..................... 276
インターネットバブル（Dotcom Boom）..... 304, 353
インデックス（index）............................ 187
ウィスキーの例（whiskey example）
 教師あり学習を使ってクラスタの説明を生成
195-198
 クラスタリング 177
 最近傍 155-158
ウィスコンシン乳癌データセット（Wisconsin Breast Cancer Dataset）..................... 112
ウォルマート（Wal-Mart）................. 1, 3, 7
影響（influence）...................................... 26
エビデンス（evidence）
 確率の計算 261, 263
 強く依存 267
 尤度 264
エビデンスのリフト値（evidence lift）
 Facebook の「いいね！」の例 270-273
 単純ベイズを使ったモデリング 268-269
演繹法（deduction）................................. 56
エンジニアリング（engineering）..... 19, 31
 問題 323
エントロピー（entropy）............. 60, 68, 86
 IDF との関係 289
 グラフ 68
 式 60
 変化 61

オーバーフィッティング（overfitting）
................................19, 83, 119-147, 370
　アンサンブル手法... 345
　回避.............................122, 128, 140-146
　回避する一般的な手法...............................142-144
　学習曲線との違い.......................................138-139
　交差検定の例...134-137
　最近傍を使った推論.....................................163-166
　数学関数...127-128
　性能低下...131-134
　線形関数...128-131
　ツリー帰納法...124-127, 140
　パラメータの最適化...................................144-146
　汎化...119-120
　評価.. 122
　フィッティンググラフ................................122-124
　複雑性のコントロール...............................140-146
　ホールドアウトデータ...............................122-124
　ホールドアウト評価...................................... 134
オッズ（odd）.. 105, 106
重み付き投票（weighted voting）.......................... 161
重み付きのスコアリング（weighted scoring）
.... 162, 341
音声認識システム（speech recognition system）
.... 351
オンライン処理（on-line processing）.................... 44
オンライン分析処理（On-line Analytical
　Processing：OLAP）................................... 44

か行

回帰（regression）..................................... 22, 23, 151
　アンサンブル手法... 342
　教師ありセグメンテーション......................... 65
　教師ありデータマイニング........................... 29
　最小二乗.. 103
　分類.. 23
　モデルの構築.. 32
　リッジ... 146
　ロジスティック... 128
回帰木（regression tree）................................. 73, 346
回帰モデル（regression model）......................... 211
階層的クラスタリング（hierarchical clustering）
....177-182
ガウス分布（Gaussian distribution）............ 103, 333
ガウス分布モデル（Gaussian Mixture Model：
　GMM）.. 336
限られたデータセット（limited dataset）............ 134
核関数（kernel function）...................................... 114
学習（learning）
　機械..46-47
　教師あり...27, 195-198
　教師なし.. 27
　漸進的... 267
　パラメータ.. 90
学習曲線（learning curve）........................... 134, 148
　オーバーフィッティングとの違い...........138-139
　ツリー帰納法... 139
　フィッティンググラフ................................... 139
　分析的な用途... 139
　ロジスティック回帰....................................... 139
確率（probability）...110-110
　エビデンス... 263
　基本ルール... 219
　結合..259-261
　誤差... 216
　最近傍を使った推論....................................... 160
　事後..263-264
　事前... 263
　条件付き... 259
　条件なし... 261, 263

独立事象 259-261
確率推定木（probability estimation tree）........ 73, 81
確率的トピックモデル（Probabilistic Topic Model）
.... 294
確率の表記（probability notation）................ 258-259
確率論（probability theory）.......................... 258-261
確率論的にエビデンスを結合する（probabilistic evidence combination）
　　確率論 258-261
　　ベイズの法則 261-269
仮説（hypothesis）.. 261
仮説検定（hypothesis test）.................................. 140
仮説生成（hypothesis generation）......................... 42
偏り（bias）... 342-345
偏り（skew）... 207
株価変動予測の例（stock price movement example）... 295-305
株式市場（stock market）..................................... 295
刈り込み（pruning）... 141
関数（function）
　　log-odds 107
　　核 114
　　結合 158
　　損失 102
　　複雑性 127, 131
　　分類 93
　　変数を増やす 130
　　目的 116
　　連結 180
　　ロジスティック 108
機械学習（machine learning）
　　手法 46
　　分析技術 46-47
樹形図（dendrogram）... 178
幾何的解釈（geometric interpretation）......... 163-166

企業グラフデータ（firmographic data）................ 24
企業秘密（trade secret）....................................... 354
企業文化（company culture）............................... 354
木構造モデル（tree-structured model）
　　回帰 73
　　確率推定 73, 81
　　刈り込み 141
　　教師ありセグメンテーション 71-73
　　決定 72
　　ゴール 73
　　作成 73
　　制限 127
　　分類 72
気候統計（climatology）....................................... 223
擬似相関（spurious correlation）.......................... 131
技術（technology）
　　データサイエンスの理論 19
　　適用 41
　　ビッグデータ 9
　　分析 33
記述モデリング（descriptive modeling）............... 54
期待値（expected value）................................ 211-222
　　一般式 212
　　計算 291
　　誤差率 216
　　損益行列 216-223
　　分解 316-320
　　分類器の評価 214-216
　　分類器を使うための枠組み 212-214
期待値フレームワーク（expected value framework）
.... 370
　　ビジネス上の問題を分解し解決策を再構成する 308-311
　　複雑なビジネス上の問題を構造化 313-314
期待利益（expected profit）............................ 232-235

計算	215
不確実性	235
分類器	210

帰納法（induction） ... 56
帰納法的なモデリング手法（model induction） ... 56
キノコの例（mushroom example） ... 66-71
基本原則（fundamental principle） ... 2
基本的な考え（fundamental idea） ... 72
逆文書頻度（Inverse Document Frequency：IDF）
　... 283
キャピタル・ワン社（Capital One） ... 13, 318
急騰（surge） ... 296
急落（plunge） ... 296
共起グルーピング（co-occurrence grouping）
　... 24-25, 324-332
意外性	325-327
ビールと宝くじの例	327-328
マーケット・バスケット分析	328-332

教師あり学習（supervised learning）
クラスタの説明を生成	195-198
手法	196
用語	27

教師ありセグメンテーション（supervised segmentation） ... 51-53, 57-77, 176
エントロピー	60
回帰問題	66
木構造モデル	71-73
作成	71
性能	53
属性選択	58-71
ツリー帰納法	73-77
データセットの純粋さ	60

教師ありデータ（supervised data） ... 51-53, 86

教師ありデータマイニング（supervised data mining）
回帰	29
教師なしとの比較	27-29
サブクラス	29
条件	27
分類	29

教師なし学習（unsupervised learning） ... 27
教師なし手法（unsupervised method） ... 27-29
教師なしセグメンテーション（unsupervised segmentation） ... 199
教師なしの課題（unsupervised problem） ... 201
共通のタスク（common task） ... 21-26, 21
強度（strength） ... 325, 327
業務知識（domain knowledge）
| 最近傍を使った推論 | 168-169 |
| データマイニングプロセス | 168 |

行列因数分解法（matrix factorization） ... 294
距離（distance） ... 153
距離関数（distance function） ... 170-174
近傍（neighbor）
| 取得 | 161 |
| 分類 | 158 |

近傍探索（neighbor retrieval） ... 169
金融市場（financial market） ... 295
クエリ（query） ... 43
| 属性 | 45 |
| ツール | 45 |

クッキー（cookie） ... 257
クラウドソーシング（cloud sourcing） ... 384
クラス（class）
エビデンスが発生する確率	265
混同	206
事前確率	219, 235, 240, 242, 263
重複がない	266

分離 131
　　漏れがない 266
　　ラベル 110
クラス確率（class probability）.....2, 24, 104-114, 342
クラスタ（cluster）.. 151, 193
　　調べる 193
　　中心 183
　　歪み 186
クラスタリング（clustering）............24, 176-198, 275
　　アルゴリズム 183
　　ウィスキーの例 177
　　階層的 177-182
　　教師あり学習 195-198
　　最近傍 183-187
　　セントロイドを用いる 187
　　ソフト 336
　　データの収集 187-189
　　ビジネスニュース記事の例 187-193
　　プロファイリング 333
グラフ（graph）
　　エントロピー 68
　　フィッティング 134, 148
クレジットカードの取引（credit-card transaction）
　　...33, 332
携帯電話の不正利用（wireless fraud example）
　　...379
携帯電話乗り換えの例（cellular churn example）
　　偏ったクラス 207
　　等しくないコストと利益 210
警報（alarm）... 205
ケース（case）......................................230-251
結合確率（joint probability）................. 259
結合関数（combining function）............158, 174-176
欠損値（missing value）........................... 34
決定株（decision stump）........................ 225

決定木（decision tree）............................. 72
決定境界（decision boundary）.......... 79, 91
決定線（decision line）............................. 79
決定ノード（decision node）................... 72
決定面（decision surface）....................... 79
原因説明（causal explanation）............ 346
原因分析（causal analysis）.................. 316
言語構造（linguistic structure）........... 277
検索エンジン（search engine）............. 277
検索広告（search advertising）............. 256
検証セット（validation set）................. 142
原則（principle）..................................... 6, 26
広告（advertising）.................................. 255
交差検証（cross-validation）........... 134, 148
　　入れ子の 142
　　オーバーフィッティング 134-137
　　データセット 134
　　始め 135
構造（structure）.. 46
構造化（structuring）................................ 32
構造上の類似（syntactic similarity）..... 192
コーパス（corpus）.................................. 279
ゴール（goal）... 95
コールセンターの例（call center example）...333-336
顧客の映画の好みの例（consumer movie-viewing preferences example）......................... 338
顧客の声（consumer voice）..................... 10
顧客のつなぎ止め（customer retention）................. 4
顧客の乗り換え（customer churn）......................... 4
　　交差検定 137
　　習熟した企業 366
　　ツリー帰納法で解く 83-86
　　分析工学 312-320
国勢調査局経済調査（Census Bureau Economic Survey）.. 41

誤警報率（false alarm rate） 237
誤差（error）
  計算 103
  絶対 103
  二乗 102
  偽陰性と偽陽性 206
コサイン距離（cosine distance） 172, 173
コサイン類似度（cosine similarity） 172
コサイン類似度関数（Cosine Similarity function）
  289
誤差率（error rate） 206, 216
コスト（cost）
  推定 216
  データ 32
  利益の計算の基礎 235
コスト行列（cost matrix） 233
固有表現抽出（named entity extraction）.......292-293
コンテキスト（context） 278
混同行列（confusion matrix）
  対応した期待値 232
  分類器による生成 231
  真陽性率と偽陰性率 236
  モデルの評価 206-207

さ行

サービス利用量（service usage） 24
最近傍（nearest neighbor）
  アンサンブル手法 342
  クラスタリング 183-187
  セントロイド 183-187
最近傍法（nearest-neighbor method）
  KDD 杯乗り換え問題 245-251
  利益 169
最近傍を使った推論（nearest-neighbor reasoning）
 155-158

異質な属性 170
ウィスキーの分析 155-158
オーバーフィッティング 163-166
回帰 160
確率推定 160
幾何的解釈 163-166
業務知識 168-169
距離関数 170-174
近傍の数と影響 161-162
近傍を使って評価する 174-176
計算効率 169
結合関数 174-176
次元 168-169
性能 169
複雑性のコントロール 163-166
分類 158-161
予測 モデリング 158
理解しやすさ 167-168
再現率（recall） 222
最小二乗回帰（least squares regression）... 103, 104
最適化（optimizing） 95
最尤度モデル（maximum likelihood model） 333
サブタスク（subtask） 22
サブトレーニングセット（sub-training set） 142
サポートベクターマシン（support vector machine）
  .... 95, 128
  線形判別 98-101
  パラメトリックモデリング 114-116
  非線形 98, 115
  目的関数 98
サンプル内精度（in-sample accuracy） 123
シーザーズ・エンターテインメント（Caesars Entertainment） 13
式（equation）
  L1-ノルム 171

log-odds 線形関数 107
一般的な線形モデル 94
エントロピー 60
コサイン距離 172
ジャッカード距離 172
情報利得（IG） 62
多数決での評価関数 174
多数決投票による分類 174
マンハッタン距離 171
ユークリッド距離 155
類似抑制を行った場合の回帰 175
類似抑制を行った場合の評価 175
類似抑制を行った場合の分類 175
ロジスティック関数 108

閾値（threshold）
　分類 232
　利益曲線 232

識別型モデリング手法（discriminative modeling method） 272
シグネット銀行（Signet Bank） 11, 319
時系列（time series） 298
次元（dimensionality） 168-169
事後確率（posterior probability） 263
支持度（support） 327

事象（event）
　確率 259
　独立 259-261

事前確率（prior probability） 263
自動的な意思決定（automatic decision-making） 8
ジニ係数（Gini Coefficient） 240
指標（indix） 187
ジャズミュージシャンの例（Jazz musicians example） 285-289
ジャッカード距離（Jaccard distance） 171
シャノン、クロード（Shannon, Claude） 60

収益性の高い顧客（profitable customer） 47
集合（set） 279
修飾語（modifier） 304
従属変数（dependent variable） 55
主観的な事前確率（subjective prior） 263
受信者動作特性（Receiver Operating Characteristics、ROC）
　KDD 杯乗り換え問題 248
　ROC 曲線の下の面積（AUC） 240
　グラフ 235-240
純粋さ（purity） 60
準備（preparation） 34
条件付き確率（conditional probability） 259
条件付き独立性仮定（conditional independence）
　条件なし 265
　ベイズの法則 261
条件付けのバー（conditioning bar） 259
条件なし独立性仮定（unconditional independence）
　... 265
条件なしの確率（unconditional probability）
　仮説とエビデンス 261
　事前確率 263
消費者（consumer） 255-258
情報（information）
　測る 62
　判断 57
情報価値のある属性（informative attribute） ... 53, 71
情報検索（Information Retrieval：IR） 279
情報トリアージ（information triage） 305
情報利得（information gain、IG） 60, 86, 304
　式 62
　使用 66
　属性選択 66-71
　定義 61
　適用 66-71

索引

事例ベース推論（Case-Based Reasoning）.......... 163
信頼後（confidence）.. 325
心理データ（psychometric data）........................ 328
推定（estimation）.. 81
推論（reasoning）.. 151
数学関数（mathematical function）................127-128
数値属性（numeric variable）.................................... 65
スコアリング（scoring）.. 24
スターバックス（Starbucks）................................. 375
ステミング（stemming）................................. 281, 286
ストップワード（stopword）.......................... 281, 282
スパム（spam）.. 258
スパム検知システム（spam detection system）... 258
スパムでない（not-spam）..................................... 258
正規化（normalization）... 281
正規分布（Normal distribution）................... 103, 333
生成についての問い（generative question）........ 263
正則化（regularization）................................. 145, 148
精度（accuracy）... 205
性能（performance）...131-134
性能分析（performance analytics）................243-251
生命の樹（Tree of Life）... 180
制約（constraint）
 戦力.. 234
 予算.. 234
セグメンテーション（segmentation）
 教師あり.. 176
 教師なし.. 199
 最適なものを作る.. 65
絶対誤差（absolute error）..................................... 103
説明変数（explanatory variable）............................ 55
線形回帰（linear regression）................................. 103
線形境界（linear boundary）.................................. 130
線形判別（linear discriminant）............................... 93
 インスタンスを採点しランク付けする............. 98

関数...93-95
 サポートベクターマシン..............................98-101
線形分類器（linear classifier）.................................. 93
 サポートベクターマシン..............................98-101
 線形判別関数...93-95
 パラメトリックモデリング................................. 94
 目的関数の最適化... 95
線形モデル（linear model）..................................... 90
潜在的意味インデキシング（Latent Semantic Indexing）.. 294
潜在的情報（latent information）....................338-342
 重み付け.. 341
 顧客の映画の好みの例....................................... 338
潜在的情報モデル（latent information model）... 295
潜在的ディレクレ配分法（Latent Dirichlet Allocation）... 294
漸進的学習（incremental learning）...................... 267
選択（selecting）
 情報価値の高い属性... 58
 属性... 51
 変数... 51
選択バイアス（selection bias）........................311-312
セントロイド（centroid）................................183–193
 場所... 185
セントロイドを用いるクラスタリング（centroid-based clustering）........................183-187
戦略（strategy）.. 40
戦力の制約（workforce constraint）...................... 234
相関（correlation）... 22, 43
 因果関係... 192
ソーシャルレコメンド（social recommendation）
....337-338
属性（attribute）.. 54
 異質... 169
 探す... 51

変数の特徴 54
属性選択（attribute selection）...51, 58-77, 66-71, 370
ソフトウェア開発（software development）.......... 40
ソフトウェア工学（software engineering）.......... 366
ソフトウェアスキル（software skill）..................... 40
ソフトなクラスタリング（soft clustering）.......... 336
損益行列（cost-benefit matrix）............. 217, 218, 222
損失関数（loss function）... 102

た行

ターゲット広告の例（targeted ad example）
....255-258
　単純ベイズ 272
　プライバシー保護.. 381
ターゲット社（Target）... 7
ターゲット変数（target variable）.......................... 66
ターゲットマーケティング（targeted marketing）
....308-312
体系立てた考え方（structured thinking）.............. 17
対数正規分布（log-normal distribution）.............. 334
多項式の核関数（polynomial kernel）................... 114
多重集合（multiset）.. 279
多重比較（multiple comparison）........................... 147
多数決（majority voting）.. 161
多数決での評価関数（majority scoring function）174
多数決投票による分類（majority vote classification）.. 174
多数決分類器（majority classifier）........................ 224
タスク（task）
　アソシエーション 324-332
　アンサンブル手法....................................342-345
　重なり 46
　偏り 342-345
　共起 324-332
　潜在的情報 338-342

ソーシャルレコメンド 337-338
データ削減 338-342
データ主導による原因説明......................346-347
バイラルマーケティングの例..................346-347
プロファイリング......................................332-337
分散 342-345
分類 23
マーケット・バスケット分析..................328-332
リンク予測 337-338
単語（word）
　シーケンス 292
　修飾語 304
　長さ 278
探索的データマイニング（exploratory data mining）
.... 370
単純単純ベイズ（Naive-Naive Bayes）...........268-269
単純ベイズ（Naive Bayes）.............................264-266
　KDD杯乗り換え問題................................245-251
　エビデンスのリフト値のモデル 268-269
　条件付き独立性仮定 264-270
　性能 267
　ターゲット広告の例 272
　メリットとデメリット 267
地域の商品需要（local demand）.................................. 3
遅延学習（lazy learning）.. 163
逐次後退消去（sequential backward elimination）
.... 144
逐次前進選択（sequential forward selection：SFS）
.... 144
知識の抽出（knowledge extraction）..................... 370
知的財産（intellectual property）........................... 354
地方の配送センター（regional distribution center）
.... 324
重複カウント（double counting）........................... 221
超平面（hyperplane）....................................... 79, 93

索引

強く依存し合うエビデンス（strongly dependent evidence）.. 267
ツリー帰納法（tree induction）............................... 52
 アンサンブル手法... 345
 オーバーフィッティング...........124-127, 140-142
 学習曲線.. 139
 教師ありセグメンテーション 73-77
 制限 141
 問題 140
 ロジスティック回帰との比較................... 110-114
提案（proposal）................................361-364, 391-394
ディスプレイ広告（display advertising）............. 255
データ（data）
 コスト 32
 取得 319
 戦略的資産としての.. 13
 投資 319
 トレーニング 53, 56
 変換 34
 ホールドアウト 122
 ラベル付き 56
データウェアハウス（data warehousing）............. 45
データサイエンス（data science）
 ....1-20, 349-366, 369-386
 エンジニアリング..6-8, 19
 技術と理論 19
 技能 356
 技法 6
 基本原則 2, 6, 21
 クラウドソーシング................................... 384-385
 限界 377-381
 構造 46
 顧客の乗り換えの予測 4
 個人データのマイニング...........................381-383
 習熟度 364-367

商品需要の予測.. 3
事例の評価.. 360
進化 9-10
戦略的資産としての....................................... 10-14
ソフトウェア工学... 366
データサイエンスエンジニア 40
データ主導による意思決定..............................6-8
データ主導によるビジネス................................. 8
データ処理...8-9
データ分析思考...14-15
データマイニング.................................2, 17-19
人間の関与..377-381
人間の知識..377-381
ハリケーン・フランシスの例............................. 3
ビジネスチャンス..1-3
ビッグデータ..8-9
プライバシーと倫理.....................................381-383
プロセス 6
ベースラインの手法.. 273
モバイルデバイスデータのマイニングの例
....372-376
理解 2, 8
歴史 46
データサイエンティスト（data scientist）
 学術分野 359
 惹き付け育てる...358-360
 評価 354-356
 マネジメント 356-358
データ削減（data reduction）...............25-26, 338-342
データ主導による意思決定（data-driven decision-making）..6-8
 発見 7
 利益 6
データ主導による原因説明（data-driven causal explanation）..346-347

データ主導によるビジネス（data-driven business）
　データサイエンス 8
　理解 8
データ処理（data processing） 8
データセット（dataset） 55
　エントロピー 68
　限られた 134
　交差検定 134
　属性 128
　分析 53
データ探索（data exploration） 198-201
データの収集（data preparation） 34, 275
データの前処理（data preprocessing） 300-301
データの理解（data understanding） 32-34
　期待値の分解 316-320
　期待値フレームワーク 313-314
データ分析（data analysis） 4, 22
データ分析思考（data-analytic thinking）...........14-15
　偏ったクラス 207
　ビジネス戦略 349-351
データベースクエリ（database query） 43-44
データベーステーブル（database table） 55
データ変換（converting data） 34
データマイニング（data mining） 21-49
　CRISP標準プロセス 30-40
　アルゴリズム 22
　技術 38
　基本的な考え 72
　教師あり手法と教師なし手法の比較 27-29
　業務知識 169
　システム 38
　初期段階 29
　スキル 40
　成果 29-30, 37
　ソフトウェア開発サイクル 40-41
　段階 17
　データサイエンス 2, 17-19
　適用 47-48, 57
　プロセス 30-40
　ベイズの法則 264
データマイニングによる改善提案の例（data mining proposal example） 362-363
テーブル（table） 55
テーブルモデル（table model） 120, 123
適合率（precision） 222
テキスト（text） 275
　ジャズミュージシャンの例 285-289
　データ 275
　テキスト処理 275
　テキスト表現 278-285
　なぜ重要なのか 276
　比較的汚い 279
　非構造的なデータ 277-278
テキスト表現（text representation） 278-285
　bag of wordsアプローチ 279
　N-gram 292
　TFIDF 284
　位置情報 375
　株価変動予測の例 295-305
　希少性の測定 283
　結果 301-305
　固有表現抽出 292-293
　ジャズミュージシャンの例 285-289
　定義 295-298
　データの収集 298-300
　データの前処理 300-301
　トピックモデル 293-295
　ニュース記事マイニングの例 295-305
　用語出現頻度 280-282
デシジョンノード（decision node） 72

テスト（testing） 134
テストセット（test set） 123
テストデータ（test data） 142
天気予報（weather forecasting） 223
デンドログラム（dendrogram） 178
同義語（synonyms） 279
統計（statistics）
　　研究分野 42
　　要約統計量 41
同形異義語（homograph） 279
投資（investment） 223-226
トークン（token） 279
ドキュメント（document） 279
特徴（characteristic） 47
特徴（feature） 54, 55
特徴ベクトル（feature vector） 54
独立（independence）
　　エビデンスのリフト値 270
　　確率 259-261
　　条件なしと条件付き 265
独立事象（independent event） 259-261
独立変数（independent variable） 55
特許（patent） 354
トピックモデル（topic model） 293-295
トピックレイヤ（topic layer） 293
トレーニングセット（training set） 123
トレーニングデータ（training data）53, 56, 121, 122
　　使用 134, 139, 148
　　制限 344
　　評価 122, 363
トロント大学（University of Toronto） 381

な行

二乗誤差（squared error） 102

二乗平均平方根誤差（root-mean-squared error）
　　... 211
偽陰性（false negative） 206, 207, 210, 218
偽陰性率（false negative rate） 222
偽陽性（false positives） 206, 207, 210, 217
偽陽性率（false positive rate） 222, 237-240
乳癌の例（breast cancer example） 110-114
ニューヨーク証券取引所（New York Stock
　　Exchange） 298
ニューラルネットワーク（neural network） ..114-116
　　使用 116
　　パラメトリックモデリング 114-116
人間の関与（human interaction） 377-381
能力習熟モデル（Capability Maturity Model）
　　... 365, 366
乗り換え（churn） 4, 17, 208
　　期待値 215
　　変数を見つける 19
　　モデルの性能分析 243-251
乗り換え予測（churn prediction） 351

は行

バイラルマーケティングの例（viral marketing
　　example） 346-347
パイロット研究（pilot study） 40
外れ値（outlier） 180
パターン（pattern）
　　探す 29
　　抽出 17
バッグ（bag） 279
発見（discovery） 7
ハッシュメソッド（hashing method） 169
パラメータ学習（parameter learning） 90
パラメータで表現された数値関数（parameterized
　　numeric function） 334

パラメトリックモデリング（parametric modeling）
.... 90
　クラス確率推定...............................104-114
　サポートベクターマシン............................114-116
　線形回帰...............................101-104
　線形分類器................................. 94
　ニューラルネットワーク.........................114-116
　非線形関数................................114-116
　ロジスティック回帰...............................104-114
ハリケーン・フランシスの例（Hurricane Frances example）.. 3
汎化（generalization）
　誤った.. 132
　オーバーフィッティング.........................119-120
　分散.. 134, 148
　平均.. 134, 148
汎化性能（generalization performance）..... 122, 134
　評価.. 134
反事実的な分析（counterfactual analysis）.......... 316
判断（judgment）... 152
ビールと宝くじの例（beer and lottery example）
....327-328
非構造的なデータ（unstructured data）............... 277
ビジネス課題（business problem）
　解決策の考え方を変える.......................376-377
　期待値フレームワーク..................308-311, 313-314
　工学的な問題との違い....................................... 323
　探索的データマイニング... 370
　提案の評価.. 361
　データ探索..198-201
ビジネス戦略（business strategy）.................349-366
　意見に耳を傾ける.. 361
　競合優位................................351-352, 353-358
　事例の評価.. 360
　蓄積された優位性................................353-354

知的財産... 354
提案の評価...361-364
データサイエンスの習熟度.......................364-367
データサイエンスのマネジメント力........356-358
データサイエンティスト............................354-356
データ分析思考...349-351
付随的な無形資産.. 354
ビジネスニュース記事の例（business news stories example）...187-193
非線形サポートベクターマシン（non-linear support vector machine）.. 98, 115
ピタゴラスの定理（Pythagorean Theorem）....... 154
ビッグデータ（Big Data）
　Amazon と Google.. 350
　進化...9-10
　データサイエンス..8-9
ビッグデータ技術（big data technology）................. 9
　現状.. 9
ヒット率（hit rate）...................................... 237, 240
評価（evaluation）.. 35
評価フレームワーク（evaluation framework）........ 37
標準的な線形回帰（standard linear regression）
.... 103
ヒンジ損失（hinge loss）............................. 101, 102
頻度（frequency）.. 283
頻度ベースの推定（frequency-based estimate）
.... 81, 83
フィッティング（fitting）
...................110, 121-124, 134, 139, 148, 246-247
フォールド（fold）....................................... 135, 137
複雑性（complexity）.. 139
複雑性のコントロール（complexity control）
....140-146, 144
　アンサンブル手法.. 345
　最近傍を使った推論.......................................163-166

符号の一貫性（sign consistency）......................... 221
付随的な無形資産（intangible collateral asset）
　.. 354
不正検出（fraud detection）..................... 33, 235, 351
プライバシーとデータマイニング（privacy and data
　mining）... 381-383
プライバシー保護（privacy protection）............... 381
ブラウザクッキー（browser cookie）..................... 257
ブラックショールズモデル（Black-Sholes model）
　.. 53
振る舞い（behavior）... 25
フレーズ抽出（phrase extraction）......................... 293
プロキシラベル（proxy label）................................. 318
ブログ投稿（blog posting）........................... 256, 277
プロセス（process）.. 6
プロファイリング（profiling）.................. 25, 332-337
　　顧客の映画の好みの例..................................... 338
　　分布が左右対称でない..................................... 333
分散（variance）... 66
　　アンサンブル手法.................................342-345
　　汎化...134, 148
文書（document）.. 279
分析（analysis）
　　学習曲線.. 139
　　反事実.. 316
分析技術（analytic technique）............41-48, 203-227
　　OLAP... 44
　　一般化.. 211
　　回帰分析.. 45
　　機械学習..46-47
　　基準性能...223-226
　　期待値..211-222
　　混同行列...206-207
　　データウェアハウス... 45
　　データベースクエリ....................................43-44

統計 41-43
ビジネス課題の解決 47-48
分類精度 205
分析工学（analytic engineering）....................307-321
　　インセンティブの影響を評価...................315-316
　　期待値の分解 316-320
　　寄付金の最大化 308-312
　　選択バイアス 311-312
　　乗り換え問題の例 312-320
　　ビジネス上の問題を分解し解決策を再構成する
　　...308-311
分析スキル（analytic skill）....................................... 41
分析ソリューション（analytic solution）................ 17
分析ツール（analytic tool）..................................... 122
分布（distribution）
　　ガウス 103
　　正規 103
文脈（context）.. 278
分類（classification）................................... 2, 22, 151
　　アンサンブル手法 342
　　回帰 23
　　教師ありデータマイニング............................ 29
　　近傍 158
　　ベイズの法則 263
　　モデルの構築 31
　　ランク付けとの比較 230-231
分類関数（classification function）.......................... 93
分類木（classification tree）....................................... 72
　　KDD 杯乗り換え問題................................245-251
　　アンサンブル手法 345
　　視覚化 77-79
　　導出 77
　　予測モデル 72
　　ルールの集まりとしての.............................79-80
　　ロジスティック回帰....................................... 137

分類器（classifier）... 231
    ROC グラフ 238
    インスタンスにスコアを与える 231
    混同行列の生成.................................... 231
    使用条件 240
    線形 93
    単純ベイズ 265
    ベースライン 267
    保守的 237
    ランダム 234
    離散的 236
    リフト 241
    累積反応曲線 241-242
分類器の精度（classifier accuracy）..................... 204
分類精度（classification accuracy）
    偏ったクラス 207-209
    期待値を使って評価 214-216
    計測 205
    混同行列 206-207
    等しくないコストと利益 210
分類タスク（classification task）........................ 23
分類モデル（classification modeling）................... 210
平均（mean）.. 134
平均的な顧客（average customer）...................... 47
ベイズ、トーマス（Bayes, Thomas）................... 261
ベイズ確率（Bayes rate）............................... 344
ベイズの手法（Bayesian method）............... 261, 273
ベイズの法則（Bayes' Rule）........................261-269
ベースラインの手法（baseline method）............... 273
ベースライン分類器（baseline classifier）........... 267
ベースレート（base rate）..................... 105, 124, 207
ペナルティ（penalty）................................... 145
編集距離（edit distance）......................... 173, 174
変数（variable）
    関係 54

探す 19, 51
従属 55
情報価値の高い... 58
数値 66
説明 55
選択 51
独立 55
目的 55, 66, 161
ランク付け 57
放物線（parabola）............................... 114, 131
ホールドアウトデータ（holdout data）................. 122
    オーバーフィッティング....................122-124
ホールドアウトテスト（holdout testing）............ 134
ホールドアウト評価（holdout evaluation）.......... 134
補正（smoothing）....................................... 82

ま行

マーケット・バスケット分析（market basket analysis）....................................328-332
マージン（margin）...................................... 98
マージン最大化（margin-maximizing）............... 100
マイクロアウトソーシング（micro-outsourcing）
    384
真陰性（true negative）.............................. 218
真陰性率（true negative rate）...................... 222
真陽性（true positive）............................... 218
真陽性率（true positive rate）..........222, 237-238, 242
マッキンゼー（McKinsey and Company）............. 16
マンハッタン距離（Manhattan distance）............ 171
未熟な企業（immature data firm）........................ 365
無料の Web サービス（free Web service）........... 256
迷惑メール分類器の例（junk email classifier example）.. 267
メール（email）.. 277
メディケア不正利用（Medicare fraud） 33

メモリベース学習（memory-based learning）..... 163
目的（objective）... 95
目的関数（objective function）............................. 116
    欠点 104
    最大化 144
    最適化 95
    利点 104
目的変数（target variable）............................. 55, 161
    推定 363
モデリングアルゴリズム（modeling algorithm）
    .... 143, 363
モデリング手法（modeling method）................... 272
モデリングの実験室（modeling lab）.................... 135
モデル（model）
    構造 89
    構築 29, 31, 135
    作成 56, 135
    線形 90
    データにフィット 90, 370
    テーブル 120
    パラメータ 90
    パラメトリック 90
    問題 81
    理解しやすさ 37
モデル構造の理解しやすさ（model intelligibility）
    167
モデルタイプ（model type）..................................... 53
    記述 54
    ブラックショールズモデル................................ 53
    予測 53
モデルの精度（model accuracy）........................... 122
モデルの性能（model performance）.............229-253
    ROC曲線の下の面積 240
    ランク付けと分類の比較........................230-251
    利益曲線...232-235

    リフト曲線...240-242
    累積反応曲線...240-242
モデルの評価（evaluating model）..................203-227
    一般化 211
    基準性能..223-226
    期待値..211-222
    混同行列..206-207
    分類精度..205-211
    方法 364
モバイルデバイス（mobile device）
    位置情報 373
    データマイニング....................................372-376
問題解決の道筋（solution path）............................. 33

や行

ユークリッド（Euclid）.. 154
ユークリッド距離（Euclidean distance）..... 154, 171
ユーザが生み出したコンテンツ（user-generated content）.. 277
尤度（likelihood）... 110
歪み（distortion）... 186
要求事項（requirement）... 34
用語（term）
    重み 294
    教師あり学習 27
    ドキュメント中... 279
用語出現頻度（term frequency、TF）............280-282
    TFIDF 284
    値 288
    定義 280
陽性（positive）... 204
陽性的中率（positive predictive value）............... 111
要約統計量（summary statistics）..................... 41, 42
予算（budget）.. 230
    制限されている場合 234

予測（prediction） 7, 53
予測のための学習手法（predictive learning
　method） 196
予測変数（predictor） 55
予測モデリング（predictive modeling） 51-53, 89
　確率推定 80-83
　帰納法 53-57
　基本コンセプト 86
　教師ありセグメンテーション 57-87
　原因説明 346
　顧客の乗り換え問題 83-86
　最近傍を使った推論 158
　ソーシャルレコメンド 337-338
　パラメトリックモデリング 90
　分類木 77-79
　リンク予測 337-338

ら行

ラッソ（lasso） 146
ラベル（label） 27
ラベル付きデータ（labeled data） 56
乱雑さ（disorder） 60
利益（benefit）
　計算の基礎 235
　最近傍法 169
　推定 217
　データ主導による意思決定 6
　予算 230
利益曲線（profit curve） 232-235, 249-250
利益の改善（benefit improvement） 221
理解しやすさ（comprehensibility） 37
理解しやすさ（intelligibility） 196
離散的分類器（discrete classifier） 236, 238
リッジ回帰（ridge regression） 146
リフト（lift） 268, 325-327, 371

リフト曲線（lift curve） 240-242, 248-249
リンク予測（link prediction） 25, 337-338
倫理（ethics） 381-383
類似性マッチング（similarity matching） 24
類似度（similarity） 153-198
　異質な属性 170
　距離 153-155
　クラスタリング 176-193
　コサイン 172
　最近傍を使った推論 155-158
　算出 371
　データ探索とビジネス上の課題 198-201
　適用 158
　測る 153
　リンク予測とソーシャルレコメンド 337
類似抑制投票（similarity-moderated voting） 161
類似抑制を行った場合の回帰
　（similarity-moderated regression） 175
類似抑制を行った場合の評価
　（similarity-moderated scoring） 175
類似抑制を行った場合の分類
　（similarity-moderated classification） 175
累積反応曲線（cumulative response curve）
　...240-243
例（example） 54
　Facebookの「いいね！」..........270-273, 328-332
　Irisデータセット 96, 128-131
　アソシエーション 328-332
　ウィスキーのクラスタリング 177
　ウィスキーの分析 155-158
　エビデンスのリフト値 270-273
　オーバーフィッティング 線形関数 128-131
　オーバーフィッティングはなぜいけないのか
　...131-134
　偏り 379

株価変動 295-305
キノコ 66-71
共起とアソシエーション 324-325, 327-328
教師あり学習を使ってクラスタの説明を生成
　.. 195-198
クラウドソーシング 384-385
クラスタリング 176
クレジットカードの不正利用検出 332
携帯電話の乗り換え 207, 210
携帯電話の不正利用 379
交差検定 134-137
コールセンター 333-336
顧客の映画の好みの例 338
顧客の乗り換え 4, 83-86, 134-137, 366
最近傍を使った推論 155-158
ジャズミュージシャン 285-289
情報利得を使った属性選択 66-71
セントロイドを用いるクラスタリング ... 183-187
ターゲット広告 255-258, 272, 381
ターゲットマーケティング 308-312
単純ベイズ 272
ツリー帰納法とロジスティック回帰 110-114
提案の評価 391-394
データから線形判別器を見つけ出す 96-116
データ主導による原因説明 346-347
データマイニングによる改善提案 362-363
テキスト表現 285-289, 295-305
乳癌 110-114
ニュース記事のマイニング 295-305

バイラルマーケティング 346-347
ハリケーン・フランシス 3
ビールと宝くじの関連性 327-328
ビジネスニュース記事 187-193
プロファイリング 332, 333-336
分析工学 308-320
マーケット・バスケット分析 328-332
迷惑メール分類器 267
モバイルデバイスデータのマイニング 372-376
レーベンシュタイン距離（Levenshtein distance）
　.. 173
歴史（history） 46
レコメンデーション（recommendation） 153
レバレッジ（leverage） 325-327
連結関数（linkage function） 180
ロイター通信（Reuters news agency） 188
ロジスティック回帰（logistic regression）
　... 95, 104-114, 128
　KDD 杯乗り換え問題 245-251
　学習曲線 139
　数学 107-110
　ツリー帰納法との比較 110-114
　乳癌の例 110-114
　分類木 137
　理解 106
ロジスティック関数（logistic function） 108

わ行

ワークシート（worksheet） 55

● 著者紹介

Foster Provost（フォスター・プロヴォスト）
NYU Stern School of Business の教授兼 NEC ファカルティー・フェロー。MBA コースでビジネス分析とデータサイエンスプログラムを教える。授賞歴のある彼の研究は広く読まれ引用されている。NYU 以前は、5 年間、現 Verizon 社でリサーチデータサイエンティストを務める。ここ 10 年で成功を収めたデータサイエンス企業を複数共同設立している。

Tom Fawcett（トム・フォーセット）
機械学習の博士号を持ち、GTE 研究所、NYNEX/Verizon 研究所、HP 研究所といった、民間企業の R&D 部門 20 年以上のキャリアを持つ。方法論（データマイニング結果の評価）と応用（不正検出とスパムフィルタリング）について執筆した彼の出版物はデータサイエンスの分野で標準的な読み物となっている。

● 監訳者紹介

竹田 正和（たけだ まさかず）
株式会社フレクト グループマネージャ
大学院で修士課程（素粒子論）修了後、都内のシステム開発企業に入社。その後、IT コンサルティング企業ウルシステムズにジョインし、高度な IT を駆使して多くの顧客事業に貢献。現在は株式会社フレクトで、クラウドサービスを組み合わせて価値を出す新しいシステム開発事業に挑戦中。家庭では二児の父。

● 訳者紹介

古畠 敦（ふるはた あつし）
大手 SIer で勤務後、スタートアップ企業のエースチャイルドの立ち上げから参画し、現在もエンジニアとして活動中。インフラ（ただし PaaS 利用）から Web サービス構築、スマートホンアプリやデータ分析などの多方面でのエンジニアリング修行中。
趣味はキッチン雑貨めぐりと日曜料理とクラフトビールを飲むこと。

瀬戸山 雅人（せとやま まさと）
大手 SIer で勤務後、ベストティーチャーの起業に参画し、オンライン英会話サービスを開発。その後、Salesforce を使用した開発を行うテラスカイに勤務。現在は、プレセナ・ストラテジック・パートナーズにて、ビジネス研修を Web サービス化するシステムを開発中。大学、大学院時代には生態学を学び、マメゾウムシという昆虫の研究活動の中で R や統計学の基礎を学習した。

大木 嘉人（おおき よしひと）
学生時代よりユーザインタフェースの研究に携わり、現在は某メーカーにてコンシューマプロダクト／サービス向け UI の研究開発に従事。プライベートでも iOS アプリの開発などを行いつつ、冬場はもっぱら雪山でスキーに明け暮れる。メールアドレスは yoshi.ohki@gmail.com、Twitter アカウントは @yohki。

藤野 賢祐（ふじの けんすけ）
株式会社リクルートテクノロジーズ プロジェクトリーダー。大手 SIer で金融、流通向けシステム開発に従事後、2014 年より現職。IT を通じて、世の中に「まだ、ここにない、出会い。」を提供すべく奮闘中。クラフトビールが好き。

宗定 洋平（むねさだ ようへい）
㈱JSOL にて企業向けシステムの開発に従事後、現在は㈱サイバーエージェントにて一般消費者に向けたサービスを開発している。制作したサービスをいかに楽しんでもらうかについて凌ぎを削る毎日。休日は家族と過ごすことが好き。できるマイホームパパを目指し中。

西谷 雅史（にしたに まさし）
大手 SIer で基幹システムのエンジニアから、技術戦略策定、新規事業企画を経て、スタートアップ企業のエースチャイルドを設立する。代表取締役 CEO。「こどものためのデータ分析」と称して、データ分析を活かした取組みでこどもに関わる社会問題解決に臨んでいる。こどものネット利用の問題に対し、利用に制限を掛けず「使いながら守る」サービス、Filii（フィリー）を提供している。1 児の父。

砂子 一徳（すなこ かずのり）
㈱JSOL にてエンタープライズシステムの構築を行う。主に開発チームとして Java, .NET による開発を担当するが、基盤チームとして技術支援やシステム方式設計なども担当する。本書の翻訳中に長男が誕生。

市川 正和（いちかわ まさかず）
㈱JSOL に勤務し、コンシューマ向け Web サイトのシステム開発、インフラ構築、運用保守設計などに携わる。旅先で見つけた美味しい料理を自己流で再現して、お酒を飲むことが趣味。

佐藤 正士（さとう まさし）
株式会社フレクト、システムエンジニア。Windows 系 SIer、大学の客員研究員などを経て現職。二児の父で、通算育児休暇 3 年以上。30 代の半分以上を主夫として過ごす。目下の興味は Node.js と Hadoop。

戦略的データサイエンス入門
― ビジネスに活かすコンセプトとテクニック

2014年7月22日　初版第1刷発行
2018年5月9日　初版第6刷発行

著　　　者　Foster Provost（フォスター・プロヴォスト）、Tom Fawcett（トム・フォーセット）
監　訳　者　竹田 正和（たけだ まさかず）
訳　　　者　古畠 敦（ふるはた あつし）、瀬戸山 雅人（せとやま まさと）
　　　　　　大木 嘉人（おおき よしひと）、藤野 賢祐（ふじの けんすけ）
　　　　　　宗定 洋平（むねさだ ようへい）、西谷 雅史（にしたに まさし）
　　　　　　砂子 一徳（すなこ かずのり）、市川 正和（いちかわ まさかず）
　　　　　　佐藤 正士（さとう まさし）
発　行　人　ティム・オライリー
印刷・製本　株式会社平河工業社
発　行　所　株式会社オライリー・ジャパン
　　　　　　〒160-0002　東京都新宿区四谷坂町12番22号
　　　　　　Tel　(03)3356-5227
　　　　　　Fax　(03)3356-5263
　　　　　　電子メール　japan@oreilly.co.jp
発　売　元　株式会社オーム社
　　　　　　〒101-8460　東京都千代田区神田錦町3-1
　　　　　　Tel　(03)3233-0641（代表）
　　　　　　Fax　(03)3233-3440

Printed in Japan　(ISBN978-4-87311-685-3)
乱丁、落丁の際はお取り替えいたします。

本書は著作権上の保護を受けています。本書の一部あるいは全部について、株式会社オライリー・ジャパンから文書による許諾を得ずに、いかなる方法においても無断で複写、複製することは禁じられています。